國家社會科學基金重大項目「長沙走馬樓西漢簡的整理與研究」（項目號 17ZDA181）成果
「古文字與中華文明傳承發展工程」項目「長沙走馬樓西漢簡整理與研究」（G1414）成果
簡牘高質量整理出版工程項目成果
國家出版基金項目

長沙走馬樓西漢簡牘

壹

國家出版基金項目
NATIONAL PUBLICATION FOUNDATION

長沙簡牘博物館
湖南大學簡帛文獻研究中心 編著

岳麓書社·長沙

主編

陳松長　李鄂權

整理小組成員

陳松長　李鄂權　宋少華　李均明　鄔文玲

鄒水杰　周海鋒　鄧國軍　吳美嬌　王博凱　溫俊萍　謝偉斌

王勇　歐揚　周金泰　陳湘圓　羅啓龍　唐強

楊芬　蔣維　雷長巍　李洪財　楊勇　熊曲　黃鑫鑫　李蓉　陳守琪

前言

2003年11月6日至30日，長沙市文物考古研究所的考古人員在長沙市走馬樓東側湖南省供銷社綜合樓工程基地編號爲J8的古井中發掘出一批重要的西漢簡牘，這是繼1996年長沙走馬樓吴簡發現之後的又一次簡牘的重大考古發現。

走馬樓是長沙市五一廣場中心地段的一條街名，它因1996年在此出土了數萬枚三國吴簡而名震世界。此次發掘的8號古井距出土三國吴簡的22號古井直綫距離僅90米，距走馬樓街80米。簡牘藏在距井口240釐米的井底，由於井口狹窄，不便於發掘清理，考古隊採取了整段揭取的辦法，從井底揭取了連泥帶簡重300多公斤的整塊泥土運回市考古研究所進行室内清理。經過科學的揭剝、清洗和整理，考古工作者在這整段泥塊中清理出了2195個編號的有字簡牘，這批簡牘在形製上有如下特徵：

1．其大小尺寸可按竹簡和木簡的不同，大致分爲兩類：一類是竹簡的長度在21至56釐米之間，寬度爲0.7至3.7釐米之間，其中長45釐米左右、寬1.3至1.6釐米的兩行簡至少有89枚，保存比較完整的多達81枚，故特别珍貴；而長23釐米，寬0.6至0.9釐米的單行簡和寬1.8至2.9釐米的兩行乃至多行簡的殘斷比較嚴重，尚無法準確統計其具體的簡數。另一類是木簡，長度在23釐米左右，寬度在1.4至4.6釐米之間，大致可據其抄寫的行數分爲單行、雙行、三行、四行等四種形式，其中四行的數量不多，且多有殘缺。

2．這批簡牘上所書寫的文字行數有單行、兩行、三行乃至五行等多種，故我們大致可將這批簡牘分爲單行簡、兩行簡和多行簡三種類型，其中的『兩行』簡形製特徵明顯，其竹簡中間都有棱脊，使竹簡的表面形成左右兩個坡面，文字抄寫於兩個坡面之上，形成較爲典型的『兩行』竹簡。多行簡則可據其所書寫的行數和竹木牘的寬度分爲三行、四行、五行三種，特别引人關注的是還出現了竹觚，即將一根竹子的表面削成六個平面來書寫文字，其形製與西北漢簡中的木觚大同小異，但以竹爲觚，這是很罕見的發現之一。

早在這批簡牘發掘之後的2005年，考古工作者就根據張培瑜、陳久金的《中國先秦史曆表》一書，查找與簡文對應的曆朔，指出『簡文記錄的四年、五年、六年的曆朔，與漢武帝元朔四年、五年、六年的曆朔相合。簡文記録的七年、八年、九年的曆朔亦與漢武帝元狩元年、二年、三年的曆朔相合』。應該説，這種推斷大致不錯，經過對簡文中所有紀年進行排查和閏朔相比，其具體的時代已相當明確：簡中出現的三年紀年可以與漢武帝元朔三年紀年相合，故上限可追至公元前126年。而且這批簡中多次出現的『定王』，是第一代劉姓長沙王劉發的謚號，由此可知這批簡牘肯定是『定王』之後的遺存，史書記載『定王』在位的時間是公元前155年至公元前127年。因此，這批簡牘的上限不會早於公元前127年。簡0109上記有『北平大女南姊占，定王四年産，盡今五年，年廿八』，其中定王四年是公元前152年。這一年北平大女出生，二十八歲時爲『今五年』。這個『五年』恰好是二代劉姓長沙王劉庸即位後的第五年，與這批簡上的『五年』紀年内容所對應的時間正好一致，即武帝元朔五年（公元前124年）。簡0722上記『帝十五年十月庚申貢・凡五十☒』，這枚簡的紀年内容比較特殊。這裏的『帝』指的應該是漢武帝，據《曆表》，漢武帝十五年爲元朔四年（公元前125年），這年十月的朔日爲丙申或丁酉，當月確有『庚申』日。這個時間爲二代長沙王劉庸繼位的第二年。另外，還有簡1646記載『曰廷尉□亡當□孝文皇帝後七年十一☒』，這裏提到的孝文皇帝，顯然是追記的内容。因此，從這批簡牘中所見的紀年内容來看，這批簡牘是第二代長沙王劉庸在位時的産物，上限可定在公元前126年，下限可定在公元前120年。

這批産生於公元前126年至前120年之間的長沙國官府文書，以不同的文書形式反映了西漢中期漢武帝時代長沙國的方方面面。

一、長沙國的縣置新知

長沙國的區劃範圍，曾因時代的不同而多有變化，有關吴姓長沙國和劉姓長沙國的疆域範圍，曾有不少學者作過考證，這裏我們並不想就長沙國的具體疆域範圍進行討論，而衹是就簡文中出現的幾個值得關注的縣邑名來討論一下其資料的重要性。

《漢書・地理志》：『長沙國……户四萬三千四百七十，口二十三萬五千八百二十五。縣十三：臨湘，羅，連道，益陽，下雋，攸，酃，承陽，湘南，昭陵，荼陵，容陵，安成。』但這批簡牘文中出現的縣名顯然不止十三縣，粗略統計，就有臨湘、臨澬、臨沅、長賴、昭陵、遷陵、義陵、邑陵、醴陵、長陵、舂陵、棓陵、便、索、攸、充、連道、沅陵、沅陽、西陽、富陽、辰陽、無陽、門淺等二十多個縣邑名，其中好些還可與湖南出土的西漢印章和秦簡牘相印證。如1998年在黔陽黔城鎮107號戰國楚墓中出土過一枚直徑1.8釐米的『沅陽』圓形銅璽，由於『沅陽』之名不見史籍，故收藏單位一度將其作爲戰國私璽處理，現在走馬樓西漢簡中多次出現了『沅陽』這個縣治名，如0024號簡上還有『沅陽爲屬』的明確記載，由此可以肯定：『沅陽』不僅在漢武帝時期是長沙國的一個屬縣，而且在戰國時期的黔陽地區早已存在，衹是當時尚不是縣治名罷了。

再如1954年長沙斬犯山7號西漢墓出土一枚長2.7釐米、寬2.6釐米的『門淺』滑石印，由於『門淺』不見史籍，故最開始也是將其視爲私印處理的，後來，在里耶秦簡中發現了『門淺』與田官並列使用的簡文，故我們曾將其作爲官名或官署印處理，現在，走馬樓西漢簡中多次出現了『門淺』，如：

0107+0095：五年八月丁亥朔丙午沅陵長陽令史青肩行丞事敢告臨沅遷陵充沅
　陽富陽臨湘連道臨溈索門淺昭陵姊（秭）歸江陵主寫劾

簡文中的『門淺』與『索、連道』等並列，顯然是一個縣治名，由此也説明，這枚『門淺』滑石印乃是門淺縣的官印，由此也可知史書所載的長沙國下屬十三縣的記載並不全面，我們應該根據新的出土材料來重新認識。

有關縣治的記載，在《漢書·地理志》中很多，但有關『邑』的記載則比較簡略，如《史記·呂太后本紀》記載：『今王有七十餘城，而公主迺食數城。王誠以一郡上太后，爲公主湯沐邑，太后必喜，王必無憂。』如淳《集解》曰：『百官表列侯所食曰國，皇后、公主所食曰邑，諸侯王女曰公主。』瓚曰：『天子女雖食湯沐之邑，不君其民。』據《集解》所釋，皇后、公主所食叫邑，該邑衹給皇后、公主生前提供俸禄，但不主管其邑所轄之百姓。但走馬樓西漢簡中所看到的『定邑』顯然不是所謂『湯沐之邑』，而是在長沙定王去世後，參照漢長安城的『陵邑』制度所設置的，但也許是不敢僭越身份緣故，故並不敢像長安『五陵邑』那樣直稱爲定陵邑，而衹是稱爲『定邑』而已，如：

0522：之佐固衣器，今捕得定邑娗年里士五□午曰迺十一月
　中與定邑男子兩固與午奪葉侯使者今固有鬼

簡文中兩次出現的『定邑』，史書上没有記載，但長沙王劉發謚號爲定王，故此『定邑』肯定是定王去世後所專門設置的陵邑名。作爲陵邑，按照漢王朝的陵邑制度規定，它有成套的建制，如漢初的『五陵邑』的建制都是縣制的規模，且有著政治和軍事上的特定功能和作用。這方面，在簡文中多有印證：

0557：九年正月丙申朔辛酉鐵官長齊守臨湘令丞忠敢告定邑主定邑令史
　辛與行事長南山長行佐齒皆坐劾監臨主守縣官錢盜之

0214：二月丙寅定園長衾行定邑長事移籍

0279：劫奪葉侯使者錢衣都田將及固母皆轂臨湘今使獄史後具
　獄孽與訊以畢後今已訊以畢後固母轂定邑已孽定邑以

從這幾條不完整的簡文中我們看到，這裏不僅有『定邑主』、『定邑長』，還有『定邑中大夫』、『定邑令史』之類的官職，且臨湘令丞還要向『定邑主』報告相關的行政獄案等各種情況，由此可見，『定邑』完全是具有縣制行政職權的一級管理機構，簡文中的所謂『定邑長』就應該類同於當時的縣道之長，衹是他的主要職責可能是建設陵邑和管理陵邑内百姓的日常庶務而已。

二、長沙國的職官新名

有關定邑職官設置和運行體制的解讀是一個很有意思的研究個案，而這批簡牘中所出現的一些新見的職官名稱也很值得注意，如『獄史』本是秦漢文獻中一個很常見的職官名，但在走馬樓西漢簡中居然還有不同的『獄史』，例如：

0399：三年七月乙丑具獄史釘爰書……

0406：三年七月丁卯具獄〈史〉釘爰書……

0633：三年七月乙酉具獄=史釘爰書……

這三條簡文所記的是同一個人，但其官名的表述則有些差異，前兩枚都是『具獄史釘』，『釘』是人名，那『具獄史』就應該是其官名，但此官名並不見於史書，這該怎麼解釋呢？我們在第三條簡文中發現，在『獄』字下有一個重文符號，這種重文表述，在《里耶秦簡（壹）》8-133中也出現過：

廿七年八月甲戌朔壬辰酉陽具獄獄史啓敢□〼

這也就告訴我們，所謂的『具獄史』其實就是『具獄獄史』的省稱而已。無獨有偶，在這批簡 0133 中我們還看到了這樣的表述：

三年六月乙丑具獄昭陵獄史削爰書……

簡文在『具獄』和『獄史』之間還插入了一個縣名『昭陵』，但其簡文的意思並没什麽變化，意思還是昭陵具獄獄史，衹是簡文將『獄史』的修飾詞作了錯位處理而已。因此，所謂的『具獄史』也就是『具獄獄史』，『具獄』應該是『獄史』限定修飾語，也就是説，這位獄史可能是專門負責備文定案的，如果這解釋大致不誤的話，那麽，漢代的獄史可能並不是一個單一的官職名，它很可能是一群負責獄案審理官吏的專稱。

此外，簡文中除了『具獄獄史』之外，還有『守獄史』：

0041：五年九月丙辰朔丁卯守獄史它爰書……

0008：五年七月辛巳守獄史胡人爰書……

『守獄史』也是比較少見的『獄史』名，這裏的『守』當與秦漢簡牘中所常見的『守丞』的『守』一個意思，即攝職代理的意思，所謂的『守獄史』，也就是代理獄史。

此外，諸如『監田守』『廟廚嗇夫』『擴門佐』『將田』等之類的新見職官名，都是漢代縣鄉職官制度研究的新材料，值得關注。

三、長沙國的獄案爰書

訟案審論是漢代郡縣官吏最日常的一項繁複工作，因此，在出土的漢代官府文書中，這類司法案例很多，如張家山漢簡中的《奏讞書》就是比較典型的代表。走馬樓西漢簡中也有許多司法案例，或者説，簡文的絶大部分都是這類司法案例，但其呈現方式並不是『奏讞書』，且多以『爰書』的形式，詳細地記録了案件發生、告劾、訊問和論決的全部過程，簡文的起首且多以『爰書』作爲專門語詞來概指所辯告、訊問、論決的簡文内容，如：

0002：五年九月辛酉獄史巴人爰書案相府獄屬臨湘贖罪以下即移……

0399：三年七月乙丑具獄史釘爰書召信訊先以證律辯告信乃以劾……

簡文中的『巴人』是『獄史』的名字，『釘』是『具獄史』的名字，所謂『爰書』乃是秦漢時期記録囚犯供詞的一種司法文書，這兩份爰書就是由獄史提交的案例審訊材料，儘管目前這些爰書尚没全部完成其編聯和解讀，但我們可以根據其爰書所記録的訊問對象和事件大致判斷，這批簡中至少有十一個案例，其中保存相對完整，也最有代表性的一份爰書是『無陽脽夷鄉嗇夫襄人收賨案』，其内容是『無陽脽夷鄉嗇夫襄人』爲收繳『府調無陽四年賨（少數民族所交的賦税）』，令他手下的一位身份爲士伍、名字叫『搞』的翻譯去爲他收取賨錢而出現糾紛的案件，這個案例牽涉人物最多，除了『嗇夫襄人』、士伍『搞』之外，還有『具獄亭長庚』『守獄史胡人』『守獄史巴人』『定』『强秦』『麡』『僕』『共皮』『工期』『於鐵』『容』『方風』『周』等十多人，而其所交賨錢的數量計算和抵償方式也非常複雜，故其訊詞、供詞反復出現，這也給漢代爰書的解讀提供了嶄新的研究資料，它比較具體生動地反映了漢武帝時期長沙國所用司法文書的原始面目，很值得研究。

據史書記載，漢初實行休養生息的政策，鼓勵農桑，進行了一次大的司法改革，廢除了秦時傷殘肢體的肉刑。長沙走馬樓西漢簡中的這些法律案例，正好印證了西漢『文景之治』時期司法改革的事實，如在秦和西漢早期所實施的『黥面』『斬』等殘酷的附加刑在漢武帝時代的長沙國已改爲耻辱刑『鞭笞』及附加刑具『鉗釱』，其刑罰尺度相對比較寬鬆和人道。這也多少體現了漢代刑法制度的進步。

四、長沙國的郵驛管理

秦漢時期對官府文書的傳遞有一整套嚴密的管理制度，其中對郵驛的設置和管理更是有明確的法律規定，如張家山漢簡《二年律令》中就有很詳細的律文：

264：十里置一郵。南郡江水以南，至索（？）南界，廿里一郵。

265：一郵十二室。長安廣郵廿四室，敬（警）事郵十八室。有物故、去，輒代者有其田宅。有息，户勿減。令郵人行制書、急

266：書，復，勿令爲它事。畏害及近邊不可置郵者，令門亭卒、捕盗行之。北地、上、隴西，卅里一郵；地險陜不可郵者，

267：得進退就便處。郵各具席，設井磨。吏有縣官事而無僕者，郵爲炊；有僕者，叚（假）器，皆給水漿。

這是西漢初年對不同地域郵驛設置和里程距離的詳細規定，其中對郵驛的職能也有具體規定，即每個驛站都要提供食宿的設備和工具，如果官吏没有帶僕人，還需要提供飲食服務。有關這種驛站傳舍的功能規定，在嶽麓秦簡中也有非常相似的記載：

1277：·田律曰：侍莖郵、門，期足以給乘傳。晦行求燭者，郵具二席及斧、斤、鑿、錐、刀、甕、□，置梗（綆）井旁，吏有

1401：縣官事使而無僕者，郵爲飭，有僕，叚（假）之器，毋爲飭，皆給水醬（漿）。

這裏的食宿設備比張家山漢簡中的『席』『井磨』要多出不少，且特別注明：『乘傳。晦行求燭者，郵具二席及斧、斤、鑿、錐、刀、甕、□，置梗（綆）井旁，』可見郵驛傳舍給過往官吏提供的服務和工具是具體而繁雜的，走馬樓西漢簡雖不是律令條文，但其有關驛站傳舍設施的巡檢記録正印證了上述律令文本的真實性：

0021：案傳舍二千石舍西南鄉馬廡屋敗二所并袤丈五尺廣八尺牡牝瓦各十九枚竹馬仰四井鹿（轆）車一具不見馬磨壞敗

簡文中的『傳舍』當即郵驛的房間，而且這『傳舍』也是分等級的，簡文所記的檢查内容是一個二千石所住的房子，其南向還有『馬廡』，其屋敗壞的地方長有『丈五尺』（3.46米），廣有『八尺』（1.85米）。其傳舍内配置的『竹馬仰』、『井鹿車』不見了，『馬磨』已經敗壞。簡文中提及的『竹馬仰』『井鹿車』和『馬磨』都應該是傳舍内的必備工具，現在居然有兩種不見，一種敗壞，這顯然不符合接待二千石傳舍的標準，故簡文詳加記録。

走馬樓西漢簡中，這類檢查傳舍設備狀況的簡一共有13枚，另外還有兩枚上呈劾狀文書簡，其簡文曰：

0079：牒書傳舍屋櫨垣壞敗門内户扇瓦竹不見者十三牒吏主者不智（知）數遁行稍繕治使壞敗物不見毋辯護不勝任

五年七月癸卯朔癸巳令史援劾敢言之……

這是一份由『令史援』上呈的劾狀文書的一部分，簡文中所書的『十三牒』即13枚與簡0021相類的巡查記録簡，這份劾狀文書與這『十三牒』合成一册，是現在所見非常完整的一册有關郵驛傳舍檢查的劾狀文書，該文書由『令史援』記録上呈給『長沙邸長』，再由『邸長』上報給『鄗主』。由此亦可知，這次巡查的對象是由長沙國的邸長管轄範圍内的郵驛傳舍，而這些傳舍的具體位置在鄗縣的地域範圍内，故後面編號爲『鄗第廿九』。

由此亦可看到，西漢中期長沙國内的郵驛管理有一整套完善的巡檢劾察制度，而這亦可證明西漢中期郵驛制度之完備。

五、長沙國的賦税徵收

賦税徵收是官府必不可少的重要日常行政，故有關賦税、租税的内容，多見於秦漢簡牘文獻之中，不僅多見於法律條文，如秦漢律令中的《田律》《金布律》等，也多見於一般的官府行政文書之中，走馬樓西漢簡作爲長沙國的檔案文書，自然少不了這方面的材料。值得注意的是，長沙國轄區内的少數民族較多，這在史書中就有記載，如《漢書·西南夷列傳》：『西北有長沙，其半蠻夷，亦稱王。』顔師古注：『言長沙之國半雜蠻夷之人。』這一點，在走馬樓西漢簡中完全得到印證：

0017：⧄□巴人胡人訊襄人要道辭曰府調無陽四年賨糶（糴）賨取錢輸臨沅食官廄償所贖童貫（價）錢皆急緩夷聚里相去離遠民貧難得襄人令譯士五搞收賨⧄

⧄□船一樓士五（伍）定所當米八斗腸七十五斤士五（伍）强秦麐僕各廿五斤非搞家賨腸襄人自責得士五（伍）共皮爲小男共來予腸十五斤士五（伍）工期爲⧄

簡文中所記的『夷聚里』也就是少數民族聚居的里，聚居也就意味著這些少數民族尚處於聚落散居的狀態，而『里』則説明這些聚落散居的少數民族已經被編户管理，『夷聚里』雖然地處偏遠，但仍需要上交賦税。

『府調無陽四年賨』，《説文》：『賨，南蠻賦也。』這句話的意思也就是要去『夷聚里』征調無陽縣四年（長沙庯王四年）所應收繳的賦税，爲了完成這個任務，『襄人令譯士五（伍）搞收賨』，據其他簡文可知，這襄人是『脽夷鄉嗇夫』，而『搞』這個人是『無陽蠻夷士五』，而且還是『譯』人，他是襄人手下一個懂少數民族土語和官話的士伍，故襄人派他去『夷聚里』收『賨』。有意思的是，少數民族所交的『賨』並不是統一的錢布，還是多用物資來頂替，如船、肉腸等，用這些東西來折算，自然也增加了不少换算的複雜性和徵繳的難度，故這類少數民族賦税徵收的内容尤爲珍貴。

當然，除了對少數民族的賦税徵收外，這批西漢簡中還有不少一般租税的記録，如一件編號爲0056的木牘就詳細記載了一個鄉在一年内墾田的田租情況：

·都鄉七年貇田租簿
貇田六十頃二畝租七百九十六石五斗七升半率畝斗三升奇十六石三斗一升半
·凡貇田六十頃二畝租七百九十六石五斗七升半
出田十三頃卌五畝半租百八十四石七斗臨湘蠻夷歸義民田不出租
出田二頃六十一畝半租卅三石八斗六升樂人嬰給事柱下以命令田不出租
·凡出田十六頃七畝租二百一十八石五斗六升
定入田卌三頃九十五畝租五百七十八石一升半
提封四萬一千九百七十六頃七十畝百七十二步
其八百一十三頃卅九畝二百二步可貇不貇
四萬一千一百二頃六十八畝二百一十步群不可貇

在另一枚殘簡中還有這類田租簿上計的記錄：

0456：移貇（墾）田租簿常會六月
內史府敢言之

也就是説，西漢長沙國在每年6月要會計其所有的墾田租簿，可見這是長沙國財税徵收和控管的日常工作，至於『常會六月』到底是長沙國一年的會計還是半年的會計，由於材料的限制，尚待研究。

六、長沙國時代的文字異寫和草化

從文字演變和書體發展的角度來看，走馬樓西漢簡又給文字學界和書法史學界提供了漢武帝時期的豐富資料。大家知道，在文字隸變的過程中，在隸書的形體未經國家規範之前，隸書經歷了一個從古隸到漢隸的自由演變過程，走馬樓西漢簡的文字正是這個演變過程中所留下來的一部分原始材料，它自然而生動地反映了漢字隸變過程中的各種異寫現象。而這些異寫現象也就産生了爲數衆多的異寫字，這種異寫現象的形成，往往是同一個書手，在寫同一字時，其筆畫或偏旁構件隨意變化造成的，但仔細查看，這種隨意性又往往是有其異寫演變的痕跡可尋的，如簡文中比較常見的『錢』字，就有多達七八種形體，這些異寫的字，如果不在上下文的語義環境中，多有不認識的可能性，如  1014 和 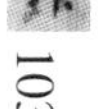 1037，這兩個字單獨拿出來，一下子可真不敢認，但如果我們將這些形體各異的『錢』字排出來，則其異寫變化的綫索還是很清楚的，如：

① 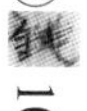 1001 ②  1037 ③ 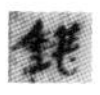 1037 ④  1037 ⑤  1013 ⑥ 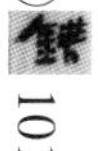 1013 ⑦  1014

這七個『錢』字，有的還出自一枚簡上，如1037簡中出現3次，但每次都不一樣，由此可見其字的書寫相當自由。但有趣的是，這個字左邊的『金』旁很少變化，右邊卻在不斷地變化中，這也許是此字的右邊在當時尚沒定型，故書手可以隨意書之。仔細觀察，其未定型的主要表現反映在點畫的變異之中，如以第①個字形作爲定型的形體來看其他六個字形，其筆畫的變異都有跡可尋，如第②個字與第①個的差別，主要是結尾的那一斜筆變成了點畫而已，而第③個字與第②個字的差異是上面的一點穿過了三横畫，變成了一筆長斜畫。第④個字則將上面的三横省掉了一筆，變成了兩横，第⑤個字則是三横都不横穿那一竪筆，變得與『片』字的構形相仿，第⑥個字則是將那一長斜筆斷成兩截，且中間錯位，並將下部簡化成了『下』字，第⑦個字則是將那一長斜筆斷開錯位的同時，其收尾還向右横拖來强化原來的勾筆，形成一種特殊的形體。

從文字構形的原理來分析，這種文字異寫的現象，大都表現在隨意增減筆畫、筆畫夸張變形、構件簡省、構件同化、異化等幾個方面。同時，我們還發現其中好些文字的構形直接取法了秦簡文字和馬王堆帛書的文字形體，這在很大程度上也反映了秦漢之際簡帛文字構形和書寫特點的延伸與發展。

走馬樓西漢簡不僅有豐富的文字異寫資料，其書體也多種多樣，特別是其隸草的材料相當豐富，爲草書形成時代的確定提供了新的佐證材料，例如下表：

史	邑	別	遣	何	得	從
0094	0096	0096	0162	0194	0299	0340
臨	案	賴	臨	湘	史	書
0340	0340	0344	0344	0344	0347	0391
買	武	爲	律	宮	將	吳
0425	0518	0481	0474	0525	0525	0538
留	迺	寅	謂	死	分	宛
0531	0522	0547	0547	0391	0385	0383

從這些字形可以看出，走馬樓西漢簡中很多文字並不衹是簡單的草率寫法，而是已具備草書的基本特徵：牽連與簡省。在此之前也確實可以看到一些牽連簡省的文字，但衹能説明萌芽的個別現象，而在整批走馬樓簡中牽連與簡省已經不是個別偶爾現象，類似上面的草字還有很多，説明走馬樓西漢簡中的草書已經可作爲一種書體形式，而不是草書的萌芽狀態。許慎在《説文解字・敘》中説『漢興有草書』，其所指的應該就是走馬樓這種草書。因此，我們可以根據走馬樓西漢簡的時代大致判斷，草書的形成年代至少可以提前到西漢中期的漢武帝時代。

除了以上六個方面之外，簡文中尚有許多需要仔細研讀和發掘的内容，諸如長沙國的刑制史料和法律文書、長沙國的少數民族編户管理、長沙國的火政制度、長沙國的採銅和礦業開發、長沙國的名物制度、長沙國的社會習俗等，都是有待於深入研究的課題，值得大家關注和期待。

長沙走馬樓西漢簡牘的整理研究經過了一個很長的時間，自其出土以來，長沙簡牘博物館的研究人員經過十幾年的不懈努力，對全部簡牘進行了清理、拍照和紅外綫掃描等具體細緻的工作。2017年，《長沙走馬樓西漢簡的整理與研究》國家重大課題在獲得立項之後，湖南大學簡帛文獻研究中心的老師和在讀的博士生一起加入了這批珍貴資料的整理研究之中，同時我們還請清華大學的李均明教授和中國社會科學院古代史研究所的鄔文玲教授加盟。近五年來，經過十餘次的集中讀簡和分工合作，大家同心協力，群策群力，基本完成了這批珍貴簡牘資料的整理和初步研究。

經過多次討論，大家一致確定，走馬樓西漢簡牘的主體都是長沙國的司法行政文書，故應該以司法案例爲主綫進行編排。這樣，我們對已整理出來的近二十個司法案例分門別類，將其分別編入四卷之中，然後採取分工負責、任務到人的方式，將所有課題組人員分成四個小組，分別指定小組組長來負責各卷的整理和研究。然後，對尚無法歸類的殘簡，再按其大致的完殘情況，並根據原始編號分別編入每一卷的司法案例之後，以供學界研究參考。令人意外的是，在我們的整理接近尾聲的時候，長沙簡牘博物館的同行又在原來尚没清洗的幾十盆出土品標本中發現了400多個編號的碎片。經過緊急處理，我們在組織課題組成員統一釋讀的基礎上，將其作爲附錄附於第四卷之後。

參加整理工作的課題組成員有陳松長、李鄂權、宋少華、李均明、鄔文玲、王勇、鄒水杰、歐揚、李洪財、楊芬、周海鋒、楊勇、鄧國軍、雷長巍、熊曲、陳湘圓、周金泰、金平、蔣維、吳美嬌、王博凱、羅啓龍、温俊萍、李蓉、謝偉斌、黄鑫鑫、唐強、陳守琪等，其中第一卷由鄒水杰、第二卷由王勇、第三卷由楊芬、第四卷由李洪財分别擔任組長，負責每卷的整理編輯，最後在集體研讀確定書稿的基礎上，由陳松長負責統稿。可以説，每一卷的整理與研究，都是大家共同努力的結果。

本書的圖版處理和編排主要由陳湘圓負責，謝偉斌等在讀碩博士們都承擔了部分圖片的消影和編排工作，釋文的統稿由温俊萍和李蓉負責。附錄中的人名索引由周海鋒負責，職官名索引由陳湘圓負責，地名索引由陳守琪負責，簡牘編號、材質及尺寸對照表由吳美嬌負責。

岳麓書社的領導對本書的出版給與了大力支持，特別是王文西副社長和文博考古編輯部邱建明、包文放、魯雲雲編輯更是爲本書的順利出版費盡了心力，謹在此深表謝意！

長沙走馬樓西漢簡牘整理小組

2022年12月30日

凡　例

一、本卷收錄走馬樓西漢簡部分文書内容，包括八組案例簡與未歸類簡，共522枚。

二、本卷圖版按照八組案例簡、未歸類簡的順序排列。八組案例簡分别按彩色整版正面編聯原大圖版、紅外綫整版正背面編聯原大圖版、紅外綫單簡正背面圖版及釋文的順序排列，簡注附於每組紅外綫單簡圖版之後。未歸類簡按每枚彩色正面圖版、紅外綫正面圖版、紅外綫背面圖版並附釋文的順序排列。

三、所有圖版原則上以原大形式呈現，但本卷對長簡做特殊處理：案例簡的彩色整版編聯圖版、紅外綫整版編聯圖皆以原大形式呈現，每組單簡圖版中的長簡及未歸類簡中的長簡按一定比例縮放，並在簡號右側加「☆」標識，讀者可根據彩色和紅外綫整版原大圖版，或者卷末所附《簡牘編號、材質及尺寸對照表》核對原簡尺寸信息。

四、爲便於核查，所有簡牘圖版上端依次標出本卷卷内序號與原始編號，兩枚以上的殘簡拼綴者，則同時注明其殘簡的原始編號。

五、在整理過程中，儘可能將殘斷的簡拼合復原，並根據文句内容、書體風格、背面反印文及揭取位置等信息加以編排。不能確定編排次序的簡，置於各組末尾。

六、釋文以繁體字竪排。爲方便讀者，簡文除個别特有字形外，其他文字儘可能採用通行字，不一一嚴格隸定。

七、原簡符號「∟」「ノ」「●」「·」於釋文中照錄，原簡中的重文、合文「〓」直接整理爲釋文，不特殊標注。

八、下列符號爲整理時所加：

□　表示未能釋出的字，一字一□。

……　表示不確定未釋字數。

字　表示有殘餘墨跡並據文意可以補釋的字。

（）　表示異體字或通假字的正字。

〈〉　表示錯訛字括注正字。

［］　表示衍文。

〖〗　表示據文例補出的脱文。

【】　表示雖無墨跡，但據文意或相關簡文可以補充的殘簡、缺簡内容。

☒　表示原簡殘缺。

九、原簡行文中空白處，僅在簡注中加以推測說明，不加符號標注。簡文起首和簡文結束後的空白以及編繩處不做空白處理。

十、彩色圖版與紅外綫圖版在簡文的清晰度和簡的完殘程度等方面不盡相同，釋文擇優而寫，不逐一注明圖版異同。

十一、簡注引用已刊出土材料時，一般衹標明篇章名，對原有篇章名與整理者所取的篇章名不加區别，注釋中間或有參考今人注釋，因體例所限，不另加注。

目錄

彩色圖版

案例一　襄人斂賓案　正面編聯圖版

007
0113

006
0105+
0089+
0098

005
0152+
0080

004
0001

003
0077

002
0052+
0157

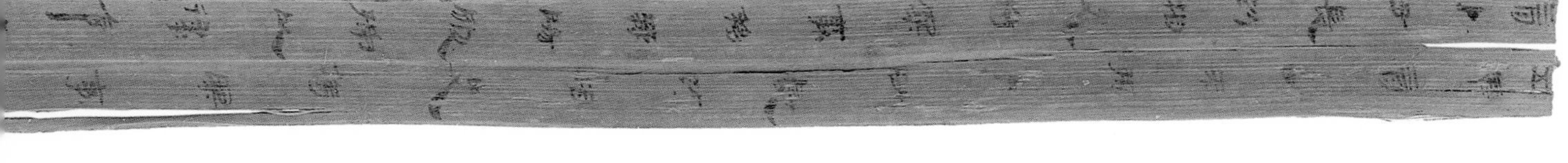
001
0047

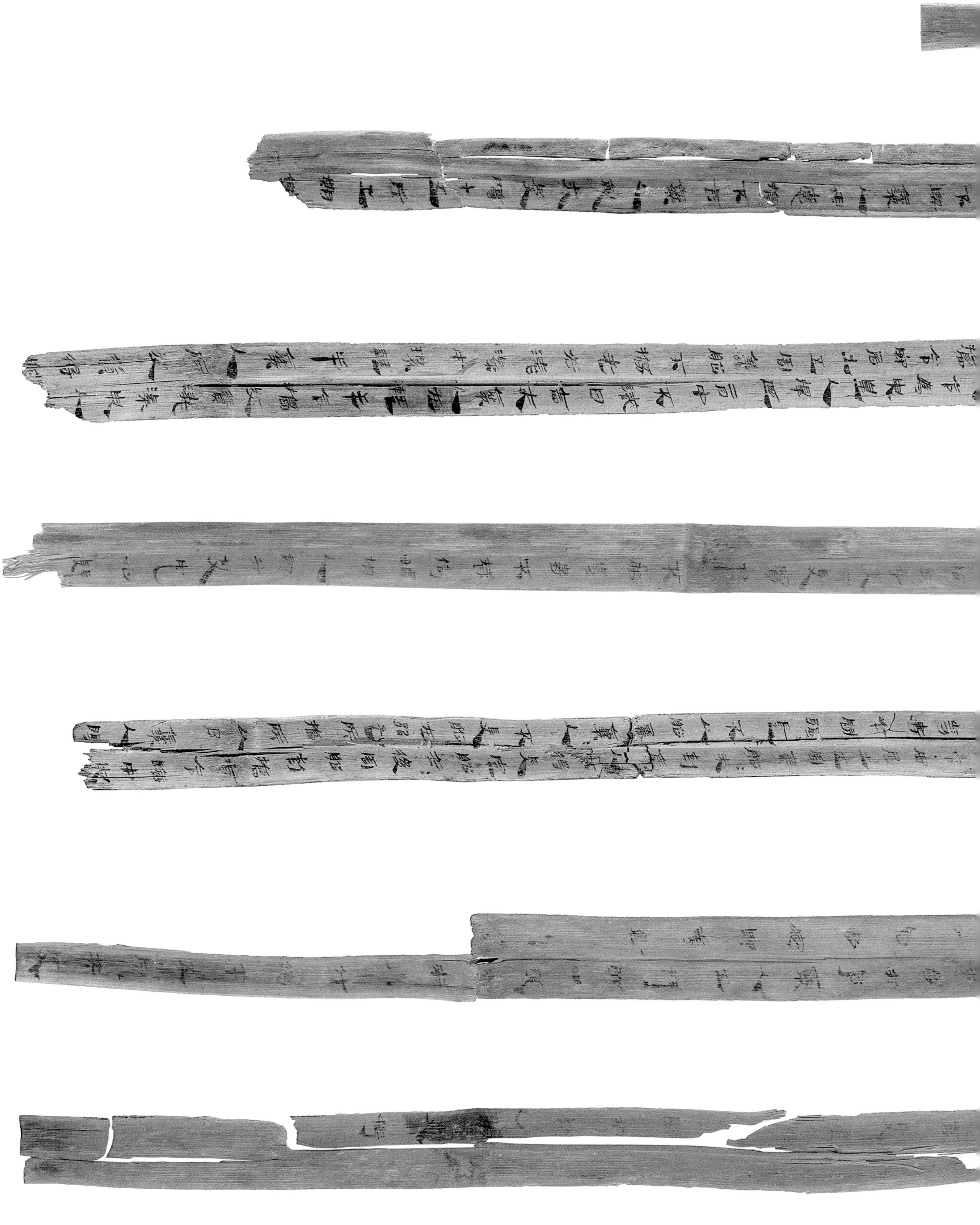

008
0010

009
0011

010
0171+
0012

011
0131

012
0008

013
0007

014
0112

015
0161+
0003

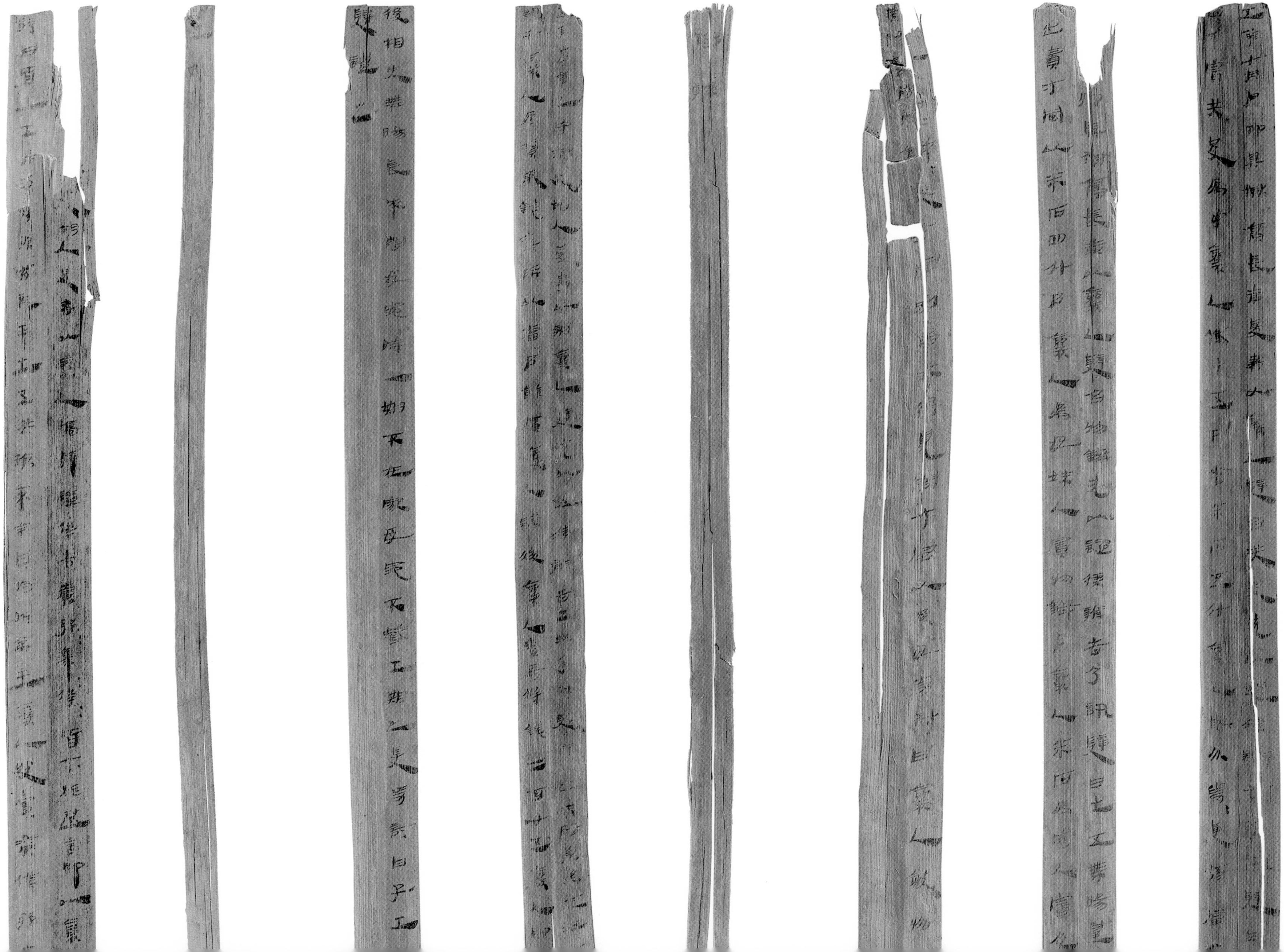

016
0016+
0123

017
0155

018
1792+
0017

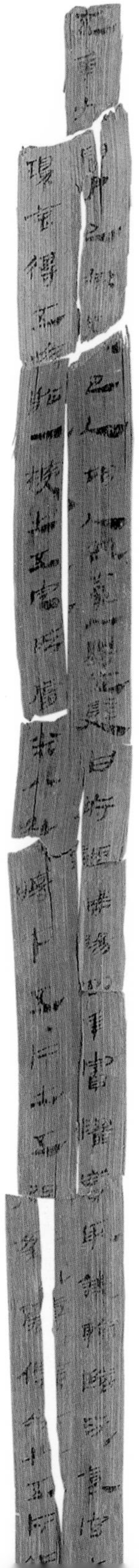

019
0151+
0005

020
0002

021
0121

022
2171

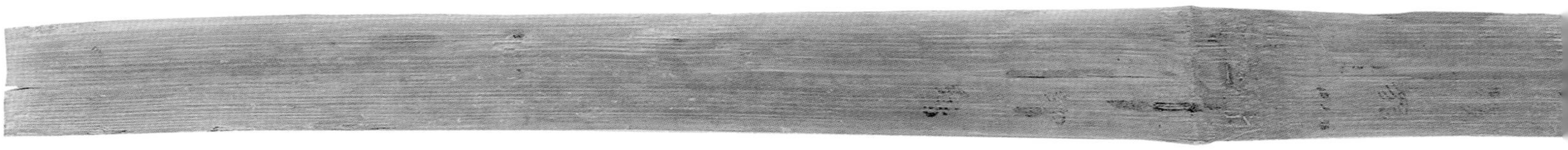

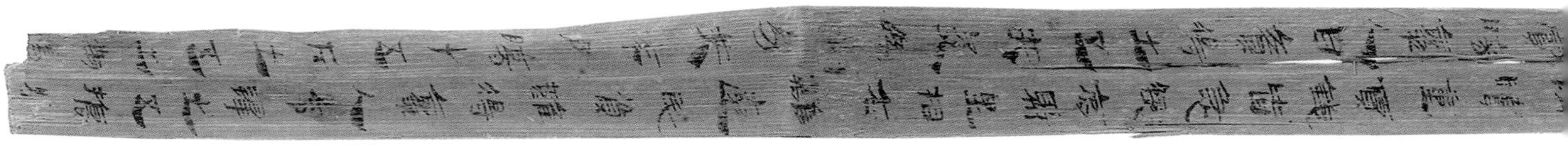

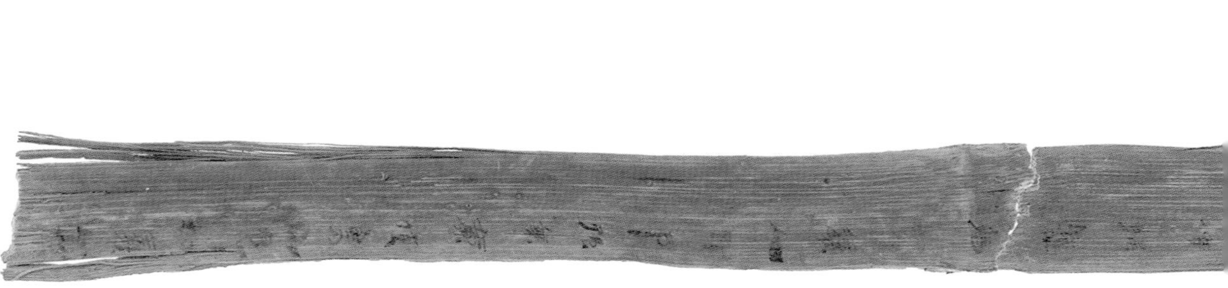

案例二　駕、縱、野劾不審案　正面編聯圖版

029
0184

028
0035

027
0078

026
0081

025
0037

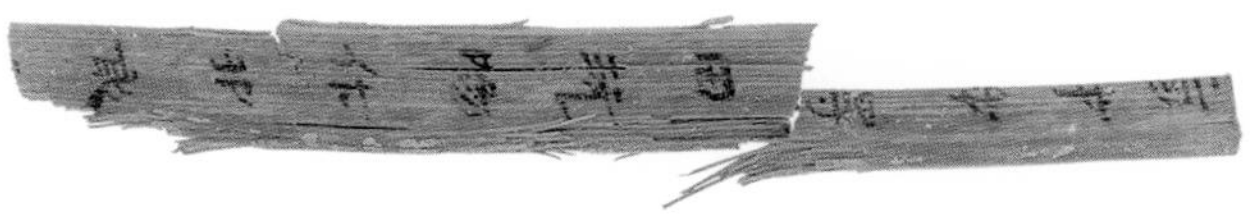

024
0426

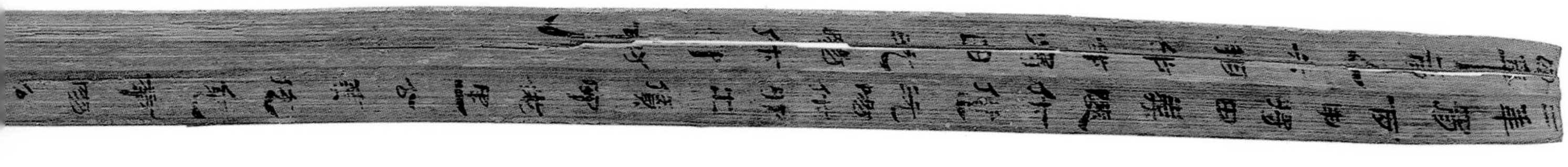

023
0006

030
0046

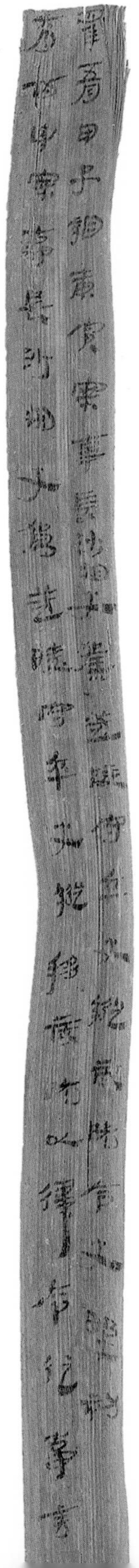

031
0094

032
0004

033
0032

034
0040

035
0013

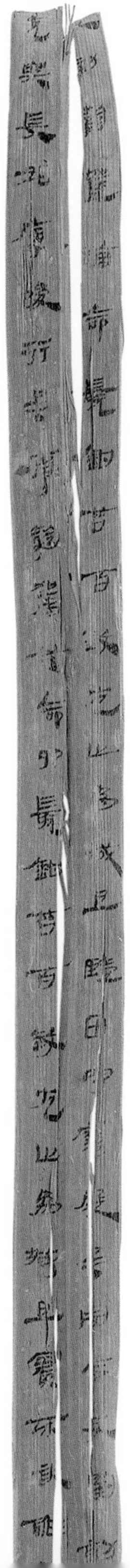

036
0038

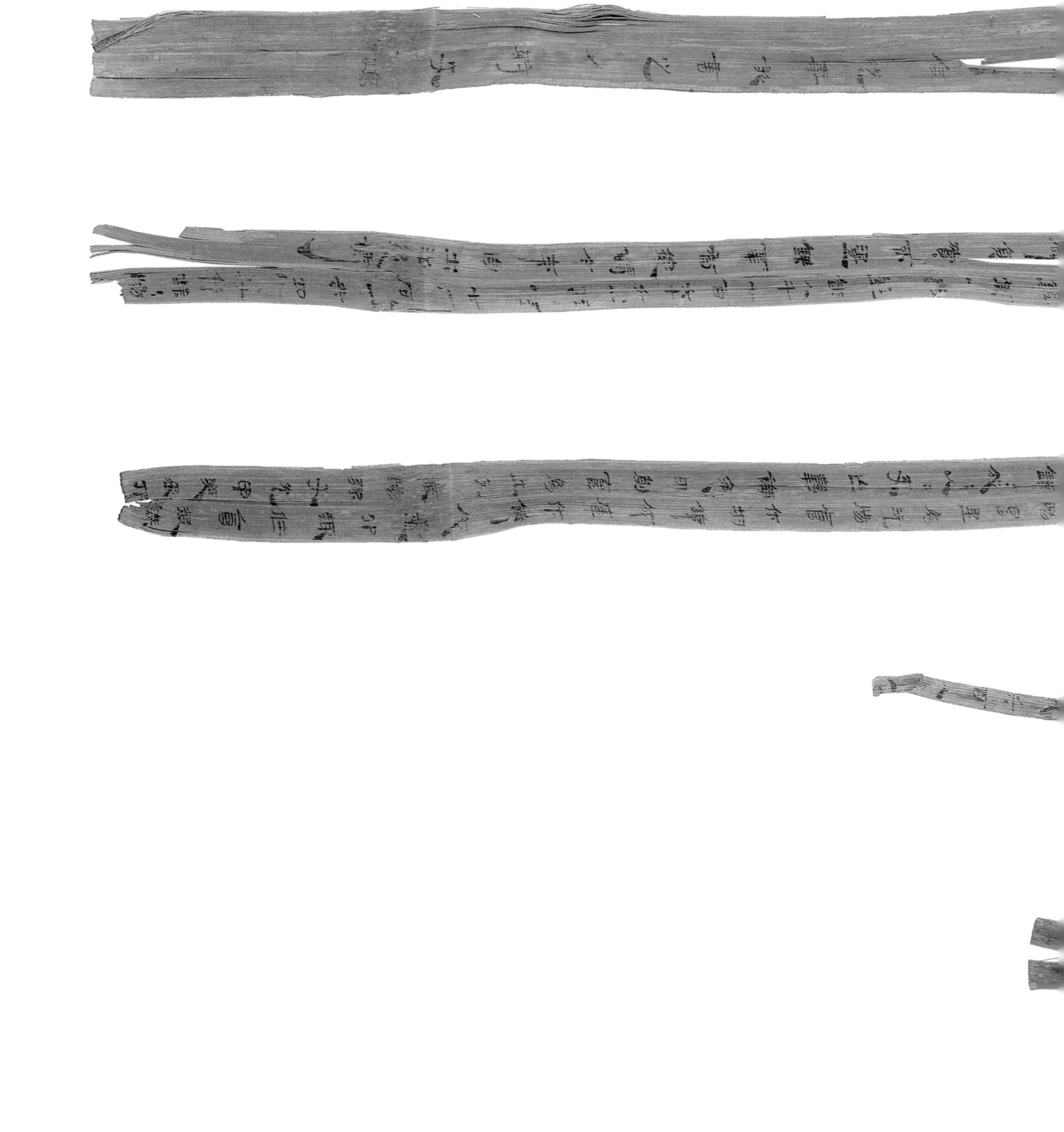

043	042	041	040	039	038	037
0049	0156	0051	0048	0173+0076	0004-1	0348

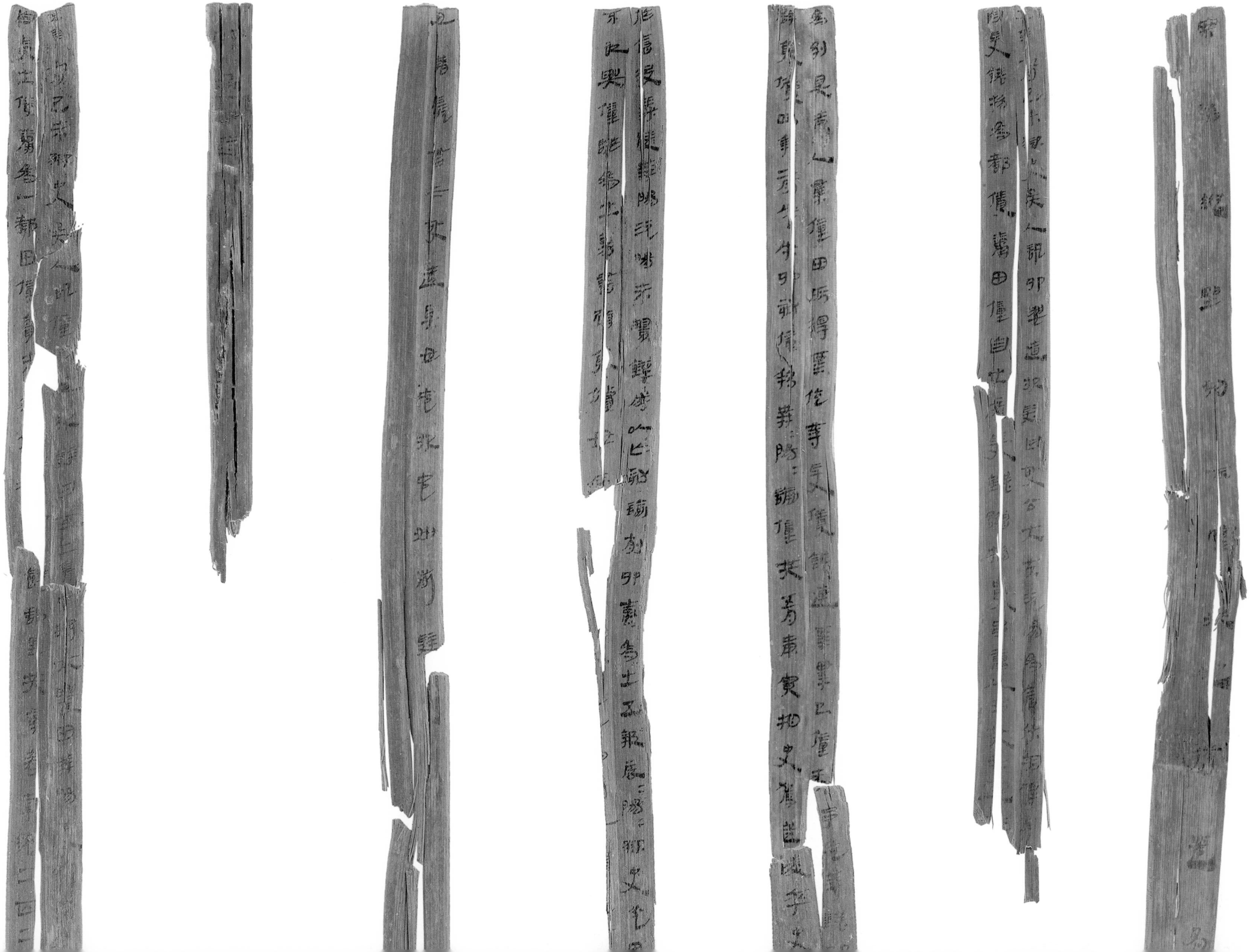

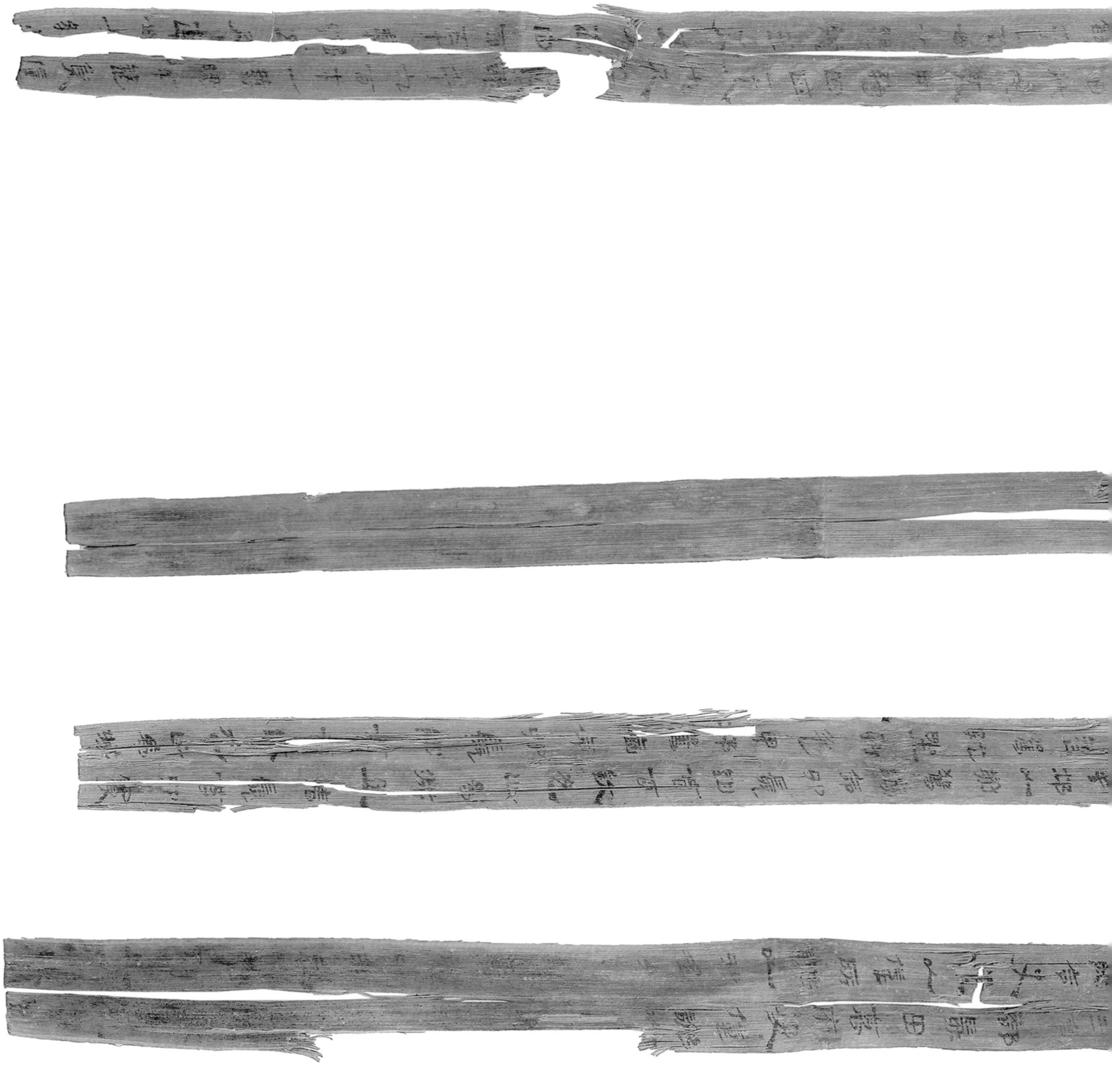

044
0092+
0099+
0349

045
0162+
0353+
1743

046
0014

047
0205
0363+

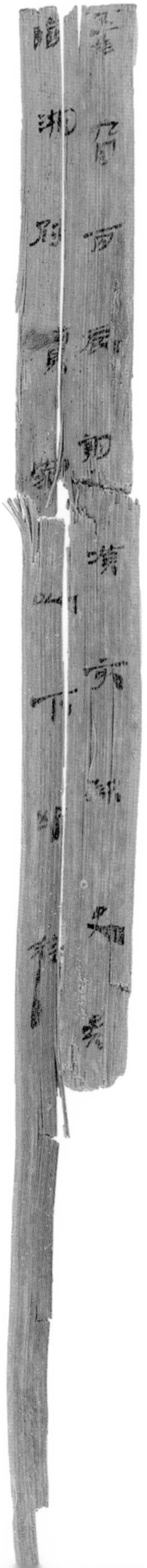

048
1628

049
1094

案例三　都鄉七年墾田租簿案　正面編聯圖版

055
1139

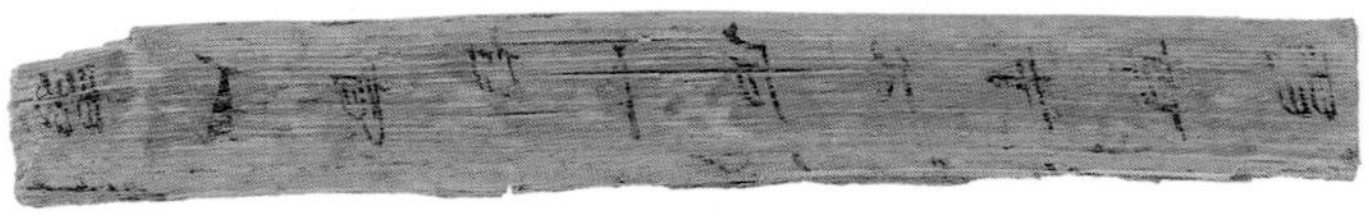

054
0056

053
0456

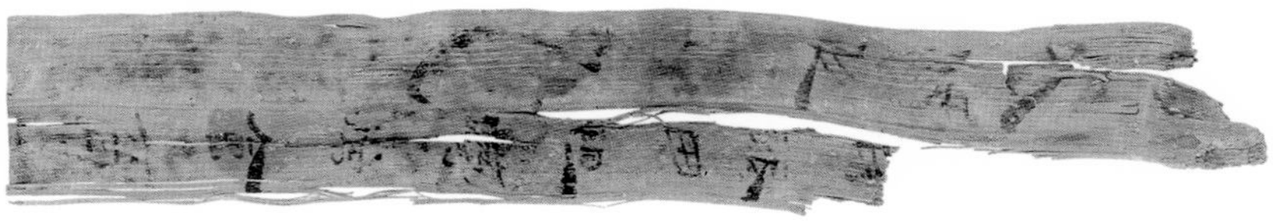

052
0976

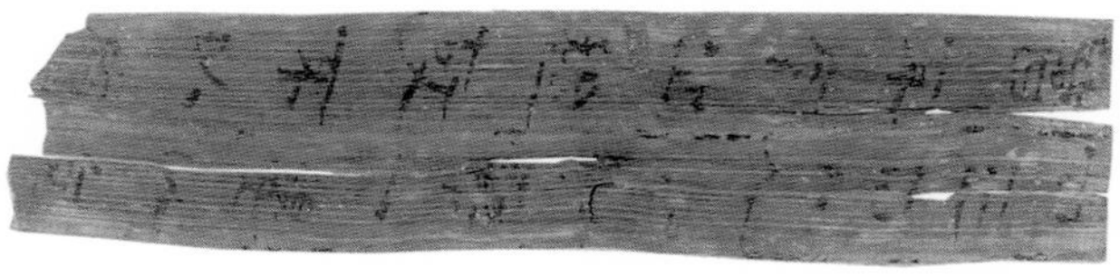

051
0795

050
0368
1564+
1584+

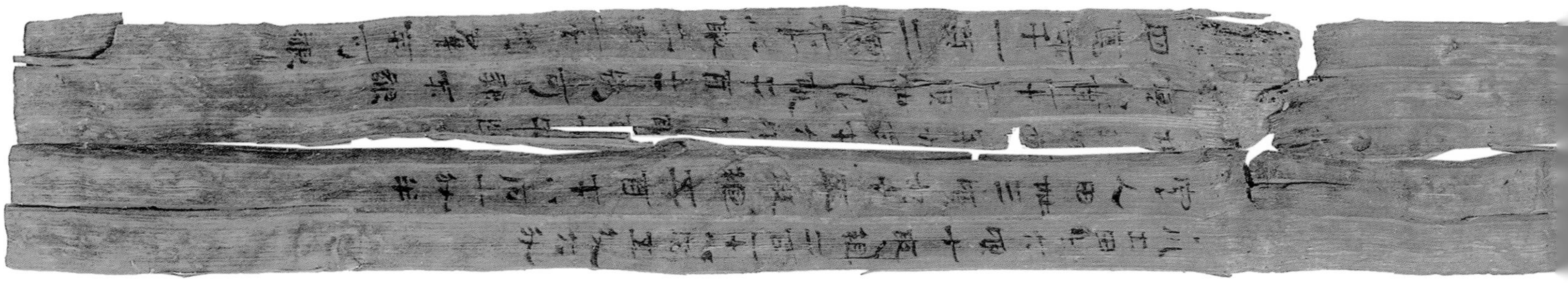

案例四　長沙郵傳舍壞敗舉劾案　正面編聯圖版

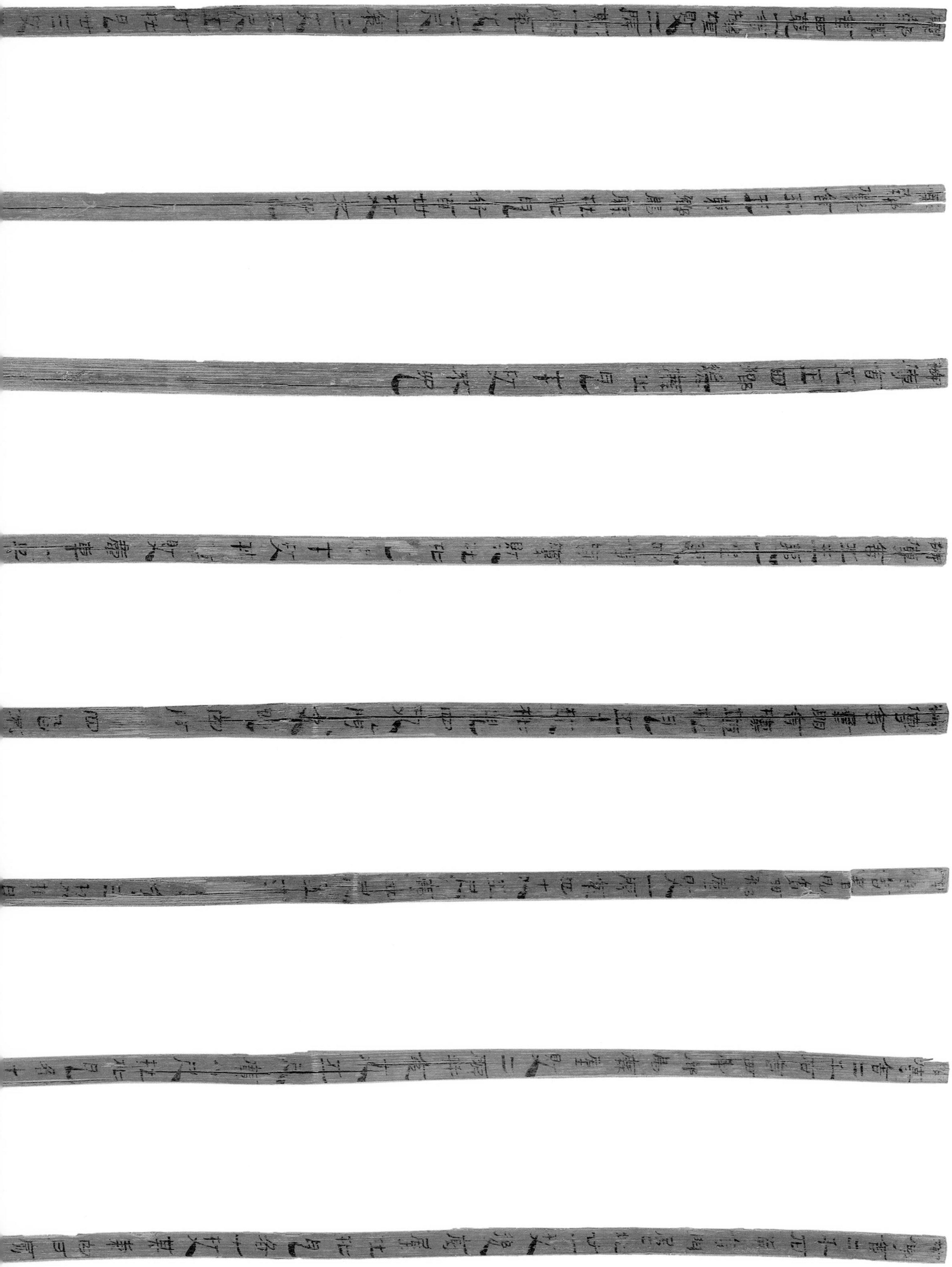

063 0030

062 0025

061 0045

060 0026

059 0020

058 0022

057 0021

056 0036

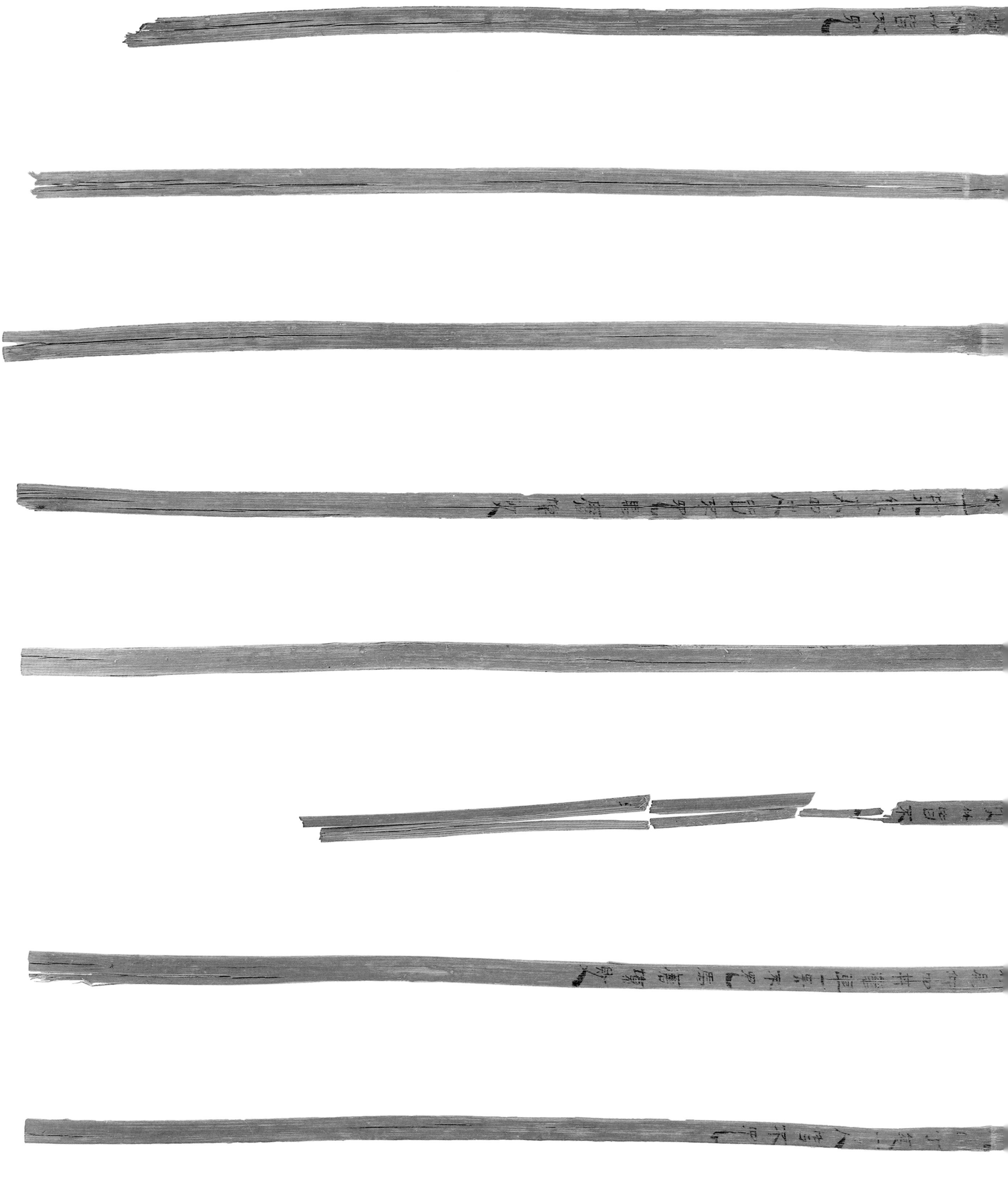

064
0027

065
0029

066
0023

067
0028

068
0019

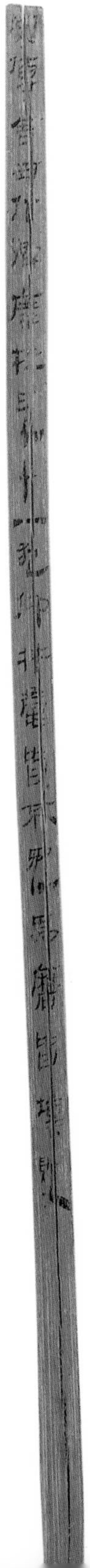

069
0079

070
0015

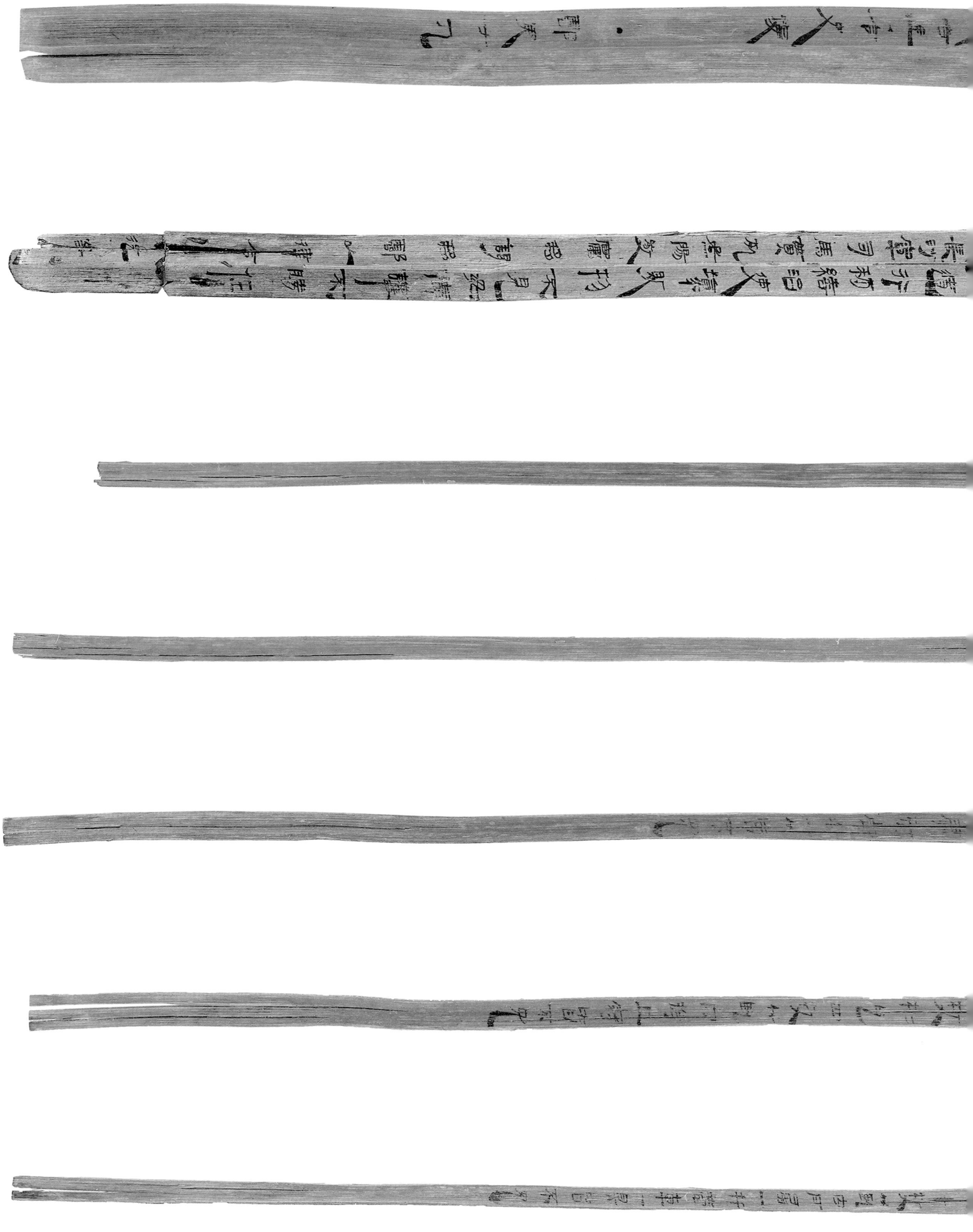

案例五　鐵官守長辰乞鞫案　正面編聯圖版

071 0324

072 1692+1577

073 0332

074 1113

075 0245

076 1690

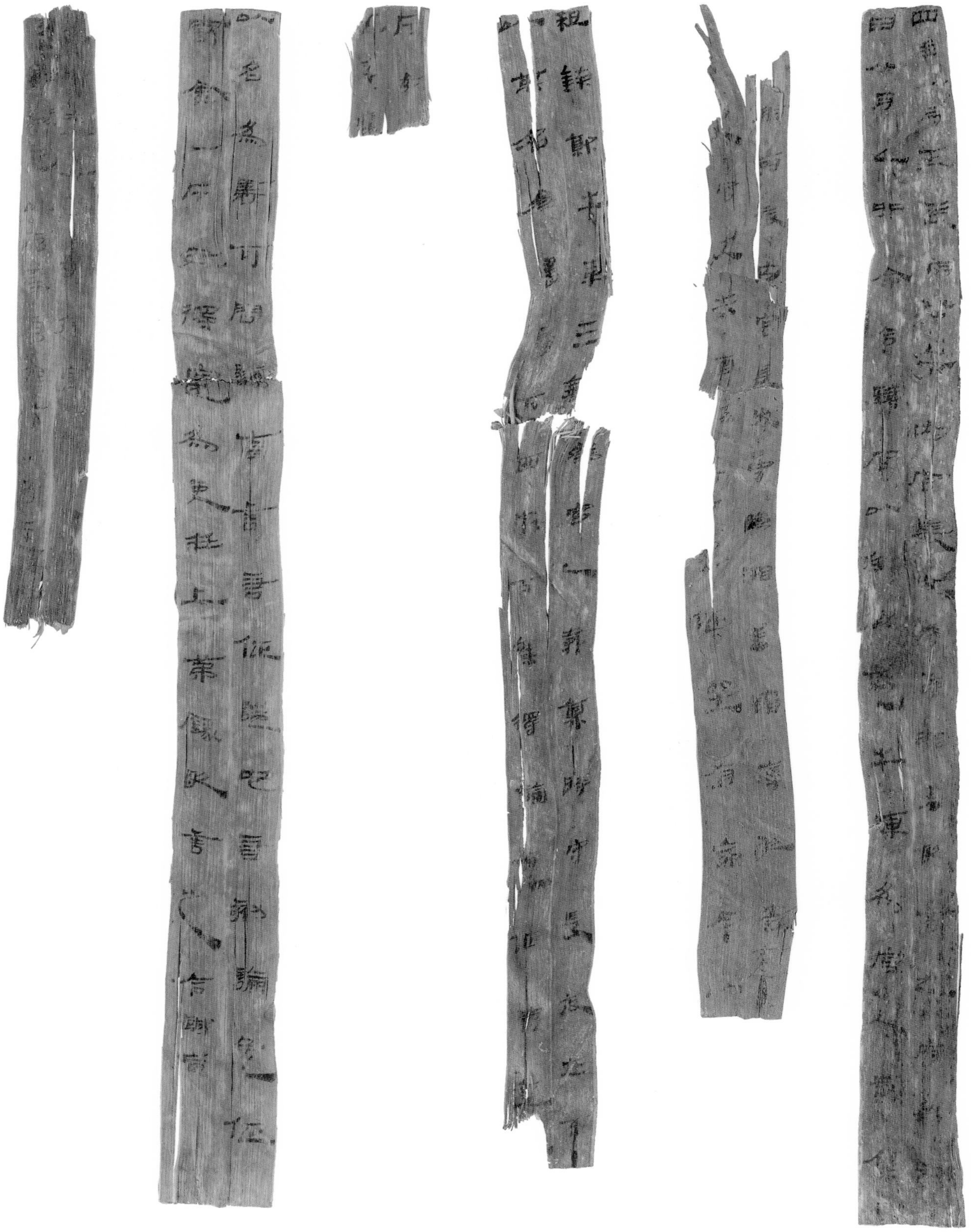

077 0975

078 0894

079 0444

080 0852

081 0649

082 1118

083 1745

案例六　不知何人盜當時等衣物案　正面編聯圖版

084 1796

085 0381+1465

086 1449+1363

087 1720

088 0439+0137+0145

089 0217

090 0964+0383+1609

091 0879

092 0256

093 0657+1555

094 0387+0202

095 2056

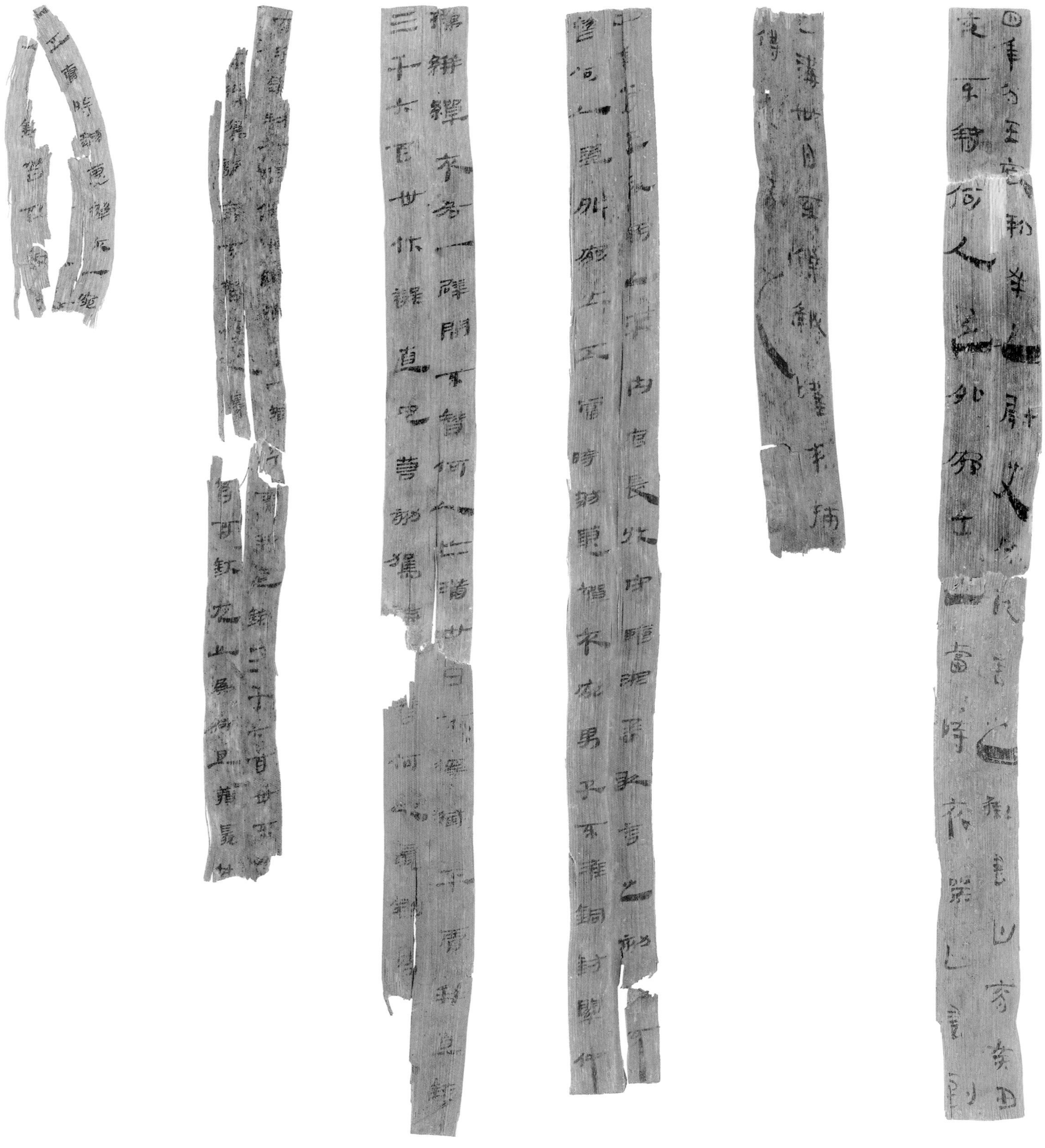

096 0167

097 0903

098 0945

099 1210

100 0554

101 1889

102 2063

103
0365

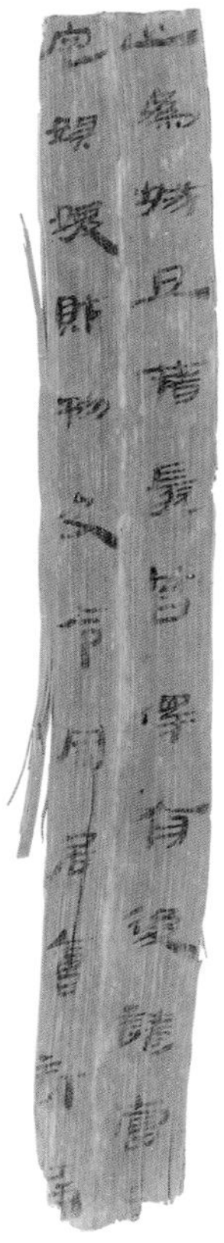

104
0532

105
1596

案例七　郡買置傳車具逾侈案　正面編聯圖版

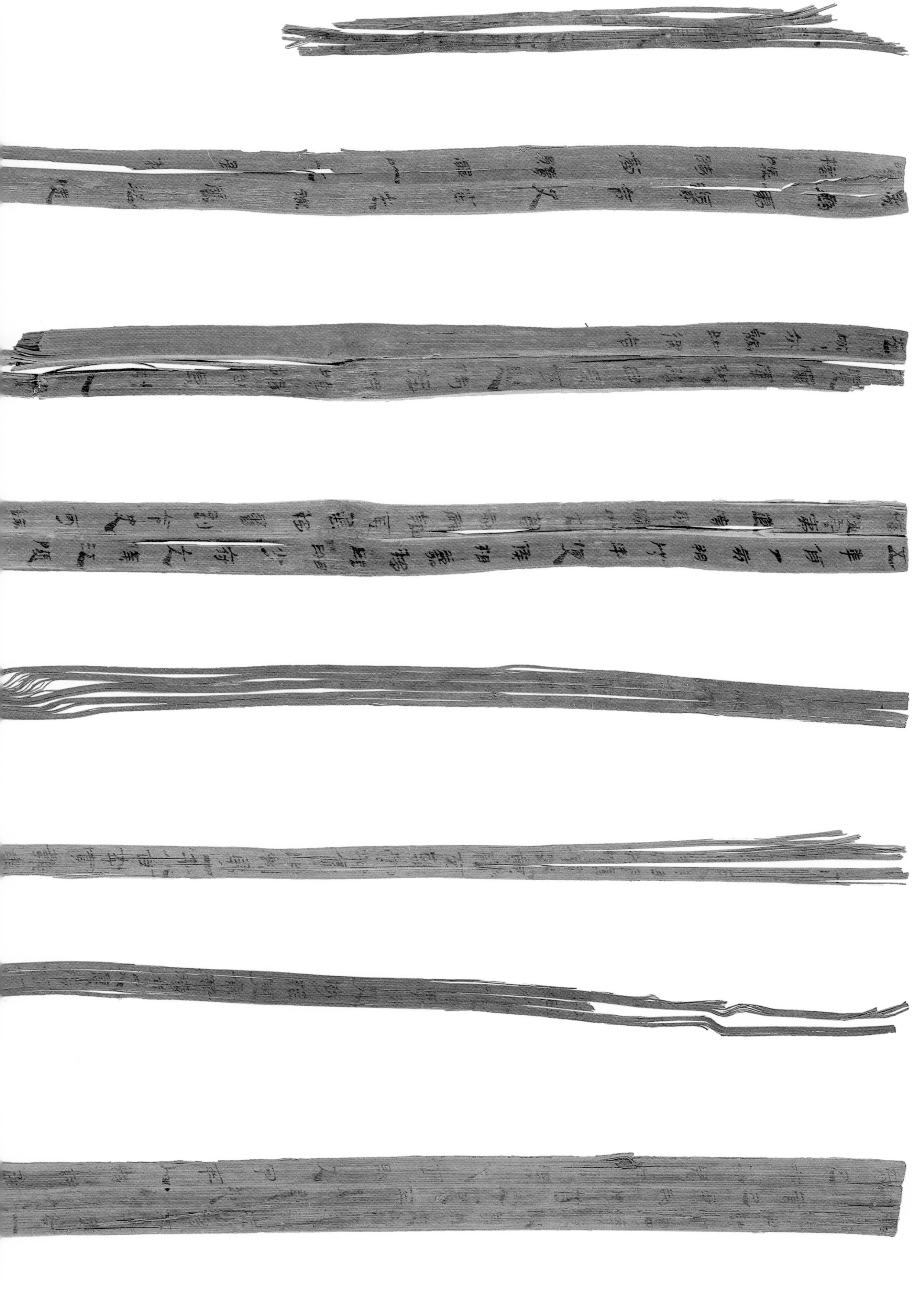

113 0110

112 0033

111 0093

110 0088

109 0039

108 0031

107 0024

106 0054

案例八　申、庚首匿信案　正面編聯圖版

114
0166

115
0985

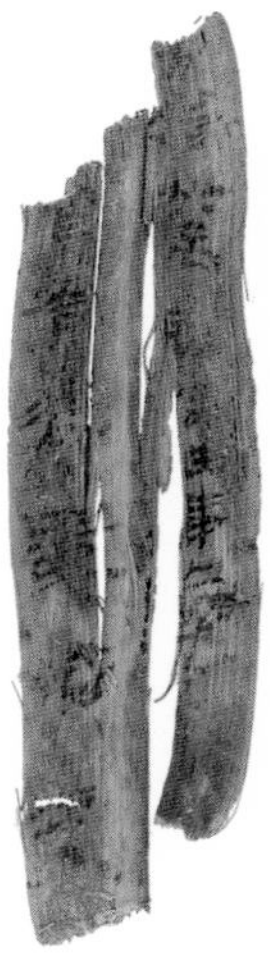

116
1601+
0858

紅外綫圖版

案例一　襄人斂賓案　正背面編聯圖版

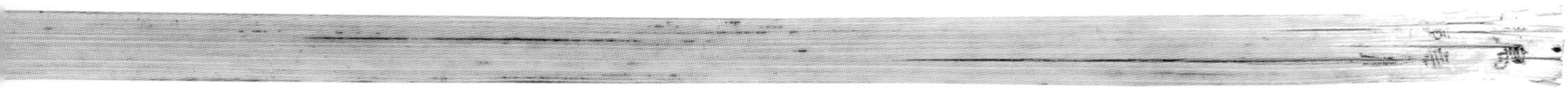
007
0113

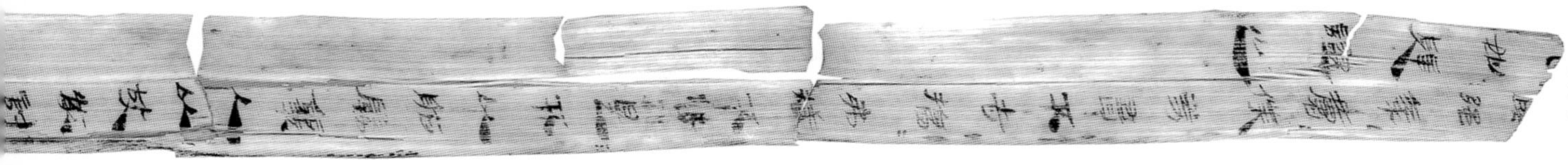
006
0105+
0089+
0098

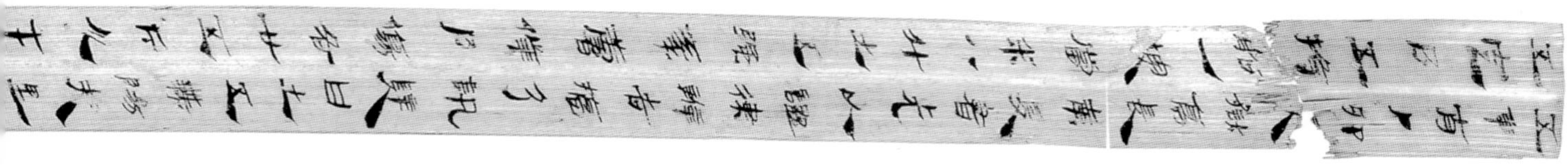
005
0152+
0080

004
0001

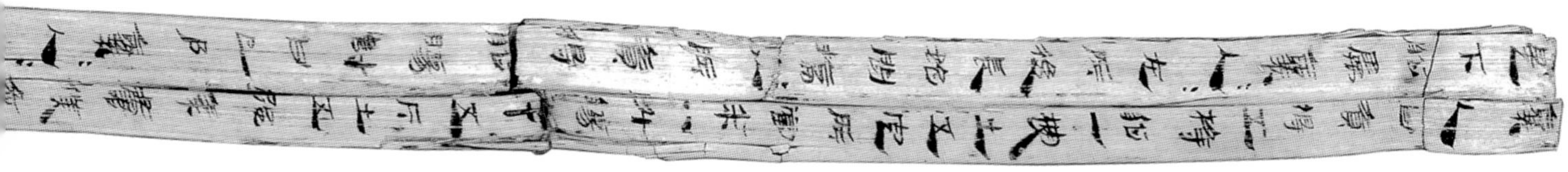
003
0077

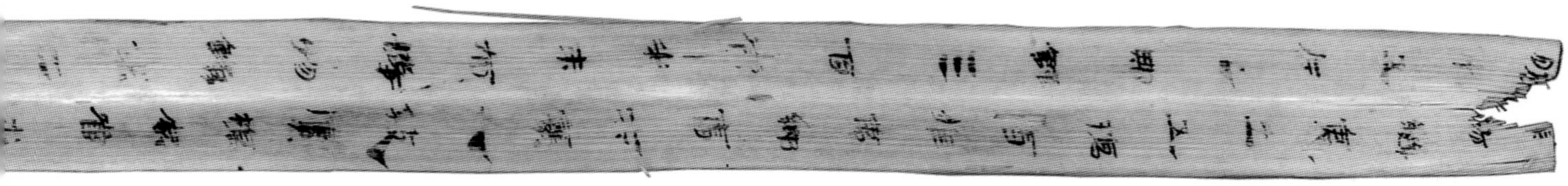
002
0052+
0157

001
0047

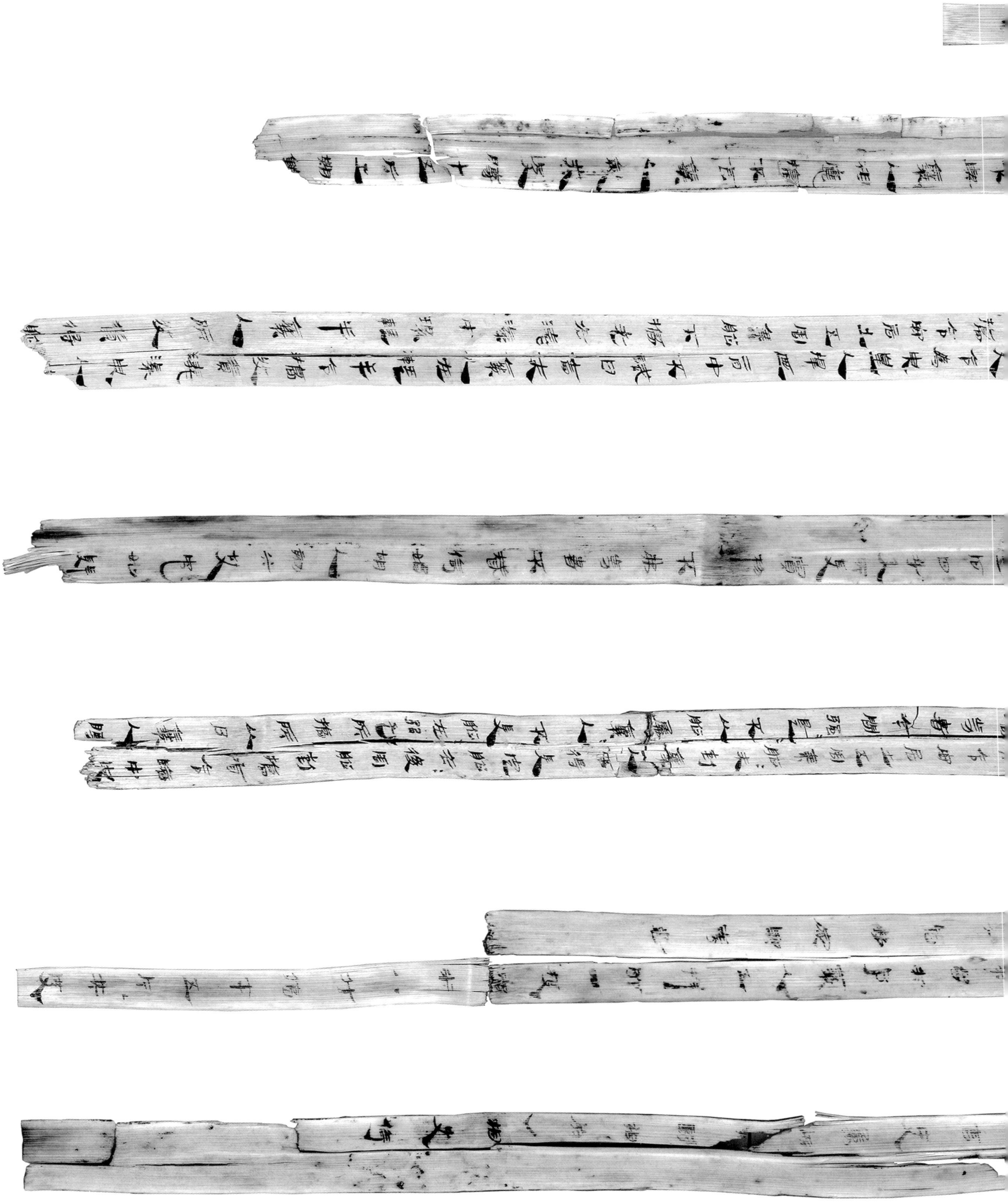

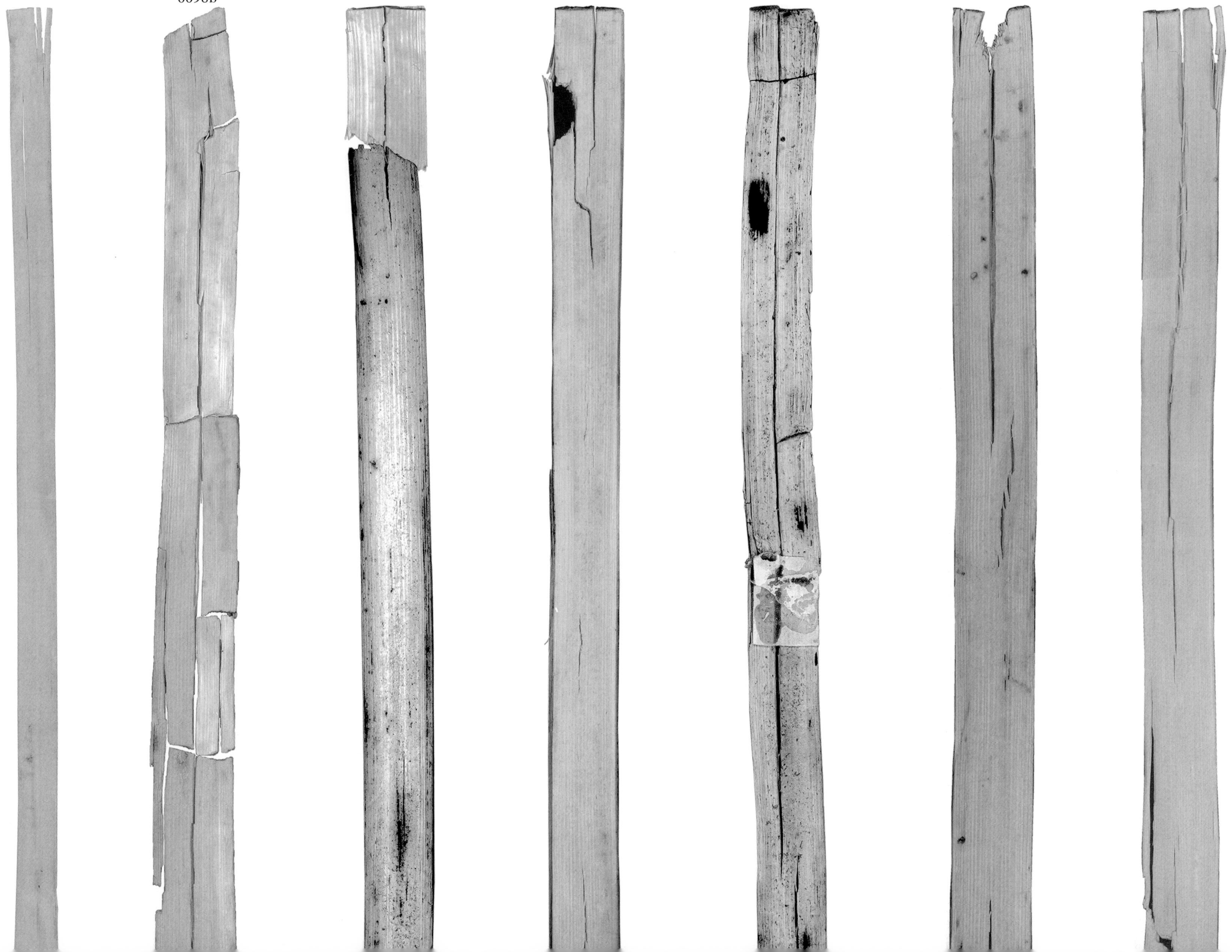

001b 0047b

002b 0052+0157b

003b 0077b

004b 0001b

005b 0152+0080b

006b 0105+0089+0098b

007b 0113b

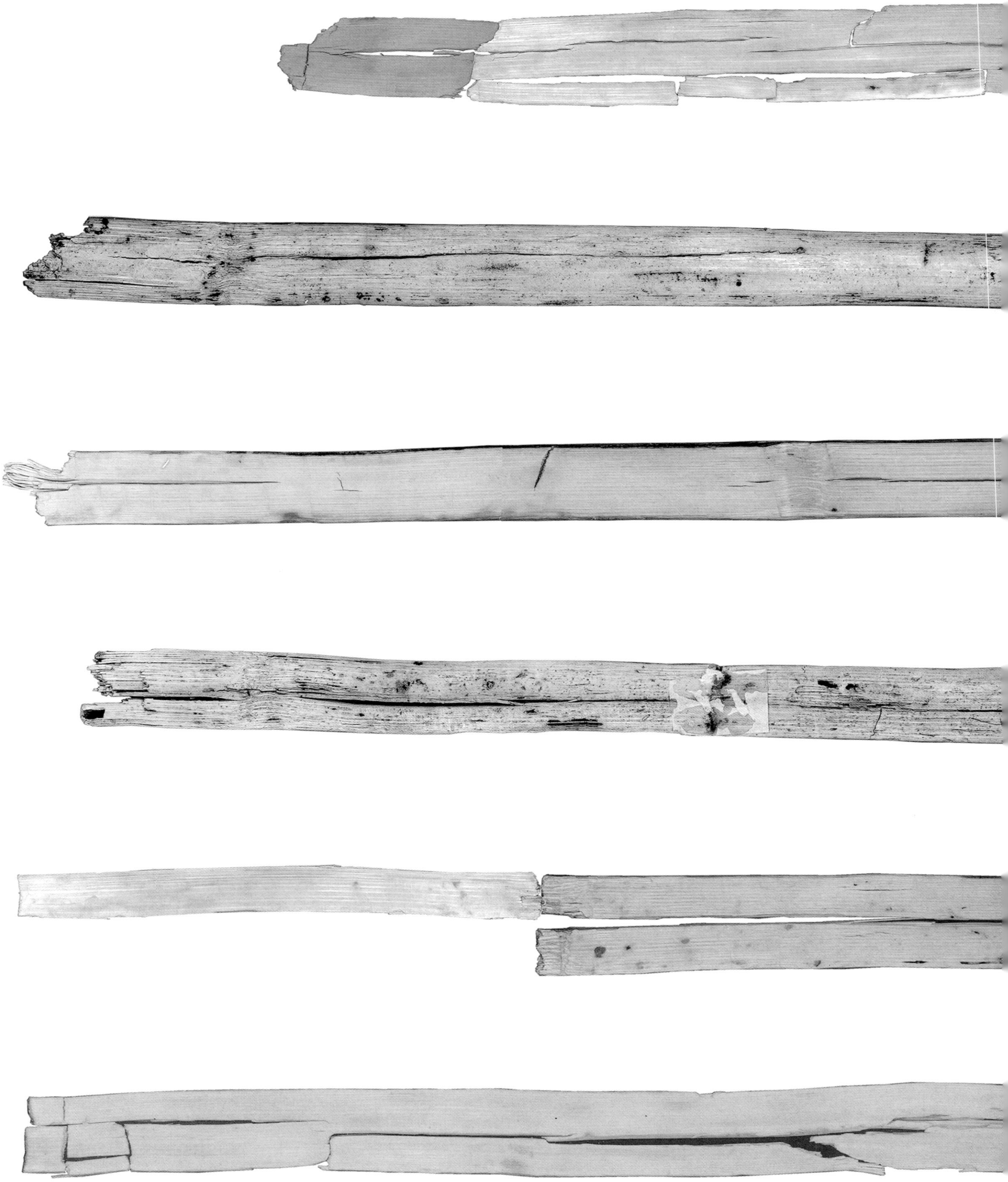

008
0010

009
0011

010
0171+
0012

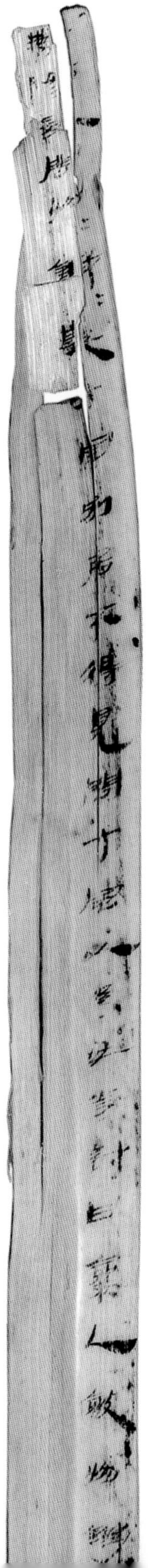

011
0131

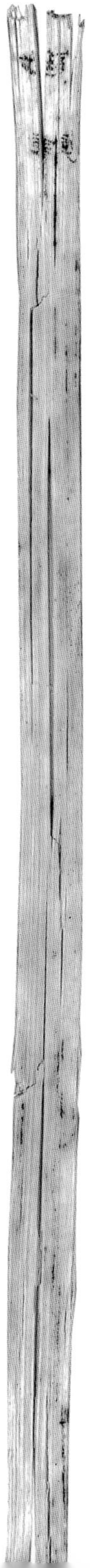

012
0008

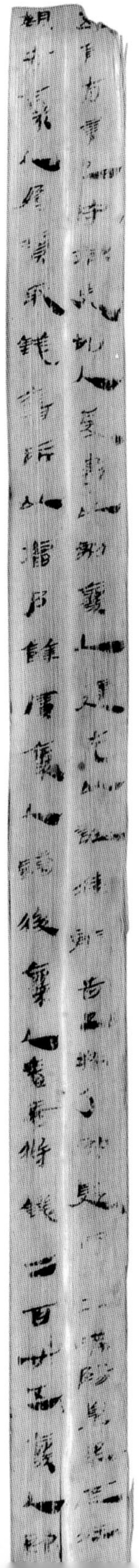

013
0007

014
0112

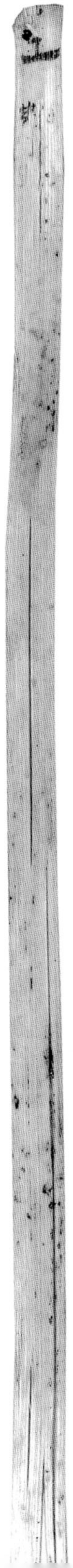

015
0161+
0003

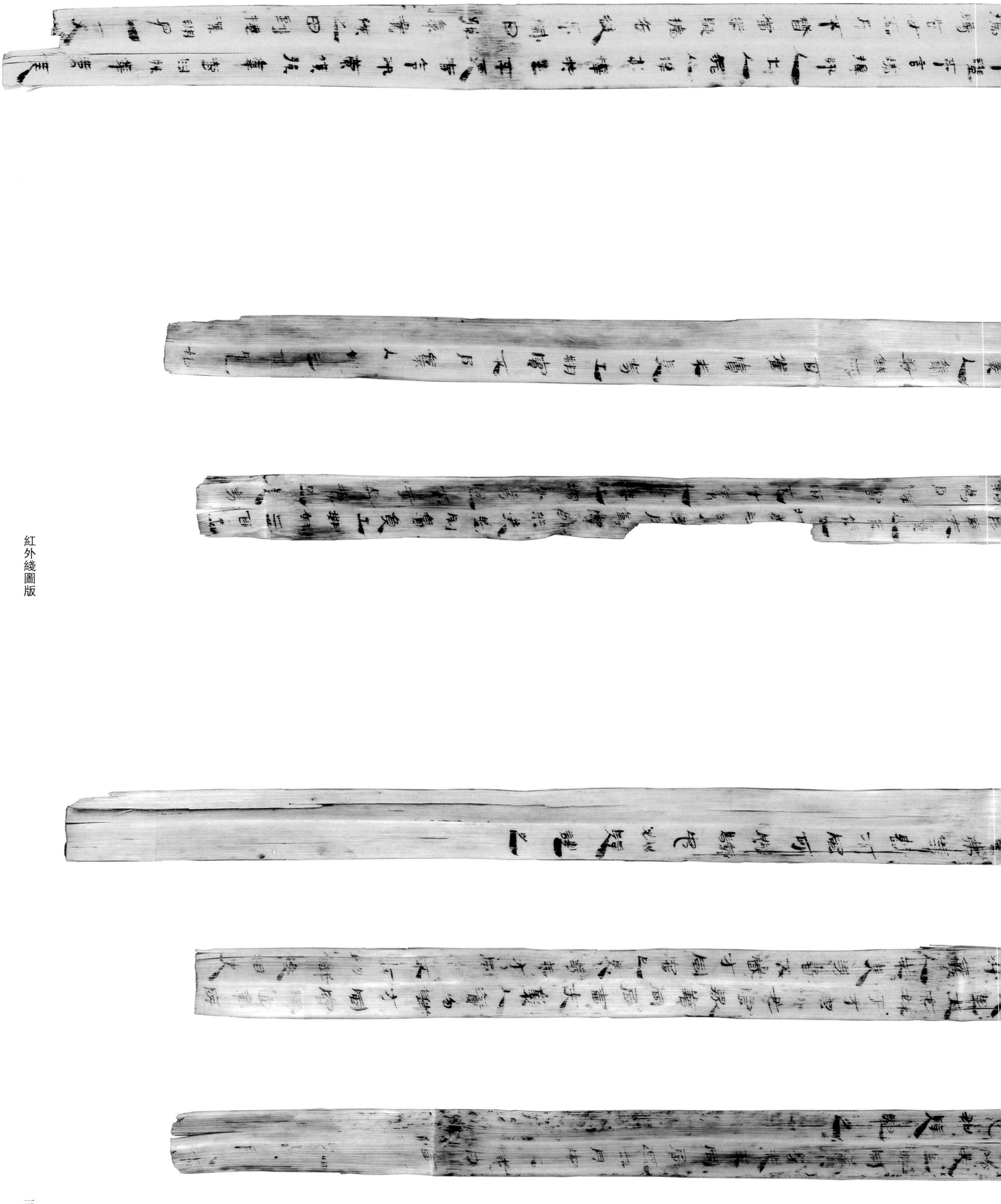

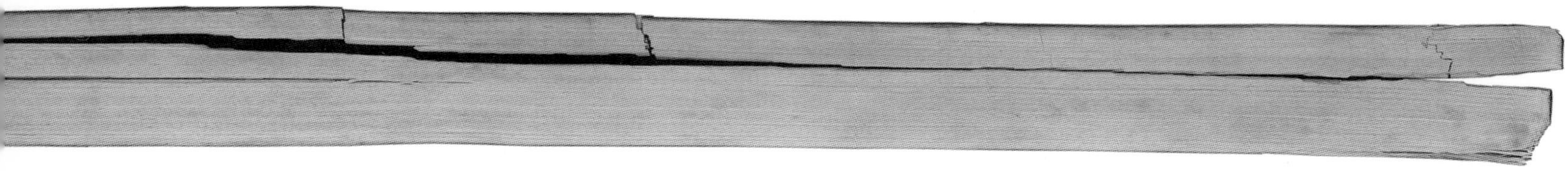

008b
0010b

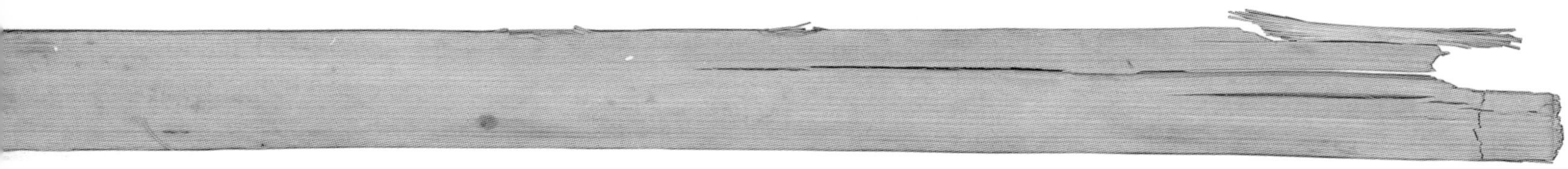

009b
0011b

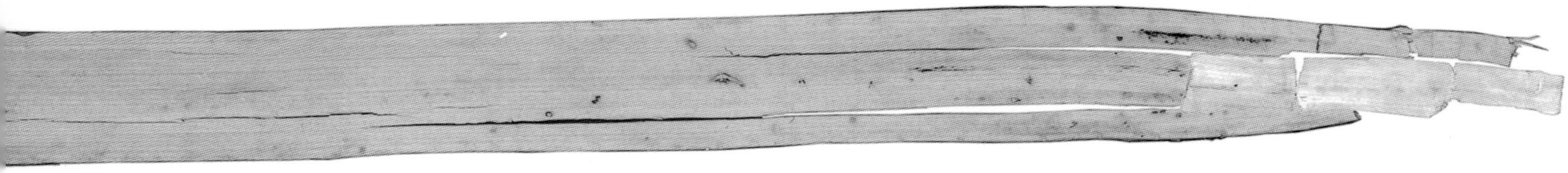

010b
0171+
0012b

011b
0131b

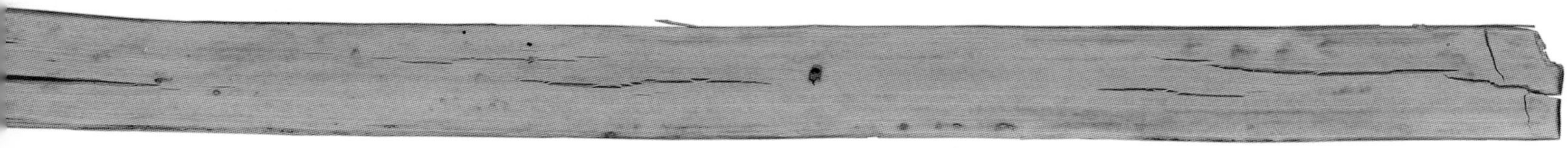

012b
0008b

013b
0007b

014b
0112b

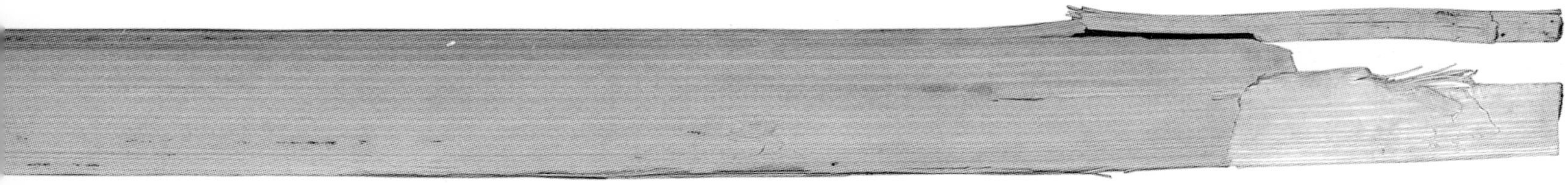

015b
0161+
0003b

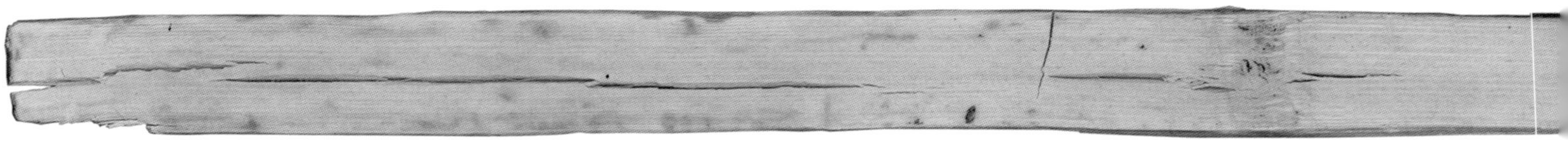

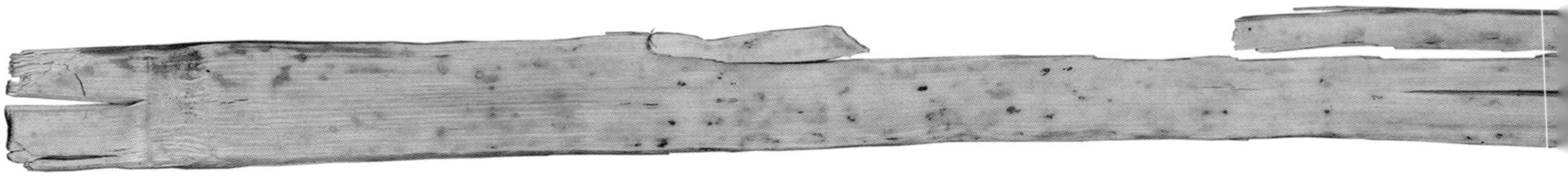

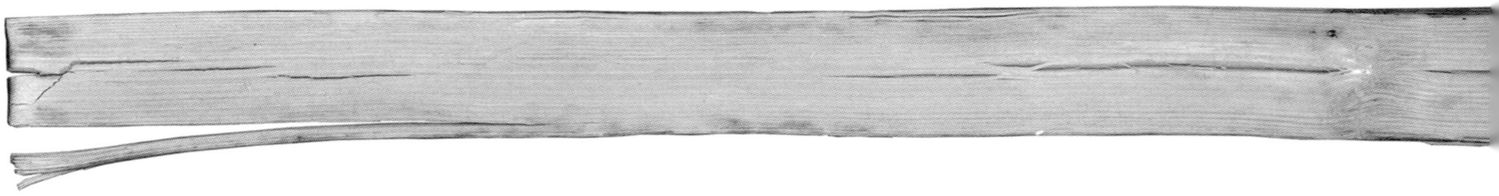

016
0016+
0123

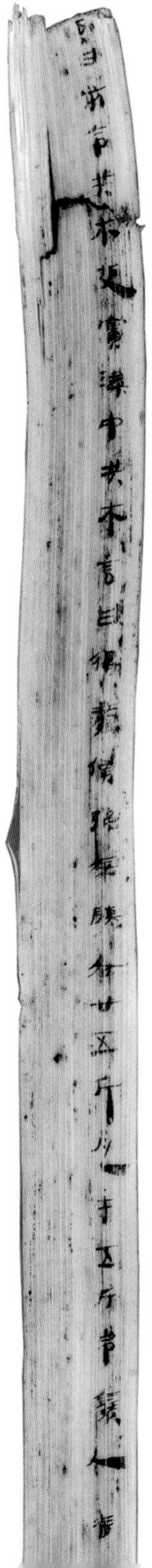

017
0155

018
1792+
0017

019
0151+
0005

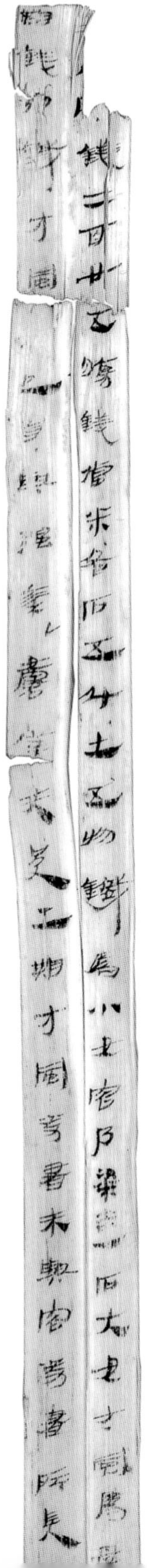

020
0002

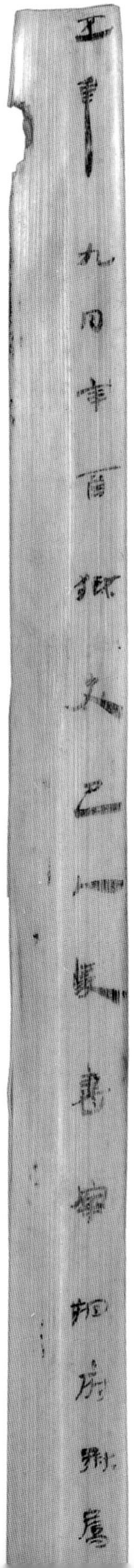

021
0121

022
2171

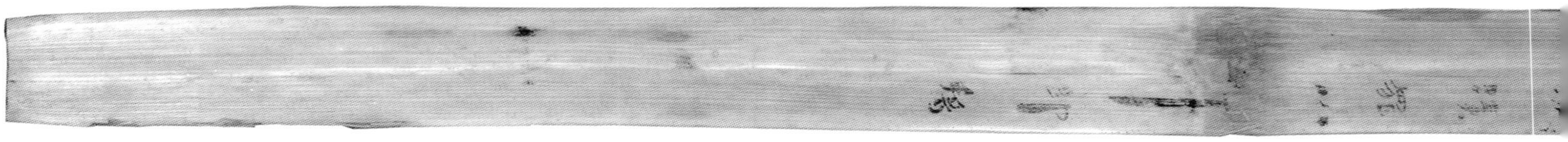

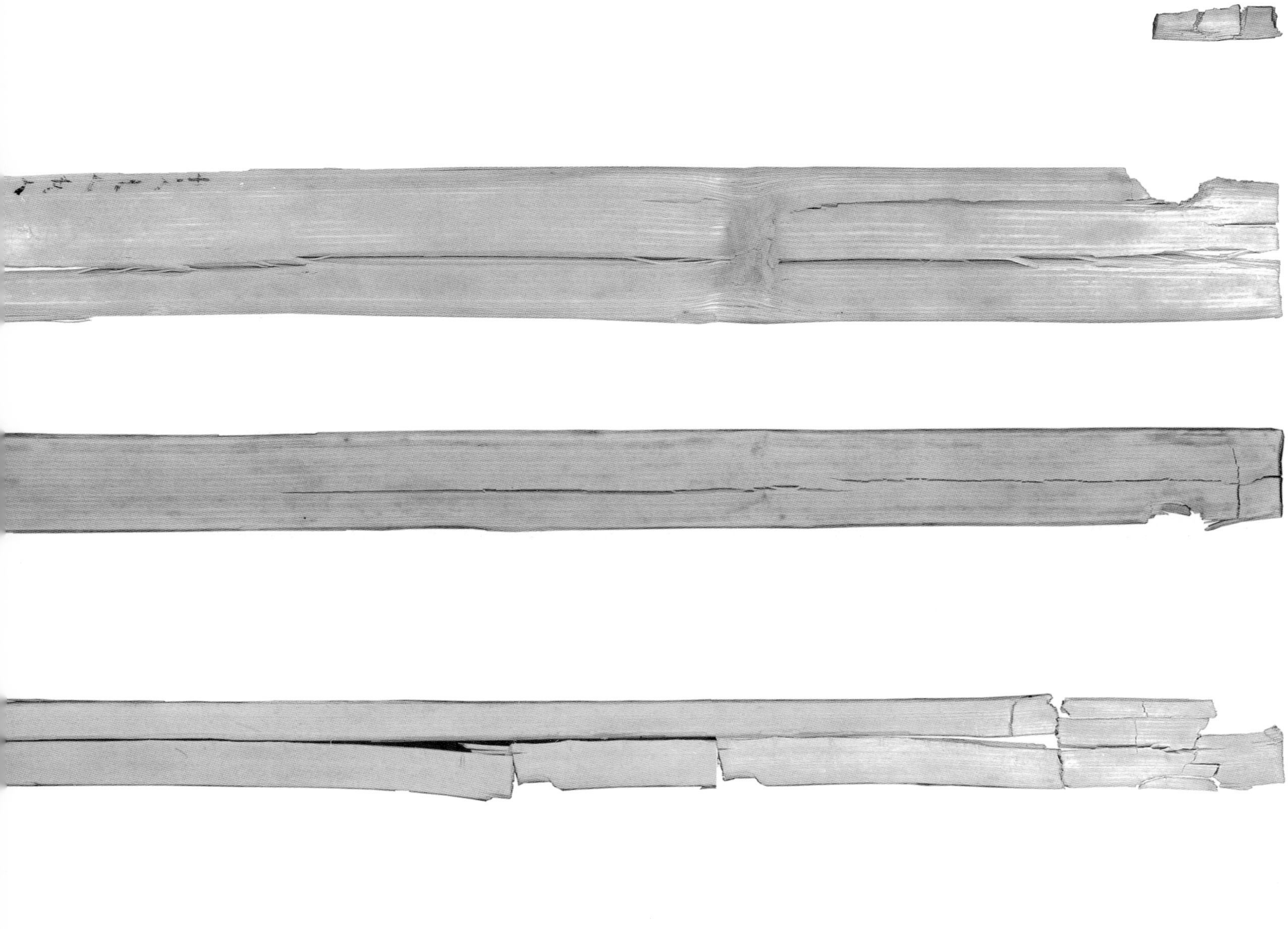

022b 2171b

021b 0121b

020b 0002b

019b 0151+0005b

018b 1792+0017b

017b 0155b

016b 0016+0123b

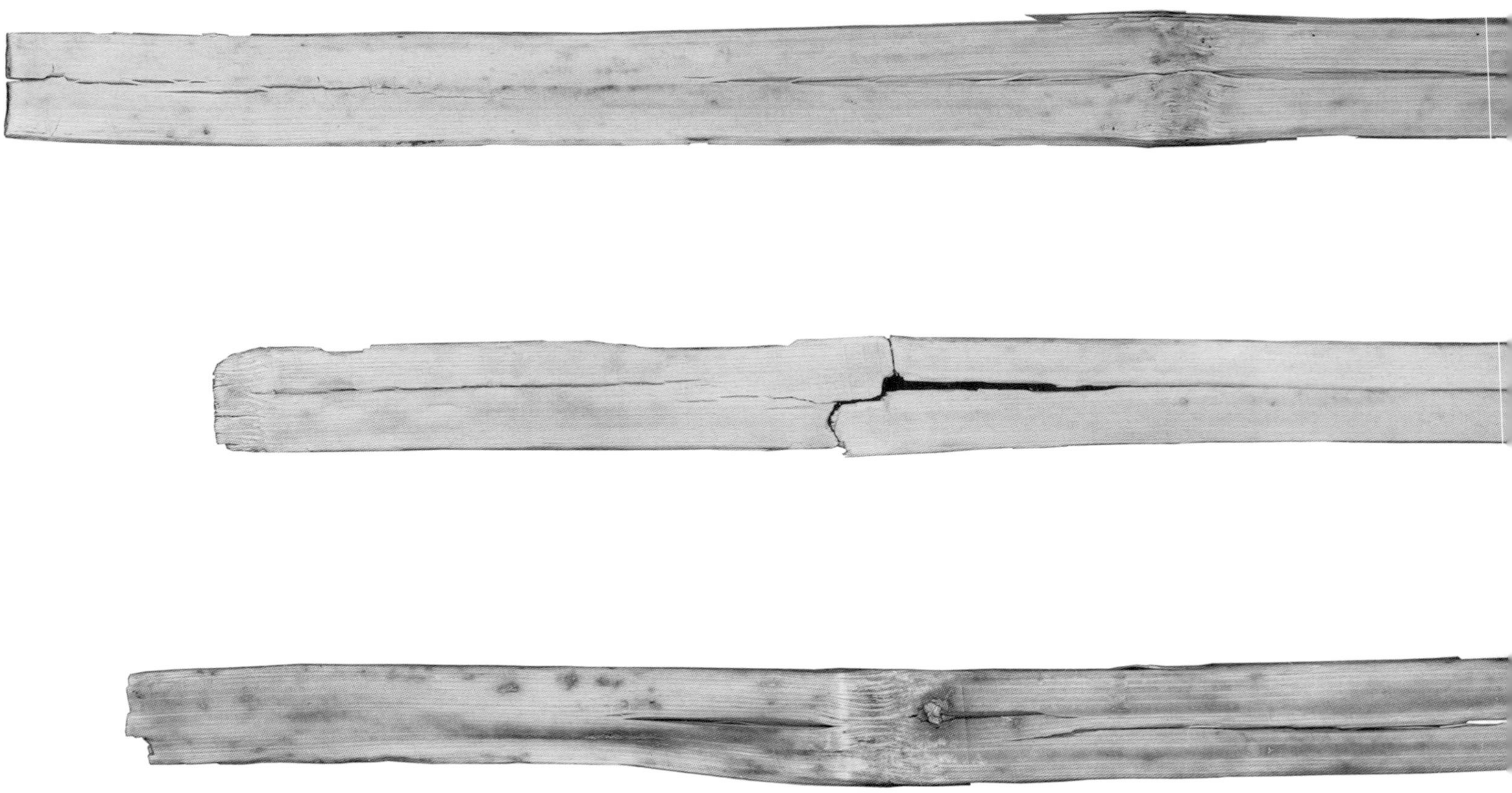

案例一　襄人斂賓案　單簡圖版及釋文

☆ **001**
0047
001b
0047b

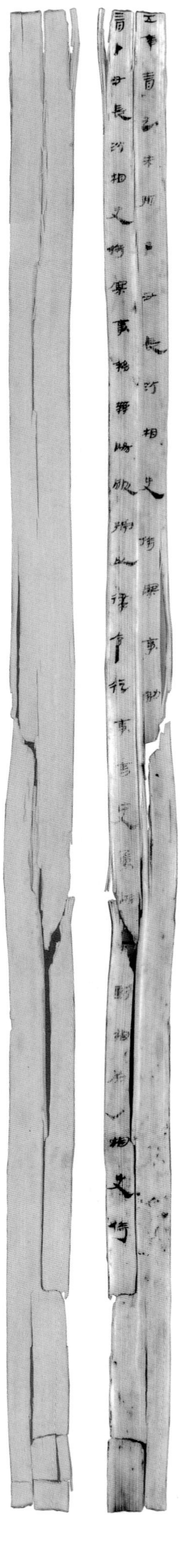

五年三月己未朔丁丑[一]，長沙相史倚案事劾。

三月丁丑，長沙相史倚案事[二]，移無陽[三]服捕，以律令從事。言夬（決）[四]屬所，移獻（讞）相府。丿相史倚

002
0052+
0157
002b
0052+
0157b

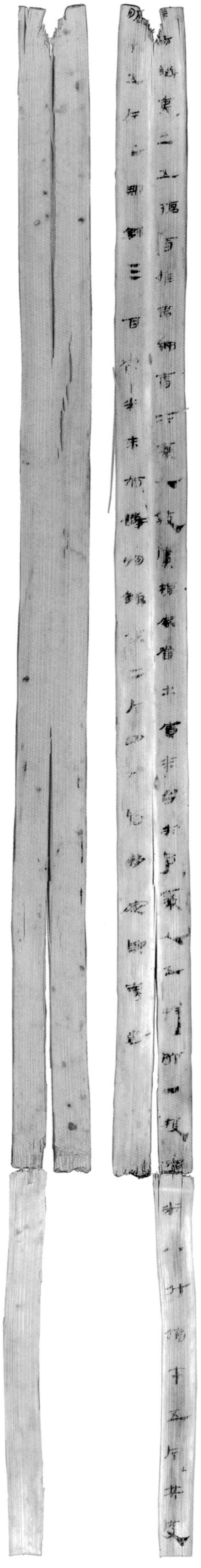

無陽變（蠻）夷士五（伍）搞[五]言：雎夷鄉[六]嗇夫襄人[七]斂賓[八]，搞家當出賓米，毋（無）米，予襄人五椊船一樓，當[九]米八斗；腸[十]七十五斤；ㄴ共皮[十一]

腸十五斤；工期[十二]錢三百，當米未有數；於鐵[十三]米二石四斗，皆弗家與券書。

（缺簡）

☆ **003**
0077
003b
0077b

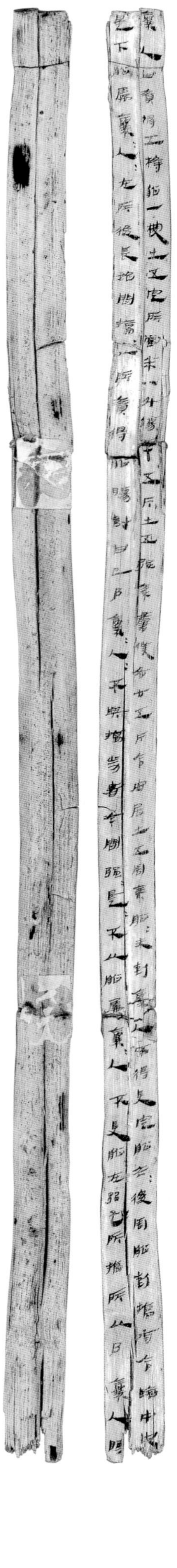

襄人自責得[十四]五椊船一樓士五（伍）定[十五]所，當米八斗。腸七十五斤，士五（伍）強秦[十六]、磨[十七]、僕[十八]各廿五斤，令安居[十九]士五（伍）周[二十]乘船，船未到，襄人不得受。定船去，去後周船到，搞有（又）令臨中[二十一]臾【人強】

是[二十二]下船，屬襄人襄人在所。後長始問搞，搞以所責得船、腸對曰：己予襄人，襄人不予搞券書。今問強是，強是不以船屬襄人，襄人不受船，船在強是所，搞所以予襄人腸☑

（缺簡）

☆ **004** 0001

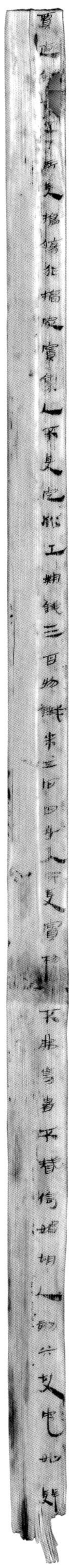

004b 0001b

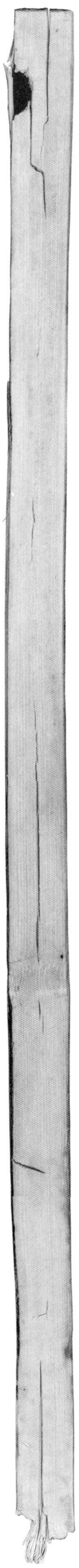

賈（價）直（值）錢百五十。所受搞腸非搞家竇，襄人不受定船。工期錢三百、於鐵米二石四斗及所受竇物，不弗券書。不智（知）倚、始、胡人劾其故。它如辤（辭）。☒

（缺簡）

☆ **005** 0152+ 0080

005b 0152+ 0080b

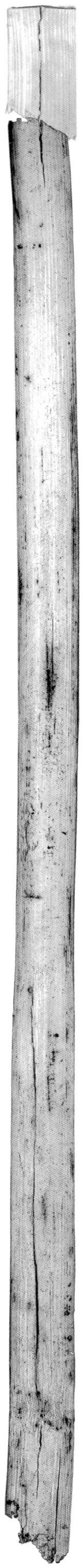

五年七月丁卯，具獄[二十三]亭長庚爰書：先以證律辨告[二十四]搞，乃訊。辤（辭）曰：士五（伍），無陽共里堉[二十五]子，吏令爲臾、皇人擇（譯）[二十六]，迺[二十七]二月中不識日[二十八]，嗇夫襄人在輕半[二十九]，令搞收責㵄溪[三十]，臾人□☒

五（伍）定予五柊船一樓，當米八斗，士五（伍）強秦、靡、僕予腸各廿五斤，凡七十五斤。搞令安居士五（伍）周乘船下，搞先去㵄溪，中環（還）輕半，襄人所收責得船☒

（缺簡）

☆ **006** 0105+ 0089+ 0098

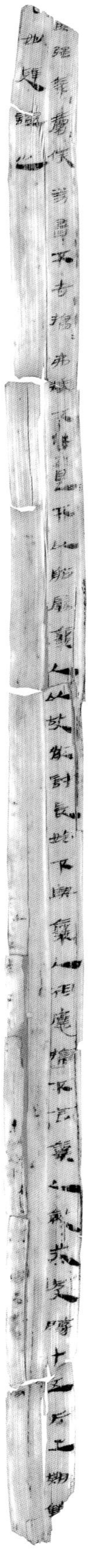

006b 0105+ 0089+ 0098b

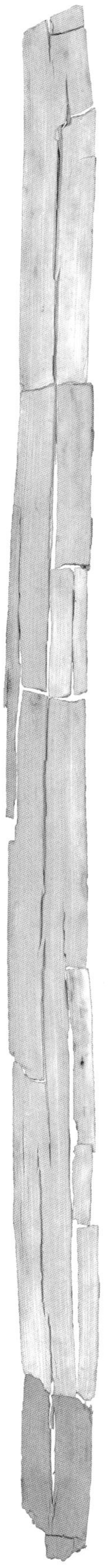

☒與強秦乚、靡乚、僕券書，不告搞，搞弗智（知），不智（知）強是不以船屬襄人，以故前對長始，不與襄人相應。搞不言襄人斂共皮腸十五斤、工期錢☒

它如辤，證之。

（缺簡）

☆**007** 0113

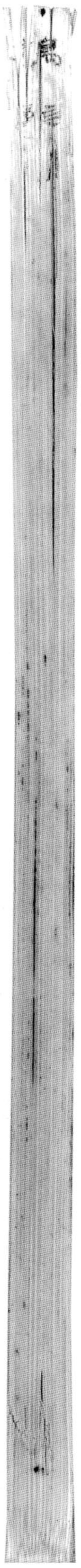

007b 0113b

·搞辤（辭）

☆**008** 0010

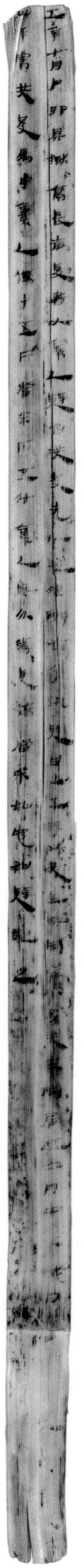

五年七月丁卯，具獄亭長庚爰書：以襄人辤（辭）召共皮，先以證律辨告，乃訊。辤（辭）曰：士五（伍）無陽共里[三十一]，與同産小男共來[三十二]同居。迺二月中不識日，啬夫襄人□□[三十三]共來

008b 0010b

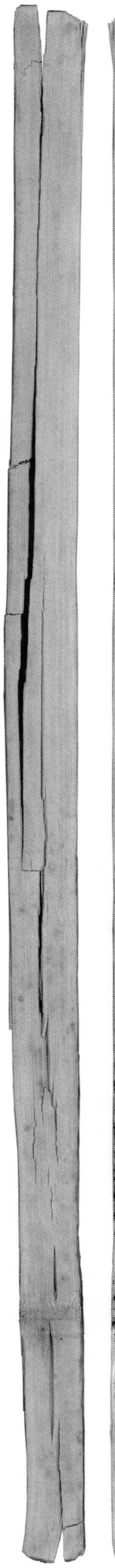

四年賨，共皮爲予襄人腸十五斤，當米石五斗。襄人與分券，券受腸當米如。它如辤（辭），證之。

☆**009** 0011

【五年七月丁】卯，具獄亭長庚以襄人辤（辭）召於鐵，先以證律辨告，乃訊。辤（辭）曰：士五（伍）無陽皇里[三十四]，與共里大女妹[三十五]子方風[三十六]、小女容[三十七]異籍同居。啬夫襄人責於鐵、方風、容往四年所

009b 0011b

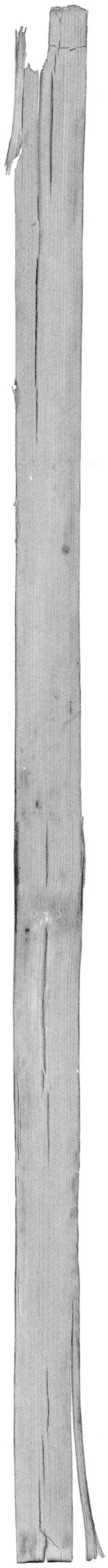

出賨。方風以米石四斗予襄人，爲母妹入賨，於鐵予襄人米石，爲容入賨，凡二石四斗。襄人未受（授）券書，不智（知）方風、容已受券，智（知）方風、容不告於鐵。後相史、

☆ **010** 0171+0012
010b 0171+0012b

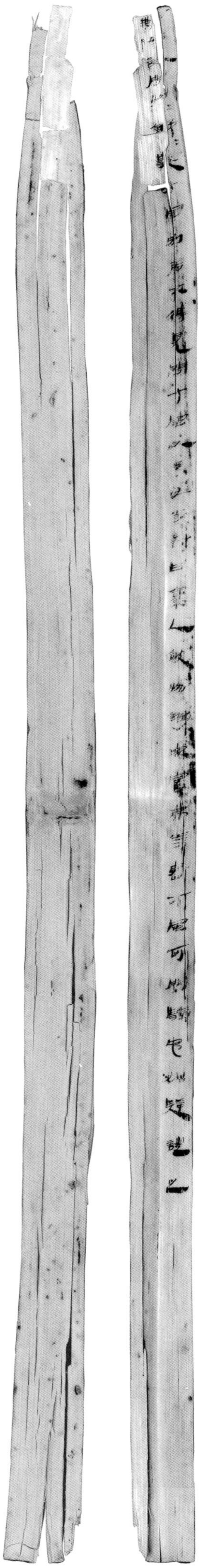

無陽長問於鐵，於鐵與方風別居，不得見，問方風，以爲毋（無）券，對曰：襄人斂於鐵家賨弗券書，方風可問驗。它如辤（辭），證之。

011 0131
011b 0131b

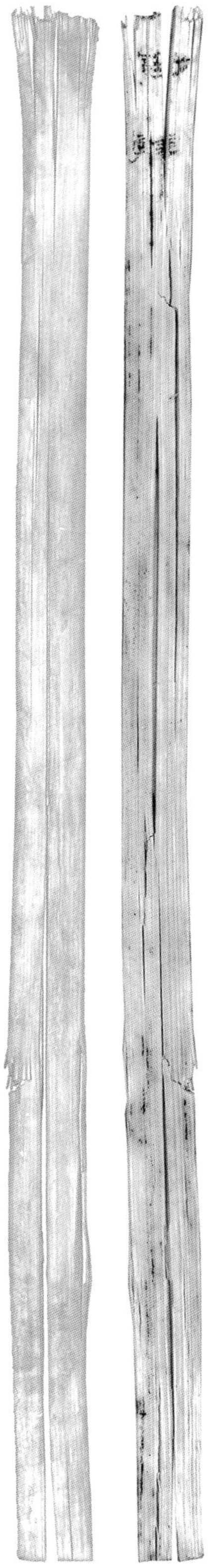

·【於】鐵辤（辭）

☆ **012** 0008
012b 0008b

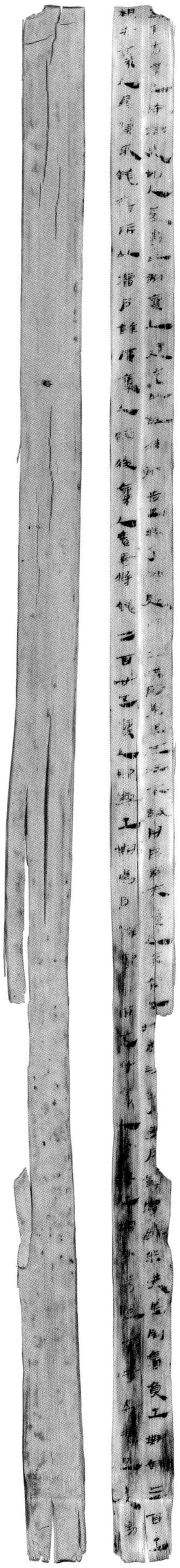

五年七月辛巳，守獄史胡人爰書：以劾襄人辤（辭），先以證律辨告工期，乃訊。辤（辭）曰：士【五】，無陽皇里，迺往不識月日，嗇夫襄人來責工期□□□□所餘賨，毋（無）米。共里周耆[三十八]負工期錢三百，工期告襄人爲賨取錢耆所，以當予餘賨襄人錢，後襄人責耆得錢二百廿五，襄人即與工期爲予餘，當米石五斗。襄人即與工期分券，歸不告母地[三十九]已受券。

☆013
0007
013b
0007b

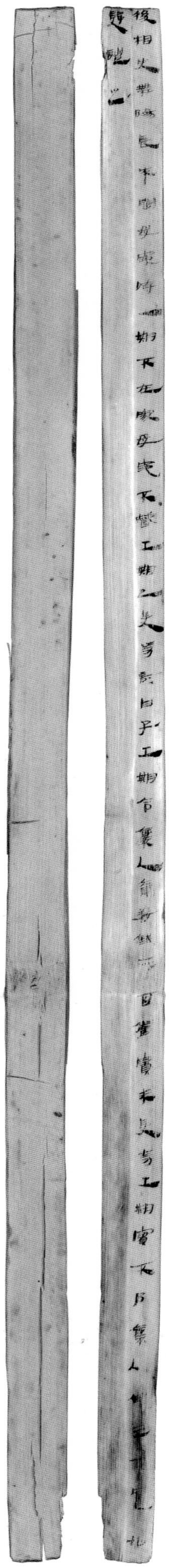

後相史[四十]、無陽長來問母地，時工期不在家，母地不智（知）工期已受券，對曰：子工期令襄人責耆錢三百當賓，未受券。工期實不予襄人錢三百，它如
辤（辭），證之。

014
0112
014b
0112b

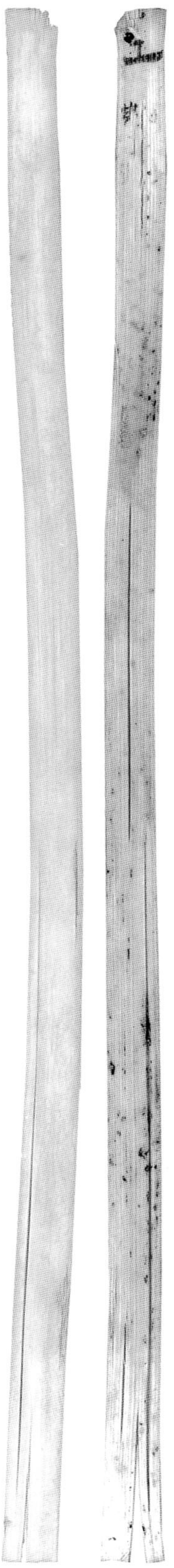

·工期【辤】

☆015
0161+
0003
015b
0161+
0003b

☐獄史胡人爰書：以襄人、搞辤（辭）、證律告磿、強秦、僕。磿、強秦、僕皆不能楚言，即以襄人、搞辤（辭）、證不言請（情）[四十一]、擇（譯）訊人出入罪人律[四十二]，出擇
（譯）共里不更當，令訊磿、僕、強秦。當曰：強秦、磿、僕
辤（辭）曰：皆士五（伍），居㶊【溪】，□□輕半，士五（伍）共搞來言曰：爲脽夷主襄人收賓，磿、僕、強秦予搞腸各廿五斤，不智（知）當米數，搞去。後不識日，強秦、
磿、僕之田，到棲溪涌見一吏☐

☆ **016** 0016+0123

016b 0016+0123b

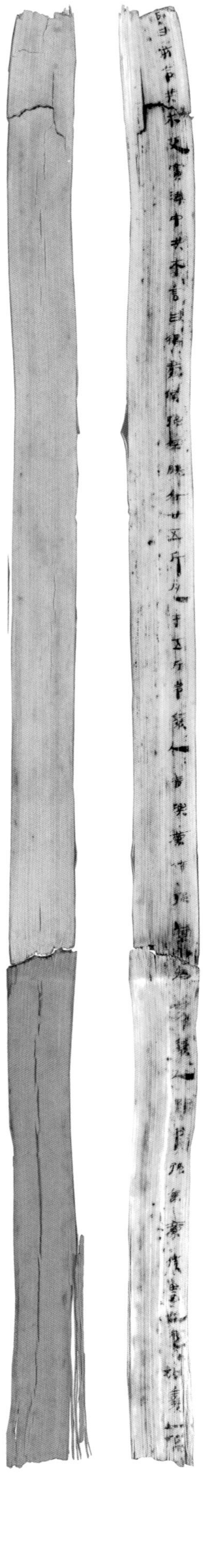

☐□曰：前令共木收賨溸中，共木言曰：得磨、僕、強秦腸各廿五斤，凡七十五斤，令襄人當與磨、僕、強秦爲券，襄人即予強秦、磨、僕券，已予，如襄人、搞☐

017 0155

017b 0155b

☐□辤（辭）

☆ **018** 1792+0017

018b 1792+0017b

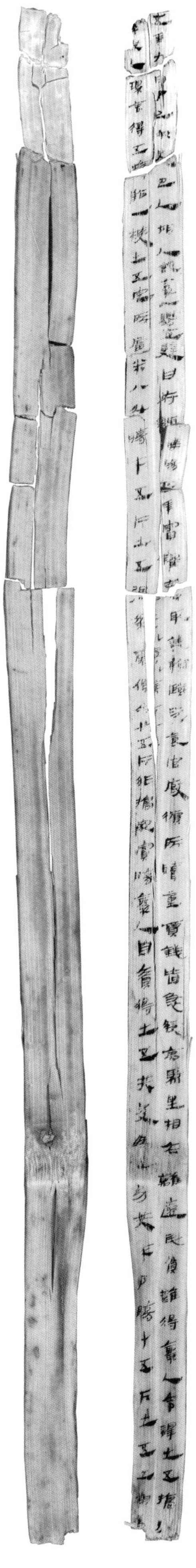

五年九月丁巳[四十三]，獄史巴人、胡人訊襄人。要道辤（辭）[四十四]曰：府[四十五]調無陽四年賨，糴（糶）賣取錢輸臨沅[四十六]食官、廄，償所贖童賈（價）錢，皆急緩[四十七]。夷聚里相去離遠，民貧難得，襄人令譯士五（伍）搞收

【責讓】溪臾人，環（還）言：得五棒船一樓士五（伍）定所，當米八斗；腸七十五斤，士五（伍）強秦、磨、僕各廿五斤，非搞家賨腸。襄人自責得士五（伍）共皮爲小男共來予腸十五斤，士五（伍）工期爲☐

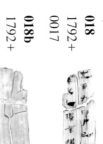

☆ **019** 0151+0005

019b 0151+0005b

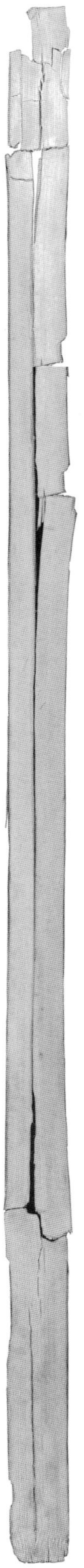

□□□錢二百廿五，腸（腸）、錢當米各石五斗。士五（伍）於鐵爲小女容予粢米一石，大女方風爲母大女妹予粢米一石四斗。時正[四十八]收責賨上部、下部，襄人受強奏∟、磨∟、僕、共

【皮腸，工】期錢，於鐵、方風□[四十九]，巳（已）自與強奏∟、磨、僕、共皮、工期、方風券書，未與容券書，所受錢物皆付正，時糴（糶）賣取錢給輸。襄人受容家賨米一石，誠〈詐〉弗與券

☆ **020** 0002

020b 0002b

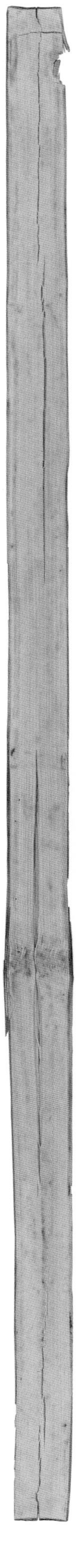

五年九月辛酉[五十]，獄史巴人爰書：案相府獄屬臨湘，贖罪以下即移。

021 0121

021b 0121b

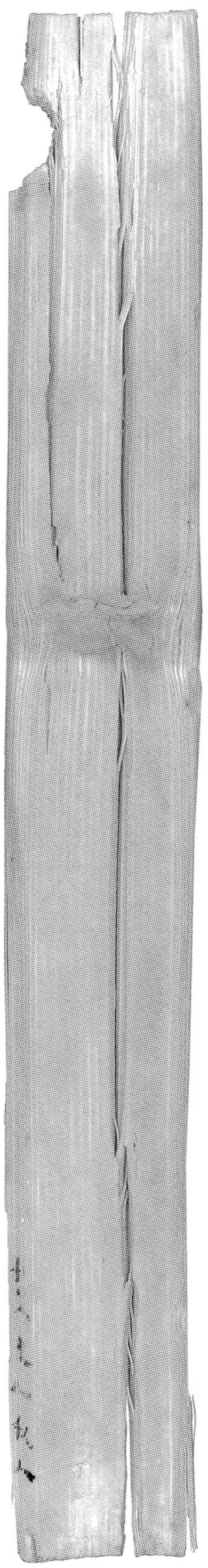

五年九月丙辰朔辛酉，無陽長始、令史巴人行丞事敢告臨湘主：案贖罪以下寫劾、辟、爰書移，書到，令史可論。倚言夬（決）屬所、長沙內史府，如律令，敢言之。

（背面）……

022 2171

022b 2171b

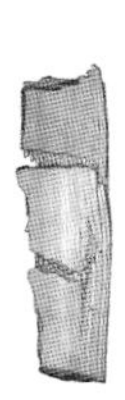

賨腸，襄人

注釋：

〔一〕五年指漢武帝元朔五年，長沙王劉庸在位的第五年，即公元前124年。

〔二〕案事，官吏下到屬縣追查各類事務。懸泉簡Ⅱ90DXT 0213②：136：『初元二年四月庚寅朔乙未，敦煌太守千秋、長史奉憙、守部候脩仁行丞事謂縣，遣司馬丞禹案事郡中，當舍傳舍，從者如律令。四月乙巳東。卩。』

〔三〕無陽，《漢書・地理志》載屬武陵郡。此時武陵爲長沙國所轄支郡。

〔四〕言夬（決），上報判決結果。嶽麓秦簡1466–1：『更論及論失者。言夬（決）。』

〔五〕搞，人名。

〔六〕脽夷鄉，無陽縣下屬的鄉。

〔七〕襄人，人名。

〔八〕斂賨，收取賦税。斂，收取；賨，秦漢時期南方少數民族所交賦税的專稱。

〔九〕當，對等，相當。

〔十〕腸，用動物的腸製成的食品。

〔十一〕共皮，人名。

〔十二〕工期，人名。

〔十三〕於鐵，人名。

〔十四〕責得，索取得到。

〔十五〕定，人名。

〔十六〕強秦，人名。

〔十七〕磨，人名。

〔十八〕僕，人名。

〔十九〕安居，地名。

〔二十〕周，人名。

〔二十一〕臨中，地名，在脽夷鄉。

〔二十二〕強是，人名。

〔二十三〕具獄，詳細記録案件審訊過程。

〔二十四〕證律辨告，指在訊問前獄吏將作證相關的法律向作證人進行説明。

〔二十五〕壻，人名。

〔二十六〕擇（譯），擇通譯，翻譯、譯人。《説文・言部》：『譯，傳譯四夷之言者。』

〔二十七〕迺，指示代詞，是也，此也。其後爲時間詞，以『某日』最多。

〔二十八〕不識日，某一天。

〔二十九〕輕半，地名。

〔三十〕瀸溪，地名。

〔三十一〕共里，無陽縣下屬的里。

〔三十二〕共來，人名。

〔三十三〕疑爲『責』字。

〔三十四〕皇里，無陽縣里名。

〔三十五〕妹，人名。

〔三十六〕方風，人名。

〔三十七〕容，人名。

〔三十八〕周奢，人名。

〔三十九〕毋地，人名。

〔四十〕相史：长沙相府屬吏。

〔四十一〕證不言請（情），作證不説實情。如張家山漢簡《二年律令》簡110：『證不言請（情），以出入罪人者，死罪，黥爲城旦舂。』

〔四十二〕譯訊人出入罪人，張家山漢簡《二年律令》簡111：『譯訊人爲詐僞，以出入罪人，死罪，黥爲城旦舂。』《漢書・景武昭宣元成功臣表》顔師古注引晉灼曰：『律説出罪爲故縱，入罪爲故不直。』

〔四十三〕五年九月丁巳，元朔五年，公元前125年，九月丁巳即九月二日。

〔四十四〕要道辤，『要』即提要，指原始記録經過删編後的要旨。

〔四十五〕府，長沙國内史府。

〔四十六〕臨沅，《漢書・地理志》載屬武陵郡所轄的縣名。

〔四十七〕急緩，偏義復詞，表示緊急。

〔四十八〕正，可能指共里里正。

〔四十九〕疑爲『米』或『粢』字。

〔五十〕九月辛酉，九月六日。

案例二　駕、縱、野劾不審案　正背面編聯圖版

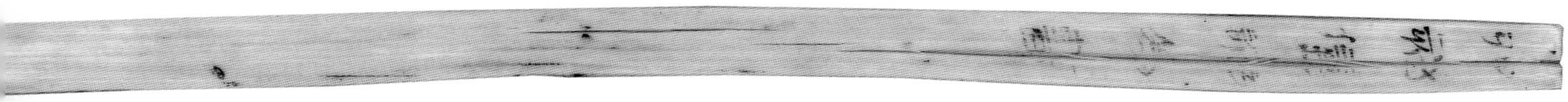
029
0184

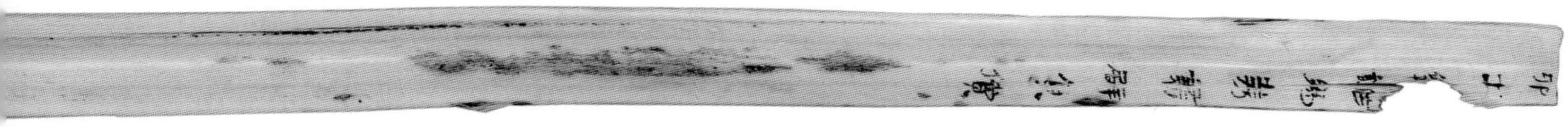
028
0035

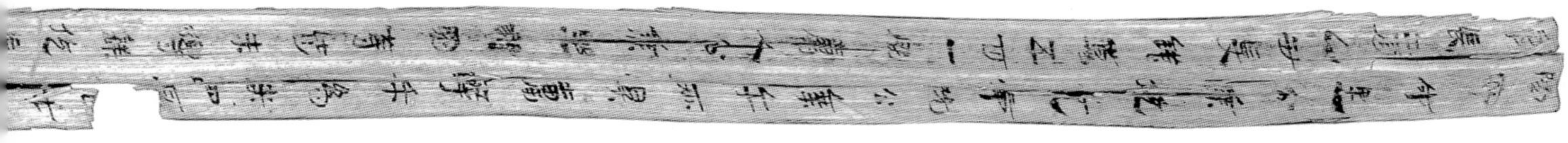
027
0078

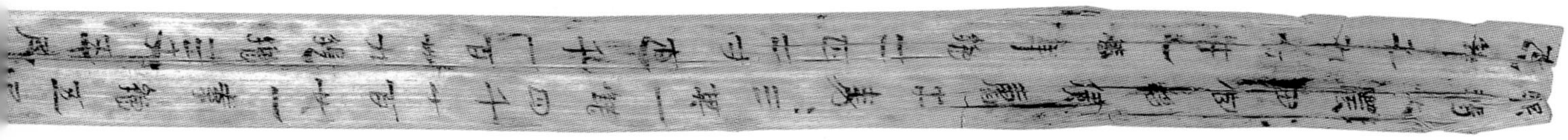
026
0081

025
0037

024
0426

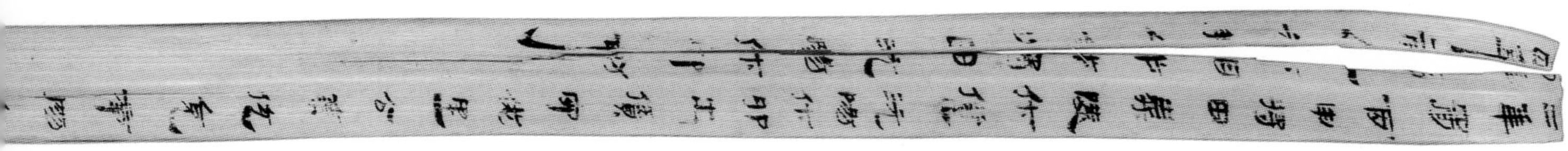
023
0006

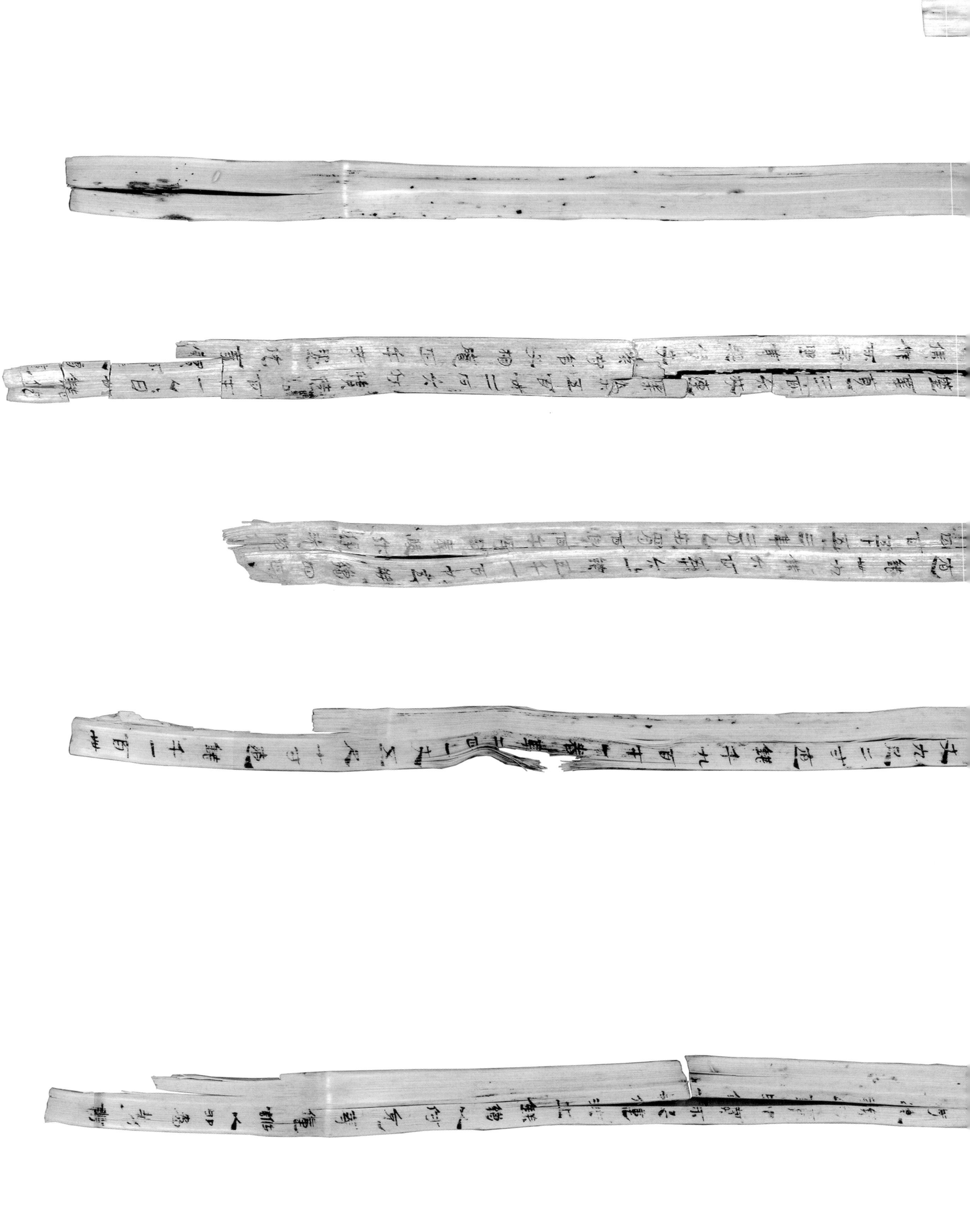

029b 0184b

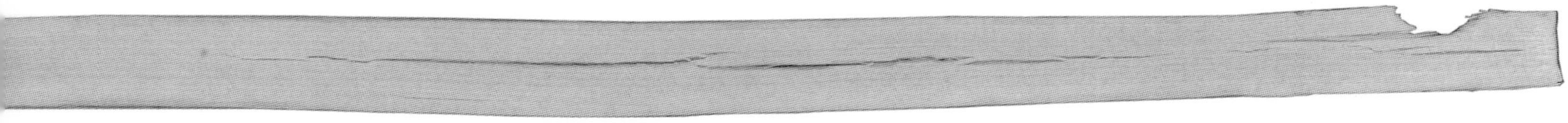

028b 0035b

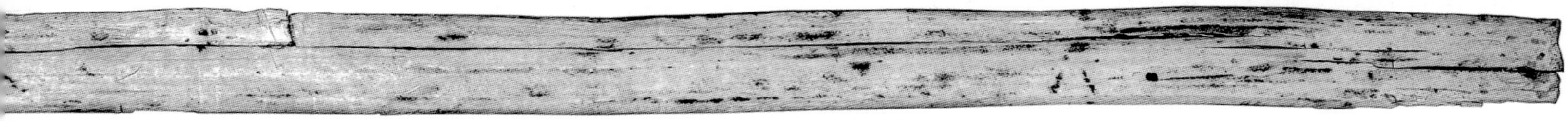

027b 0078b

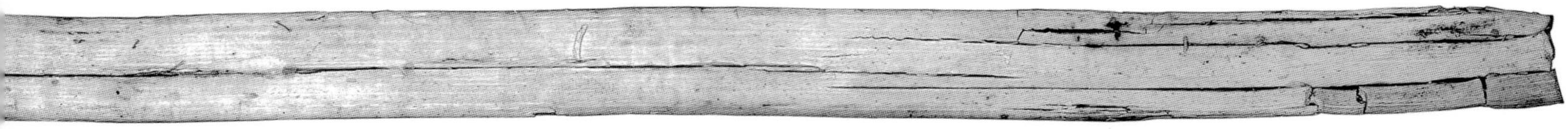

026b 0081b

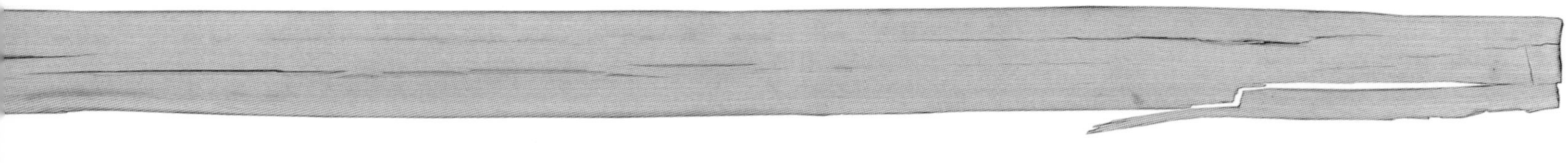

025b **0037b**

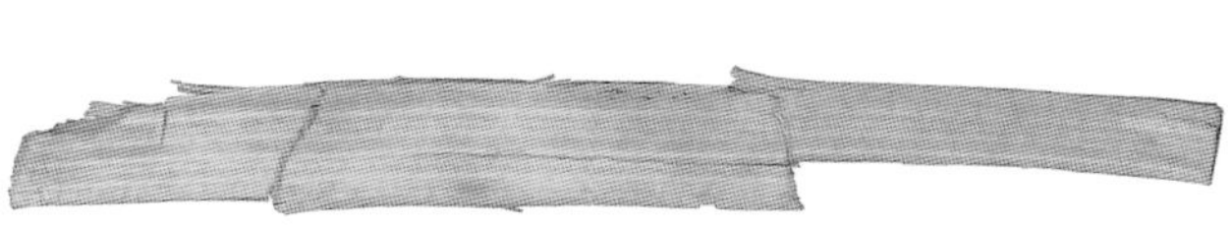

024b **0426b**

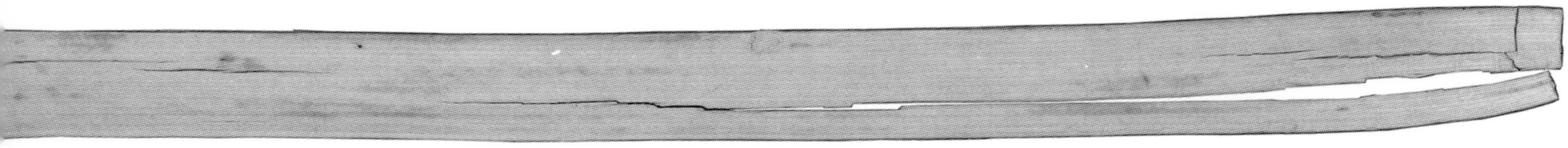

023b **0006b**

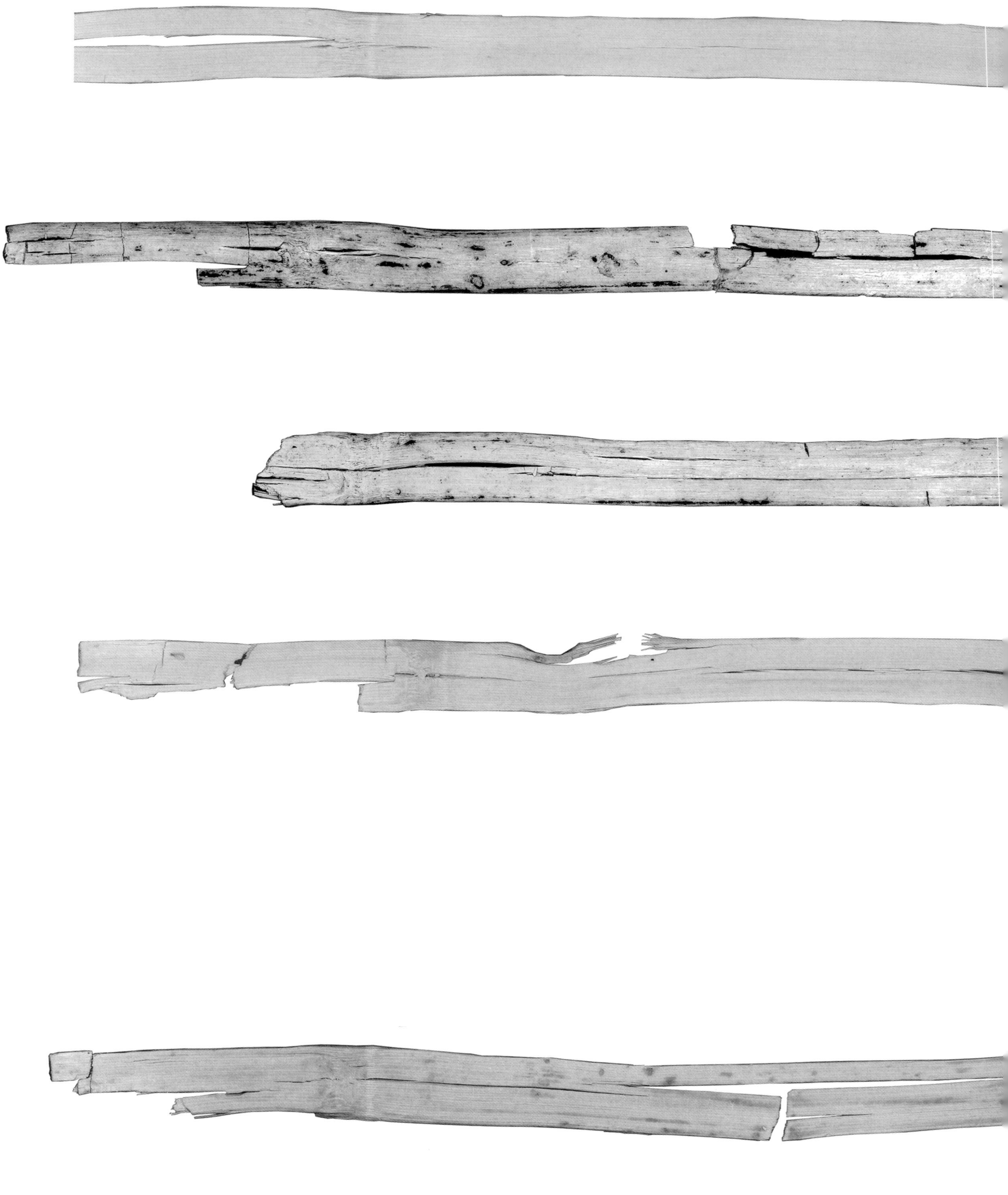

030
0046

031
0094

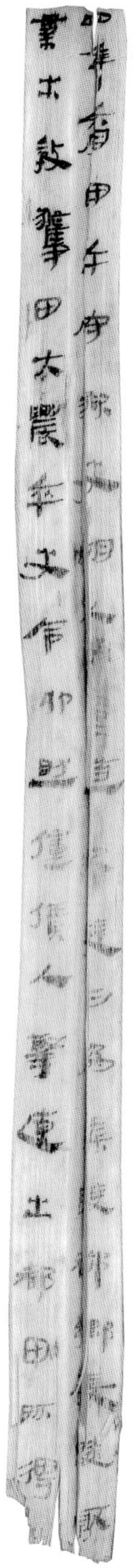

032
0004

033
0032

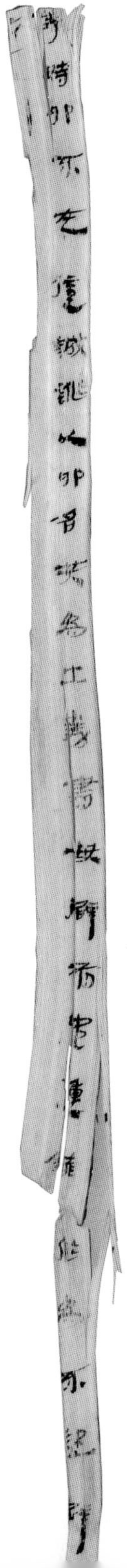

034
0040

035
0013

036
0038

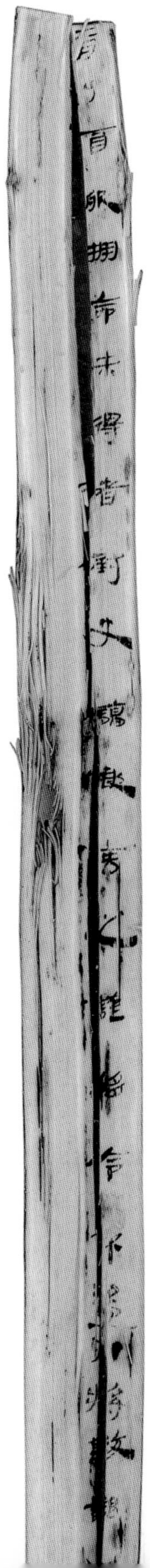

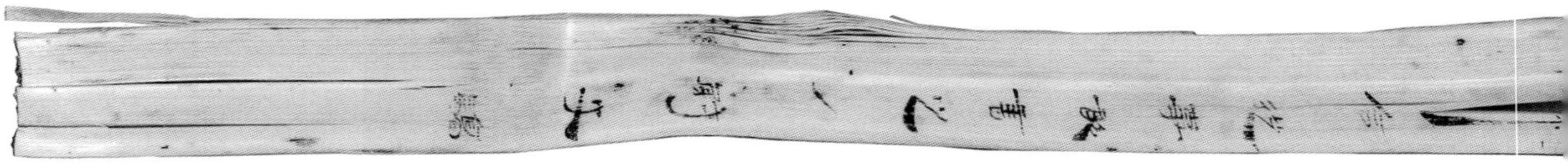

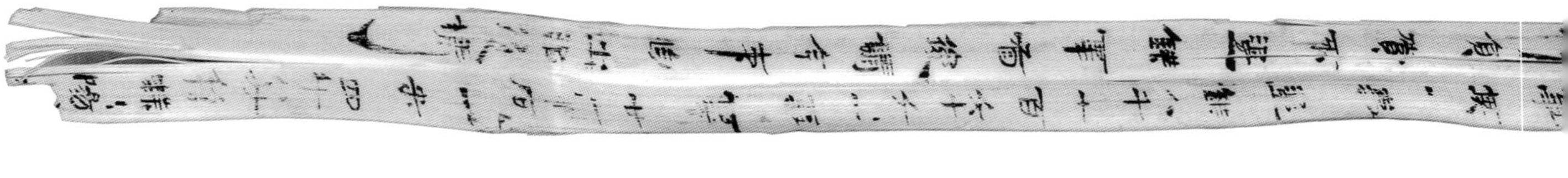

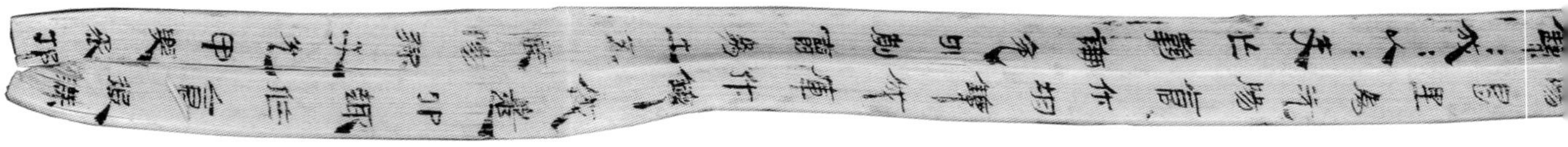

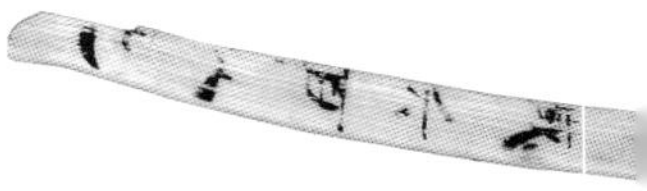

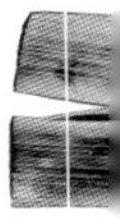

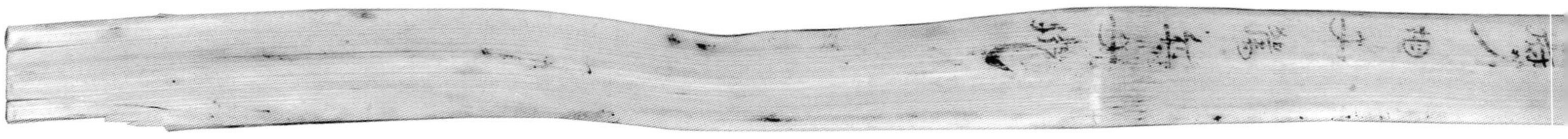

036b
0038b

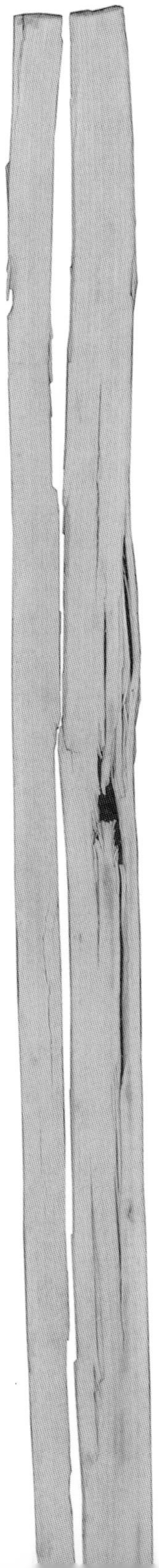

035b
0013b

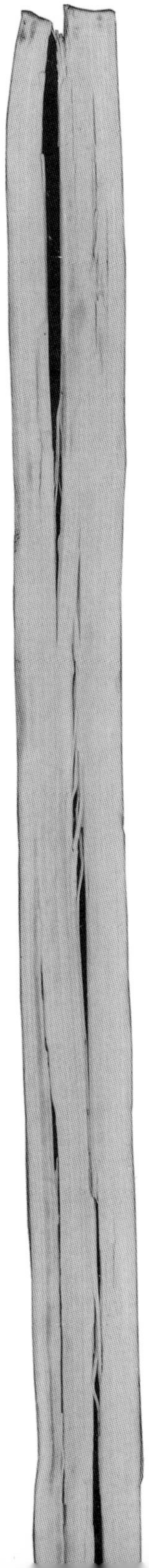

034b
0040b

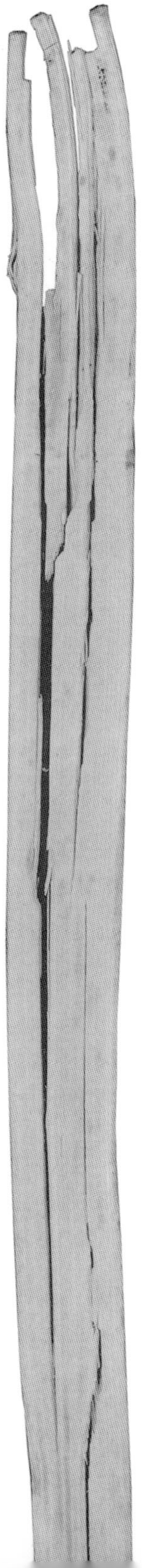

033b
0032b

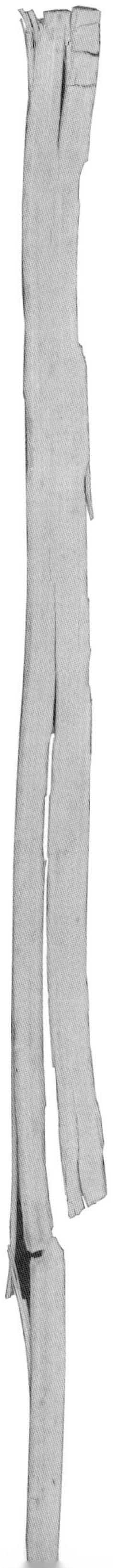

032b
0004b

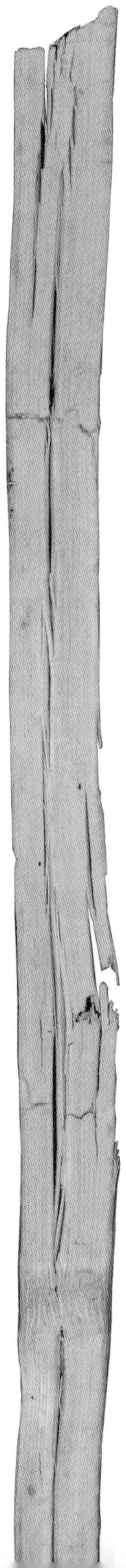

031b
0094b

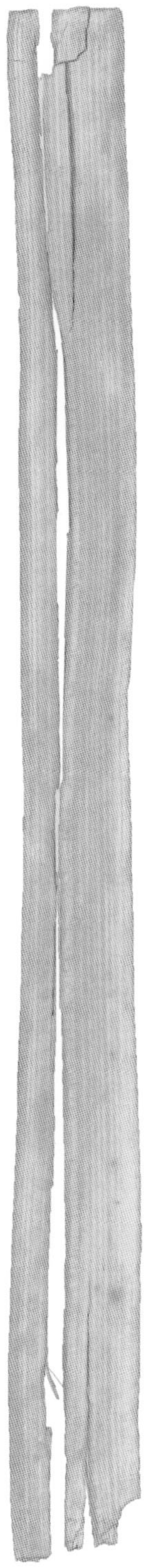

030b
0046b

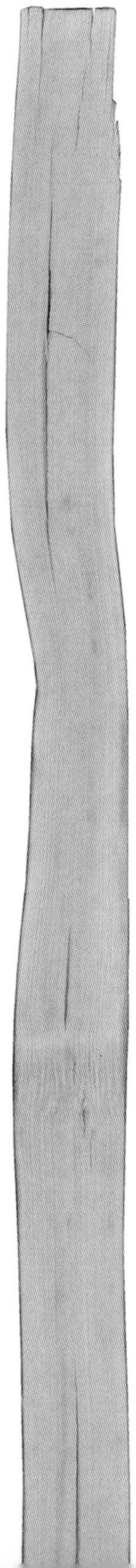

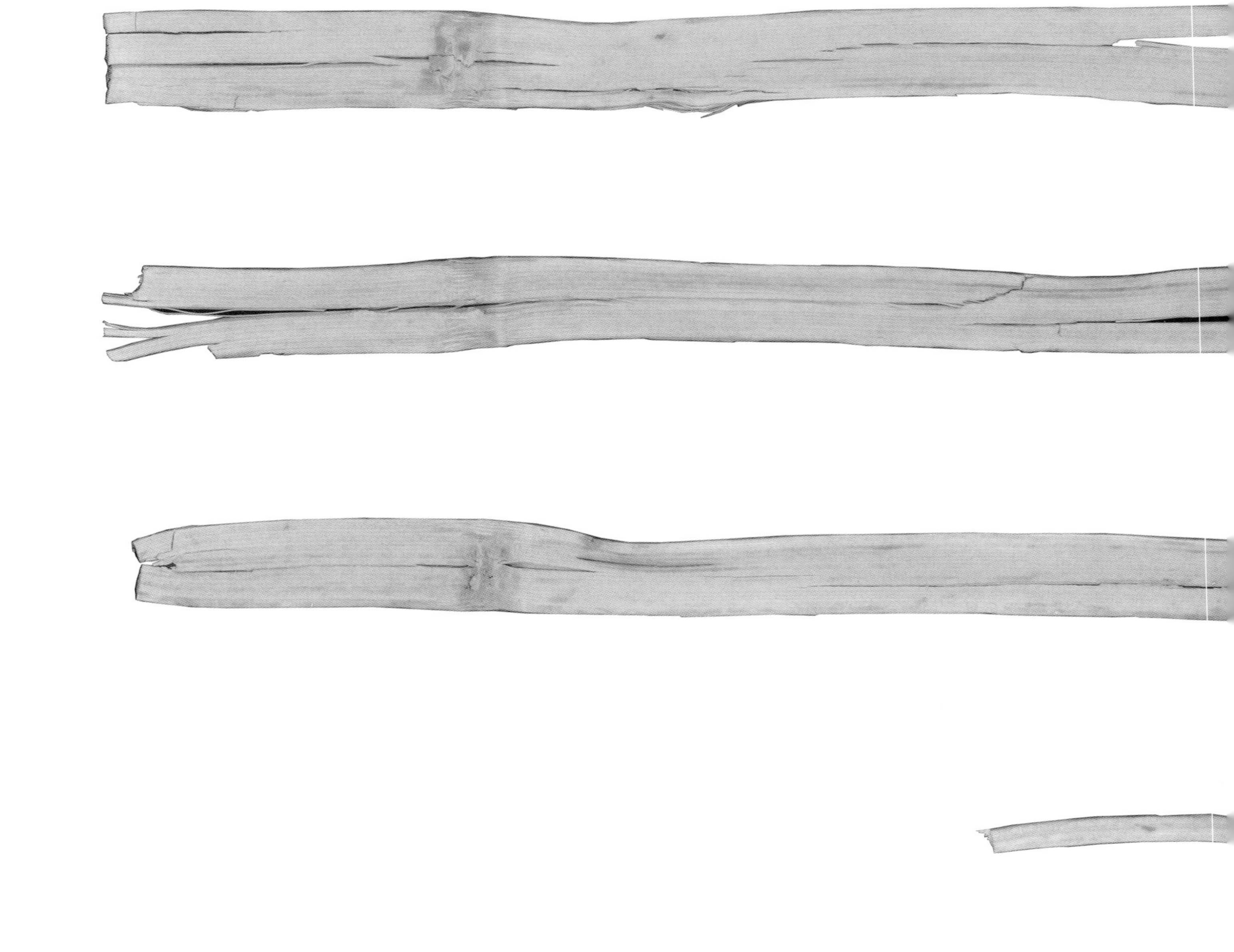

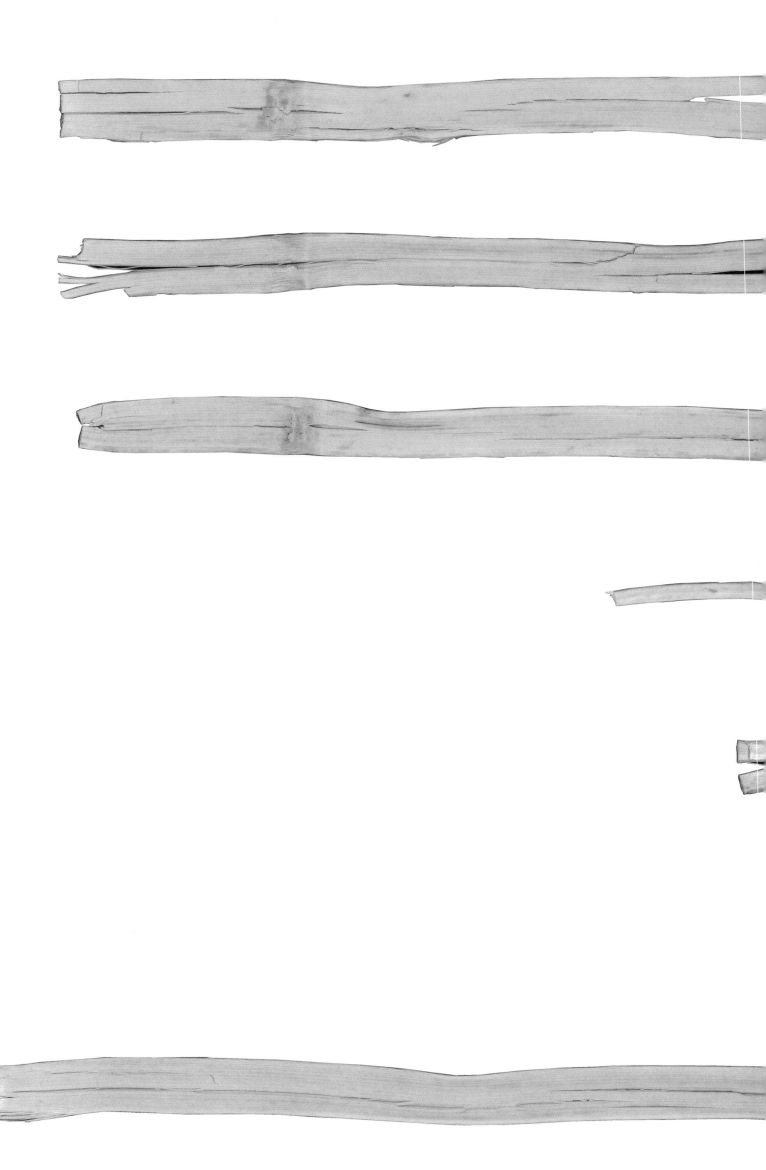

037
0348

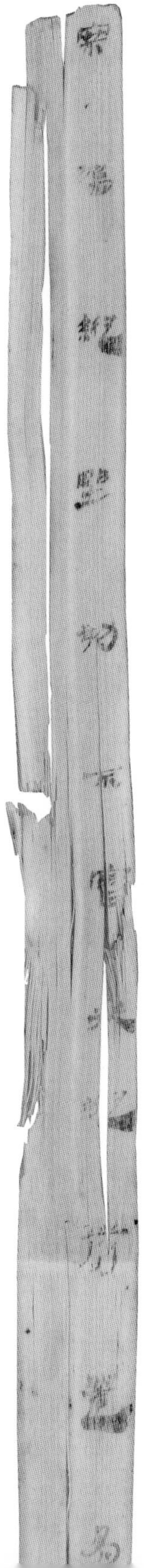

038
0004-1

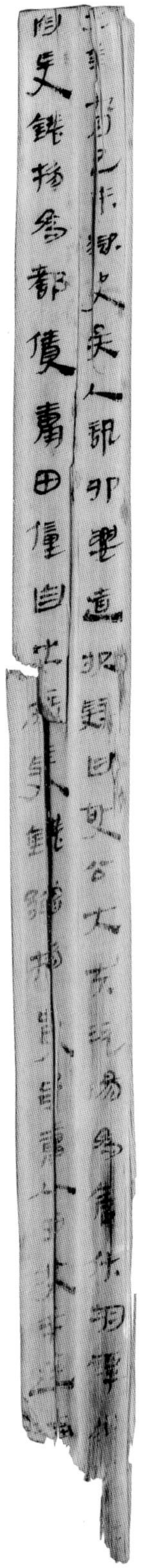

039
0173+
0076

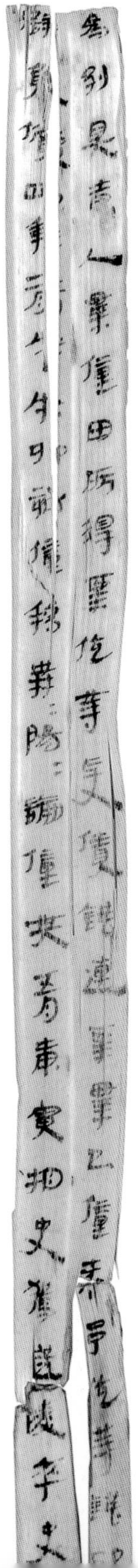

040
0048

041
0051

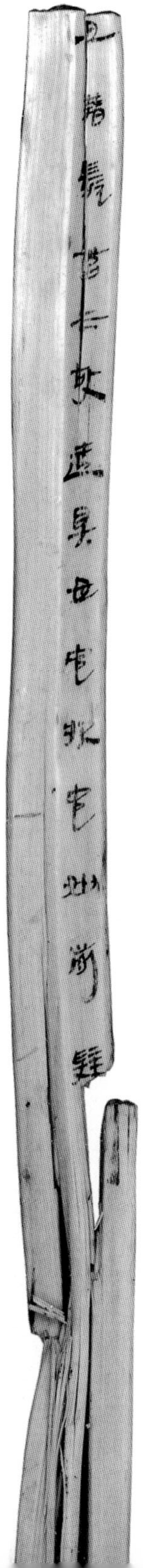

042
0156

043
0049

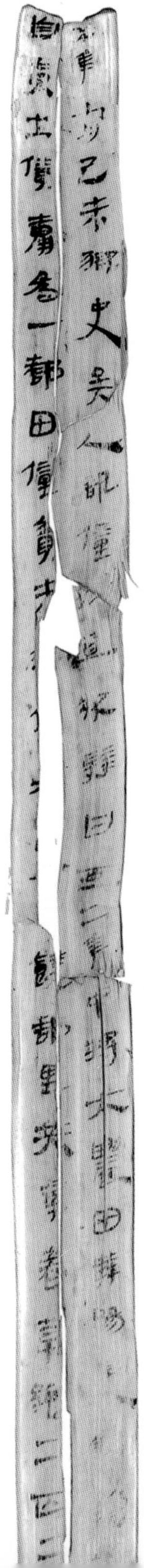

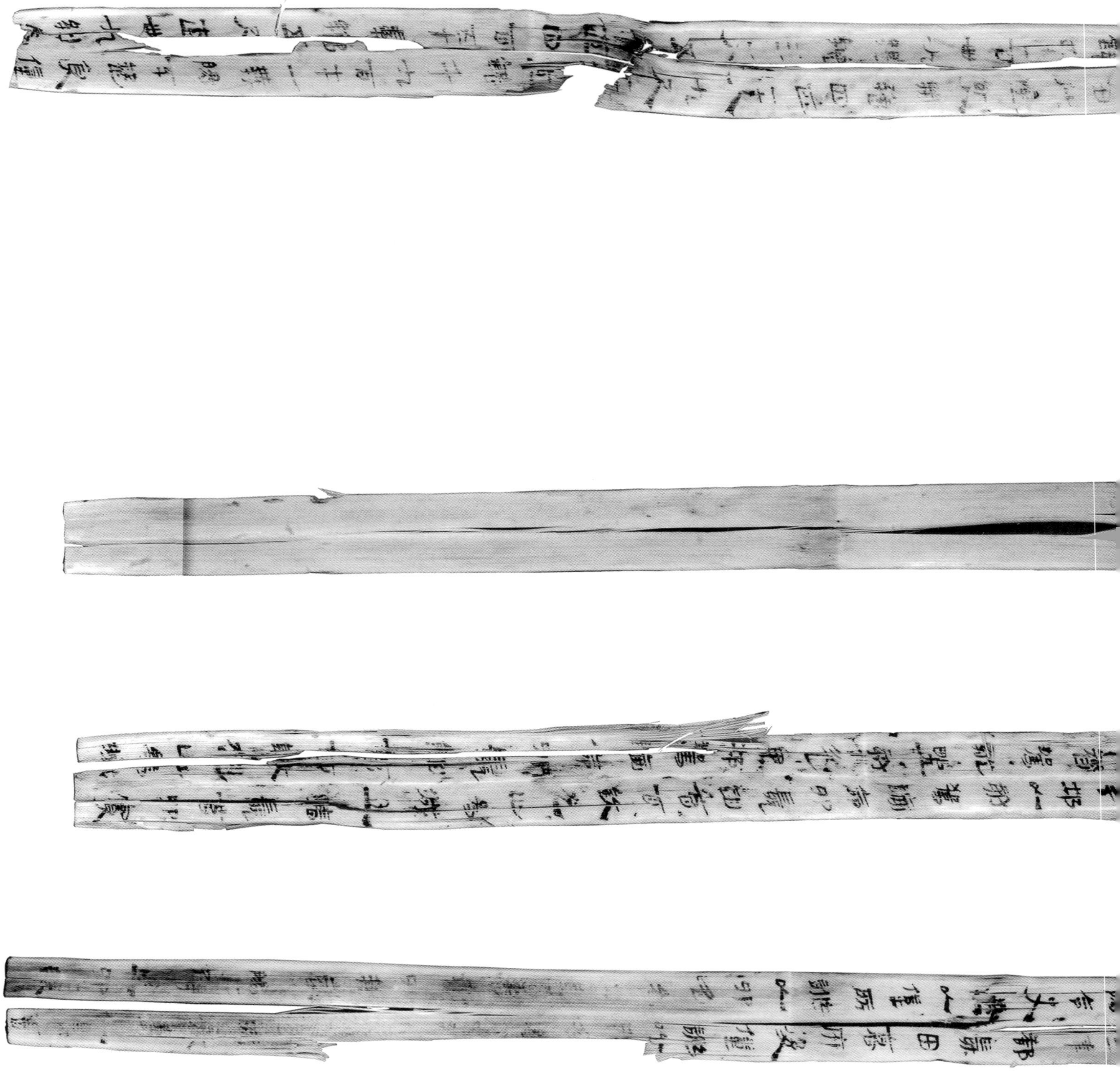

043b 0049b　**042b** 0156b　**041b** 0051b　**040b** 0048b　**039b** 0173+0076b　**038b** 0004-1b　**037b** 0348b

044
0092＋
0099＋
0349

045
0162＋
0353＋
1743

046
0014

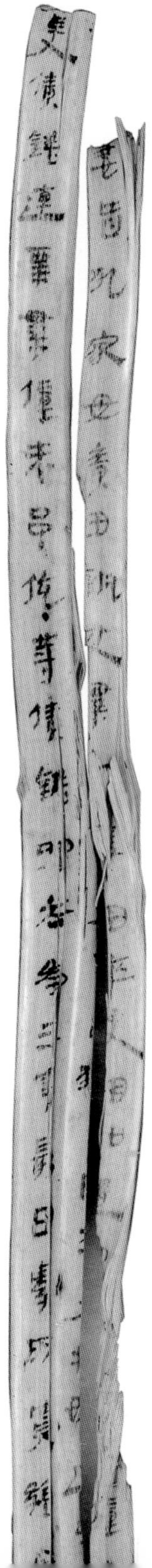

047
0205
0363＋

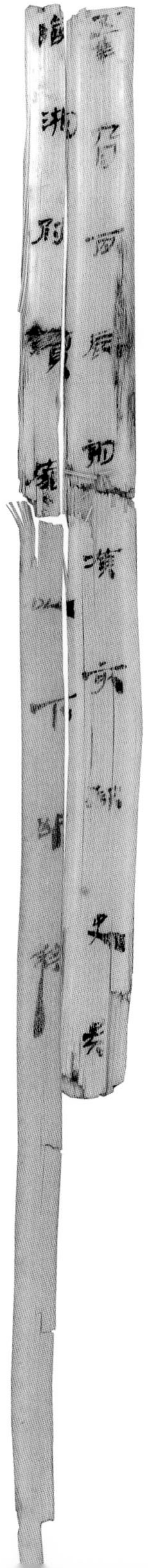

048
1628

049
1094

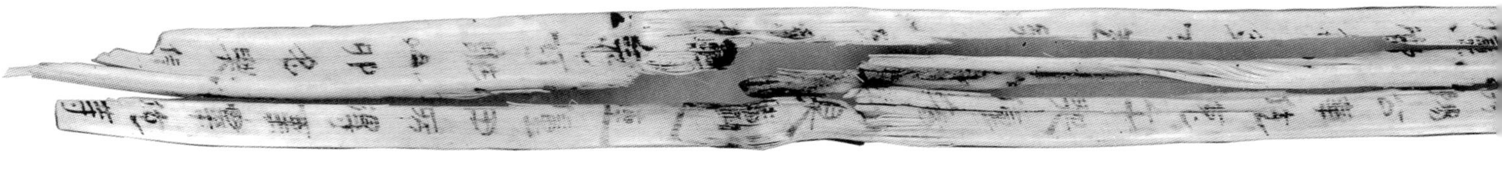

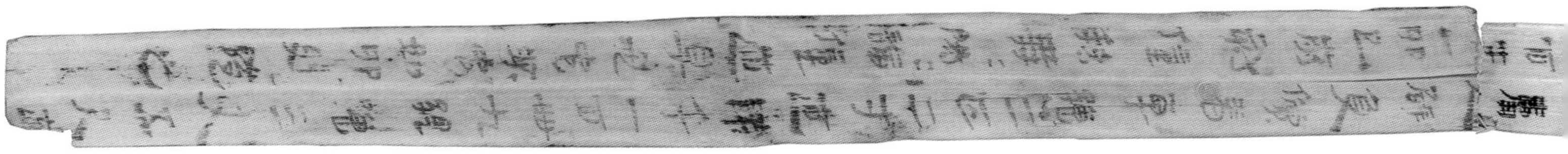

044b
0092+
0099+
0349b

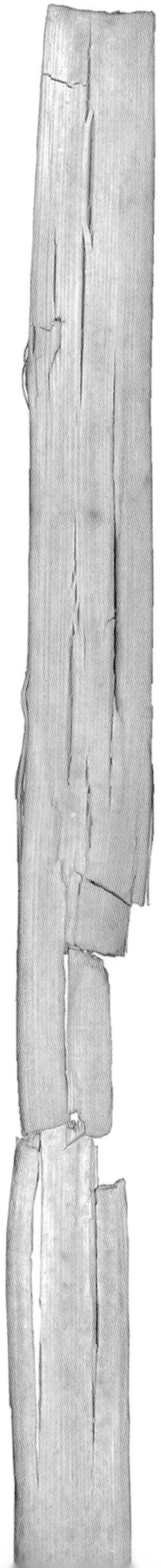

045b
0162+
0353+
1743b

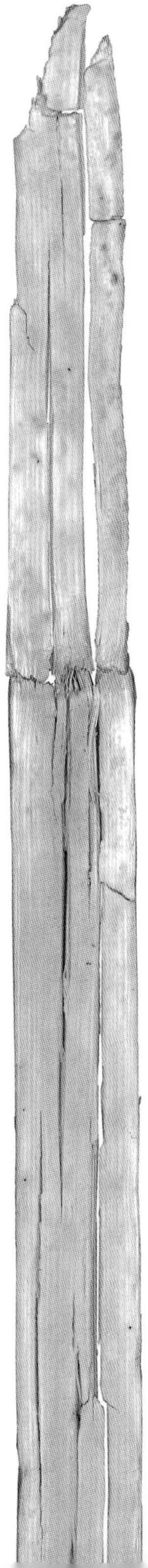

046b
0014b

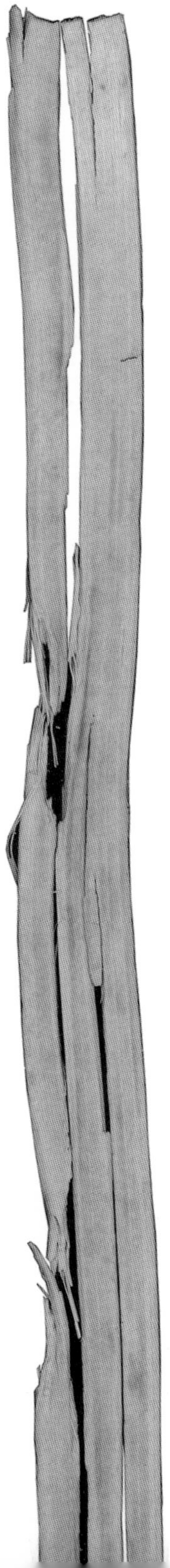

047b
0205+
0363b

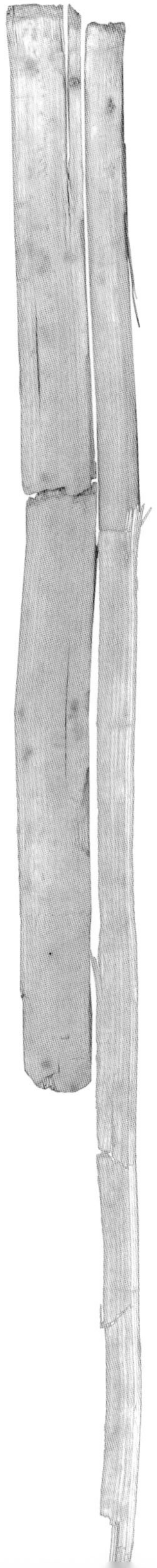

048b
1628b

049b
1094b

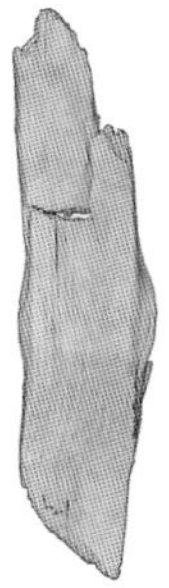

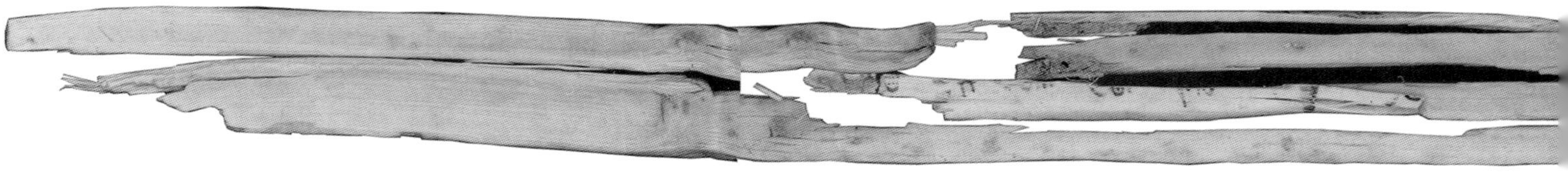

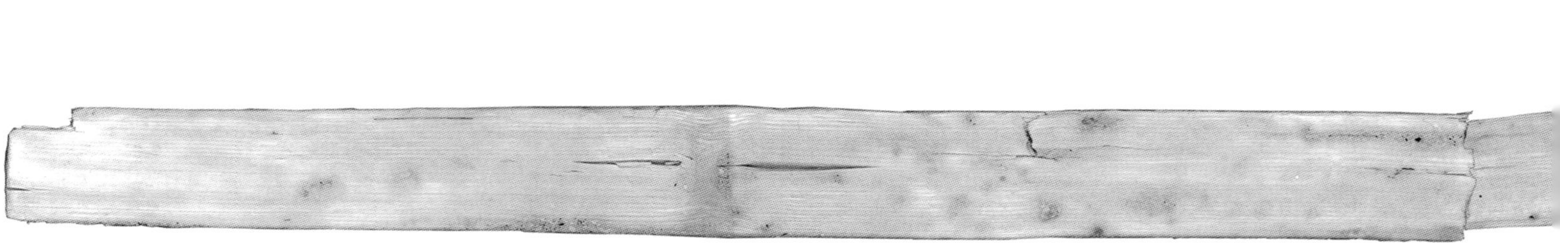

案例二　駕、縱、野劾不審案　單簡圖版及釋文

☆

023 0006

023b 0006b

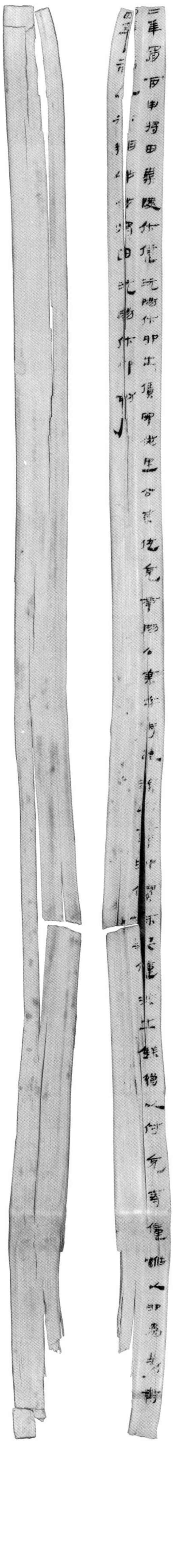

二年四月丙申[一]，將田義陵佐僮[二]、沅陽佐卯[三]，出賃安成里公乘伉、充、南陽公乘午等[四]，連[五]蓊（衛）[六]上粟，卯實不與僮共出錢、繒以付充等，僮訴（詐）以卯爲券書。

四年二月乙未朔戊戌，將田沅陽佐卯劾。

024 0426

024b 0426b

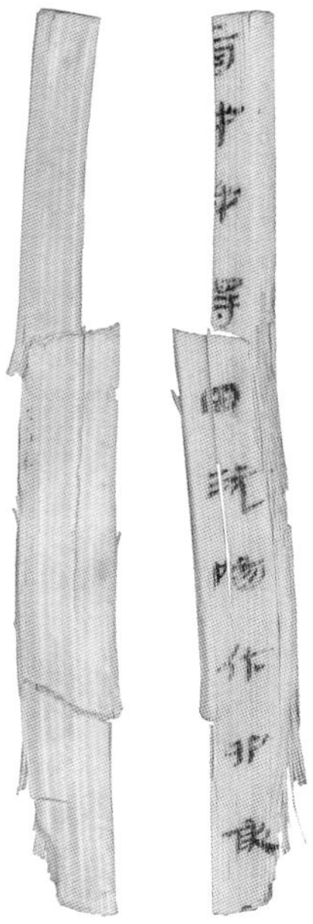

二月戊戌[七]，將田沅陽佐卯敢言☐

☆

025 0037

025b 0037b

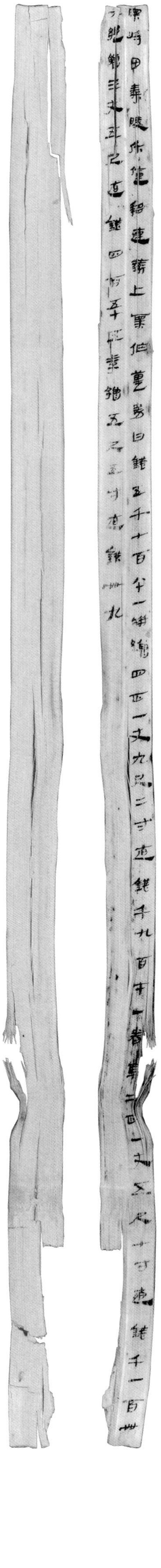

案：將田義陵佐僮移連蓊（衛）上粟作筐[八]，券曰：錢五千七百八十一，絣繒[九]四匹一丈九尺二寸[十]，直（值）錢千九百七十一，春草[十一]二匹一丈五尺七寸，直（值）錢千一百卌九，緹繒[十二]三丈五尺，直（值）錢四百五十五，素繒[十三]五尺五寸，直（值）錢卌九。

☆ **026** 0081
026b 0081b

案：將大農田官[十四]移賃庸出券，券三：其一錢四千七百廿一，素繒五尺五寸，直（值）錢卌九。∟錢六百五十六。∟一錢五千一百廿五。絣繒四匹[十五]☑
直（值）錢千九百七十一。春草繒二匹二寸，直（值）千一百卌九。緹繒三丈五尺，直（值）錢四百五十五。・三年三月乙丑[十六]、四月丙申、丙午[十七]，將田義陵佐僮、沅陽
佐[十八]☑

☆ **027** 0078
027b 0078b

陽安成里公乘伉、充、南陽公乘午所具庸，擊禾爲米[十九]四百七十二石，作盛粟筐三百六枚，連粟爲米五百廿二石六斗，積徒四百七十一人，人日卅錢[二十]。伉、
庸長，三月乙丑受錢萬五百一。問庸人公乘野、貍、豹[二十一]等，皆未得錢。伉受野等賃錢，不予野等，與令史葵、守令史相邕、正午[二十二]共盜[二十三]。伉等實不受繒，僮、

☆ **028** 0035
028b 0035b

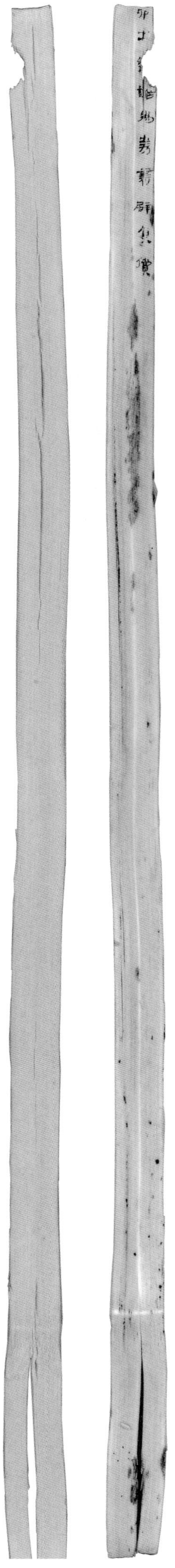

卯出券詐（詐）爲券書辟（避）負償[二十四]。

029 0184
029b 0184b

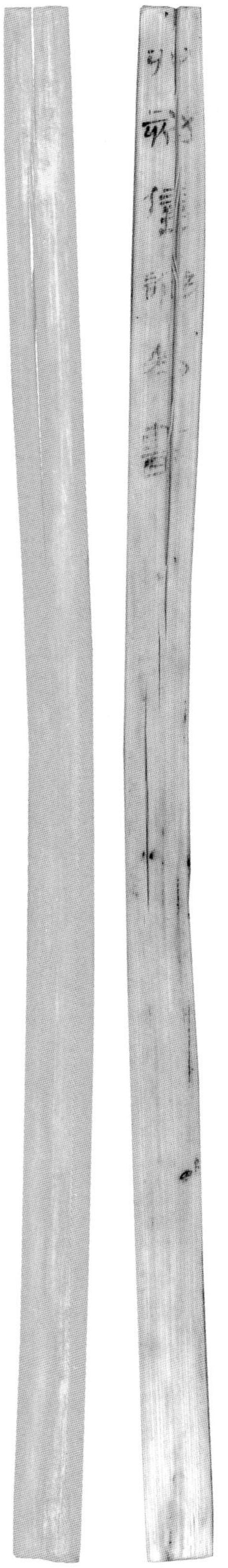

・卯劾僮詐（詐）爲書

☆ **030** 0046

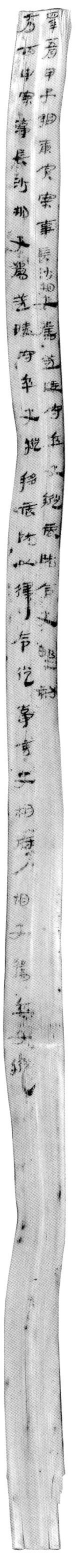

030b 0046b

四年五月甲子朔庚寅[二十五]，案事長沙相史駕、武陵守卒史縱、辰陽令史野劾[二十六]。

六月丙申[二十七]，案事長沙相史駕、武陵守卒史縱移辰陽：以律令從事，言夬（決）相府。丿相史駕、卒史縱

031 0094

031b 0094b

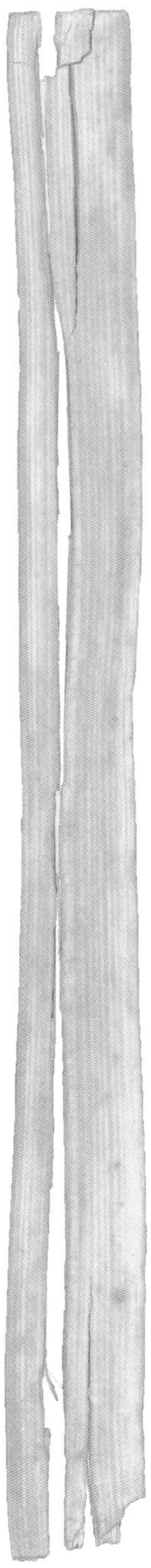

四年六月甲午[二十八]，守獄史胡人訊僮[二十九]。道狀辤（辭）曰：爲義陵都鄉長陵聚[三十]〼

稾出穀，獲（護）田大農卒史[三十一]令卯助僮，賃人擊連出部田[三十二]所得□〼

032 0004

032b 0004b

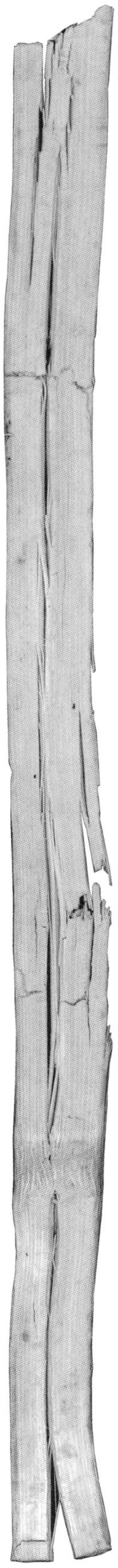

佐，調爲大農將賃人田無陽界中，與沅陽佐卯各爲一部田。卯部田事已

粟米稾，僮獨往受錢無陽，及收責民負田官錢繒者，因以償所賃人公乘充

033 0032

033b 0032b

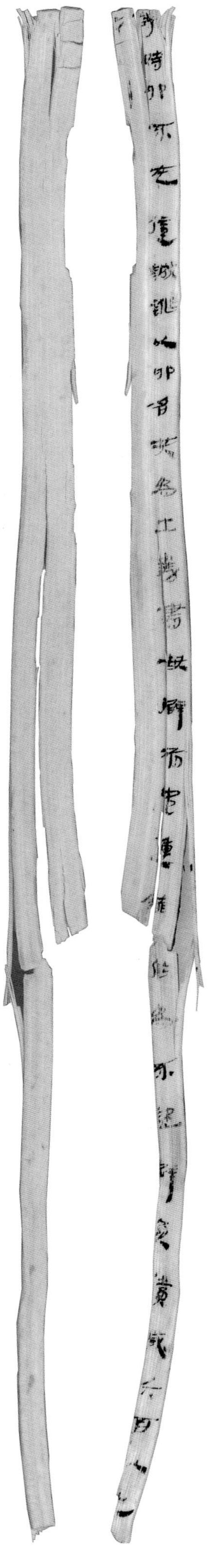

等，時卯不在，僮誠詐（詐）以卯名共爲出券書，毋辟，有它重罪，詐（詐）爲不疑[三十三]辟（避）負償臧（贓）六百以上☐

□☐

☆

034 0040

034b 0040b

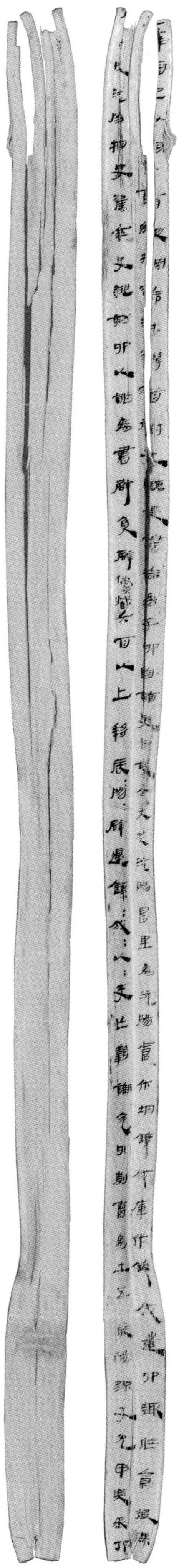

五年二月己丑朔丁酉[三十四]，服捕命未得者[三十五]尉史驕[三十六]爰書：命男子卯自詣[三十七]，辤（辭）曰：故公大夫沅陽昌里，爲沅陽倉佐，均鐔成庫佐[三十八]。鐔成遣卯趣作倉役無陽、義陵、沅陽，相史駕、卒史縱劾卯以詐（詐）爲書辟負辟償臧（贓）六百以上，移辰陽，辰陽辟歸鐔成以[三十九]，鐔成以吏亡鞫，論免卯，削爵爲士五（伍）。辰陽獄史光甲與丞郵[四十]

☆

035 0013

035b 0013b

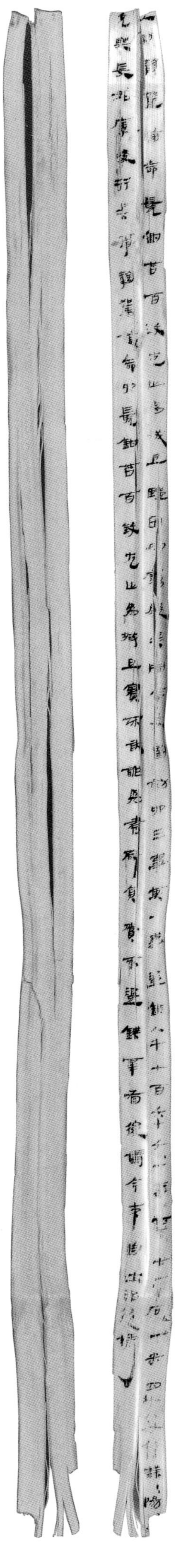

以劾鞫，駕（加）論命髡鉗笞百釱左止爲城旦。監田守虜展、丞周、令史劉[四十一]劾卯三事：其一事盜錢八千七百六十六ㄴ，一事粟廿二石ㄴ，一米四斗八升。

移無陽，無陽□伉、

充與長始、庫後行丞事[四十二]鞫，駕（加）論命卯髡鉗笞百釱左止爲城旦。實不敢詐（詐）爲書辟（避）負償，不盜錢粟，有後請（情），今來自出[四十三]，治後請（情）。

☆ **036**
0038

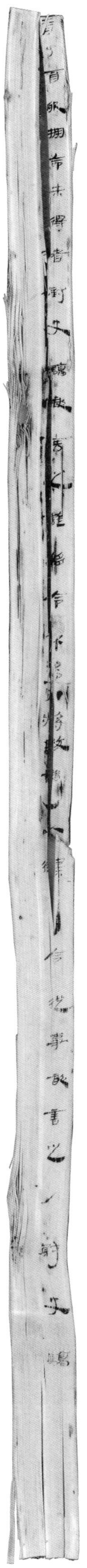

036b
0038b

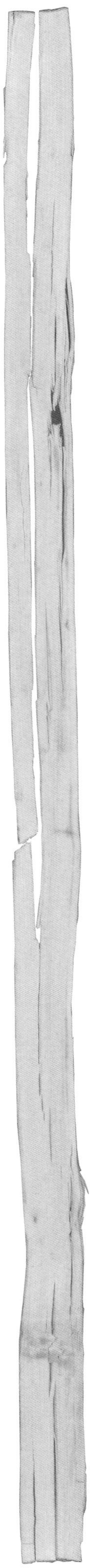

二月丁酉，服捕命未得者尉史驕敢言之：謹移，令求盜卯[四十四]將致謁，以律令從事。敢言之。丿尉史驕。

037
0348

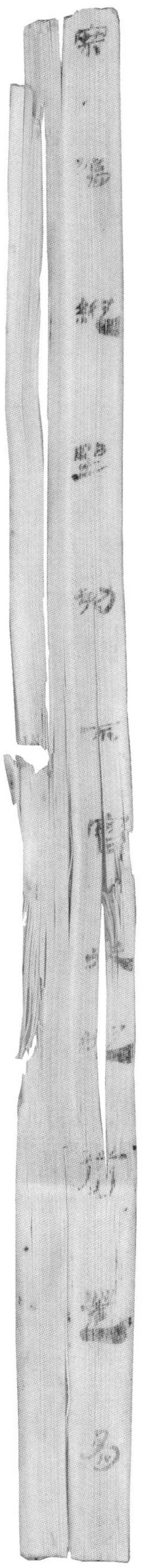

037b
0348b

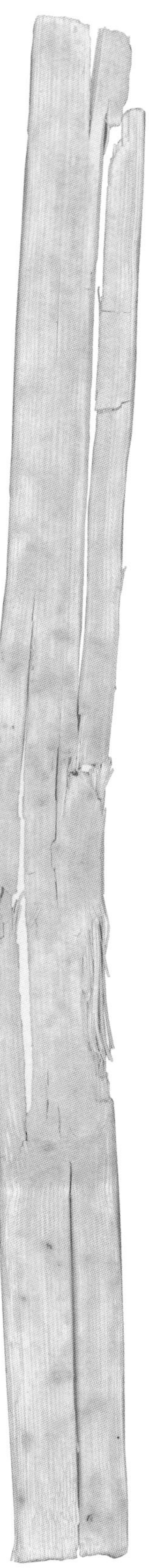

☐案駕、縱、野劾不審[四十五]，失。縱前遷爲

038
0004-1

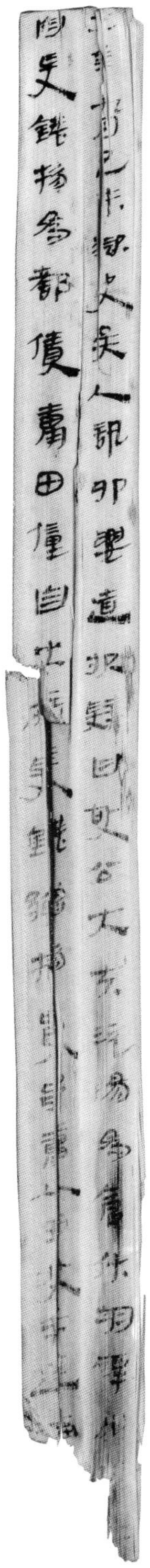

038b
0004-1b

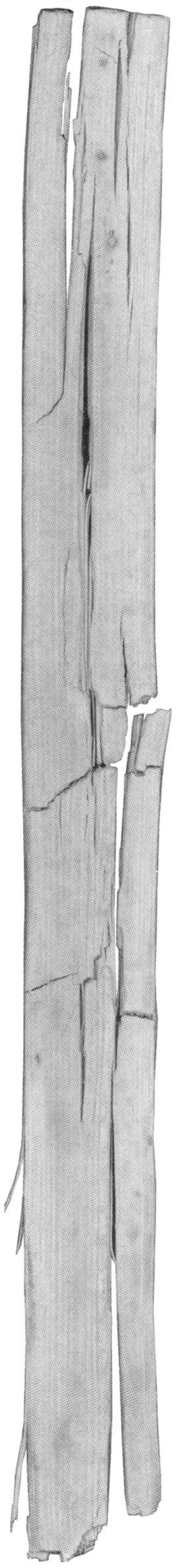

五年九月己未[四十六]，獄史吳人訊卯。要道狀辤（辭）曰：故公大夫沅陽，爲倉佐，均鐔成庫佐，自受錢物，爲部賃庸田。僮自出所受錢繒物，貰予庸人田，收禾[米]連☐

☆ **039** 0173+0076

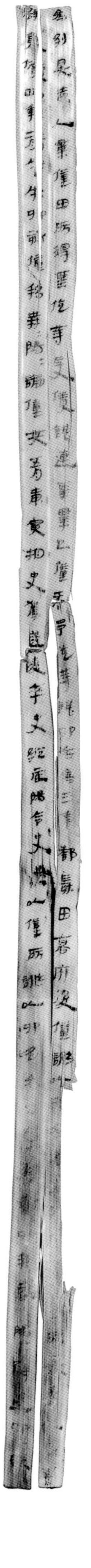

039b 0173+0076b

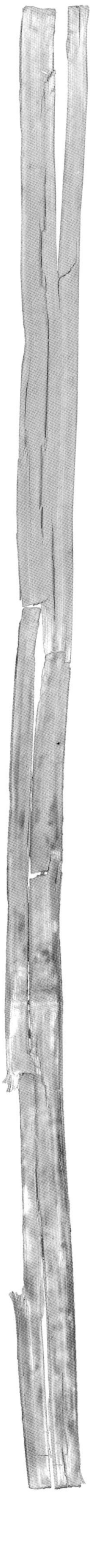

爲別具庯人稟僮田所得粟，伉等受賃錢。連粟稟已，僮未予伉等錢，卯去爲三年部䖒田高府，後僮詐（詐）以卯名爲出券書□□所具庯人券書辟（避）負償。四年二月戊戌，卯劾僮，移無陽，無陽論僮。其五月庚寅[四十七]，相史駕、武陵卒史縱、辰陽令史野以僮所詐（詐）以卯名为出券書劾卯，移辰陽，辰陽辟歸卯趣

☆ **040** 0048

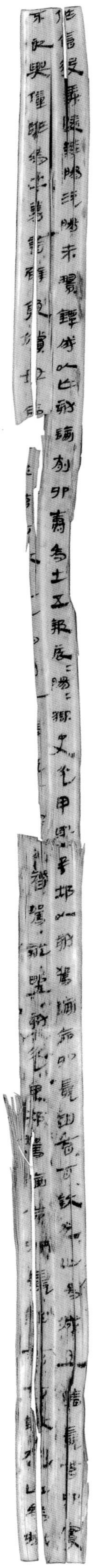

040b 0048b

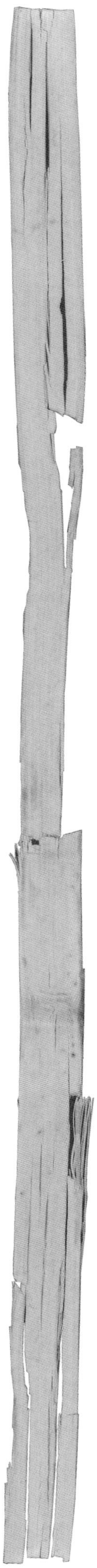

作倉役義陵、無陽、沅陽，未環（還），鐔成以亡劾，論削卯爵爲士五（伍），報辰陽。辰陽獄史光甲與丞郰以劾，駕（加）論命卯髡鉗笞百鈦左止爲城旦，籍髡笞。卯實不敢與僮詐（詐）爲出券書辟（避）負償，毋命髡鉗笞百鈦左止爲城旦，籍髡笞。實不智（知）駕、縱、野劾，光甲、郰駕（加）論命卯髡鉗笞百鈦左止，爲城

☆ **041** 0051

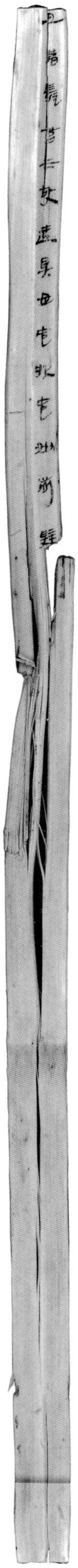

041b 0051b

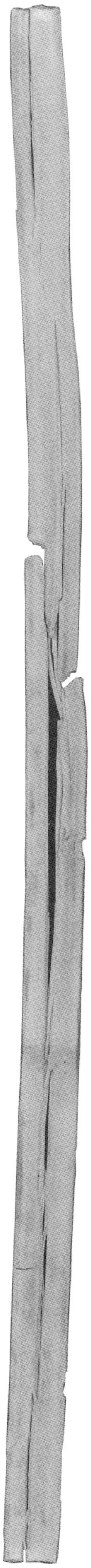

旦，籍髡笞。其故造，具毋（無）它狀。它如前辤（辭）。

042
0156

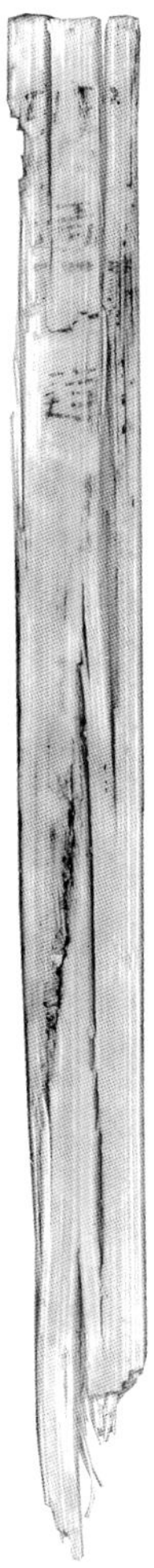

042b
0156b

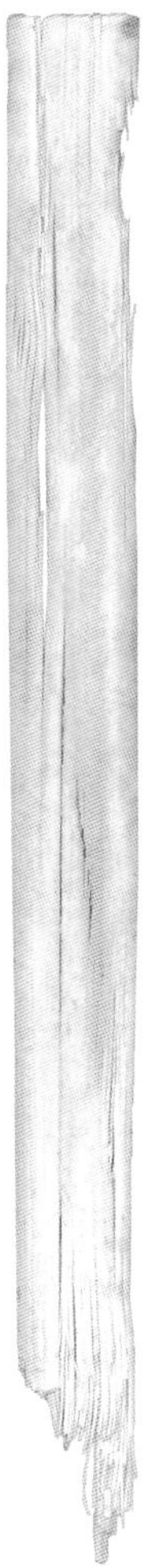

・卯□道辤（辭）

☆ **043**
0049

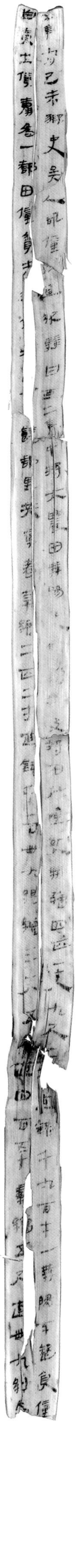

043b
0049b

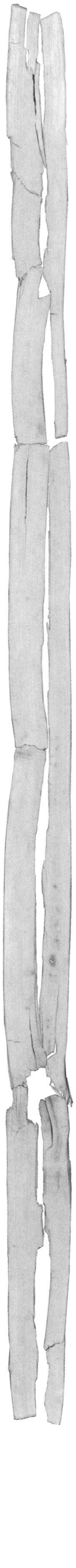

五年九月己未，獄史吳人訊僮。要道狀辤（辭）曰：廼二年中將大農田無陽，受錢繒物，及將田佐僮效絣繒四匹一丈九尺二寸，直（值）錢千九百七十一，無陽不疑負僮☐

自責出賃庸爲一部田，僮責未得，償□□□饒郵里，共載春草繒二匹二寸，直（值）錢千一百卌九，緹繒三丈五尺，直（值）四百五十，素繒五尺，直（值）卌九，紺□☐

☆ **044**
0092+
0099+
0349

044b
0092+
0099+
0349b

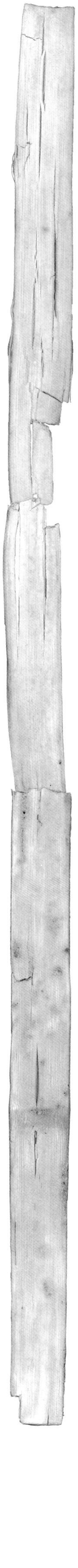

賃伉等所具庸人，可得毋負。三年四月丙申，誠詐（詐）以卯名爲券書，出以賃伉等所具庸人，辟（避）負償；春草繒二匹二寸，直（值）錢千一百卌九；緹繒三丈五尺，直（值）四百五十。素繒五尺五寸，直（值）卌九。爲不疑辟（避）負償絣繒四匹一丈九尺二寸，直（值）千九百七十一。卯已前効僮，移無陽，無陽論僮，道具，毋（無）它狀。它如卯辤（辭），證之。

045
0162+
0353+
1743

☐[迺]元年，縣遣將大農田無陽。其二年中，獲（護）田卒史相如令卯、義陵佐☐

045b
0162+
0353+
1743b

☐☐☐☐部先已收連粟，卒史遣卯、佐僮部連粟無陽，公乘充、伉、午☐

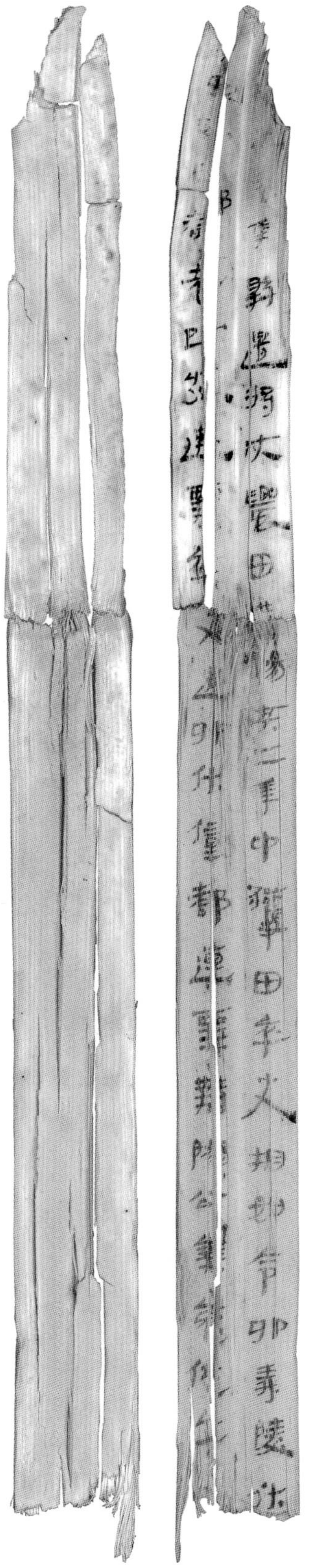

☆ **046**
0014

妻皆死家，毋責田。訊收稾☐☐☐☐☐獲（護）田卒史相如遣卯、佐僮連粟無陽，公乘伉、充、午與僮爲劾具庸，人連僮田所得粟稾，伉等

046b
0014b

受賃錢，連粟稾，僮未予伉等賃錢，卯去爲三年菮田素所貰繒，毋責僮當負，及不智（知）☐☐☐☐（未得）[僮言]可，詐（詐）以卯名與僮☐☐

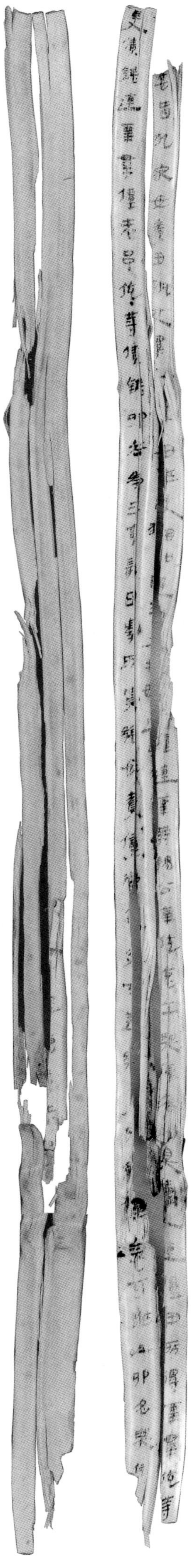

047
0205+
0363

五年九月丙辰朔癸亥，獄史吳☐【人爰書，案相府獄屬】

047b
0205+
0363b

臨湘尉，贖罪以下即移☐

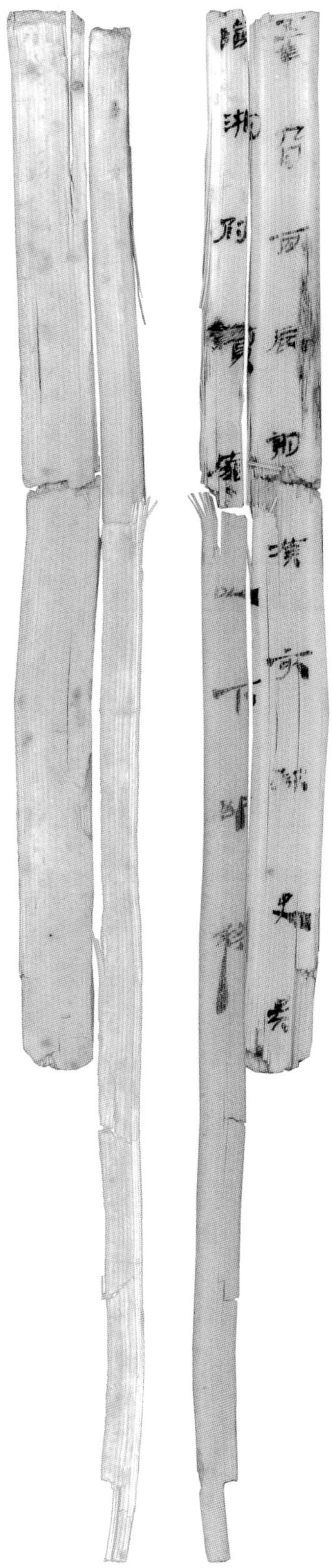

048 1628

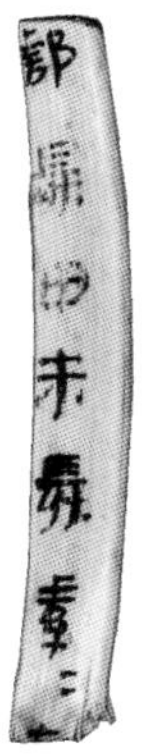

048b 1628b

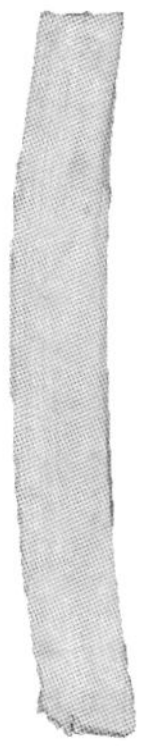

部貥田未貥素素□▨

049 1094

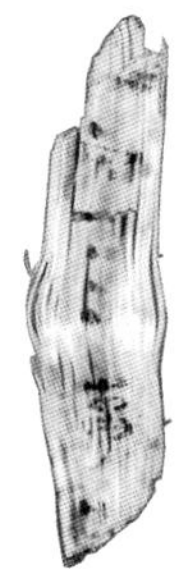

049b 1094b

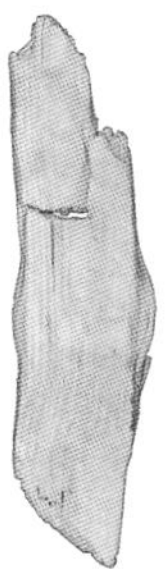

▨上劾三事其▨

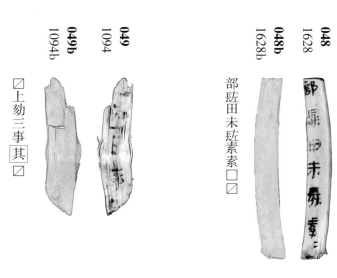

注釋：

［一］二年四月丙申，據0081+0078、0092+0099+0349、014等，此處或應爲三年。武帝元朔三年（長沙戴王劉庸三年）四月庚午朔，丙申爲二十七日。

［二］將田，爲官署名，將田義陵佐、將田沅陽佐顯示『將田』可能爲『將大農田』的省稱。僮，人名，義陵縣都鄉人，案發時在無陽爲將田佐。

［三］卯，人名，本沅陽縣官佐，被調爲將田佐，去無陽管理大農公田事。

［四］安成里、南陽里皆屬無陽縣。伉、充、午，皆人名。無陽縣儘管僻處湘西，有較多蠻夷，但伉、充、午皆有公乘之爵位，應非蠻夷。

［五］連，《説文》：『連，負車也。』連即古文輦。負車者，人輓車而行，車在後如負也。

［六］此處或表示僮、卯傭賃伉、充、午等人運粟。

［七］戊戌，爲二月四日。

［八］箑，竹器，同籭。0078有盛粟箑。

［九］絣，《説文·糸部》『氐人殊縷布也』，即氐人以不同顏色絲綫混織成的布匹。

［十］匹，《説文》：『匹，四丈也。』

［十一］春草，簡0081有『春草繒』，此處省『繒』字。馬王堆M3遣策有『春草複衣』，整理者以春草比作顏色，《急就篇》卷二有『春草雞翹鳧翁濯』句。顔師古注：『春草，象其初生纖麗之狀也。』

［十二］緹，《説文·糸部》『帛丹黄色』，即橘黄色。緹繒，橘黄色的繒帛。

［十三］素，白緻繒也，繒之白而細者也。

［十四］大農，或爲長沙國大農。將大農田官，應爲管理長沙國公田事務的機構。

［十五］本簡下端殘損，根據簡0037，后文可補『一丈九尺二寸』。

［十六］三月乙丑，爲二十五日。

［十七］三年四月無丙午。五月庚子朔，丙午爲七日。

［十八］據簡0006和右行缺字，或可補『卯出賃無』四字。

［十九］此處『擊禾爲米』與『連粟爲米』均表示將粟等穀物脱殼爲米。

［二十］據睡虎地秦簡、里耶秦簡和嶽麓秦簡，秦代居作者日計八錢，公食者計六錢。本批簡牘時代爲公元前128至前120年，長沙國此時流行的是武帝時地方所鑄四銖錢，較之秦半兩，重量只及三分之一，則卅錢相當于秦錢的十錢。

［二十一］野、貍、豹，皆人名。

［二十二］葵、相邕、午，皆人名，爲無陽縣吏。守令史即代理令史，正爲里正。

［二十三］張家山漢簡《二年律令·賊律》簡十四有：『諸祚（詐）增減券書，及爲書故祚（詐）弗副，其以避負償，若受賞賜財物，皆坐臧（贓）爲盜。』此簡中的『盜』也是『坐贓爲盜』。

［二十四］負償，『賠償』。里耶秦簡8-644正有：『敬問之：吏令徒守器而亡之，徒當獨負。·日足以責，吏弗責，負者死亡，吏代負償。』

［二十五］庚寅，爲五月二十七日。

［二十六］駕、縱、野，人名。長沙相史即長沙國相府之史；武陵爲長沙國所轄支郡，郡府有卒史；辰陽爲武陵郡屬縣，縣廷有令史。

［二十七］丙申爲六月四日。

［二十八］甲午爲六月二日。

［二十九］簡0092有『無陽論僮』，則此處爲無陽縣守獄史胡人審訊僮。胡人，人名。

［三十］據此簡，義陵縣都鄉下有聚，與沅陵虎溪山漢簡『六鄉四聚』類。

［三十一］大農卒史中護田者。

［三十二］此處『部田』指縣界内分部管轄的田。

［三十三］不疑，人名。

［三十四］丁酉，爲二月九日。

［三十五］命，指定罪並通緝。后文『命男子卯』即指卯爲受通緝的罪犯。命未得者，已定罪之人逃亡在外未被捕得者。

［三十六］驕，人名，或爲無陽縣尉史，負責追捕在逃犯男子卯。

［三十七］自詣，即自行前往官府自首。

［三十八］里耶秦簡8-1277、12-2301有『均佐』，『均』或讀作『巡』，表示被罰往新地或邊徼。嶽麓秦簡伍051有『令獄史均新地』，225有『令獄佐史均故徼一歲』，嶽麓秦簡陸177有『均新地二歲』。卯本爲沅陽倉佐，由於某種原因被均至鐔成爲庫佐。

［三十九］『以』字衍一重文號。

［四十］光甲、邯，人名。

［四十一］虜展、周、劉，皆爲人名。

［四十二］始，人名，爲無陽長。後，人名，爲庫嗇夫代行縣丞事。

［四十三］自出，即逃亡者自首。

［四十四］卯，人名，爲無陽縣尉史驕下轄某亭的求盜。

［四十五］劾不審，指官吏劾舉他人罪行不實。張家山漢簡《二年律令·具律》有：『劾人不審，爲失；其輕罪也而故以重罪劾之，爲不直。』

［四十六］己未，爲九月四日。

［四十七］庚寅，爲二十七日。

案例三　都鄉七年墾田租簿案　正背面編聯圖版

055
1139

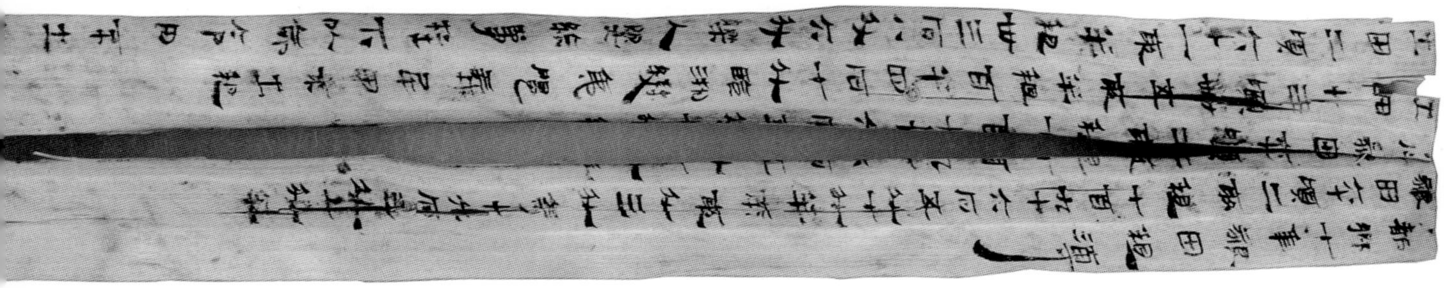

054
0056

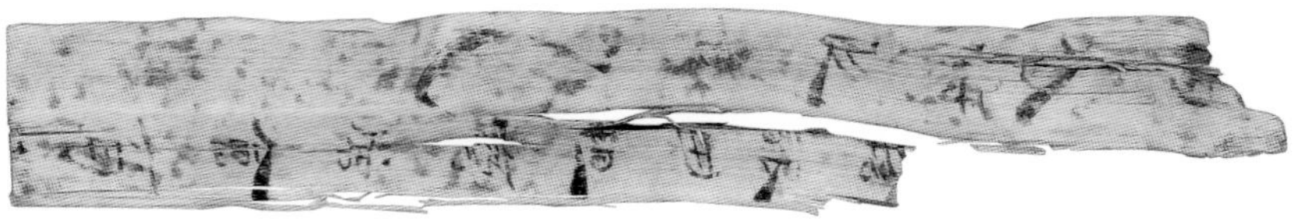

053
0456

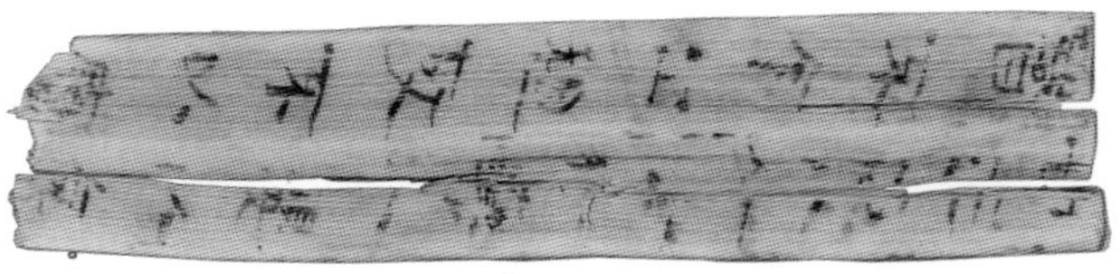

052
0976

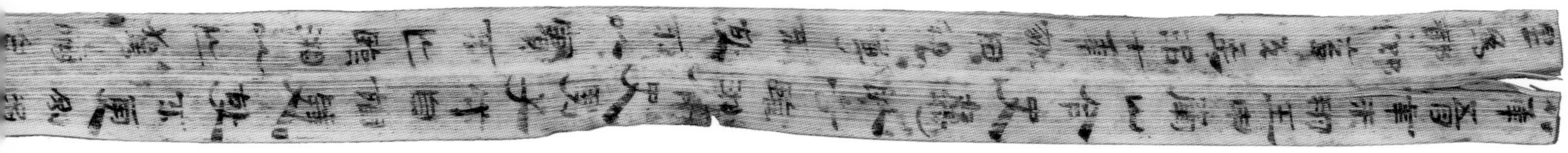

051
0795

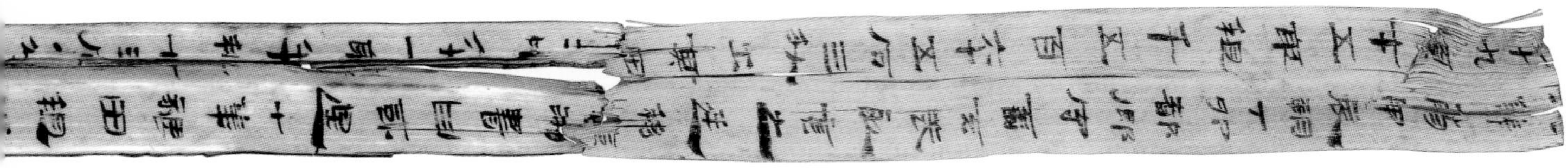

050
0368+
1564+
1584

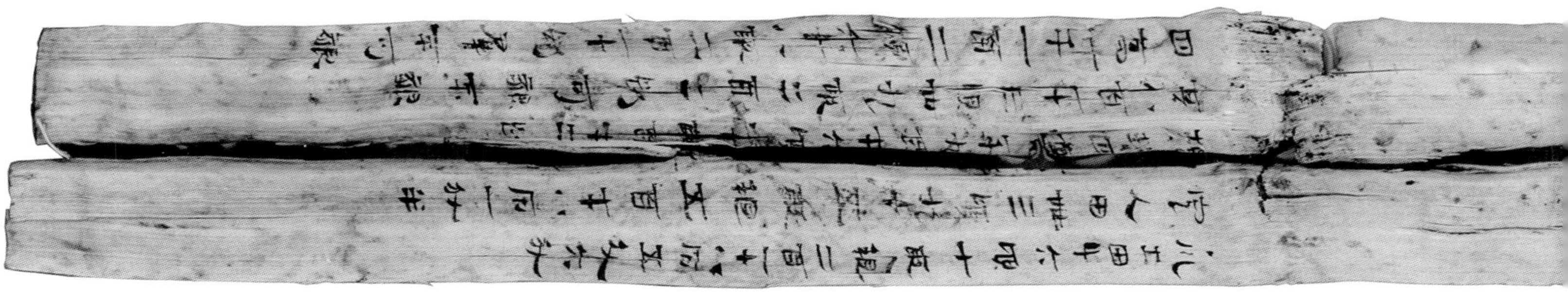

055b
1139b

054b
0056b

053b
0456b

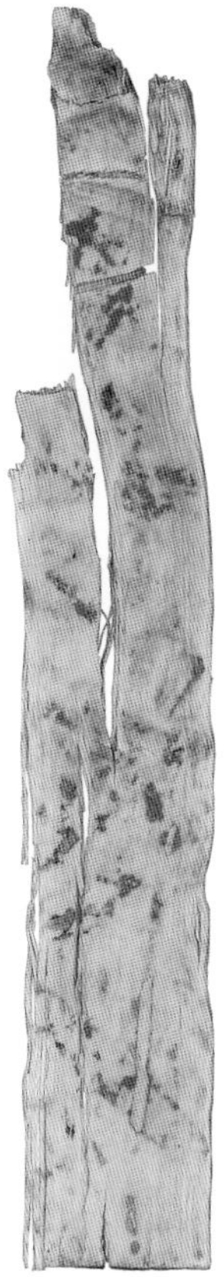

052b
0976b

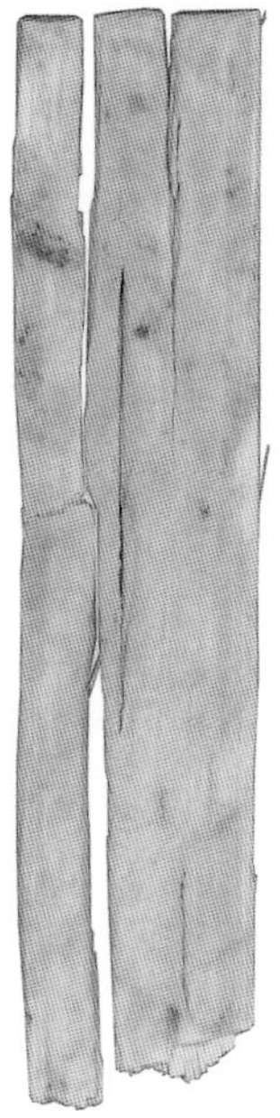

051b
0795b

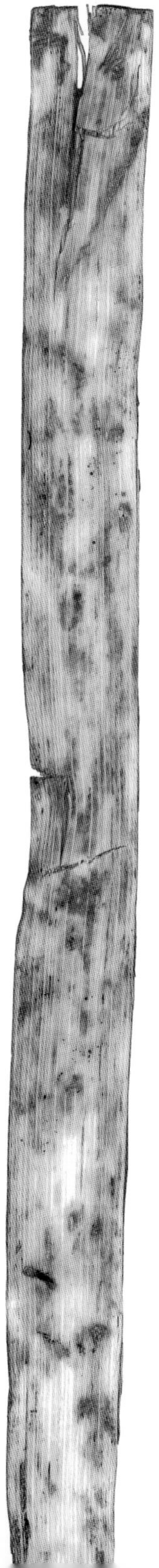

050b
0368+
1564+
1584b

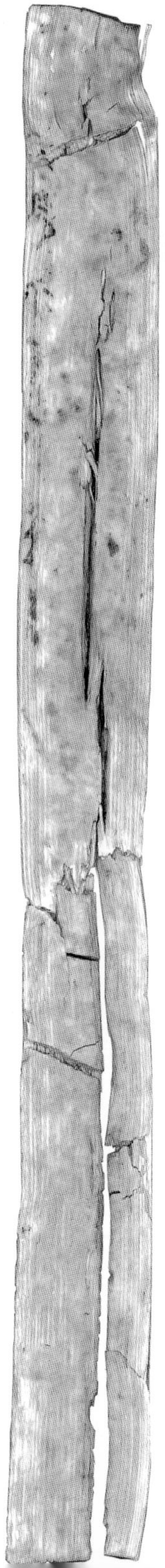

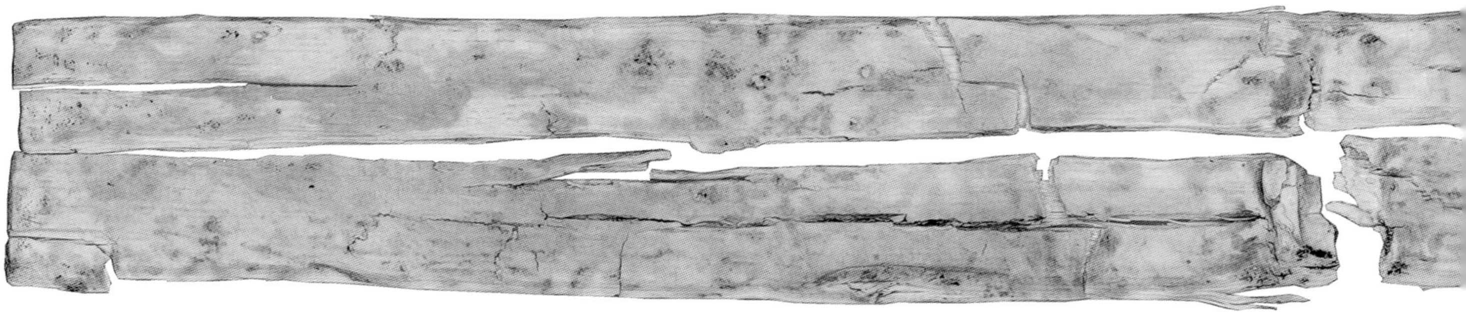

案例三　都鄉七年墾田租簿案　單簡圖版及釋文

050
0368+
1564+
1584

050b
0368+
1564+
1584b

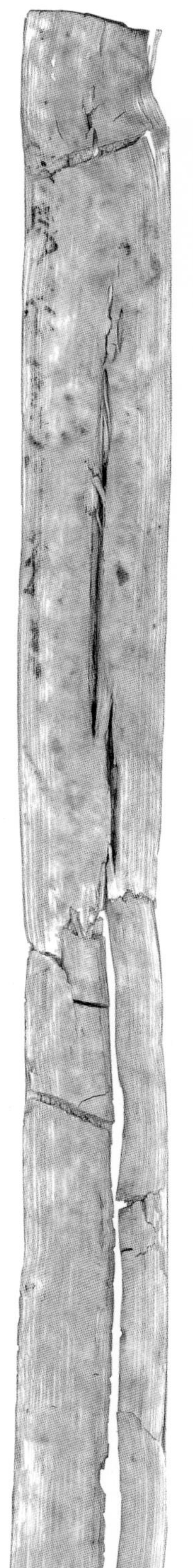

八年十月甲辰朔丁卯，都鄉守嗇夫武敢言之，廷移臨湘書曰：或遝[一]七年狠（墾）田租簿，田百一十九頃七十五畝，租千五百六十五石三斗。出其田二頃六十一畝半，租卌三石八斗六升，樂

051
0795

051b
0795b

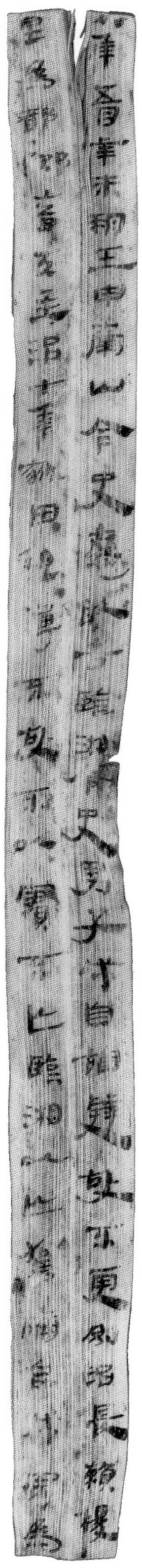

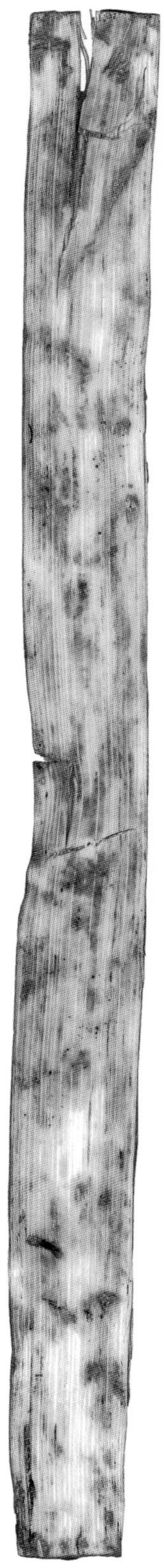

八年五月辛未朔壬申，南山令史㥁敢告臨湘令史：男子戍自詭，辤（辭）：故不更，別治長賴褸里，爲都鄉嗇夫，主治七年狠（墾）田租簿，不故不以實，不亡，臨湘以亡駕（加）論命戍完爲

052
0976

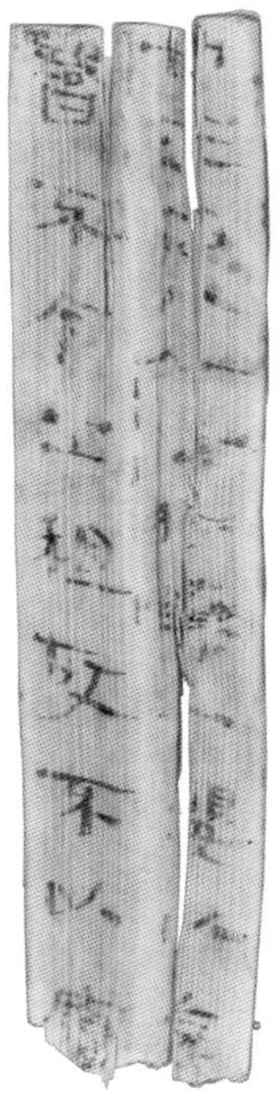

052b
0976b

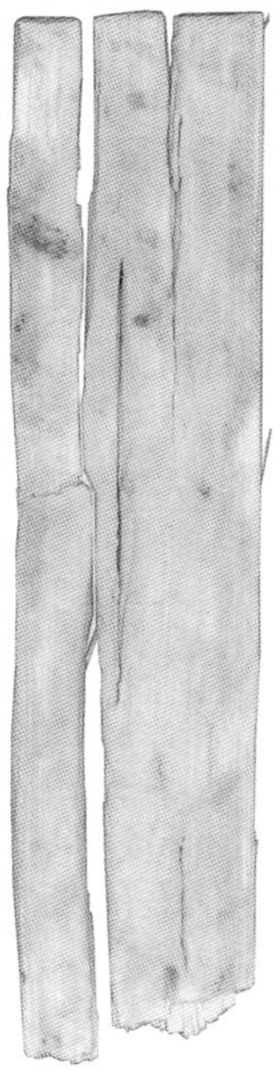

卅三石八斗六升，樂人嬰以命☐

智（知），不令出租、故不以實☐

053
0456

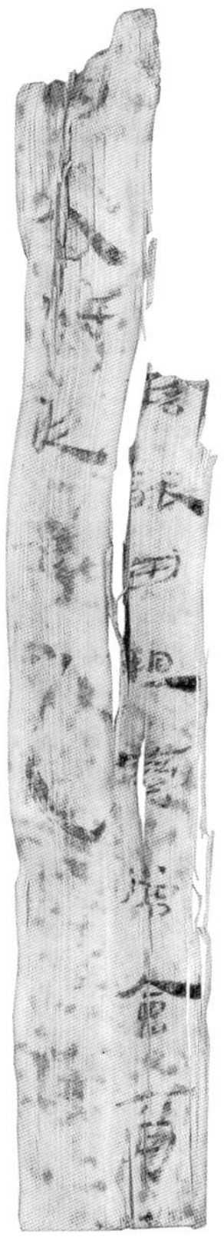

053b
0456b

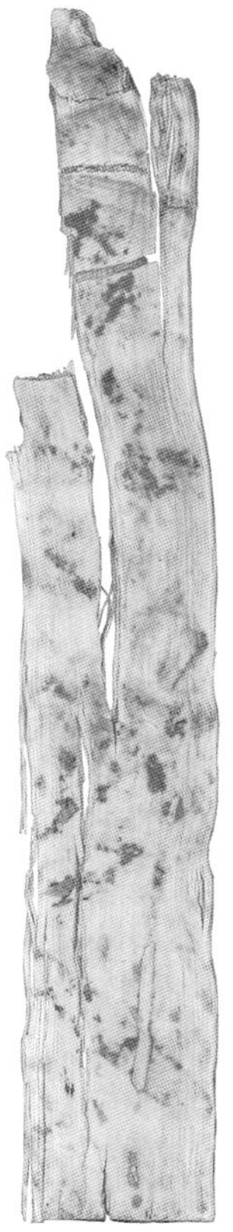

☐移貇（墾）田租簿常會[二]六月

☐內史府敢言之

☆
054
0056

054b
0056b

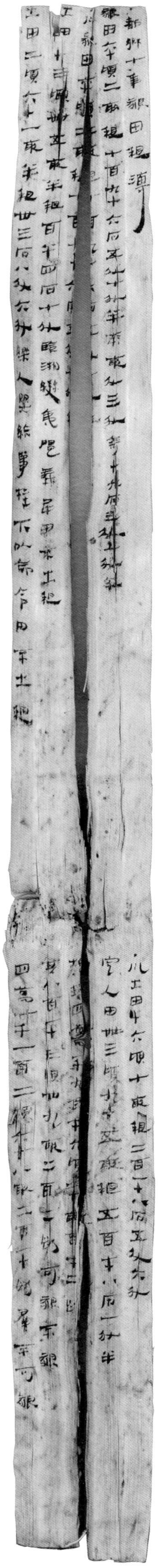

（第一欄）

·都鄉七年貇（墾）田租簿

貇（墾）田六十頃二畝，租七百九十六石五斗七升半，率畝斗三升，奇[三]十六石三斗一升半

·凡貇（墾）田六十頃二畝，租七百九十六石五斗七升半

出田十三頃卌五畝半，租百八十四石七斗，臨湘變（蠻）夷歸義民[四]田不出租

出田二頃六十一畝半，租卅三石八斗六升，樂人[五]嬰給事柱下[六]以命令田不出租

（第二欄）

·凡出田十六頃七畝，租二百一十八石五斗六升

定入田卌三頃九十五畝，租五百七十八石一升半

提封[七]四萬一千九百七十六頃七十畝百七十二步

其八百一十三頃卅九畝二百二步可貇（墾）不貇（墾）

四萬一千一百二頃六十八畝二百一十步群不可貇（墾）

055
1139

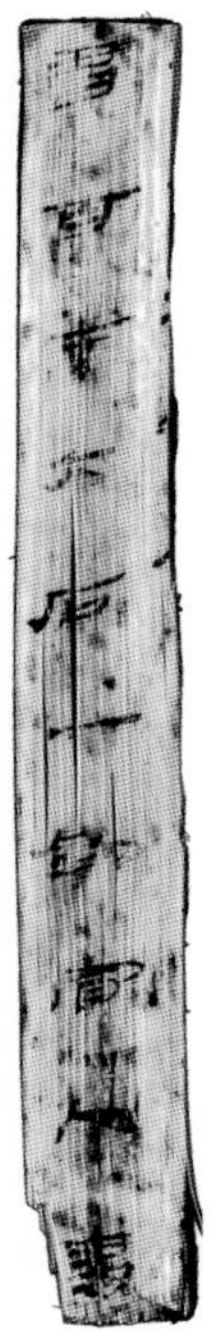

055b
139b

□百七十六石一斗□人書☐

注釋：

〔一〕或遝，遝書的開頭語。

〔二〕常会，期會。《漢官解詁》：『歲盡，齎所狀納京師，名奏事，差其遠近，各有常會。』《漢官舊儀》：『奏事各有常會，擇所部二千石卒史與從，傳食比二千石所傳。』

〔三〕奇，謂餘數也。《漢書・食貨志》『首長八分有奇』，顔師古注曰：『奇，謂有餘也。』

〔四〕歸義，正義的歸服。《史記・滑稽列傳》：『遠方當來歸義。』『蠻夷歸義民』屬於國家優撫的對象，免徵租税。

〔五〕樂人，樂官。

〔六〕柱下，《漢官儀》曰：『侍御史，周官也，爲柱下史，冠法冠。』

〔七〕提封，通共，大凡。《漢書・刑法志》：『一同百里，提封萬井。』王先謙補注王念孫曰：『《廣雅》曰：「提封，都凡也。」都凡者，猶今人言大凡，諸凡也……都凡與提封一聲之轉，皆是大數之名。提封萬井，猶言通共萬井耳。』

案例四　長沙邸傳舍壞敗舉劾案　正背面編聯圖版

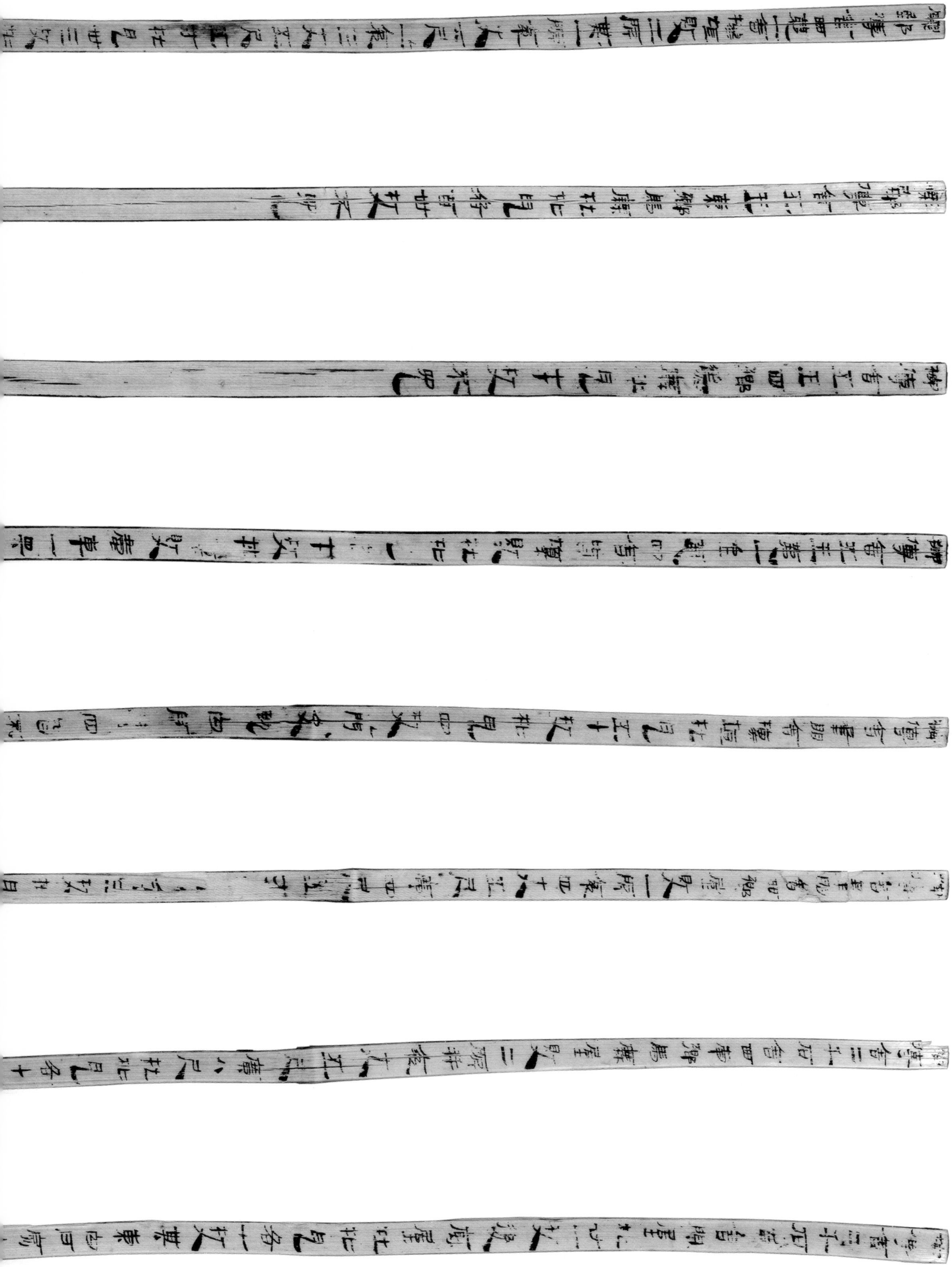

063 0030

062 0025

061 0045

060 0026

059 0020

058 0022

057 0021

056 0036

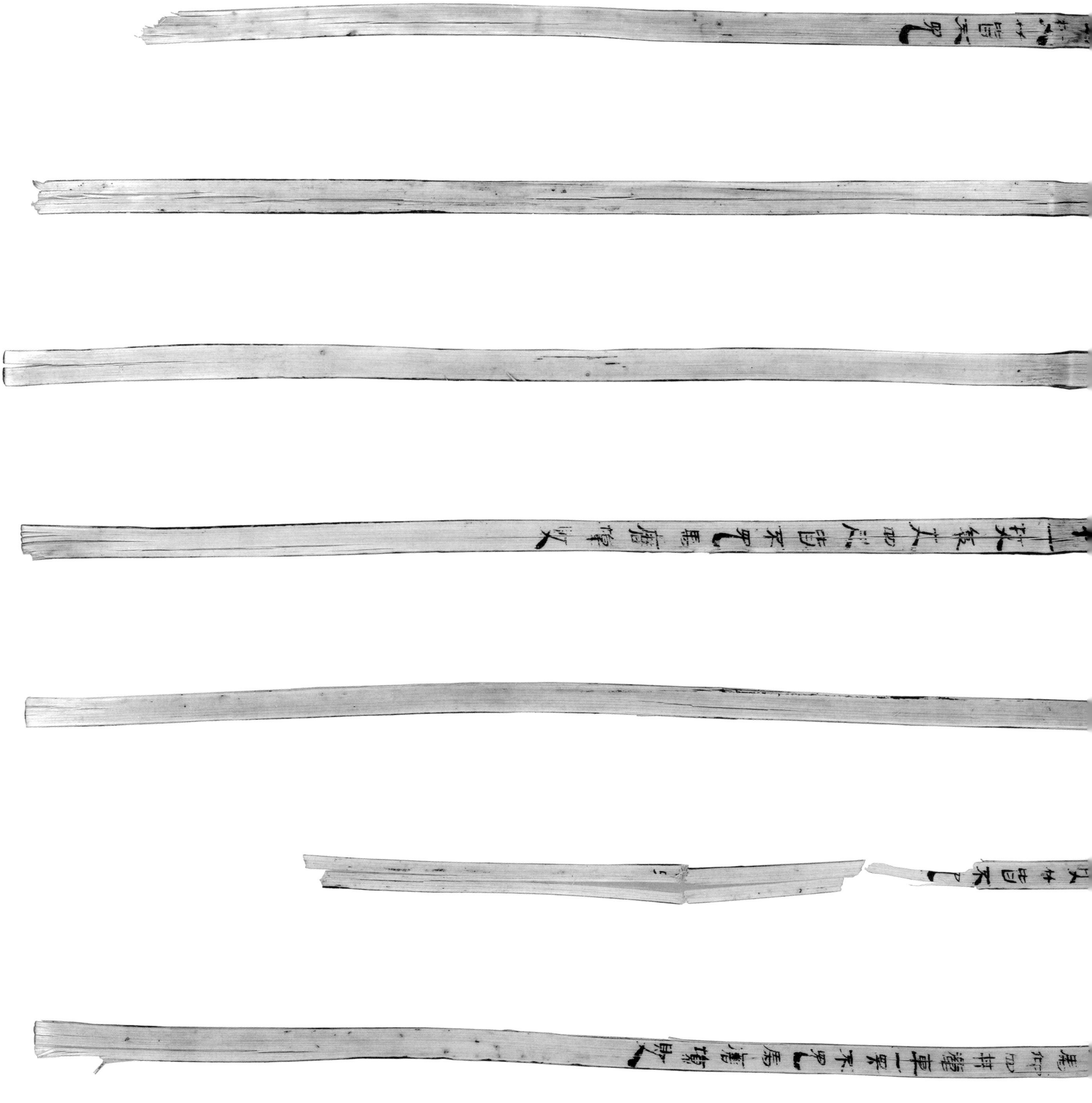

063b
0030b

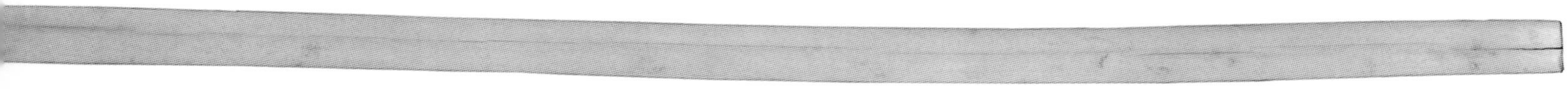

062b
0025b

061b
0045b

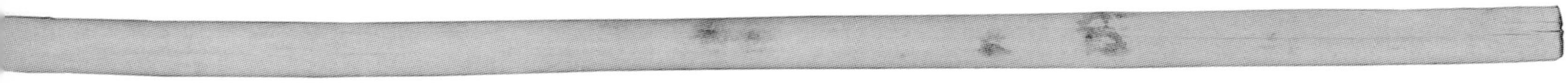

060b
0026b

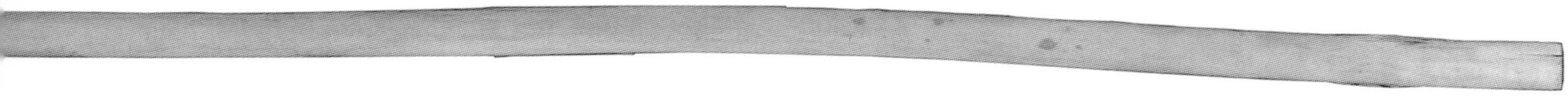

059b
0020b

058b
0022b

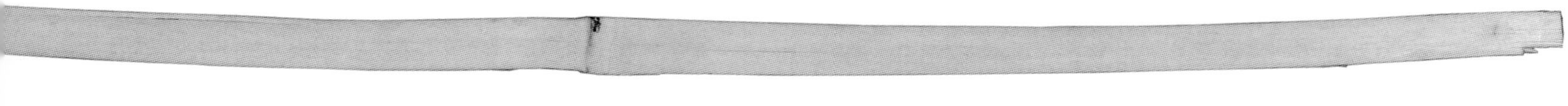

057b
0021b

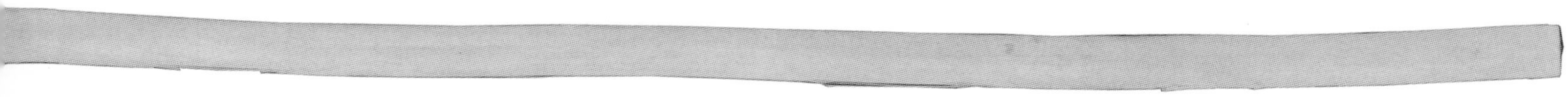

056b
0036b

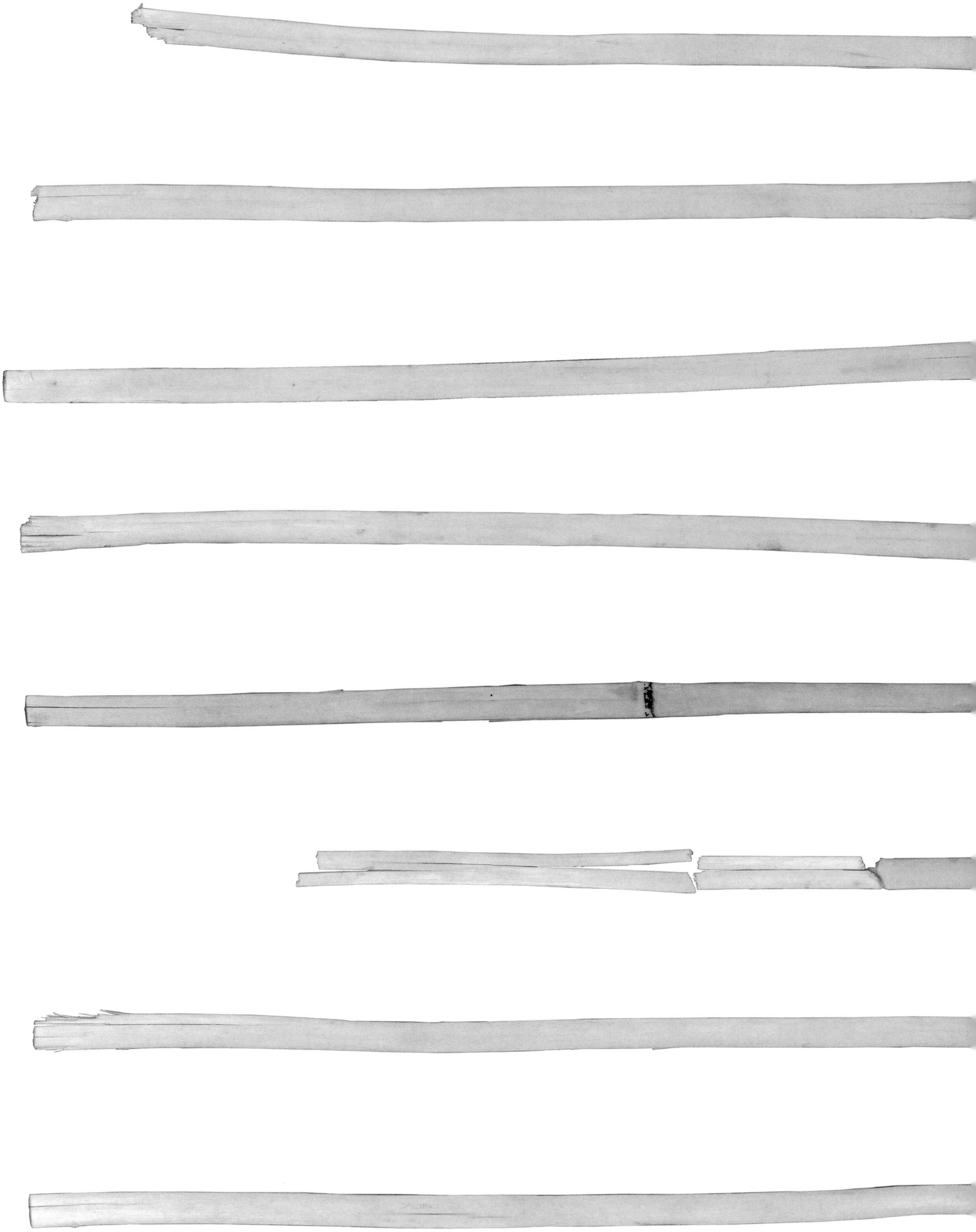

064
0027

065
0029

066
0023

067
0028

068
0019

069
0079

070
0015

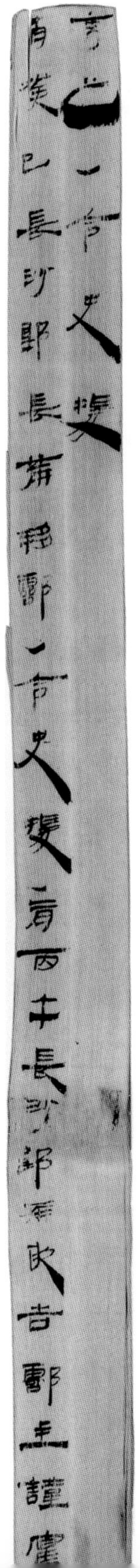

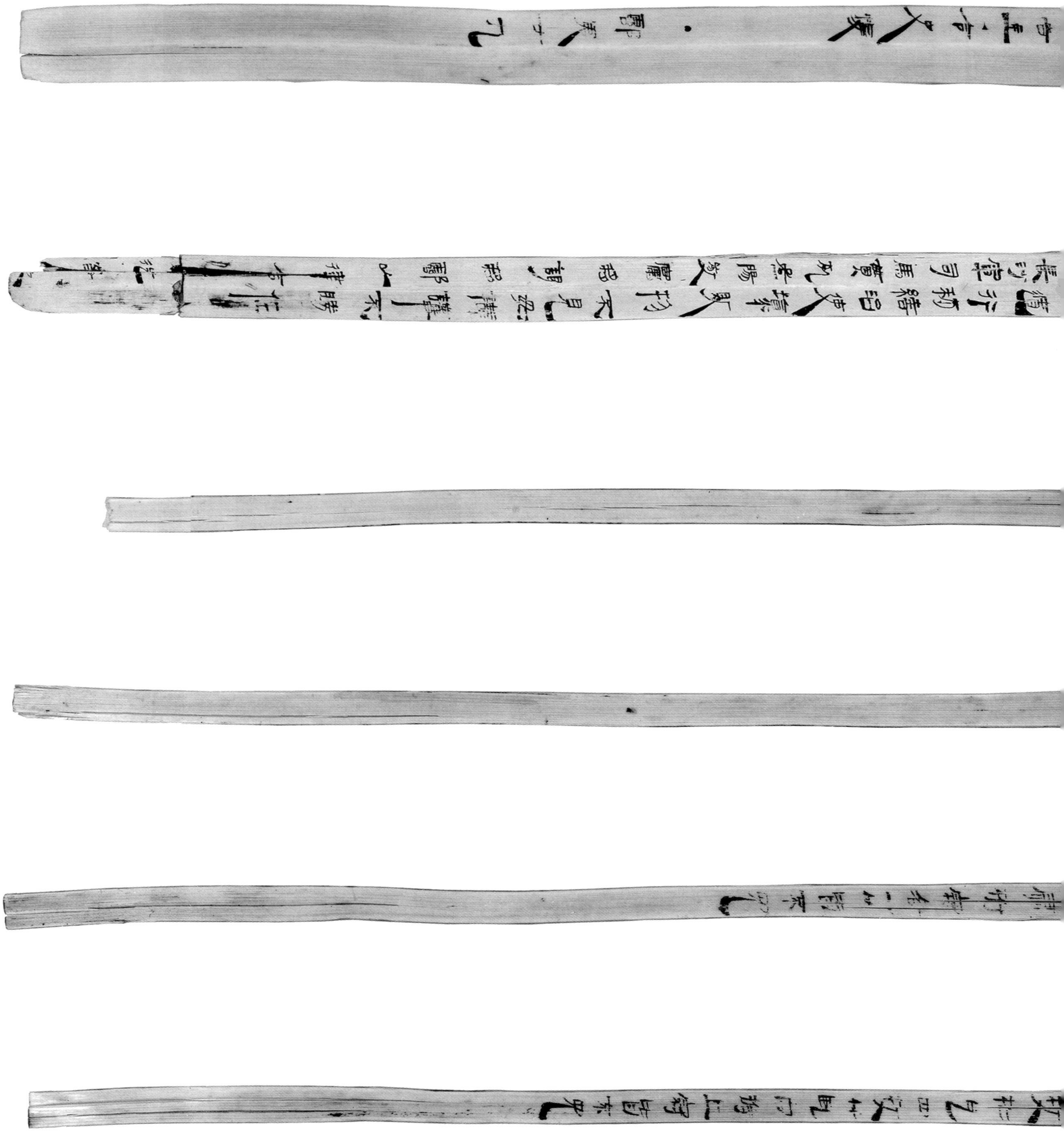

070b 0015b | **069b** 0079b | **068b** 0019b | **067b** 0028b | **066b** 0023b | **065b** 0029b | **064b** 0027b

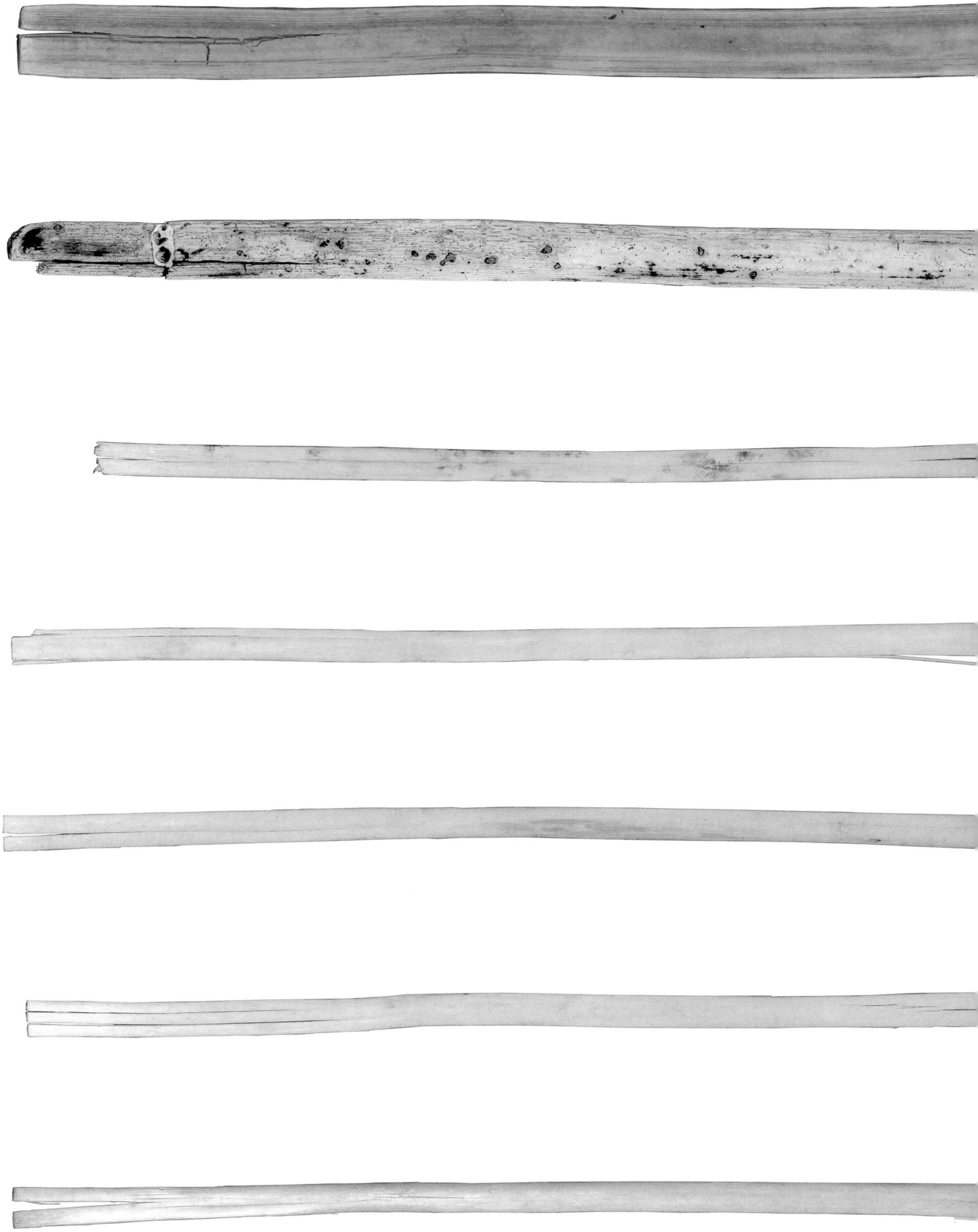

案例四　長沙邸傳舍壞敗舉劾案　單簡圖版及釋文

☆ 056 0036 056b 0036b

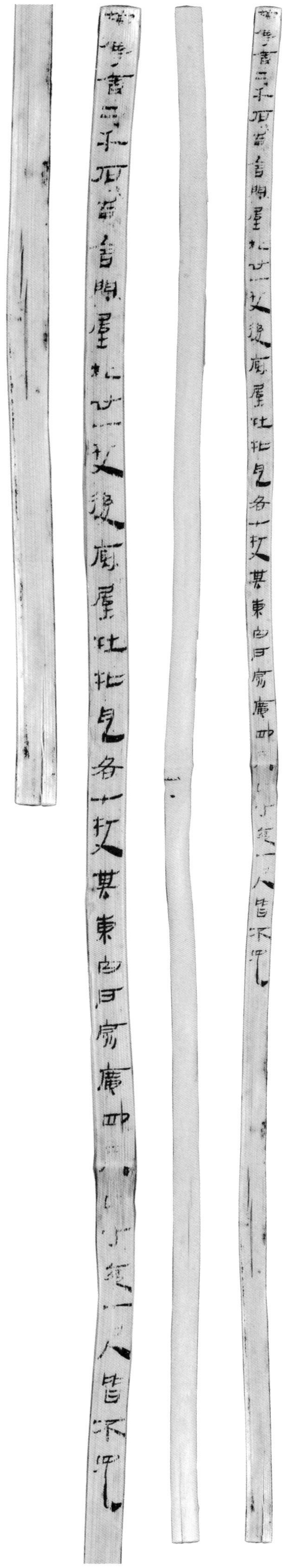

桉（案）：傳舍二千石東舍門屋牝廿一枚[一]，後廁屋牡、牝瓦各七枚[二]，其東内户扇[三]廣四尺四寸，袤七尺，皆不見。

☆ 057 0021 057b 0021b

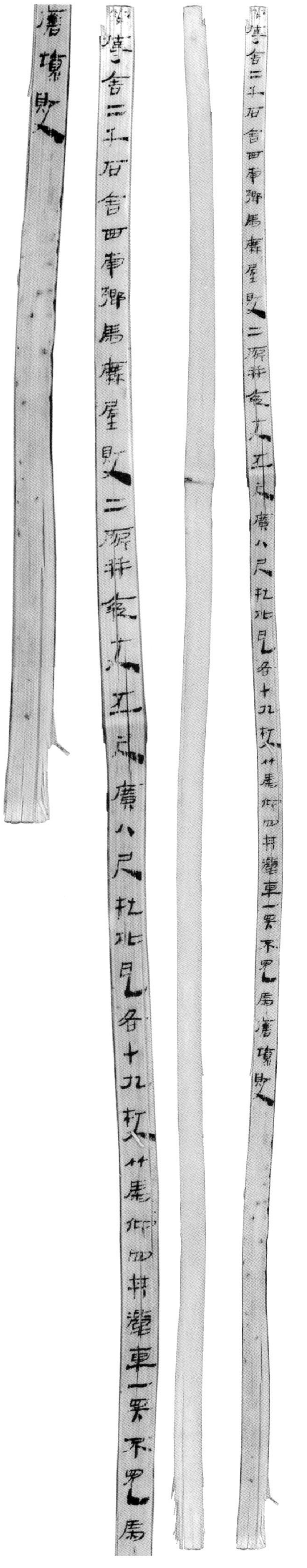

桉（案）：傳舍二千石舍西南鄉（嚮）馬廡[四]、屋敗二所，并袤丈五尺，廣八尺，牡、牝瓦各十九枚，竹[五]、馬仰[六]四、井鹿車[七]一具不見，馬磨[八]壞敗。

☆ 058 0022 058b 0022b

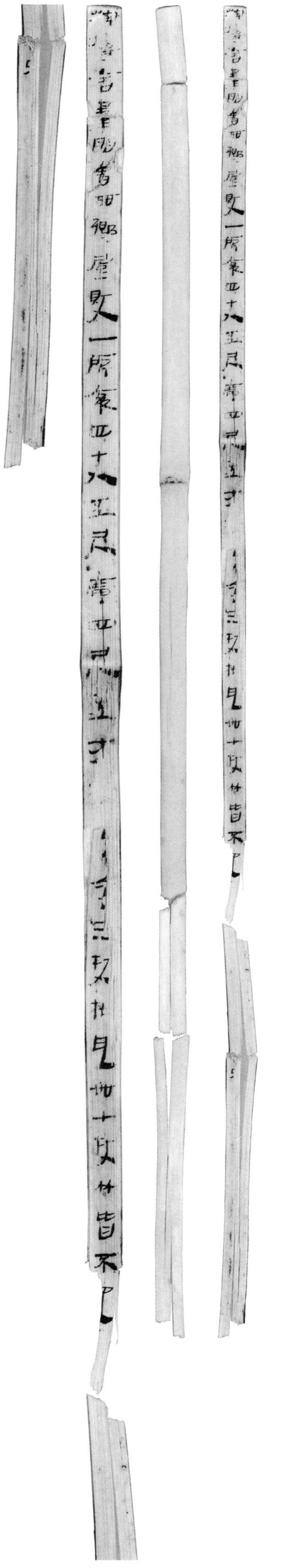

桉（案）：傳舍承朋舍西鄉（嚮）屋敗一所，袤四丈五尺，廣四尺五寸，【牡】瓦六十三枚，牝瓦卌七枚，竹皆不見。

☆ **059** 0020 **059b** 0020b

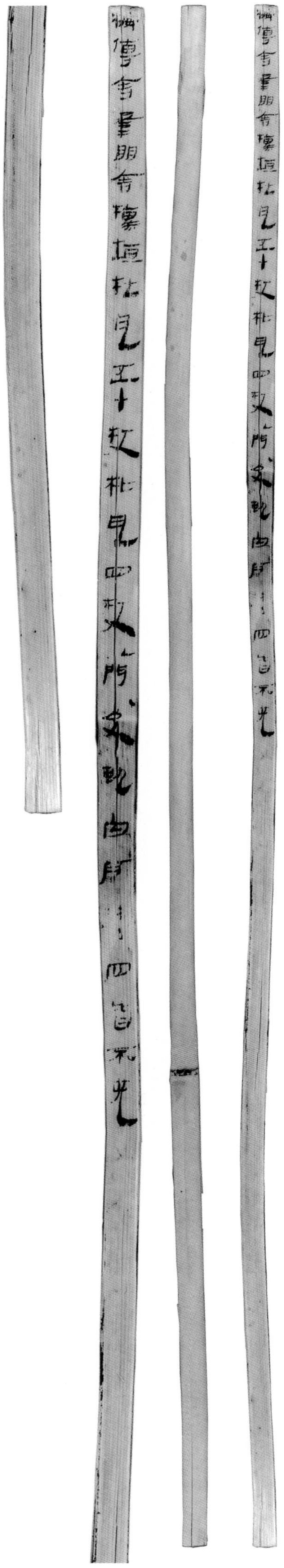

桉（案）：傳舍承朋舍櫄垣[九]牡瓦五十枚、牝瓦四枚㇄、門㇄及[十]臥内户扇[十一]四皆不見。

☆ **060** 0026 **060b** 0026b

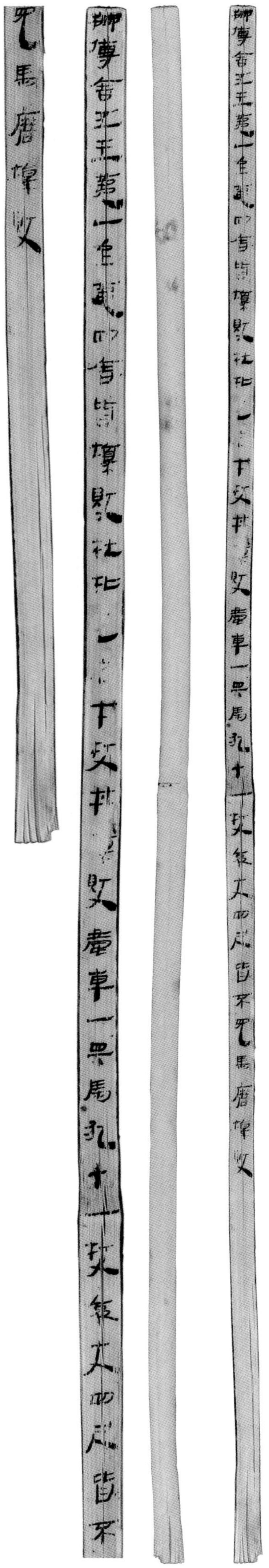

桉（案）：傳舍五王第一至第四舍皆壞敗，牡、牝瓦各七十枚、井壞敗，鹿車一具，馬犯十一枚、衺丈四尺，皆不見，馬磨壞敗。

☆ **061** 0045 **061b** 0045b

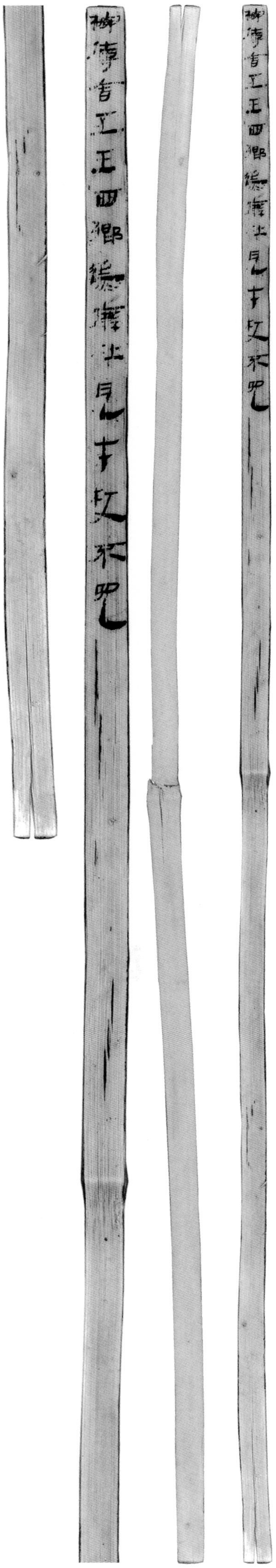

桉（案）：傳舍五王西鄉（嚮）㝚廡牡瓦七十枚不見。

☆ **062** 0025 **062b** 0025b

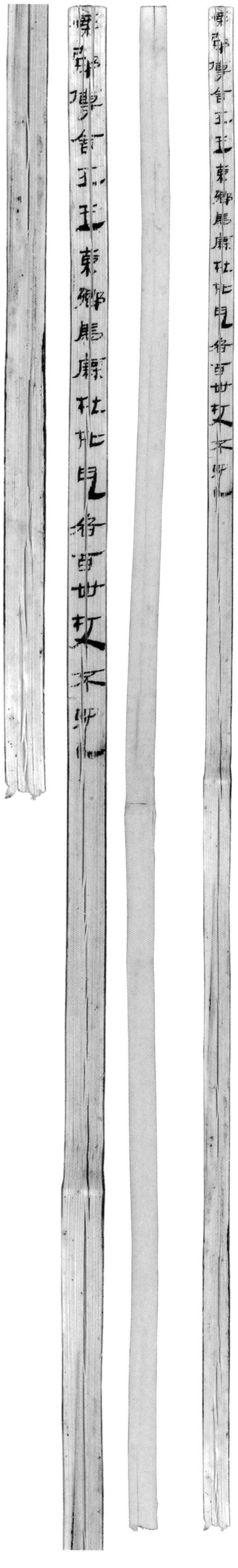

案：邸傳舍[十二]五王東鄉（嚮）馬廡牡、牝瓦各百卌枚不見。

☆ **063** 0030 **063b** 0030b

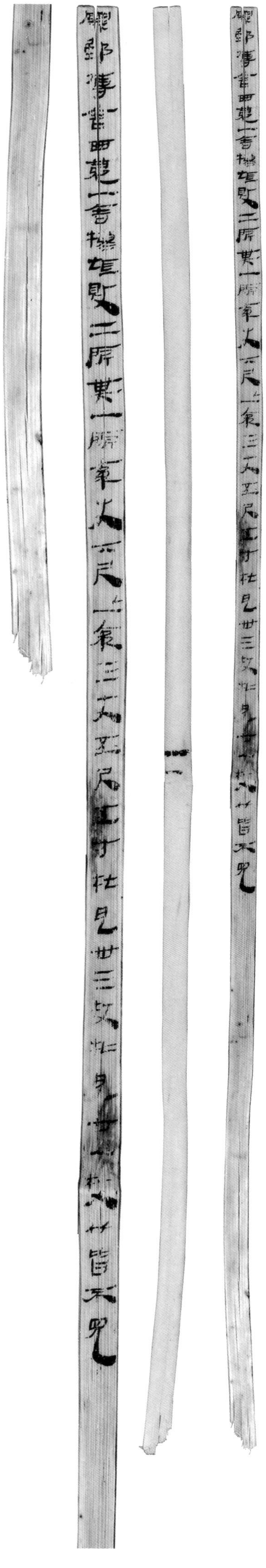

案：邸傳舍西第一舍櫄垣敗二所，其一所袤丈六尺乚，一袤三丈五尺五寸。牡瓦卌三枚，牝瓦廿一枚，竹皆不見。

☆ **064** 0027 **064b** 0027b

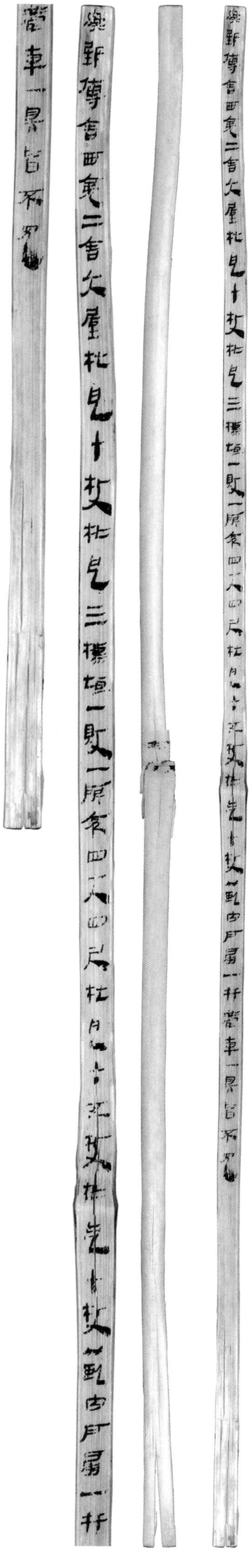

案：邸傳舍西第二舍大屋牡瓦十枚、牝瓦三、櫄垣一、敗一所，袤四丈四尺，牡瓦十五枚、牝瓦十枚，竹，臥内户扇一、井鹿車一具皆不見。

☆ **065** 0029 **065b** 0029b

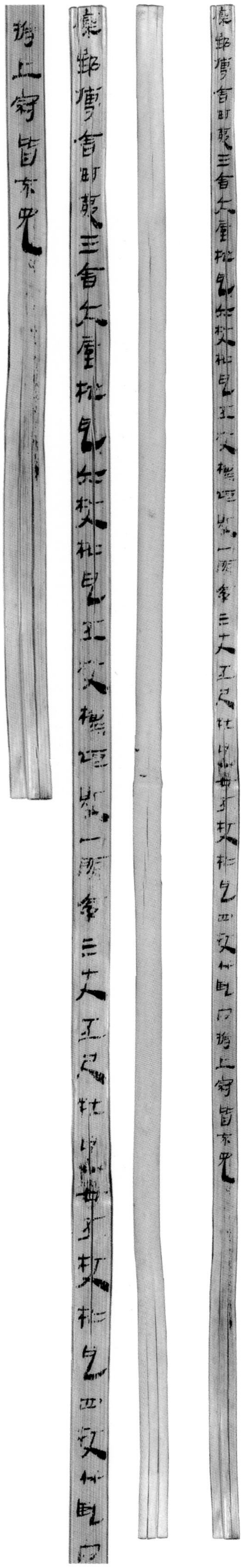

案：邸傳舍西第三舍大屋牡瓦六枚、牝瓦五枚，櫄垣敗一所，袤三丈五尺，牡瓦廿五枚、牝瓦四枚，竹，臥内柎[十三]上冠皆不見。

☆ **066** 0023 **066b** 0023b

案：邸傳舍西第四舍櫄垣敗一所，袤四丈七尺，牡瓦卌四枚，牝瓦十四枚，門ㄴ及臥内户扇、柎冠各一，竹皆不見。

☆ **067** 0028 **067b** 0028b

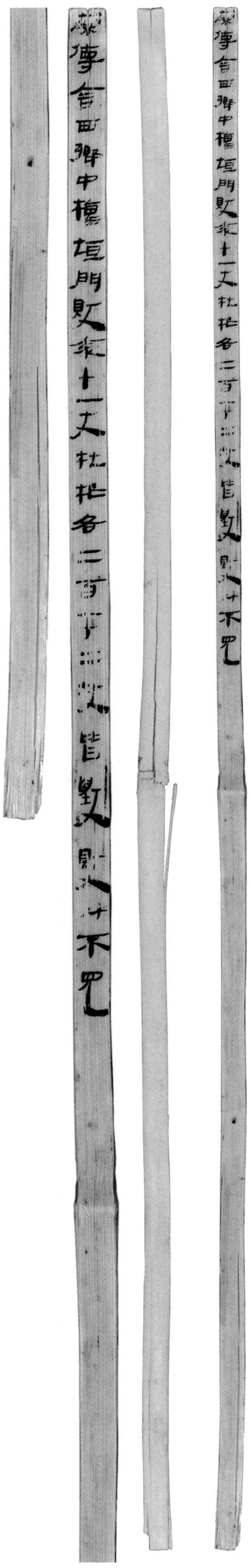

案：傳舍西鄉（嚮）中櫄垣、門敗，袤十一丈，牡、牝瓦各二百七十二枚，皆毁敗，竹不見。

☆ **068** 0019
068b 0019b

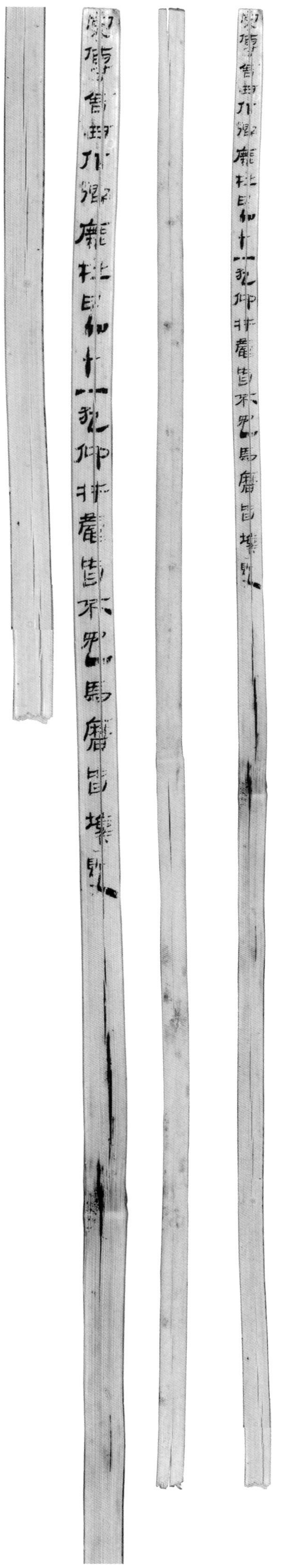

案：傳舍西北鄉（嚮）廡牡瓦十一，犯仰、井鹿皆不見，馬磨皆壞敗。

☆ **069** 0079
069b 0079b

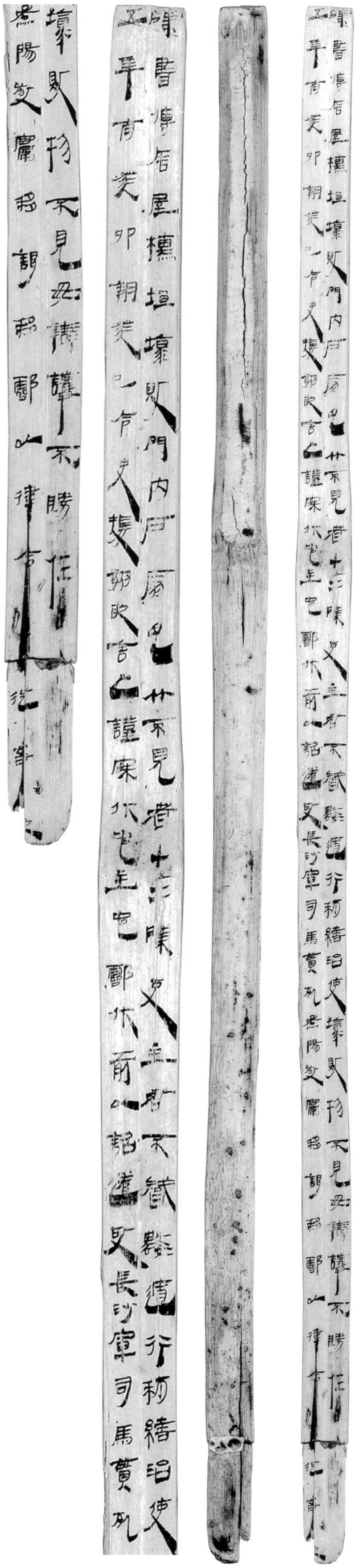

牒書[十四]：傳舍屋、櫨垣壞敗，門、内户扇、瓦、竹不見者十三牒。吏主者不智（知）數遁（巡）行[十五]，稍繕治，使壞敗物不見。毋辯護[十六]，不勝任[十七]。五年七月癸卯朔癸巳[十八]，令史援劾，敢言之：謹案：佐它主[十九]。它，鄅佐，前以詔遣故長沙軍司馬[二十]贳死烝陽[二十一]。敬寫移，謁移鄅，以律令從事，敢

☆ **070** 0015

070b 0015b

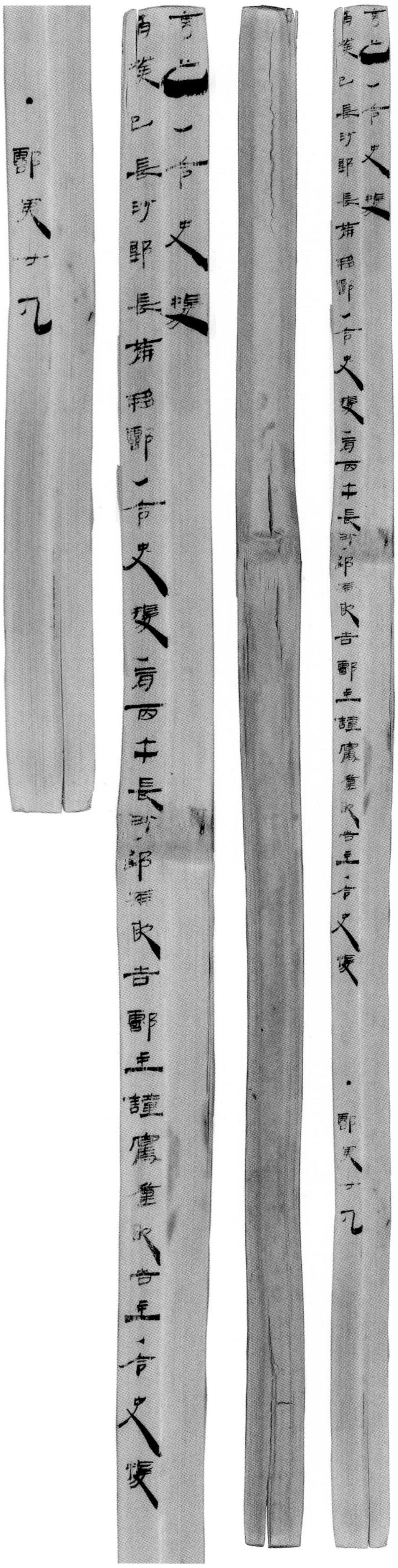

言之。丿令史援。

十月癸巳，長沙邸[二十二]長蒼移鄙。丿令史援。丿二月丙午，長沙邸蒼敢告鄙主：謹寫重。敢告主。丿令史援。·鄙第廿九

注釋：

［一］門屋，衙署、廟宇等出入口的建築物。《新唐書·五行志一》：『光啟初，揚州府署門屋自壞，故隋之行台門也。』《吹綱錄·三河縣遼碑》：『東廊户兩間，户牖六事，門屋一坐。』

［二］廁屋：廁所。後廁屋，指設於後屋之廁所。《漢書·汲黯傳》：『上居廁視之。』如淳注：『廁，溷也。』《後漢書·黨錮傳·李膺》：『郡舍溷軒有奇巧。』唐李賢注：『溷軒，廁屋。』牡、牝瓦，牡瓦即爲覆瓦，弓弧朝下，用以排水，牝瓦即仰瓦，弓弧朝上，接牡瓦流下來的水，也稱作『瓬』。《説文》『屋牝瓦也』，段玉裁注：『屋瓦下載者曰牝。昌邑王傳之版瓦也。上覆者曰牡。』

［三］户扇，即門扇，亦稱『扉』。《説文》：『扉，門扇也。』

［四］廡，即廊屋。《説文》：『廡，堂周屋也。』《後漢書·順帝紀》『茶陵百丈廡災』，李賢注：『廡，廊屋也。』馬廡，當指馬棚，形制同廡，故稱。西北鄉廡，當指普通回廊。西鄉（嚮）娫（延）廡，指延伸出去的廊屋。

［五］竹，瓦下需要墊著竹條，以便將瓦碼放在屋頂，此即簡文所云『瓦竹』，或省稱爲『竹』。

［六］馬仰，即繫馬柱。『仰』讀『枊』，《説文》：『枊，馬柱。』段注：『謂繫馬之柱也。』《三國志》記載：『督郵以公事到縣，先主求謁，不通，直入縛督郵，杖二百，解綬繫其頸著馬枊，棄官亡命。』

［七］井鹿車，即井鹿盧，井架加鹿盧的提水工具，簡文省稱爲井鹿、鹿車。《儀禮·大射禮》：『有豐幕。』鄭玄注：『豐，以承尊也。説者以爲若井鹿盧。』賈公彦疏：『鹿盧之形，即葬下棺碑間鹿盧之輩。今見井上豎柱，夾之以索，繞而挽之是也。』

［八］馬磨，馬推石磨。磨，必備糧食加工工具，北方稱之爲『磑』，多見於西北簡，如《居延漢簡釋文合校》128·1B37：『凡弩二張，箭八十八枚，釜一口，磑二合。毋入出。』《莊子·天下》：『若磨石之隧。』成玄英疏：『磨，磑也。』《急就篇》：『碓磑扇隤舂簸揚。』師古注：『碓，所以舂也；磑，所以礱也，亦謂之。古者雍父作舂，魯班作磑。』

［九］櫄垣，櫄木圍牆。《説文》：『杶，木也。』段注：『杶，本又作櫄。』櫄木爲楚地特産，《周禮·考古記總序》記載：『燕之角，荊之幹。』『此材之美者也。』孫詒讓正義引賈疏云：『按《禹貢》，荊州貢櫄幹栝柏及箘楛。』由簡文可見櫄垣設有牡、牝瓦，知當時的椿木牆上設有瓦蓋，以防日曬雨淋。

［十］夬，固門器具。夬，或讀『鐍』。《莊子·胠篋》：『將爲胠篋探囊發匱之盜而爲守備，則必攝緘縢，固扃鐍。』成玄英疏：『扃，關鈕也；鐍，鎖鑰也。緘結繩約，堅固扃鐍，使不慢藏。』

［十一］臥内户扇，指寢室門扇。臥此處指寢室，亦可指床具。《漢書·韓信傳》記載：『張耳、韓信未起，即其臥，奪其印符，麾召諸將易之。』

［十二］邸傳舍，邸是負責接待事務的管理機構，傳舍是具體的招待所。長沙邸設傳舍，猶如懸泉置有傳舍，二者有一定的可比性。《漢書·酈食其傳》：『沛公至高陽傳舍。』師古注：『傳舍者，人所止息，前人已去，後人復來，轉相傳也。』傳舍接待的一般是持有公務通行證的人員。

［十三］柎，足架。《説文》：『柎，闌足也，從木，付聲。』段玉裁注：『凡器之足皆曰柎。』冠，臥具的上部構件，猶今床首。

［十四］牒書，卜憲群認爲，牒書是用牒書寫公文，『廣泛用於驗問、責問。用於名籍登錄、官吏升遷任免，也可用作法律文書、財務管理公文等。』《嶽麓秦簡》『興不更以下車牛各比爵繇（傜）員棭，以二尺牒牒書不更以下當使者、車、牛，人一牒，上（0107）』，此份舉劾文書均書寫於二尺長的竹牒。

［十五］逌行，即巡察、巡視。傳舍佐要對所管轄的傳舍建築及設施按期進行巡視檢查。如果官吏對所管理的區域不按期巡察，則要以失職罪判處，《居延漢簡甲乙編》：『等不數循行，甚毋狀，未忍行罰，君行塞，毋令有不辦。毋忽，如□律令。』

［十六］毋辯護，指無正當理由而不作爲，亦簡稱『不辦』。

［十七］不勝任，指官吏不能履行職責，即不稱職。《居延漢簡釋文合校》110·29：「軟弱不任候望，吏不勝任。」《漢書·百官表》記載：「孝元永光四年，光祿大夫琅琊張譚仲叔爲京兆尹，四年，不勝任免。」

［十八］對比劾文書首尾的日期，「七月」當爲「十月」之誤寫，「癸卯」爲「辛卯」的誤寫，則簡文應釋爲「五年七〈十〉月癸〈辛〉卯朔癸巳」。

［十九］令史，長沙邸設屬吏令史。佐，佐爲長沙邸之屬吏。援、它，爲人名。

［二十］長沙軍司馬，應即長沙將軍司馬。《漢書·南粵傳》載文帝賜南粵王趙佗書云：「乃者聞王遺將軍隆慮侯書，求親昆弟，請罷長沙兩將軍。」

［二十一］酃，長沙國屬縣。烝陽，長沙國屬縣，應即承陽。

［二十二］長沙邸，傳世史籍所見郡國邸，大多指各郡國駐京師的辦事處。《漢書·百官表》大鴻臚「屬官有行人、譯官、別火三令丞及郡邸長丞」，師古注：「主諸郡之邸在京師者。」長沙邸並非是長沙國設於京師的辦事處，而是設於本地的接待處，用於接待內外賓客。簡文「臨湘邸里」，可知臨湘邸里當爲長沙邸治所之所在，故以名里。

案例五　鐵官守長辰乞鞫案　正背面編聯圖版

071 0324

072 1692+1577

073 0332

074 1113

075 0245

076 1690

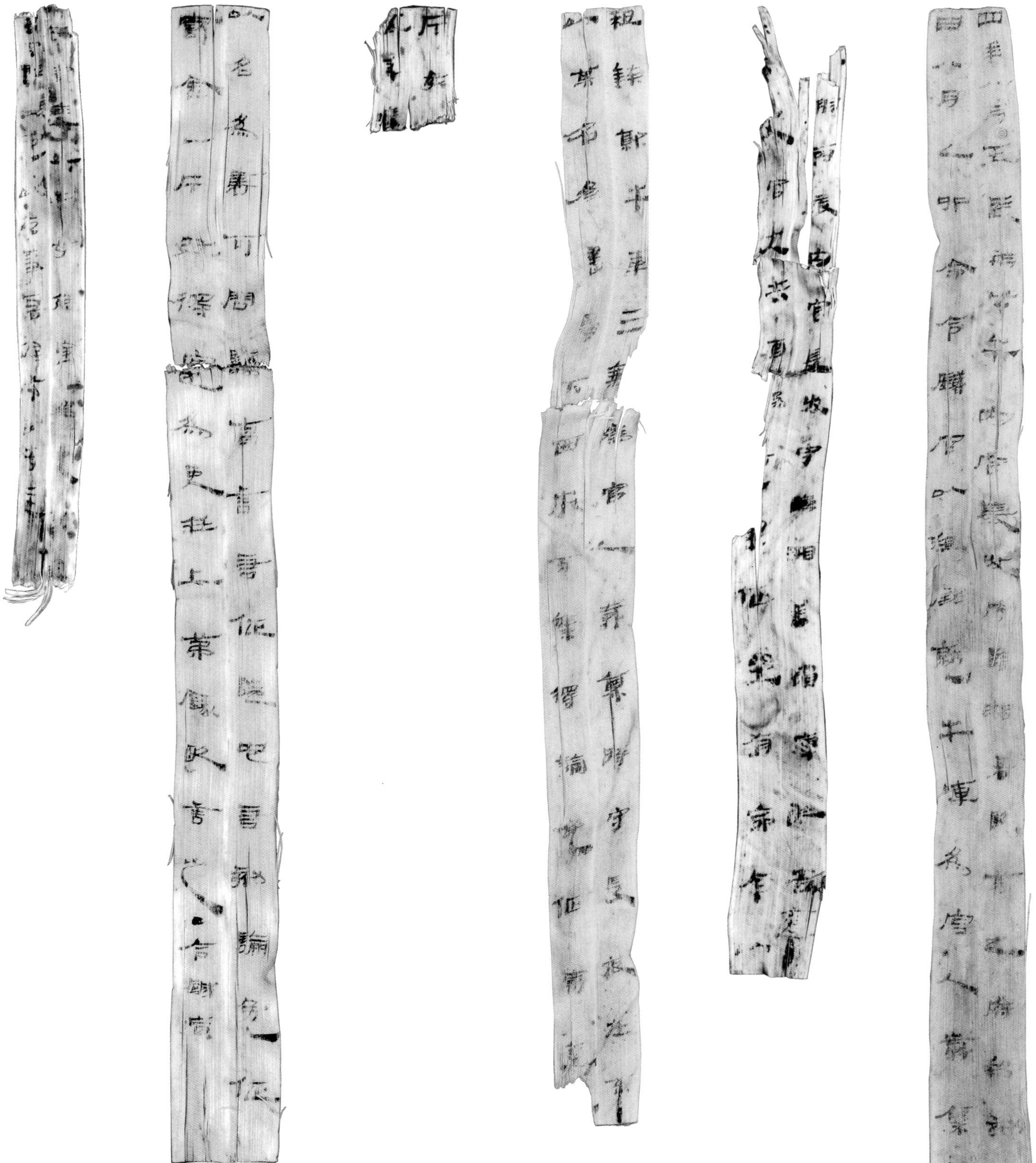

紅外綫圖版

071b
0324b

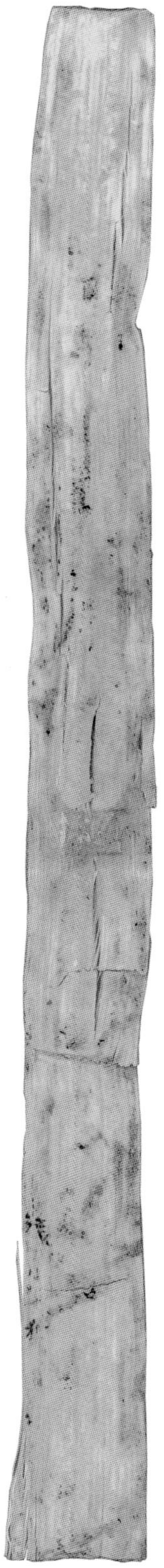

072b
1692+
1577b

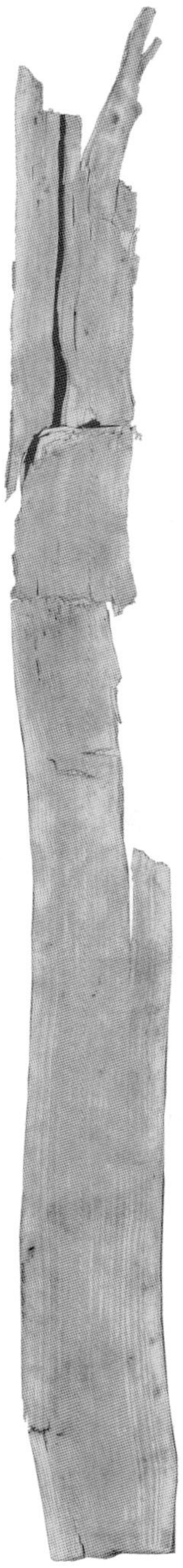

073b
0332b

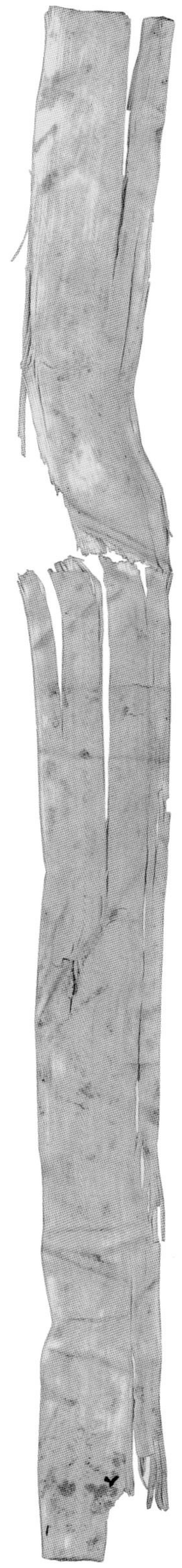

074b
1113b

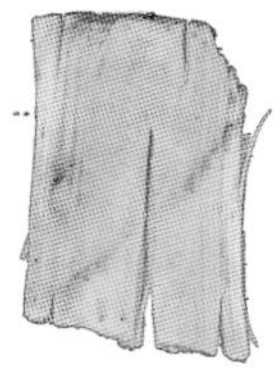

075b
0245b

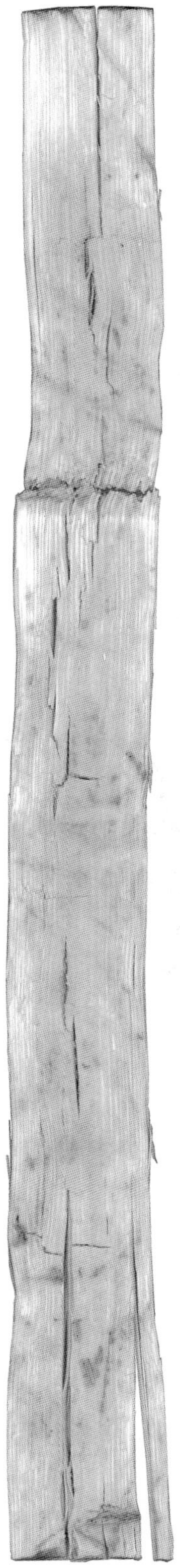

076b
1690b

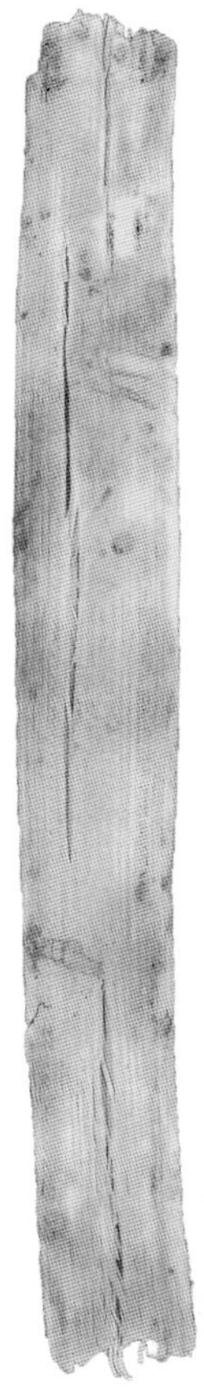

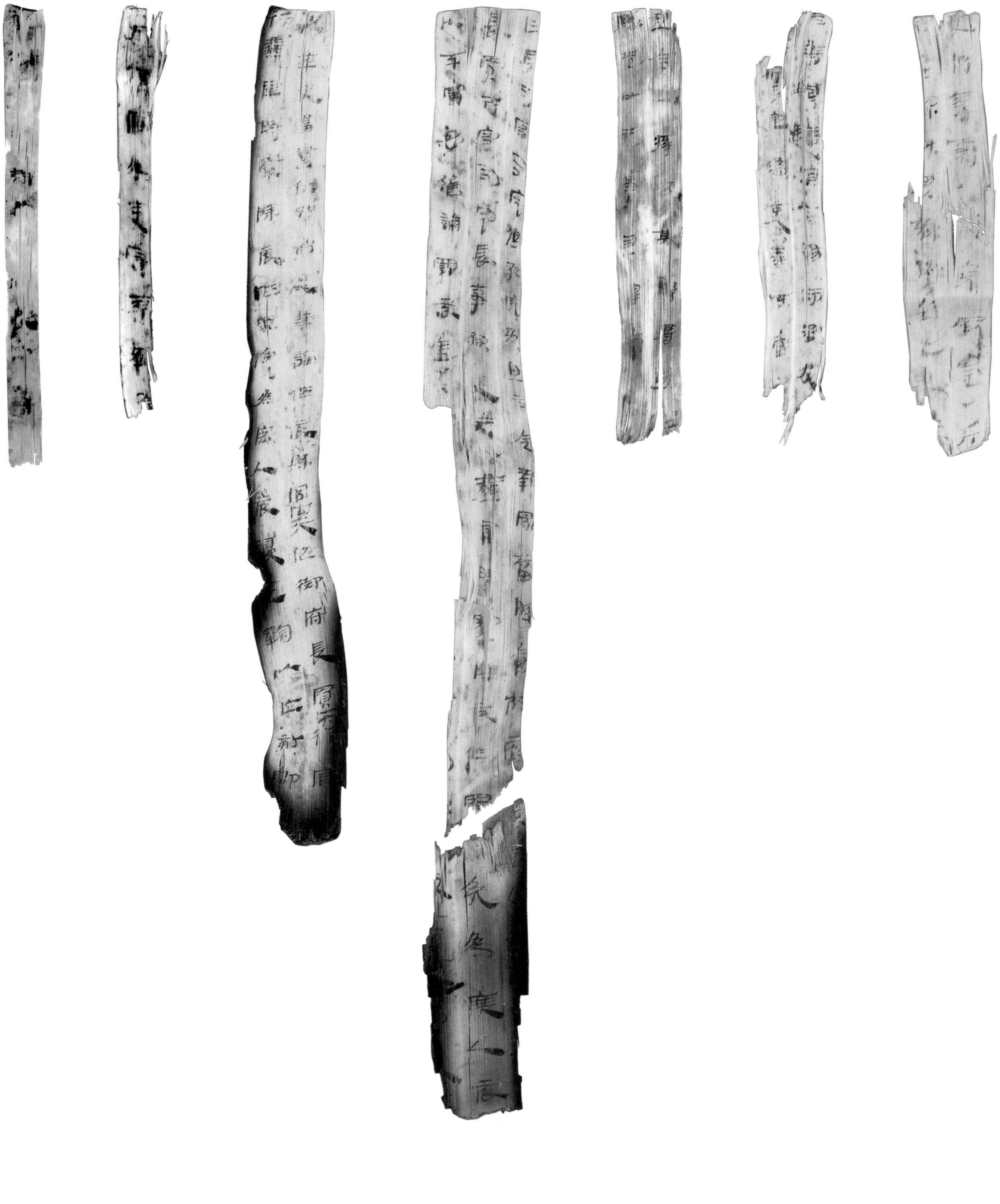

077 0975

078 0894

079 0444

080 0852

081 0649

082 1118

083 1745

077b 0975b

078b 0894b

079b 0444b

080b 0852b

081b 0649b

082b 1118b

083b 1745b

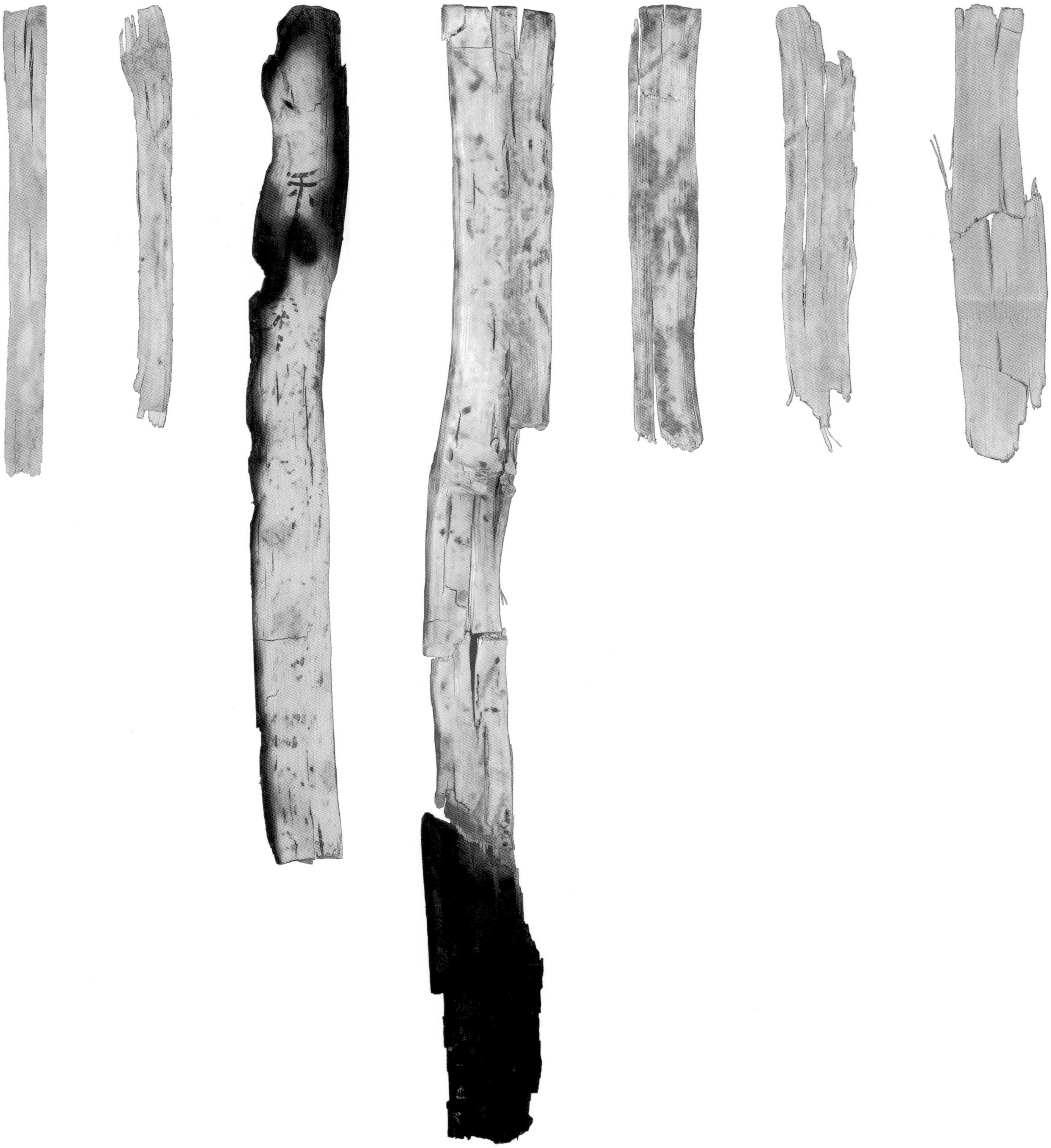

案例五　鐵官守長辰乞鞫案　單簡圖版及釋文

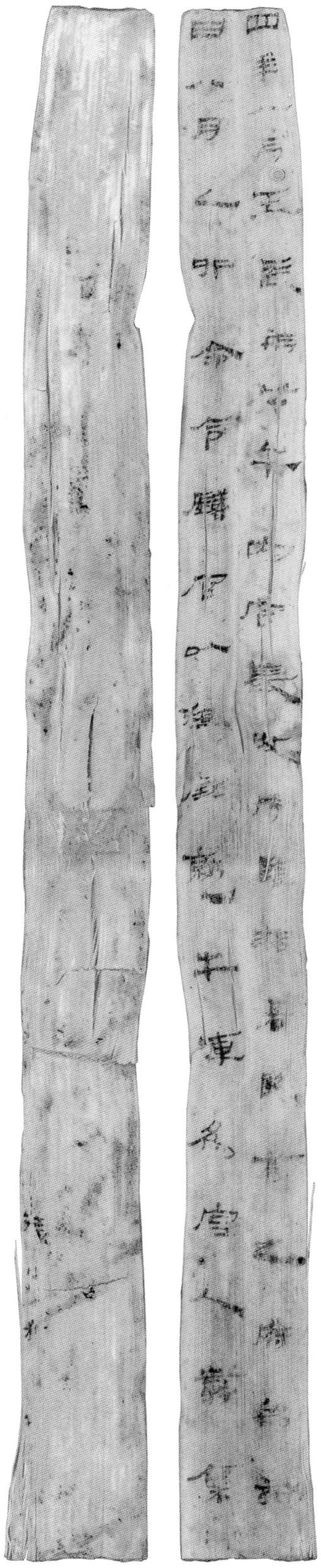

071
0324
071b
0324b

四年八月壬辰朔戊午，內官長[一]收守臨湘丞敢言之：府移劾
曰：八月乙卯命，令鐵官[二]以租錢就（僦）[三]牛車爲宮人[四]載稾。

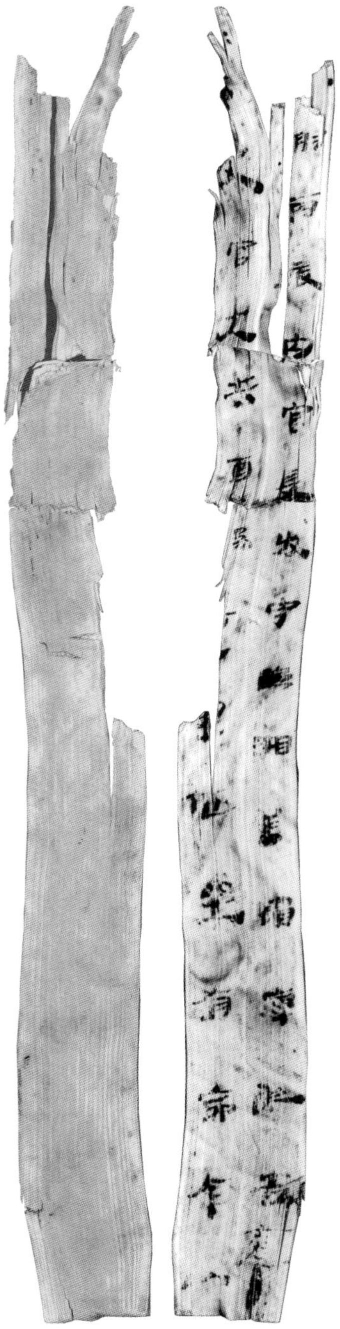

072
1692+
1577
072b
1692+
1577b

☐朔丙辰內官長收守臨湘丞謂庫，敢告☐
☐☐令史官大夫酉[陽]☐里佂坐有命令以

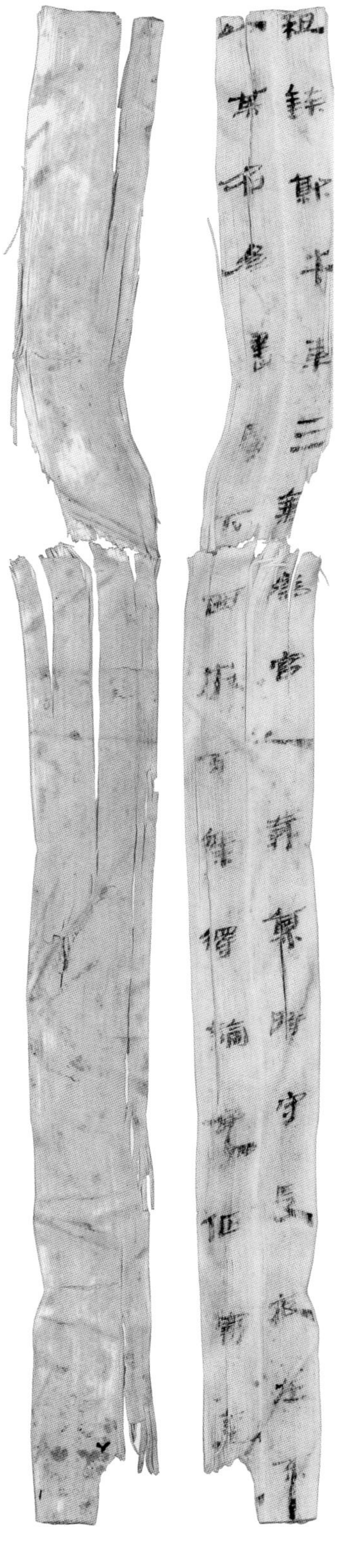

073
0332
073b
0332b

租錢就（僦）牛車三乘爲宮人載稾。時守長辰在，不
以其名爲書，蜀（獨）下西市不解[五]，得，論免佂，罰金[一]

紅外綫圖版

074 1113
074b 1113b

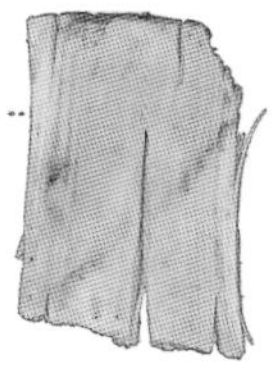

斤毋▨
五年應▨

075 0245
075b 0245b

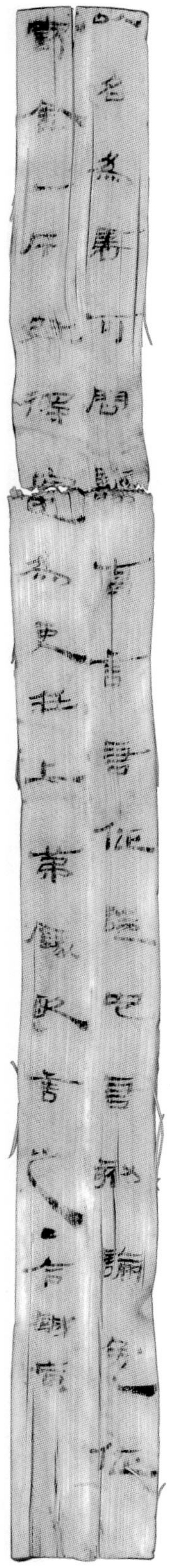
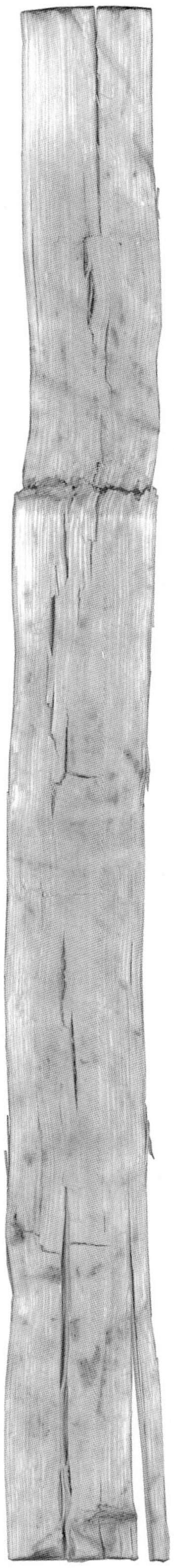

以名爲書，可問驗育言，若征證。它若劾，論免征，
罰金一斤，毋得宦、爲吏，并上第錄。敢言之。·令越病

076 1690
076b 1690b

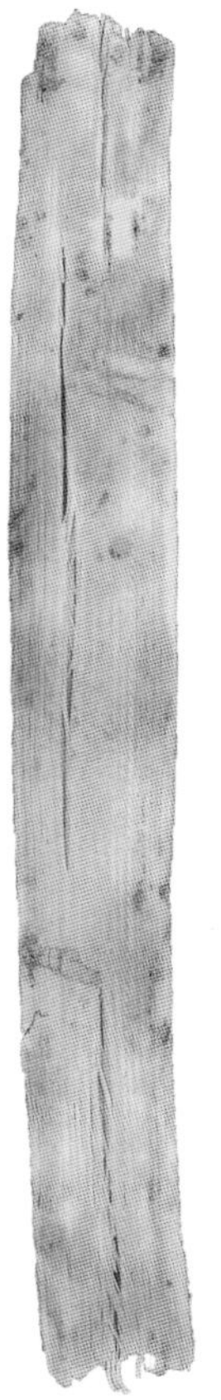

免，罰金一斤，毋得宦、爲吏，□□
司空聽錄，它以從事，若律令。敢告主。

077 0975
077b 0975b

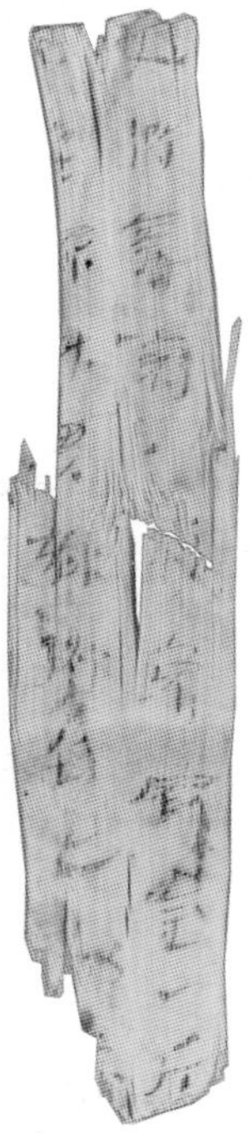
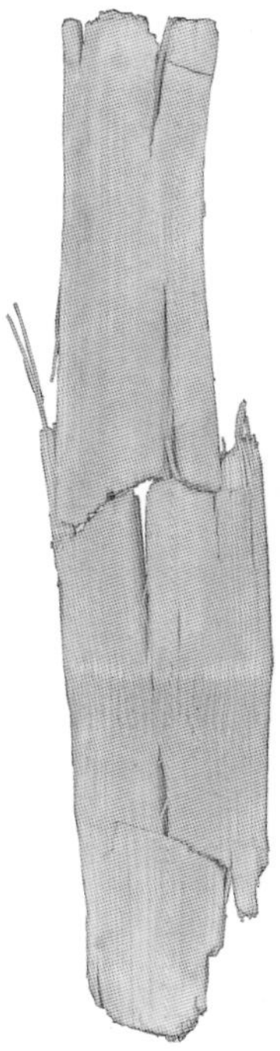

毋得，奪爵一級，免，罰金一斤▨
□□獄佐畀都鄉，並上劾錄▨

078 0894
078b 0894b

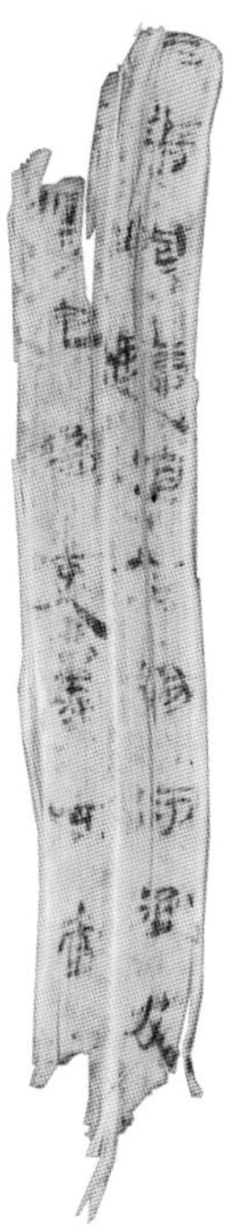
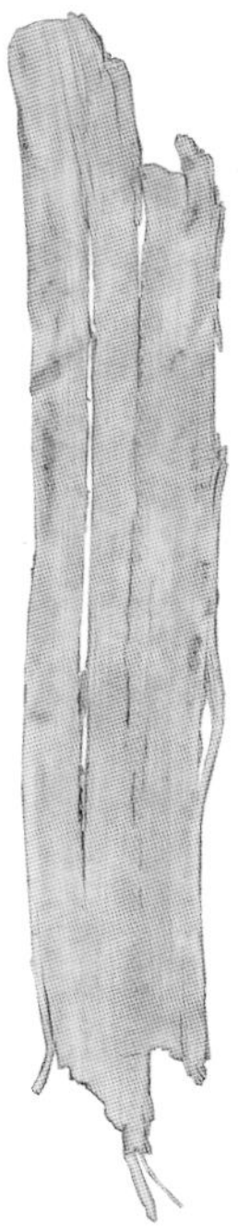

▨爲書罪，臨湘令越、守丞收□▨
▨□得宦爲吏，罪不當□▨

079 0444
079b 0444b

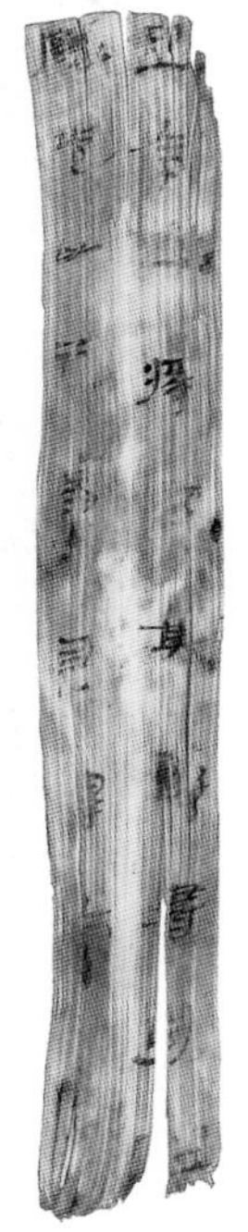
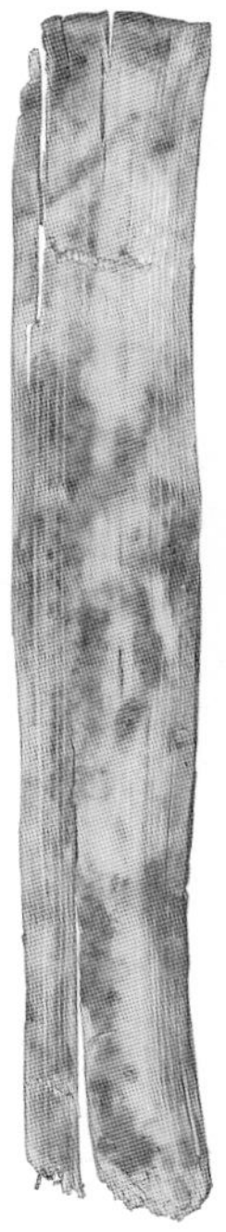

旦令人將致，其聽書[六]。司空【聽】▨
錄，它以從事，若律令▨

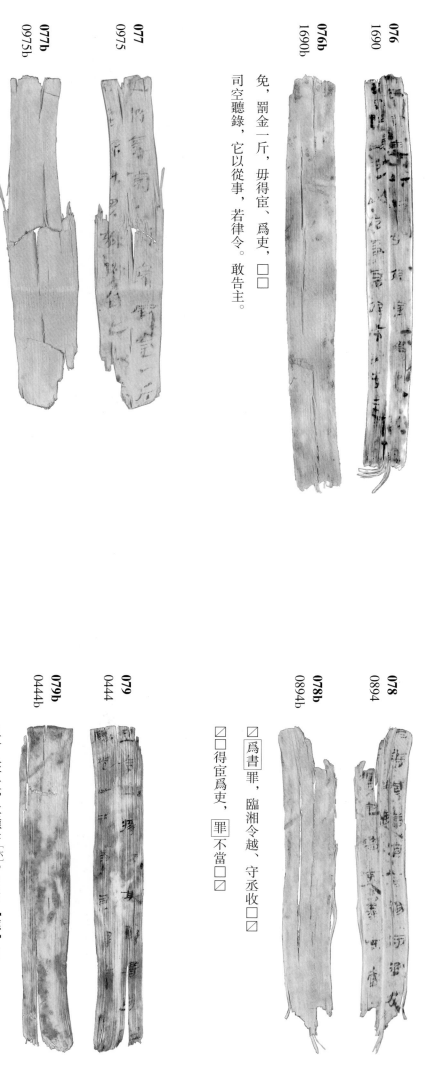

080
0852

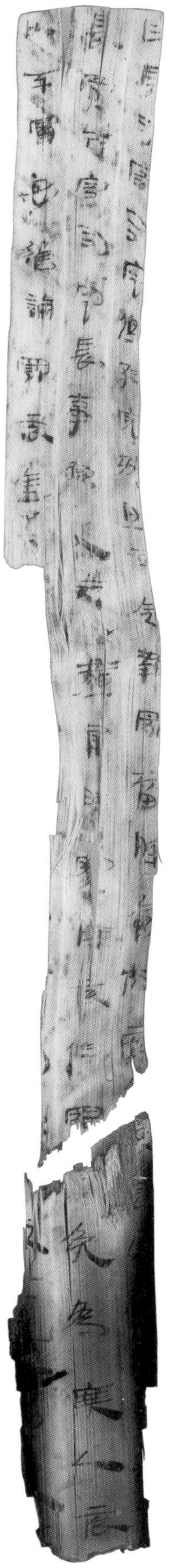

080b
0852b

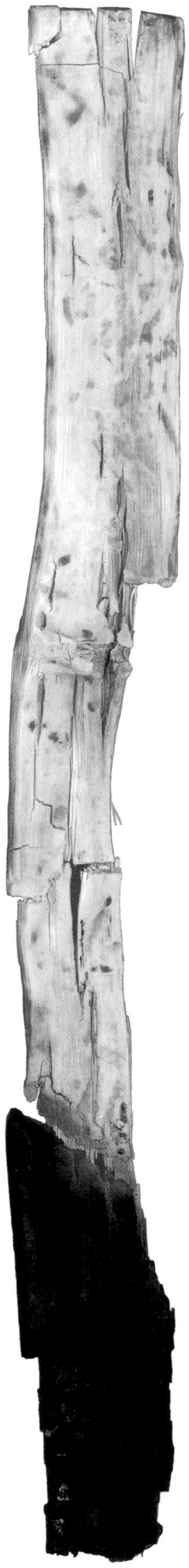

曰：長沙宮司空復[獄]，完[城]旦[辰]气（乞）鞫，罪當除，會内辰赦，[論]〼
長買行宮司空長事，獄史行、ㄴ燕犀[七]。時褱除辰作罪，免爲庶人，辰〼
以不審，毋駕（加）論，罰辰金一[兩]……敢言之〼

081
0649

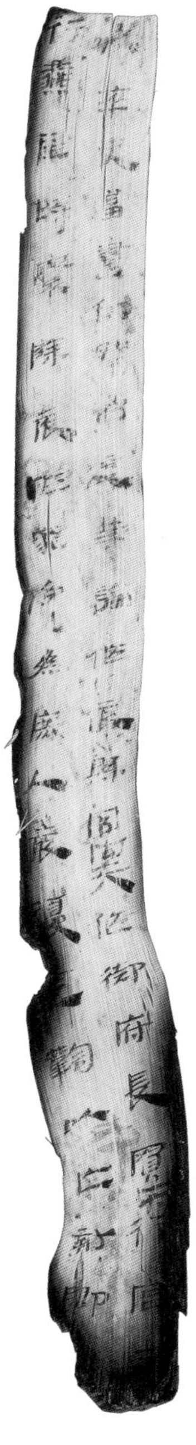

081b
0649b

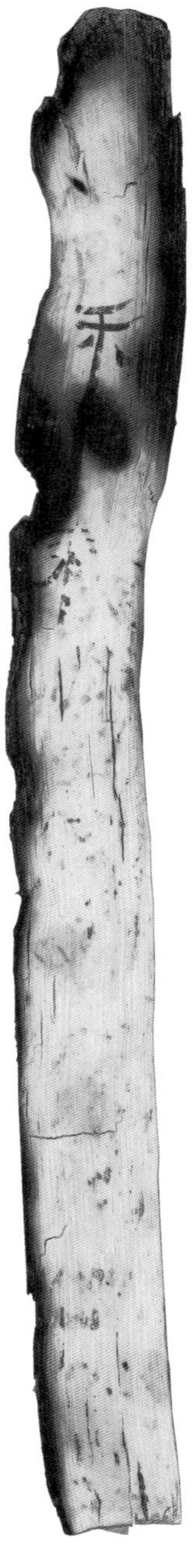

□卒史當、書佐賻劾辰等，論作辰縣官，夫作御府[八]。長買府行宮□〼
行、燕犀。時褱除辰作罪，免爲庶人，辰復生气（乞）鞫，以亡劾即〼
（背）禾□[九]

082
1118

082b
1118b

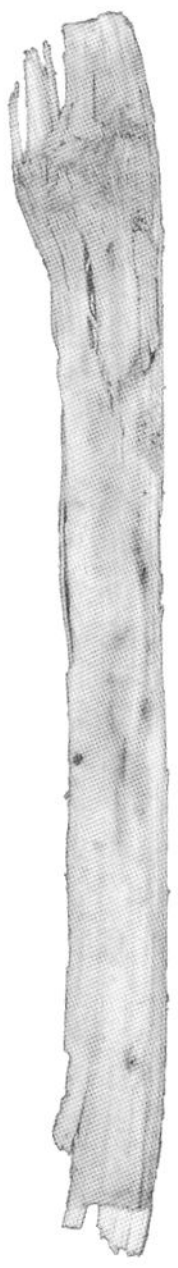

毋得宦、爲吏，買等□□

083
1745

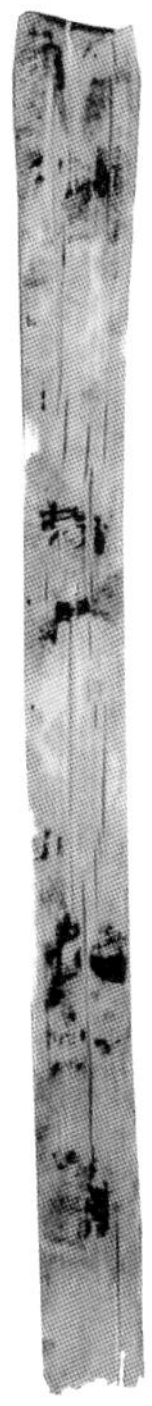

083b
1745b

〼□臨湘令越，内官長□□〼

注釋：

［一］內官長，宗正屬官，有丞，掌分寸尺丈的標準，初屬少府，中屬主爵，後屬宗正。《漢書・百官公卿表》：『內官長丞……初，內官屬少府，中屬主爵，後屬宗正。』師古曰：『《律曆志》主分寸尺丈也。』

［二］鐵官：郡國內負責鐵礦開採和冶煉的機構，是隸屬於中央管轄的都官，有長。

［三］就，即僦，租賃。

［四］宮人，這裡應指在長沙王宮中服侍勞作之人。《漢書・外戚傳下》：『孝成趙皇后，本長安宮人。』師古曰：『宮人者，省中侍使官婢，名曰宮人。』

［五］不解，解或當作止，不解即不止。

［六］聽書，法律文書的一種，或爲官府針對案件的受理文書。聽，受理。

［七］行、燕犀，皆人名。

［八］御府，少府屬官，掌管珍貴物品，有長丞。《漢書・王莽傳》載『長樂禦府、中禦府及都內、平準帑臧錢帛珠玉財物甚衆』，師古曰：『禦府有令丞，少府之屬官也，掌珍物。』

［九］是背面的習字。

案例六　不知何人盜當時等衣物案　正背面編聯圖版

084
1796

085
0381+
1465

086
1449+
1363

087
1720

088
0439+
0137+
0145

089
0217

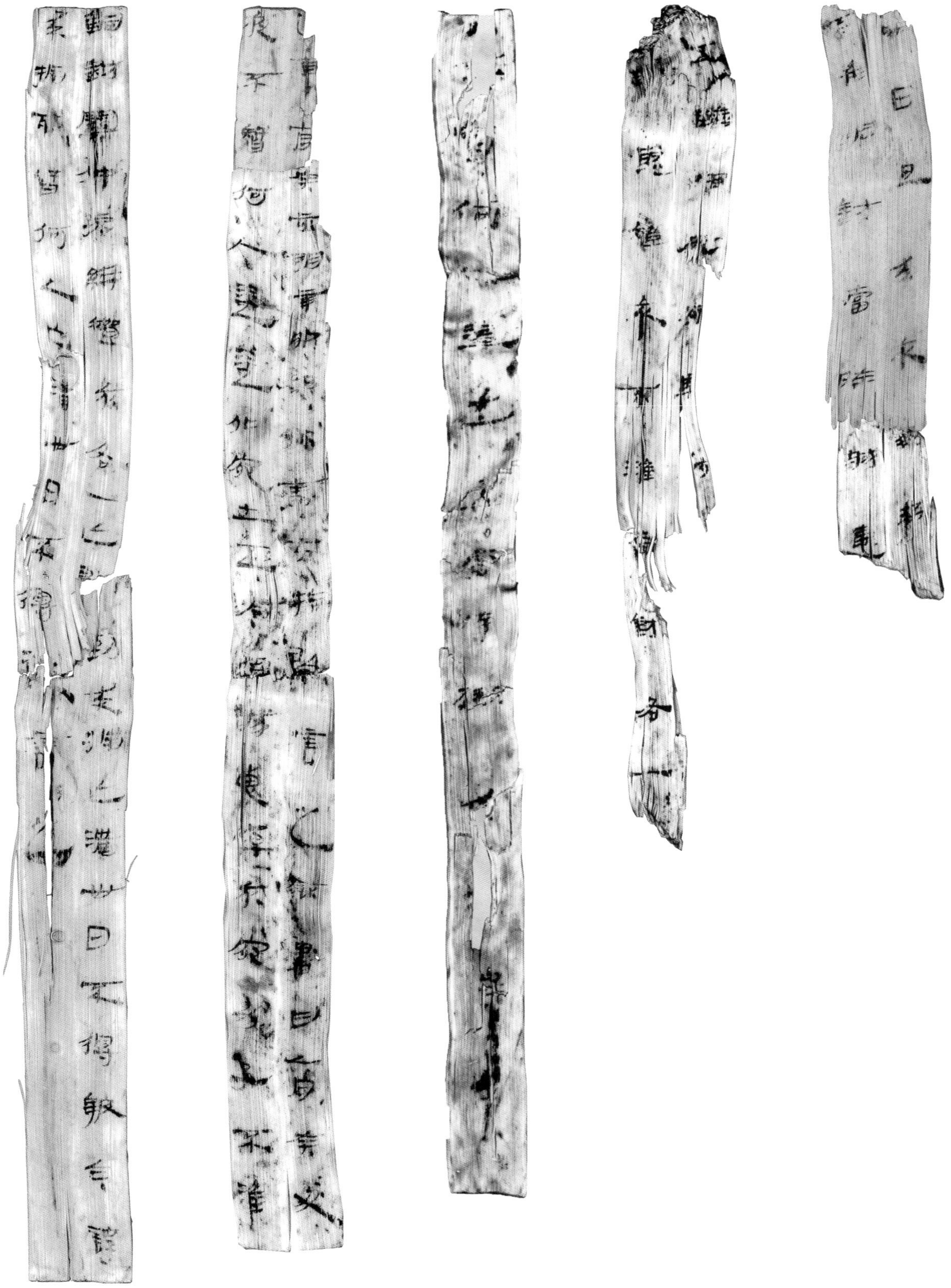

084b 1796b

085b 0381+1465b

086b 1449+1363b

087b 1720b

088b 0439+0137+0145b

089b 0217b

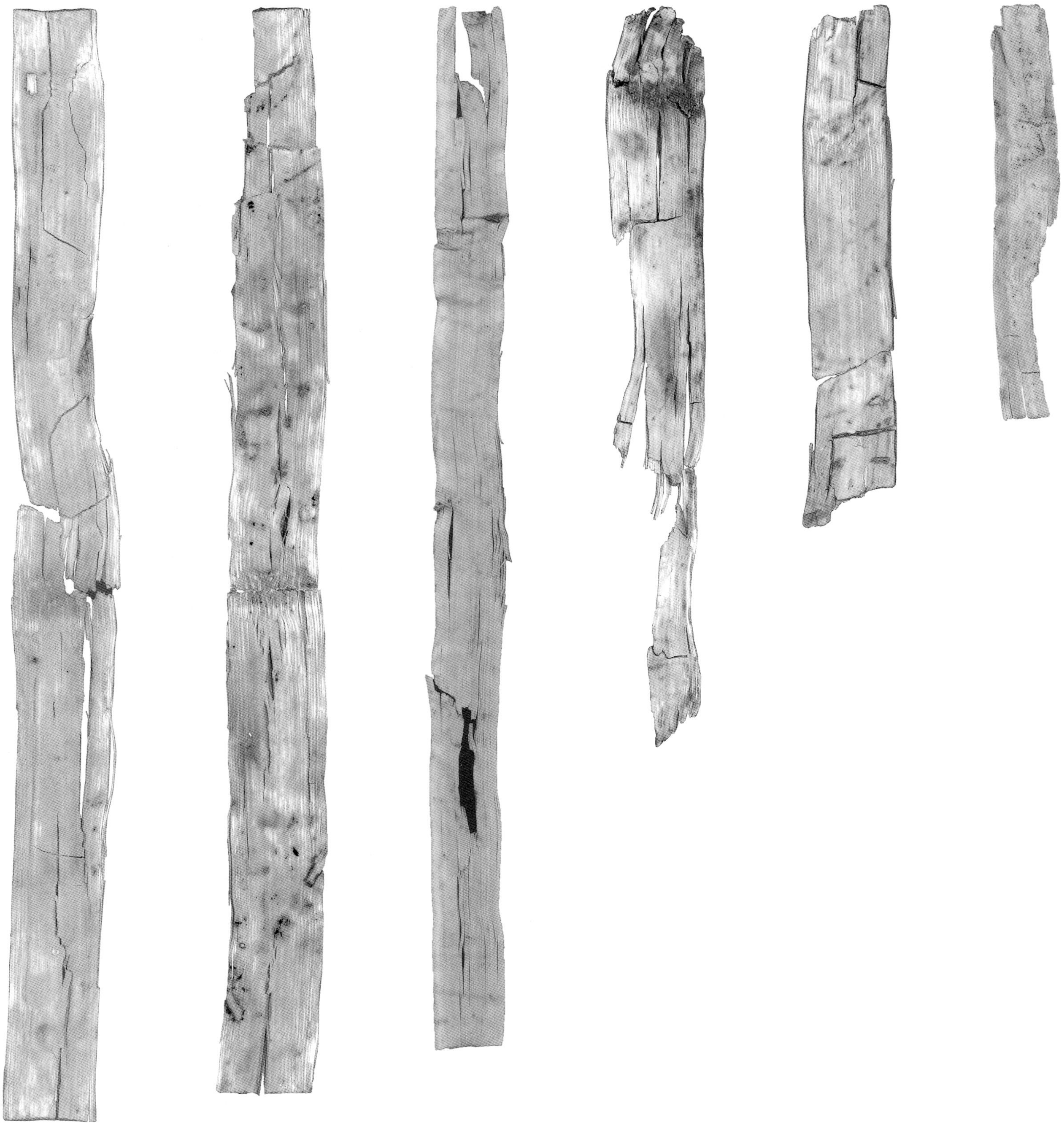

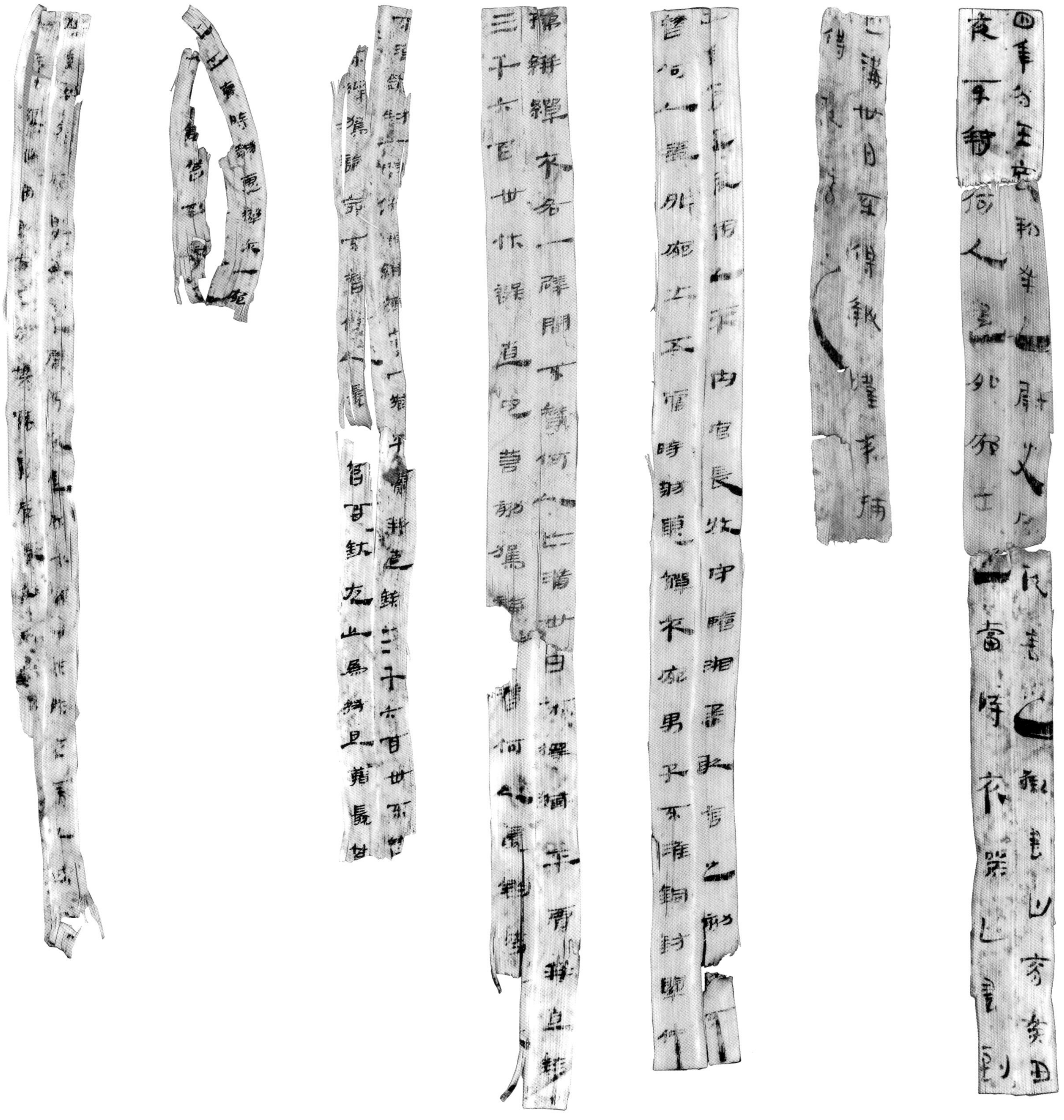

090 0964+0383+1609

091 0879

092 0256

093 0657+1555

094 0387+0202

095 2056

096 0167

090b
0964+
0383+
1609b

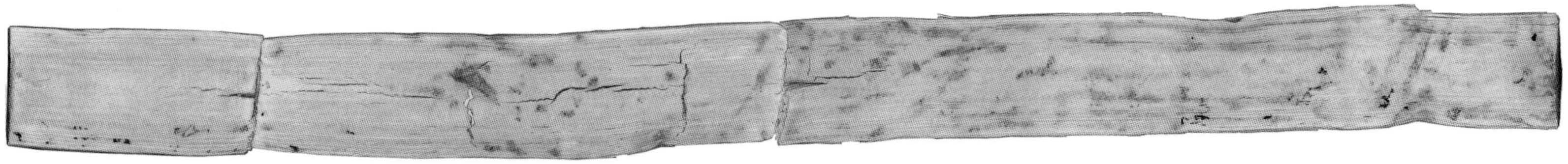

091b
0879b

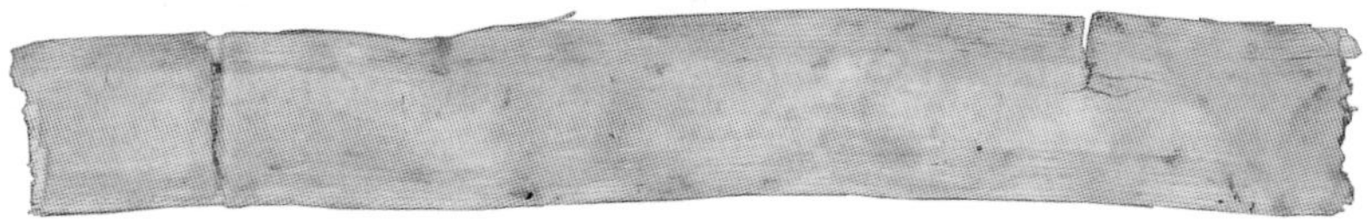

092b
0256b

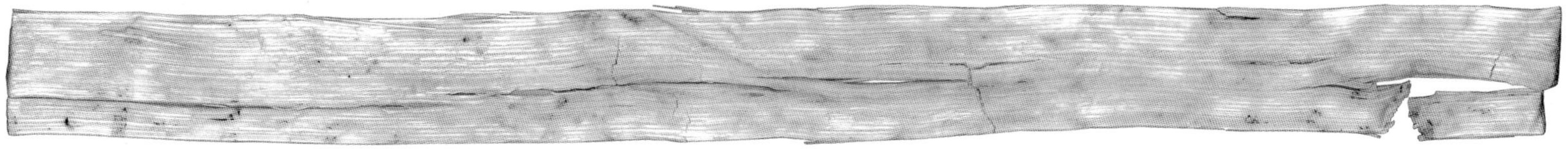

093b
0657+
1555b

094b
0387+
0202b

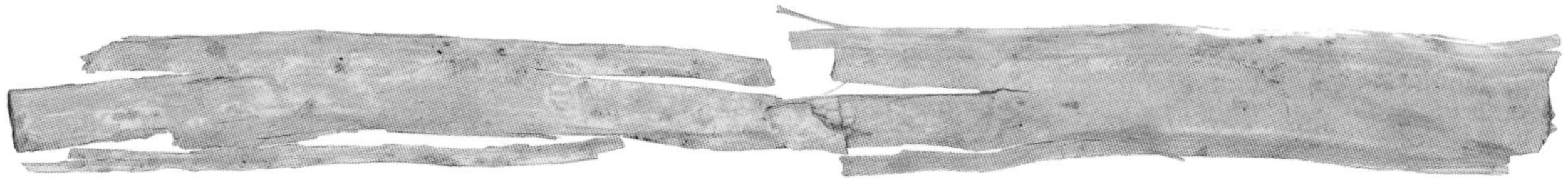

095b
2056b

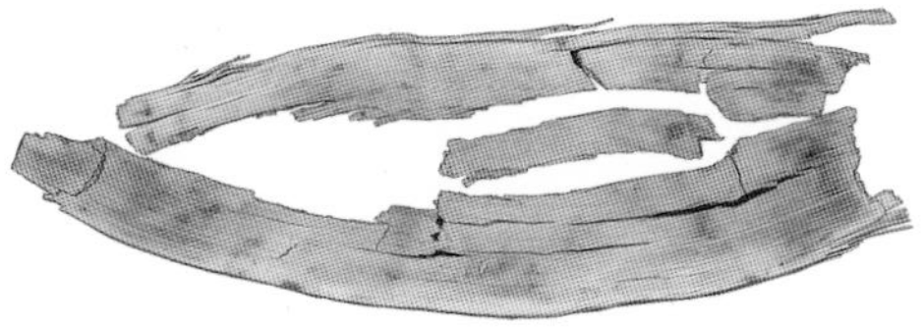

096b
0167b

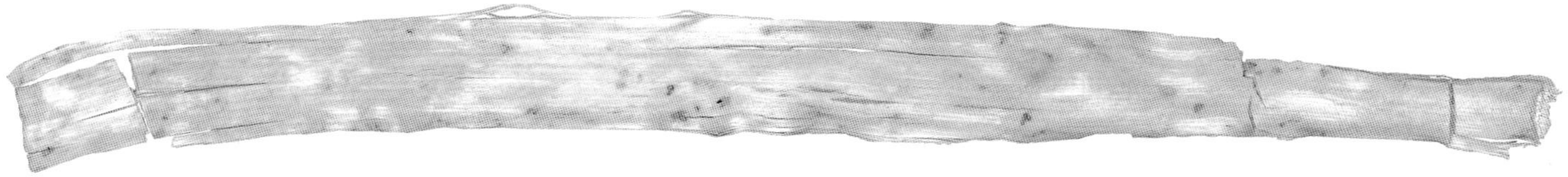

097 0903
098 0945
099 1210
100 0554
101 1889
102 2063
103 0365
104 0532
105 1596

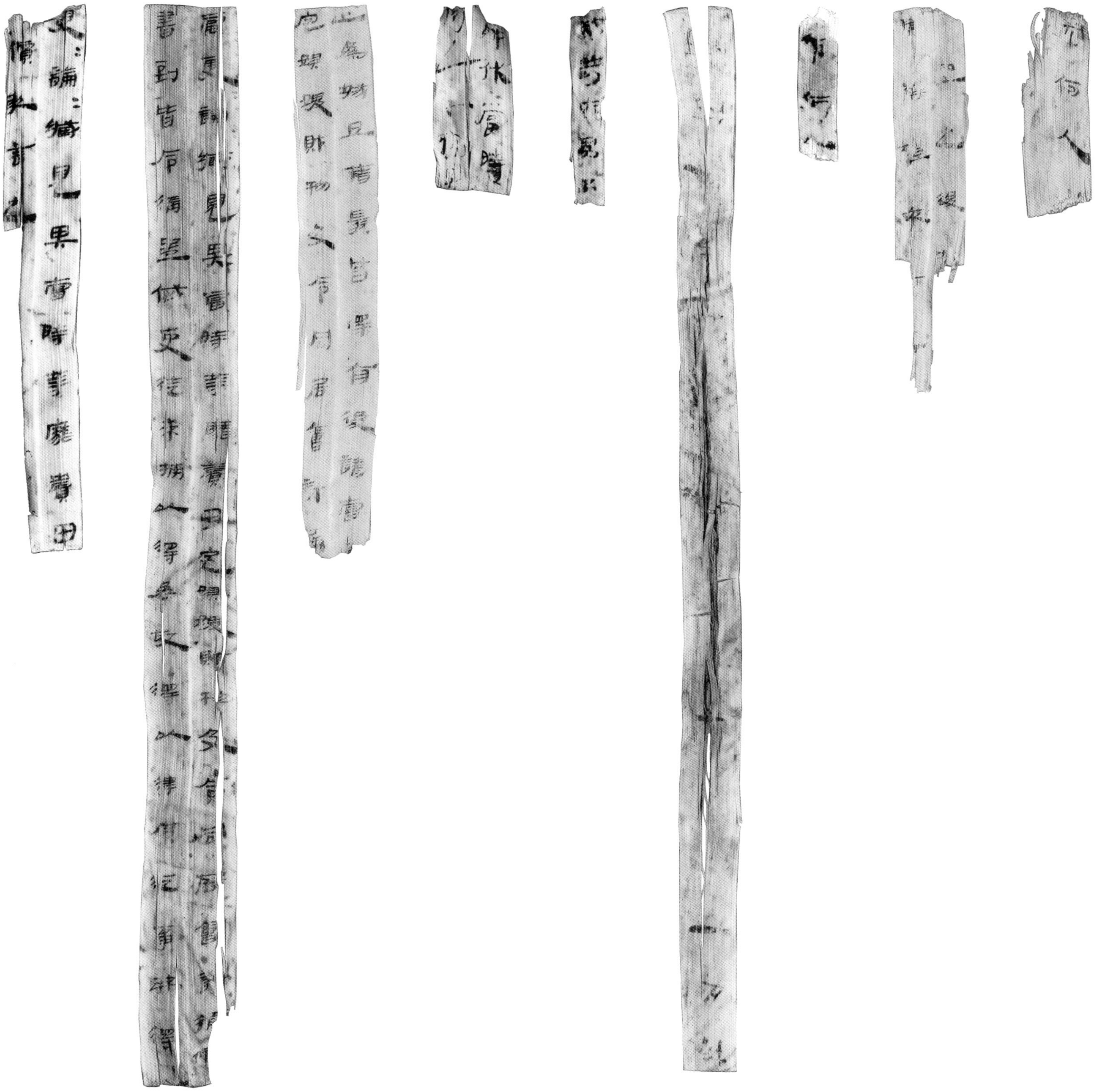

097b
0903b

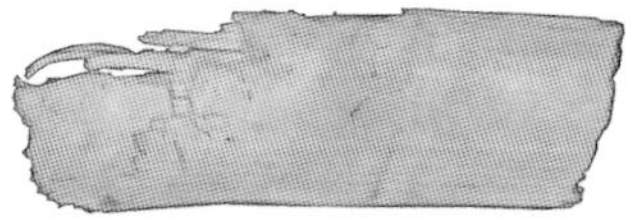

098b
0945b

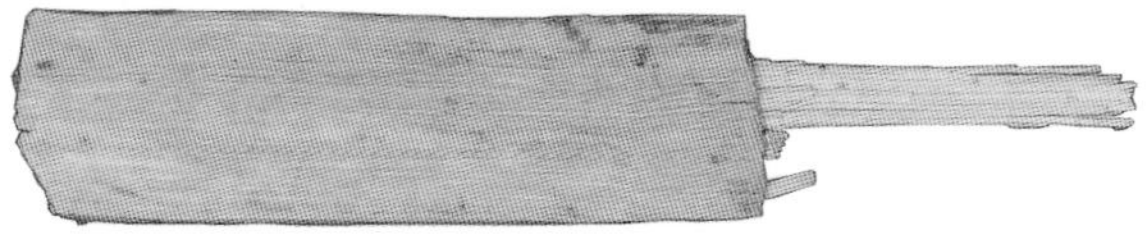

099b
1210b

100b
0554b

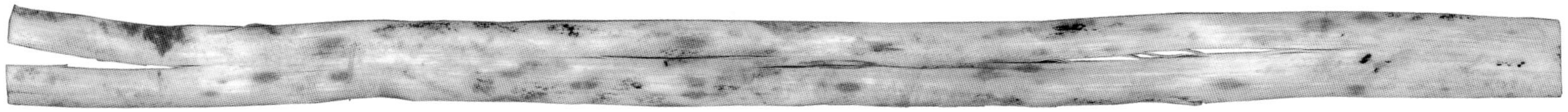

101b
1889b

102b
2063b

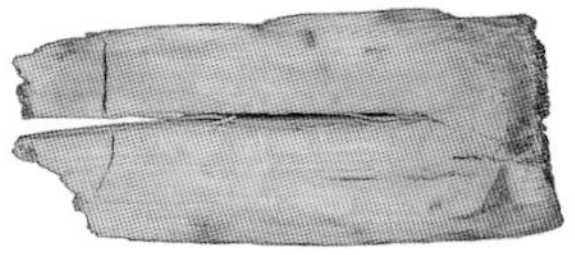

103b
0365b

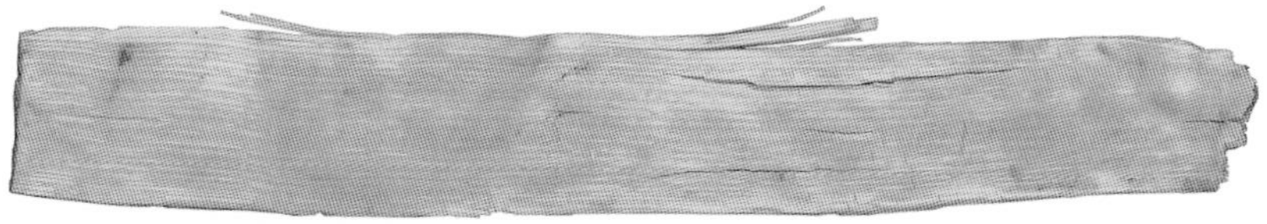

104b
0532b

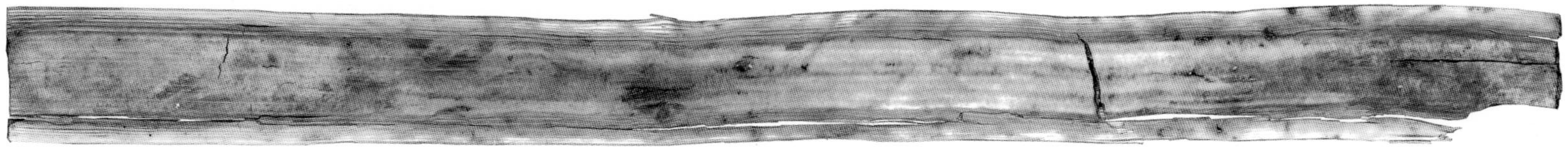

105b
1596b

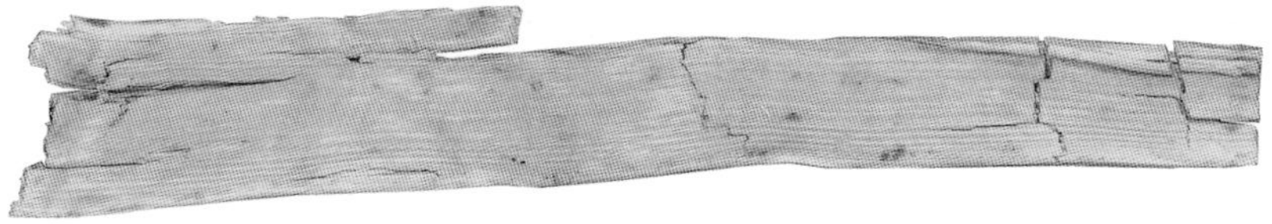

案例六　不知何人盜當時等衣物案　單簡圖版及釋文

084
1796

084b
1796b

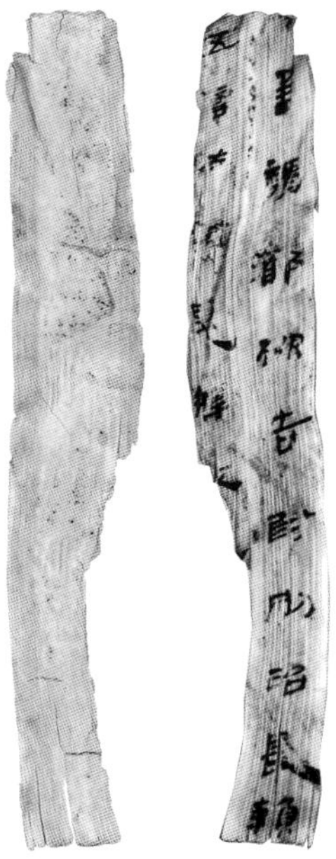

⧄丞[一]謂都鄉，告尉、别治長賴[二]

⧄五（伍）當時[三]越葸[四]襌衣⧄

085
0381+
1465

085b
0381+
1465b

⧄[卯]日旦求衣□弗⧄

⧄不淮[五]銅鈁[六]、當時越葸⧄

086
1449+
1363

086b
1449+
1363b

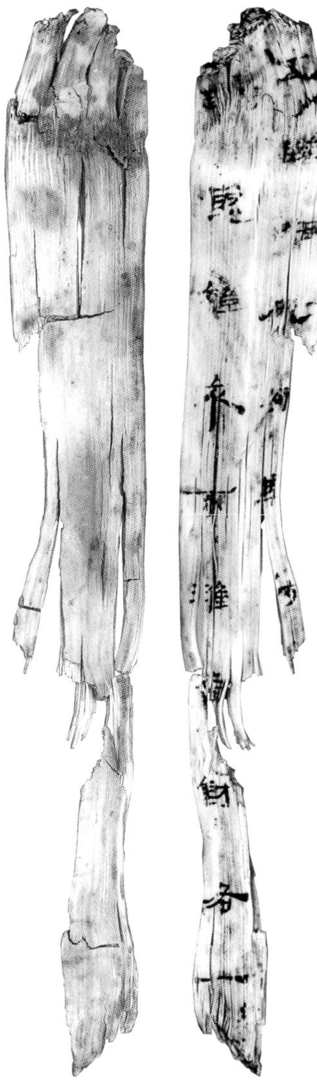

⧄五，臨湘外宛男子⧄

⧄越葸襌衣，不淮銅鈁各一□⧄

紅外綫圖版

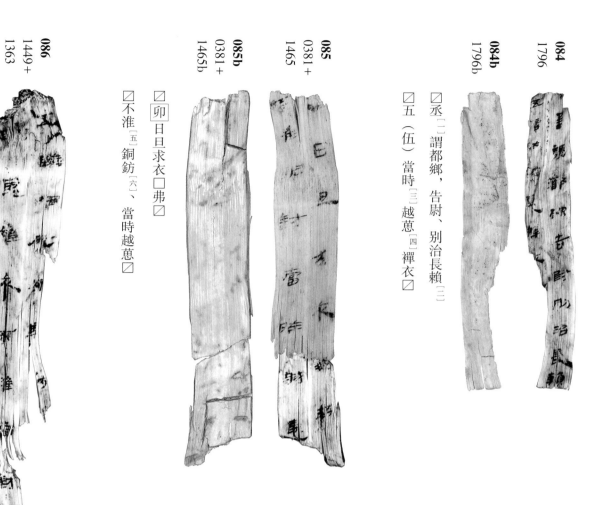

087
1720

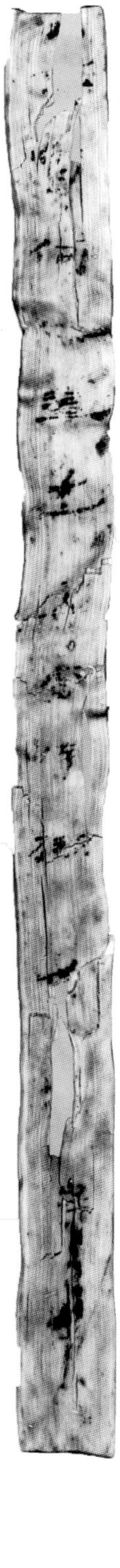

087b
1720b

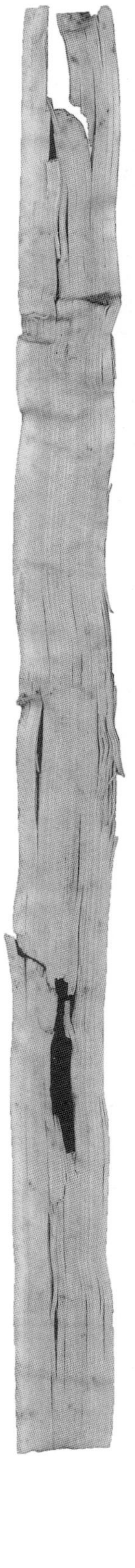

·不智（知）何人盜士五（伍）當時獄書辤（辭）

088
0439+
0137+
0145

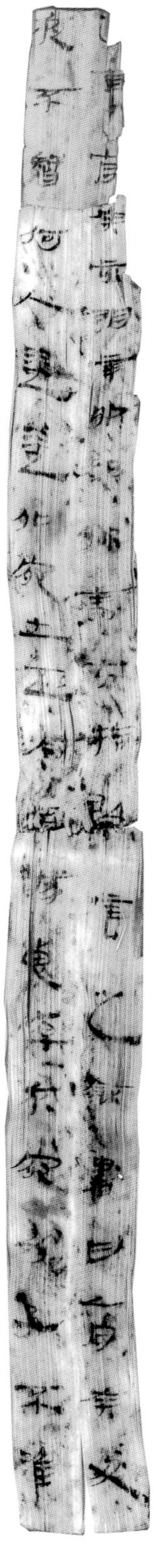

088b
0439+
0137+
0145b

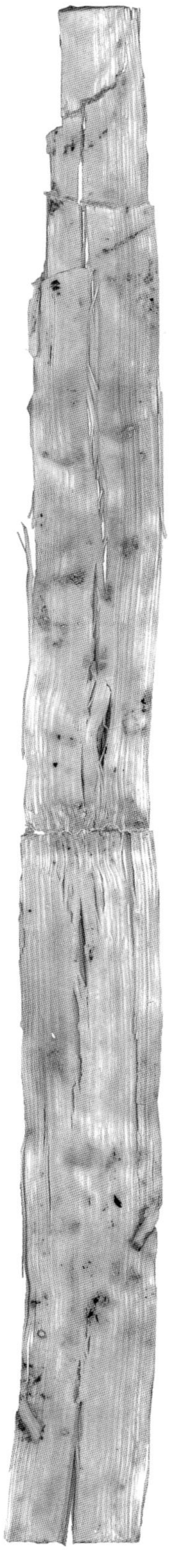

四年七月癸亥朔辛卯[七]，都鄉嗇夫拾[八]敢言之：獄書[九]曰：六月癸丑
夜，不智（知）何人盜外宛士五（伍）當時越葸單（禪）衣，宛男子不淮

089
0217

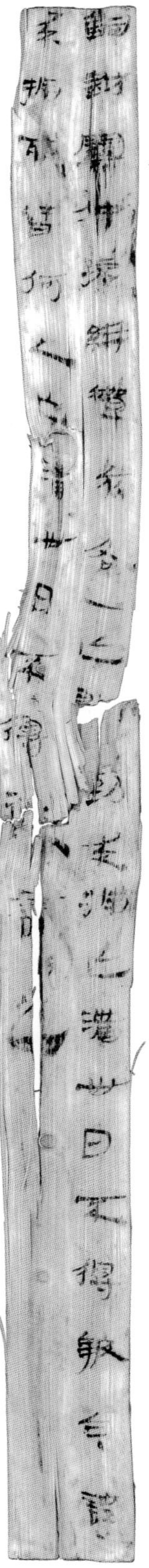

089b
0217b

銅鈁，關仲孺[十]絣襌衣各一，亡。書到求捕，亡滿卅日不得，報。今謹
求捕不智何人，亡滿卅日不得。敢言之。

090
0964+
0383+
1609

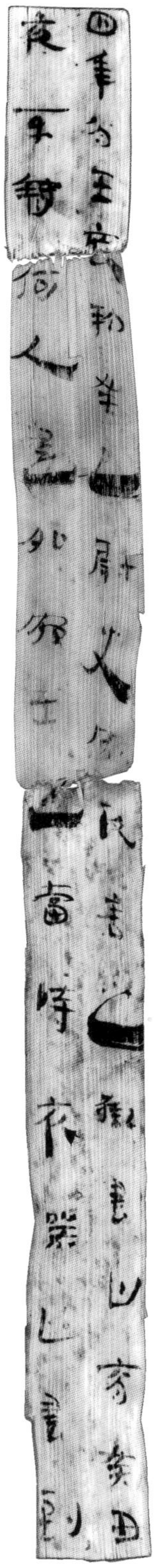

090b
0964+
0383+
1609b

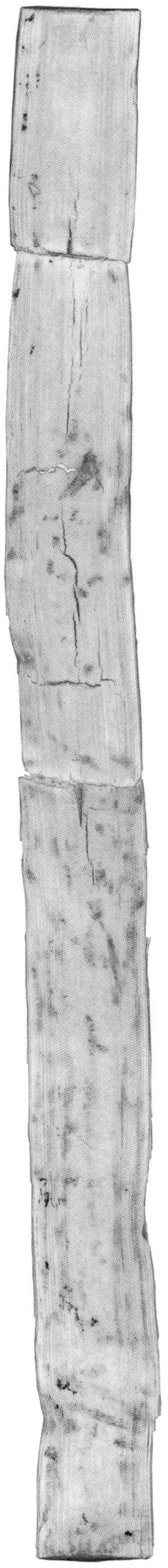

四年八月壬[辰]朔癸巳[十一]，尉史成敢言之：獄書曰：六月癸丑
夜，不智（知）何人盜外宛[士]五（伍）當時衣器，亡。書到

091
0879

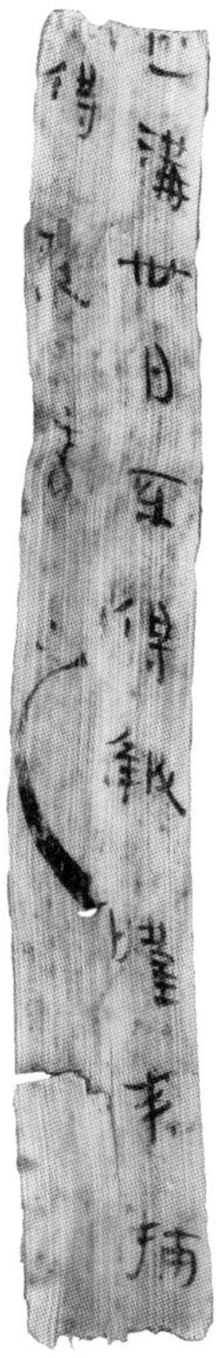

091b
0879b

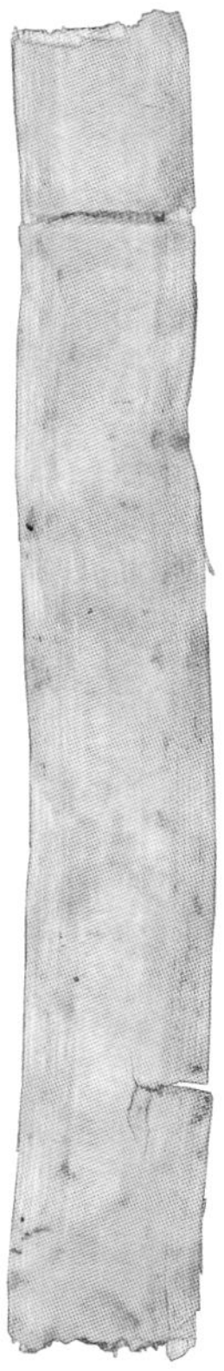

☑[亡]滿卅日不得，報。謹求捕
☑得。敢言之

092
0256

092b
0256b

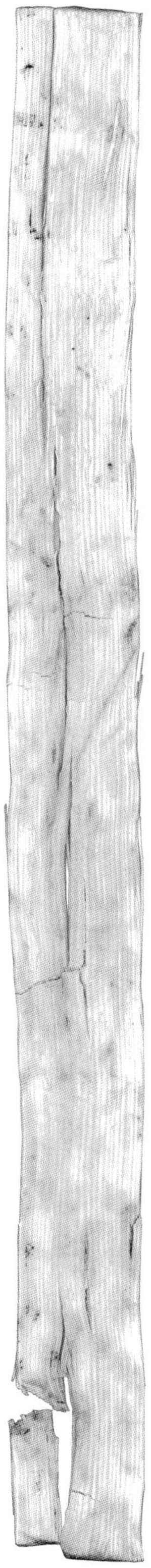

四年八月壬辰乙未[十二]，內官長收[十三]守臨湘丞敢言之：劾曰：不
智（知）何人盜外宛士五（伍）當時越葸襌衣、宛男子不淮銅鈁、關仲

093
0657+
1555

093b
0657+
1555b

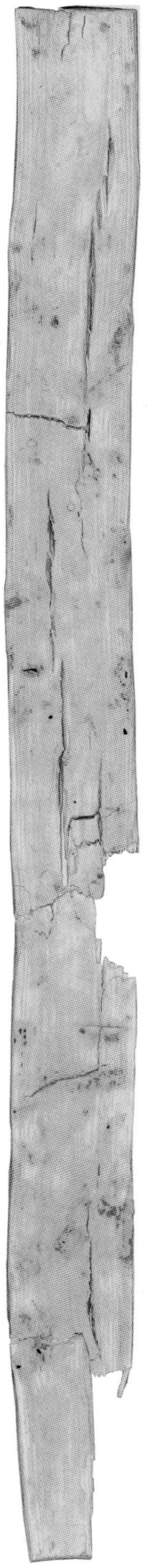

繻絣繹（襌）衣各一。辟問，不智（知）何人，亡滿卅日不得，臧平賈并直（值）錢

三千六百卅，佐誤[十四]直（值）。它若劾。駕（加）論【命不】[十五]智（知）何人髡鉗[十六]笞百□□〼

094
0387+
0202

094b
0387+
0202b

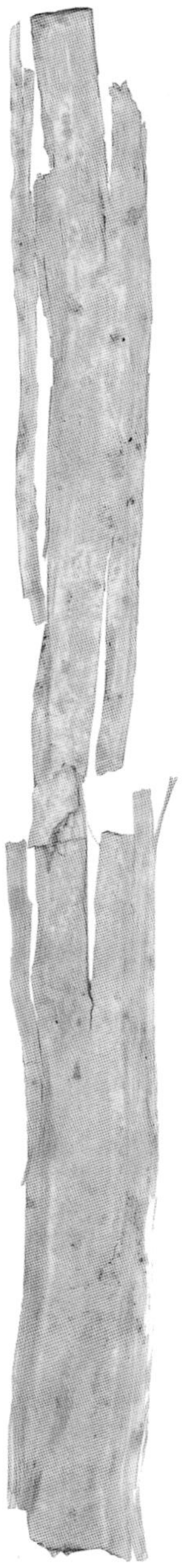

不准銅鈁一、關仲繻絣襌衣一，臧（贓）平賈（價）并直（值）錢三千六百卅，不智（知）〼

□□不得。駕（加）論命不智（知）何人髡鉗笞百鈦左止爲城旦，籍髡笞[十七]〼

095
2056

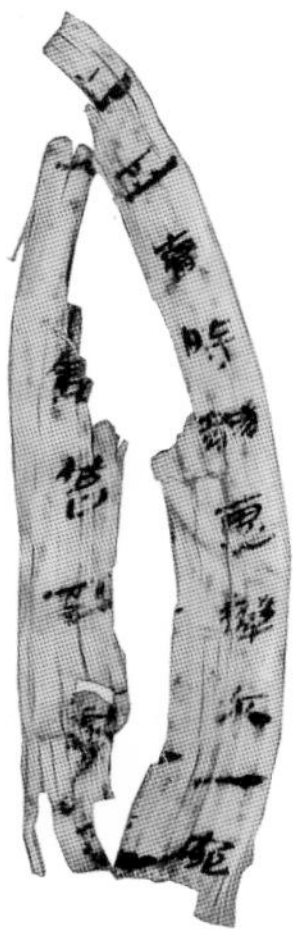

095b
2056b

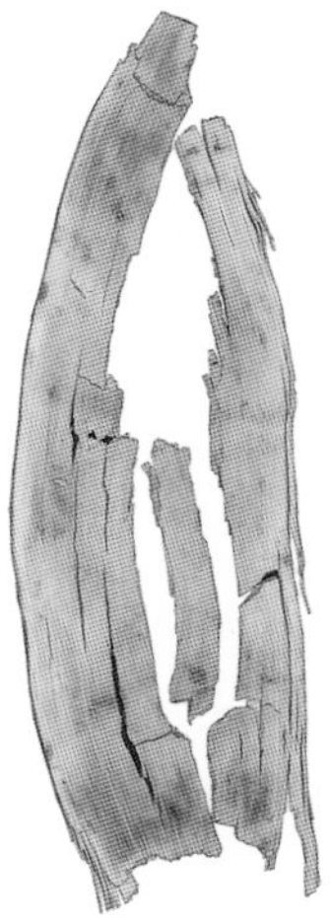

〼士五（伍）當時越葸襌衣一、宛〼

〼□鉗笞百鈦左〼

096
0167

096b
0167b

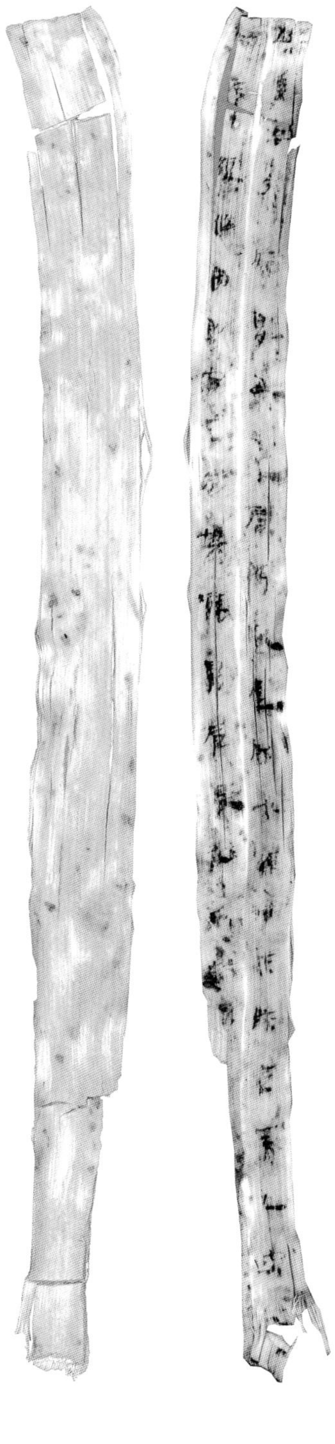

□□□外宛男子□□□□□□□□□獄未斷會五月乙未赦
以令復作田縣官三歲，其聽書。令具□□□……☐
九年五月乙未

097
0903

097b
0903b

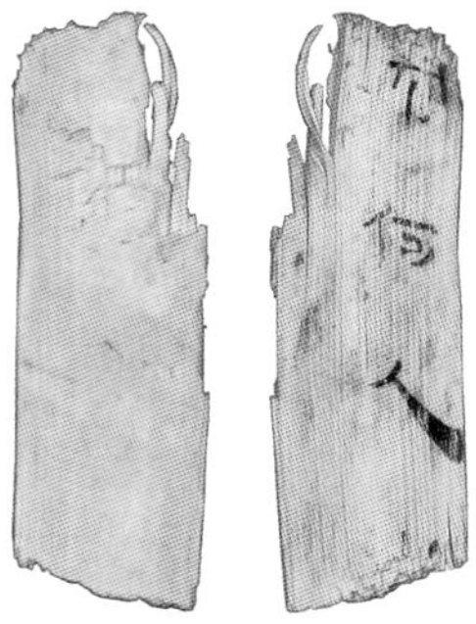

☐智（知）何人□☐

098
0945

098b
0945b

☐□之後□☐
☐繻絣禪衣一☐

099
1210

099b
1210b

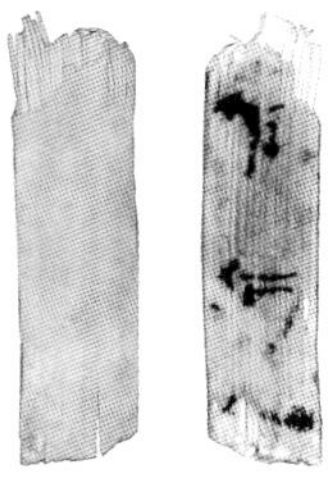

☐何人☐

100
0554

100b
0554b

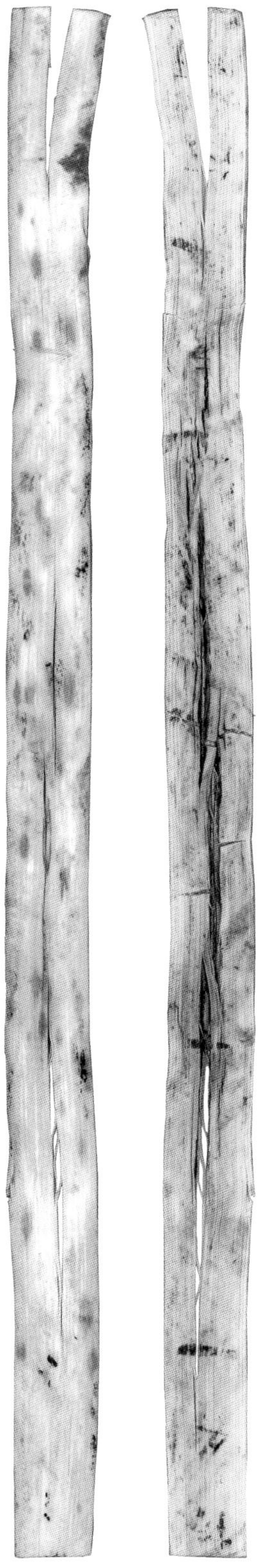

□各一……何□

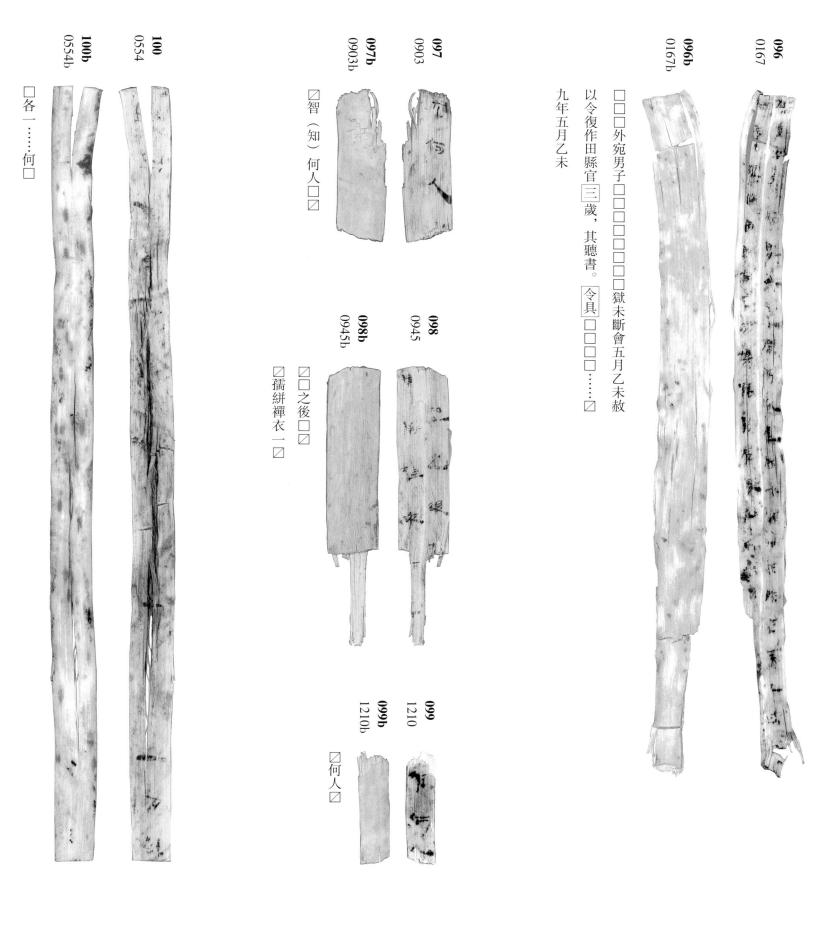

101
1889

101b
1889b

☐□苛宛男子☐

102
2063

102b
2063b

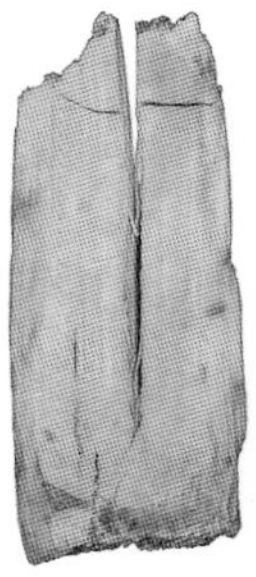

☐□[佐]當時☐
☐月乙未朔□☐

103
0365

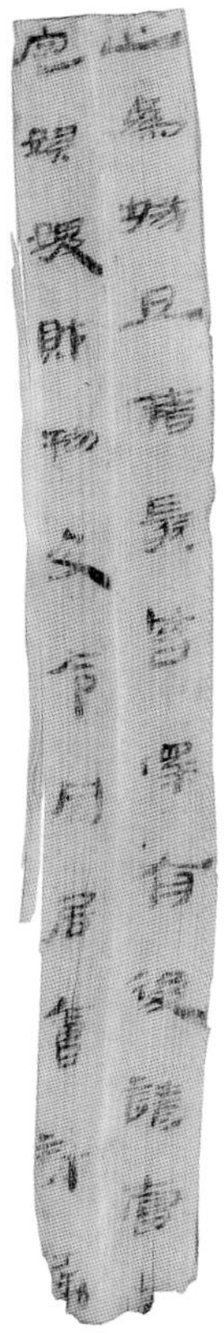

103b
0365b

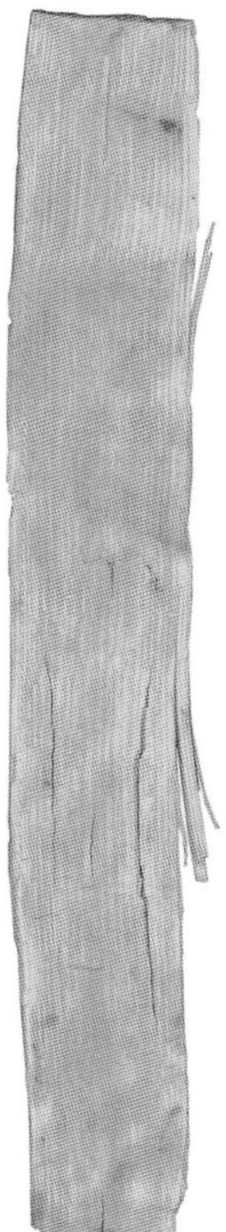

止爲城旦籍髡笞得有後請（情）當□☐
宅奴婢財物及令同居會計□☐

104
0532

104b
0532b

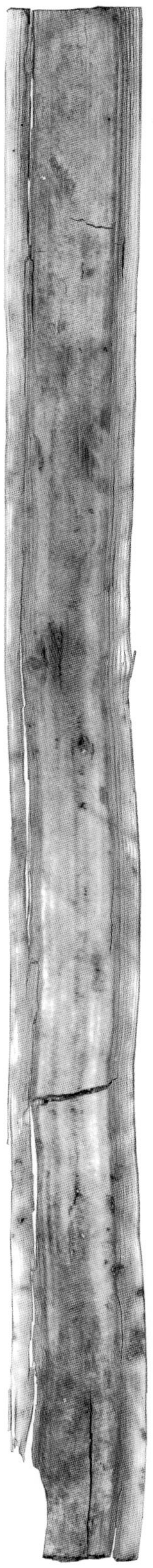

當更論，更論臧（贓）見畀當時等靡賣田宅奴婢財物，及令同居會計備償。
書到，皆令備盜賊吏徒求捕以得爲故。得，以律令從事。弗得，

105
1596

105b
1596b

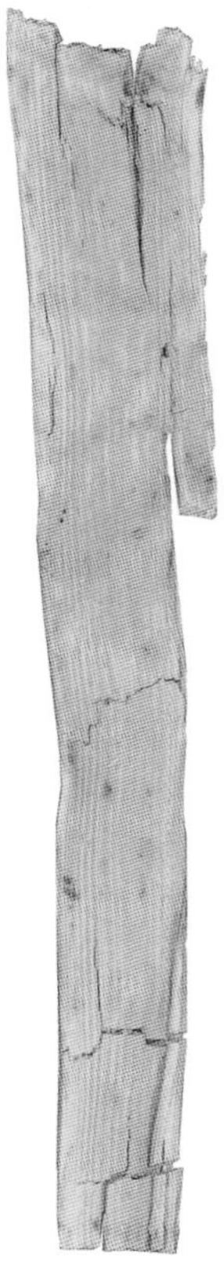

☐更論，更論臧見畀當時等靡賣田
☐償敢言之☐

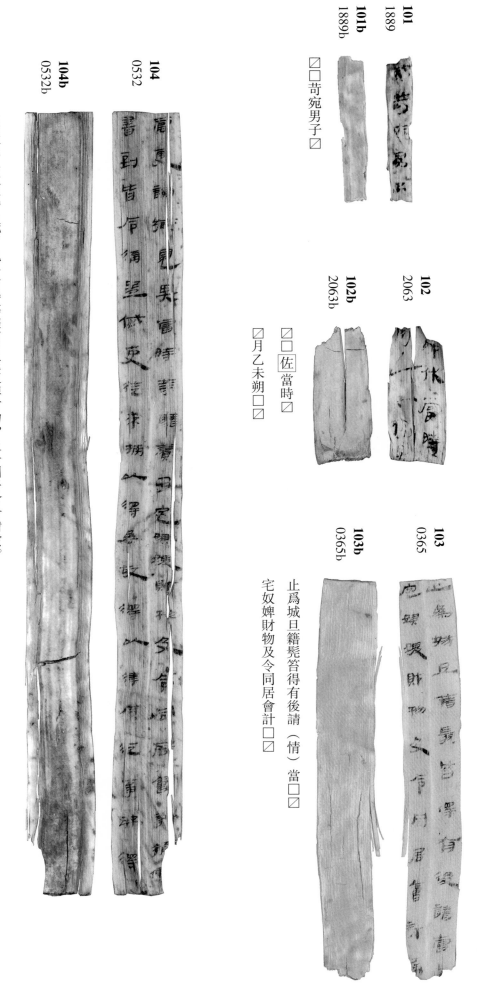

注釋：

〔一〕丞，或为臨湘丞。

〔二〕別治長賴：長賴設置在臨湘的辦事機構。

〔三〕當時：人名。

〔四〕越蒠：紡織品的形容詞。

〔五〕不准：人名。

〔六〕銅鈁：古代青銅製作的方口大腹容器，用以盛酒或糧食。

〔七〕辛卯：七月的二十九日。

〔八〕拾：人名。

〔九〕獄書：記錄案情的文書，或如爰書類似。《史記・張湯傳》司馬貞引韋昭言曰：『爰，換也。古者重刑，嫌有愛惡，故移換獄書，使他官考實之，故曰「傳爰書」也。』

〔十〕關仲孺：人名。

〔十一〕癸巳：八月初二。

〔十二〕己未：八月初四。

〔十三〕收：人名。

〔十四〕誤：少内佐的名字。

〔十五〕命不：據0387+0202簡補。

〔十六〕髡鉗：古代刑罰名，爲剃去頭髮，以鐵圈束頸。

〔十七〕城旦籍髡笞：是城旦籍髡鉗笞的簡稱，意爲附加了髡鉗和笞的城旦，以區別於其他的城旦。

案例七　郡買置傳車具逾侈案　正背面編聯圖版

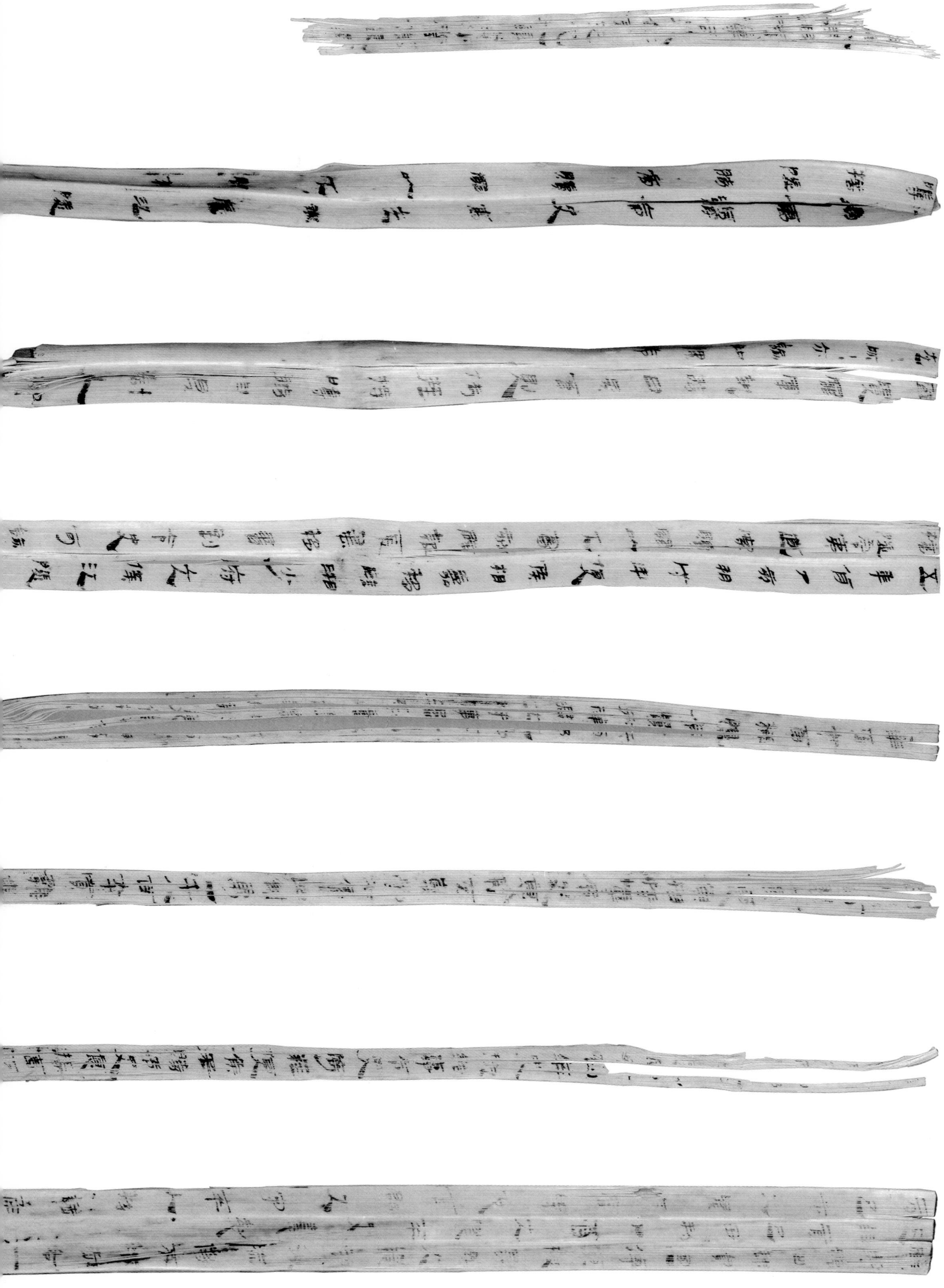

113 0110

112 0033

111 0093

110 0088

109 0039

108 0031

107 0024

106 0054

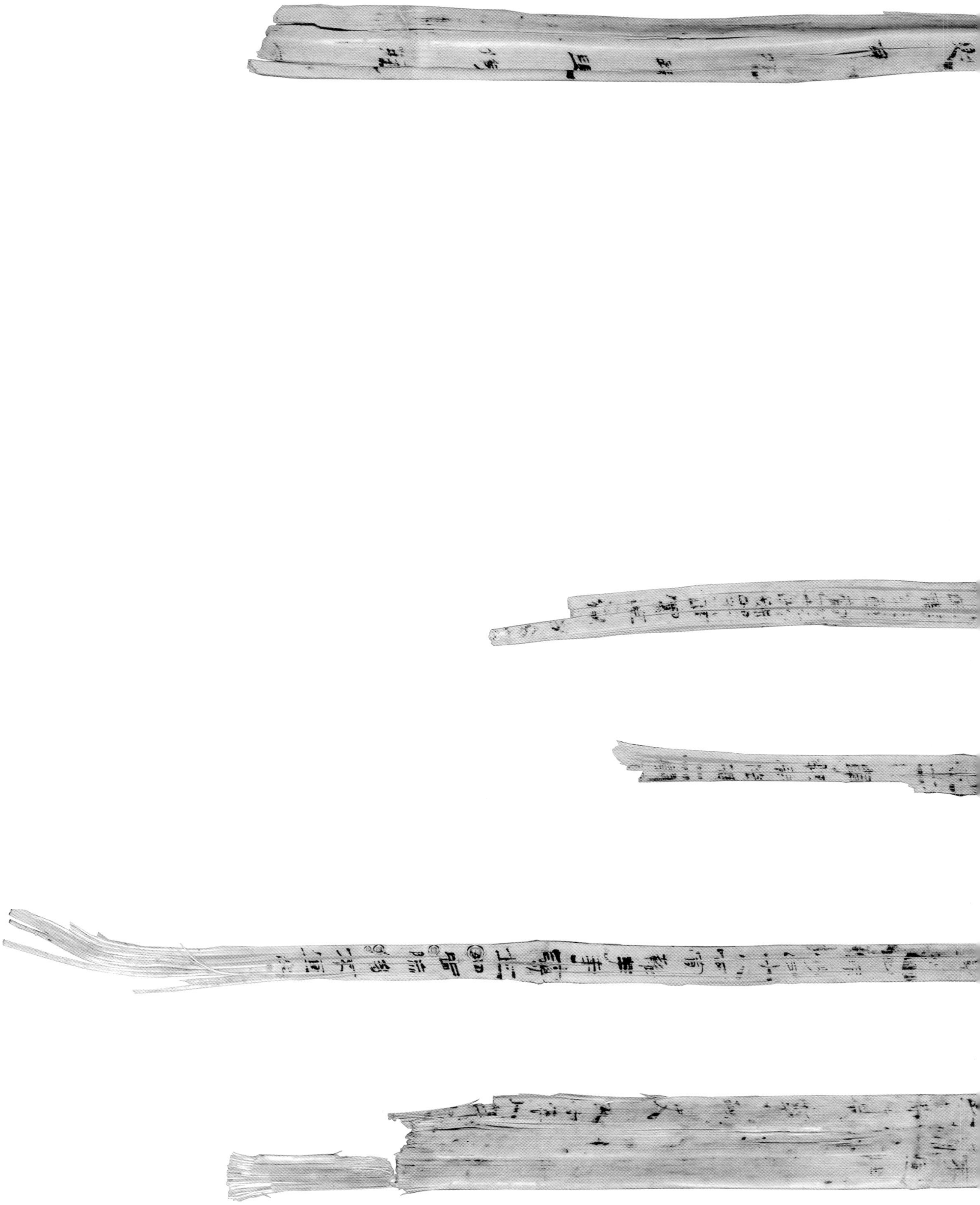

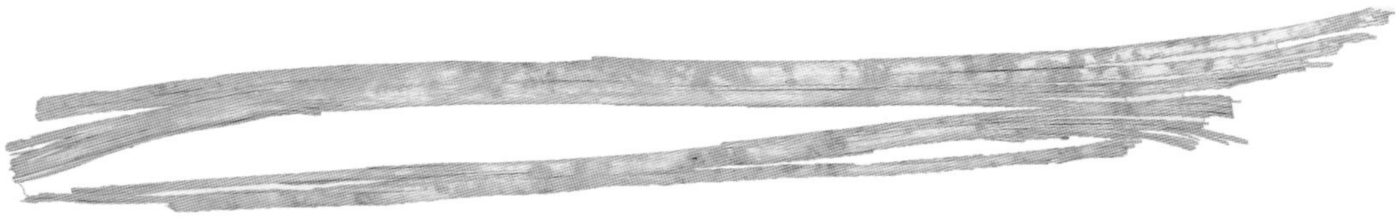
113b
0110b

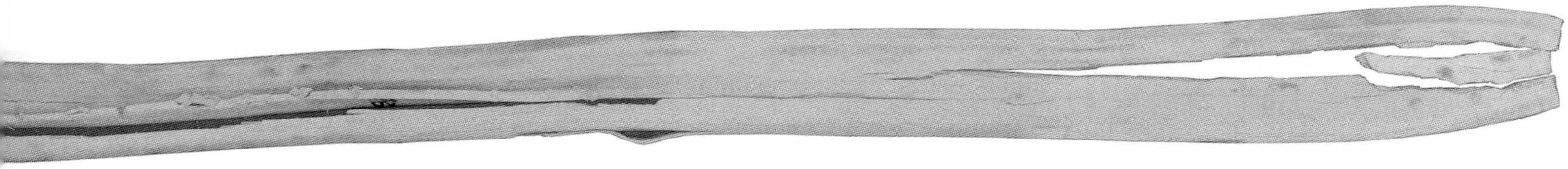
112b
0033b

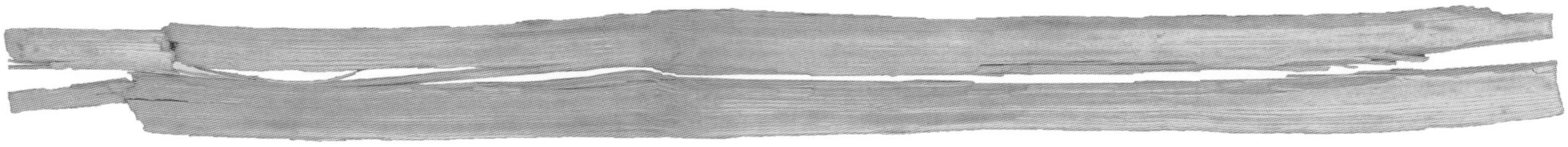
111b
0093b

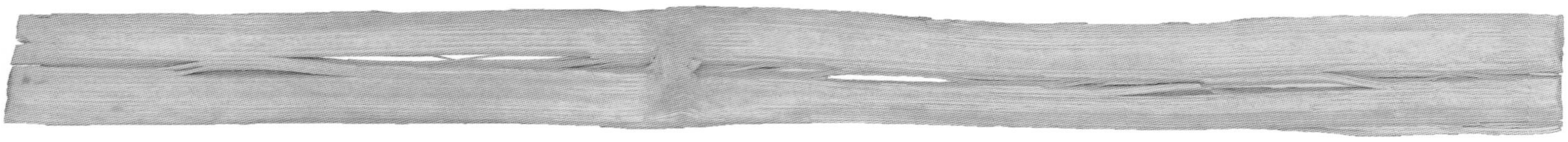
110b
0088b

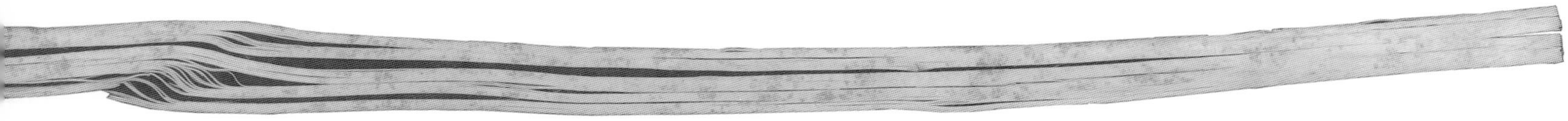
109b
0039b

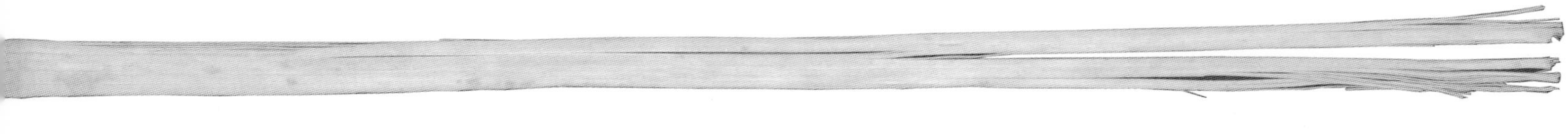
108b
0031b

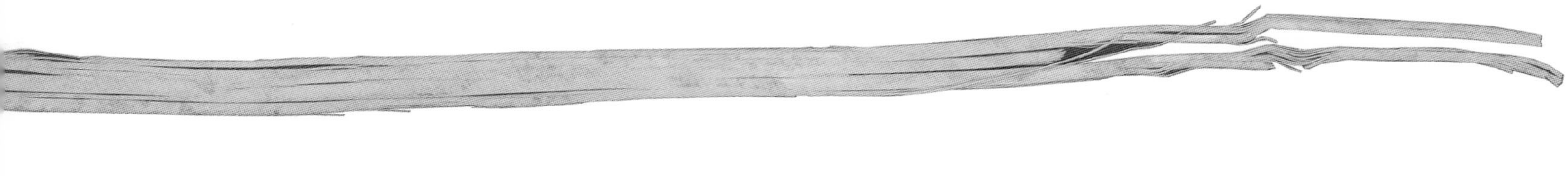
107b
0024b

106b
0054b

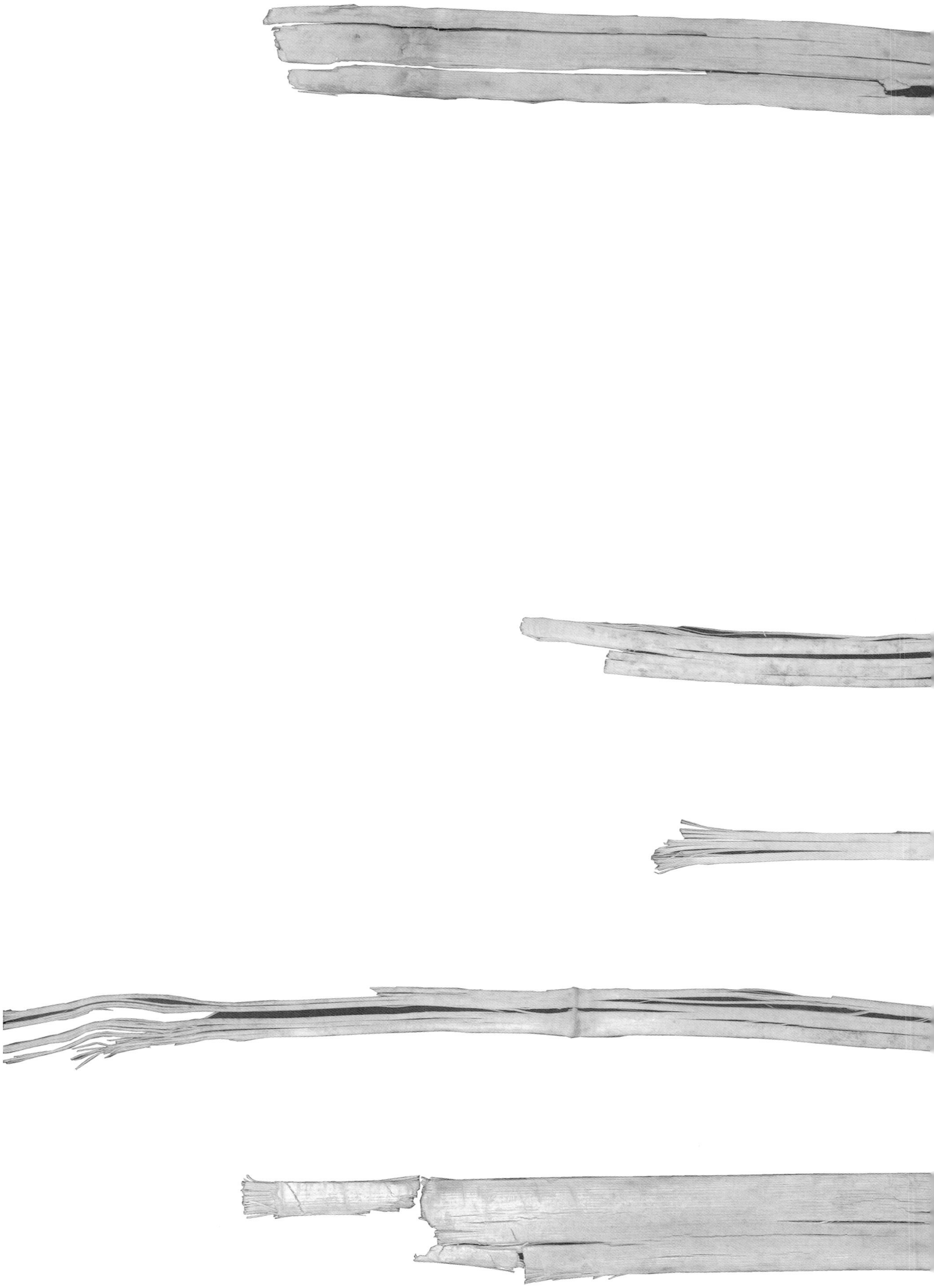

案例七　郡買置傳車具逾侈案　單簡圖版及釋文

☆ 106 0054

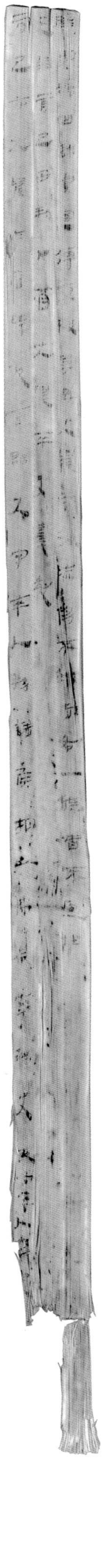

106b 0054b

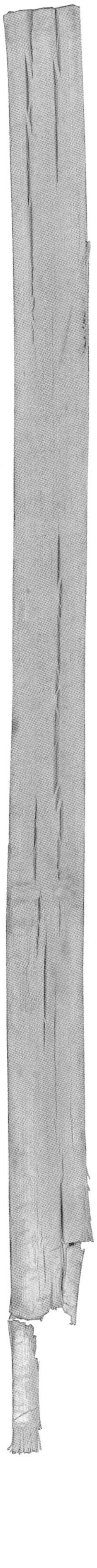

牒書：郡出錢買置傳車柀具，毋大農責及踰侈不稱者各一牒，皆不宜出。

五年二月己丑朔丁酉，大農卒史熹劾。

二月己亥，大農令當時敢言〈告〉郡大（太）守卒人：移諸侯相，以律令【從】事，移夬（決）。敢告卒人。卒史〼

☆ 107 0024

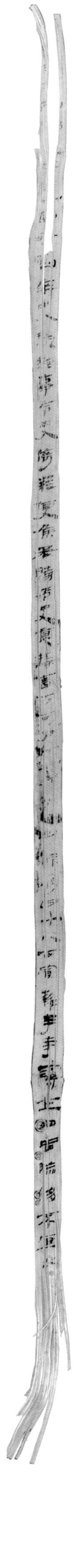

107b 0024b

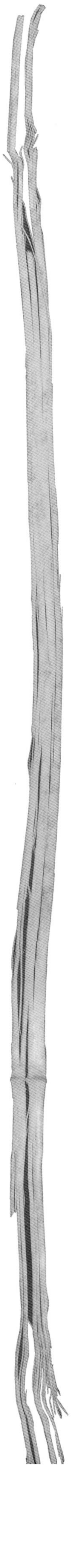

……丞到、卒史執、給事令史倚莊、便侯丞勝、令史意、掾嗇夫可丁、佐虜盜出錢萬四十〈千〉八百買韋寺薄土四，皆踰侈，不宜出〼

108 0031

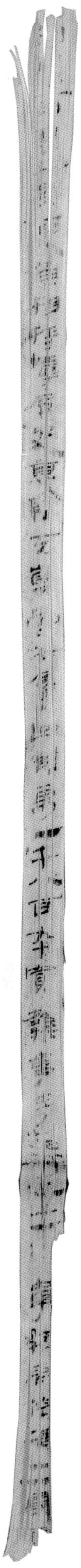

108b 0031b

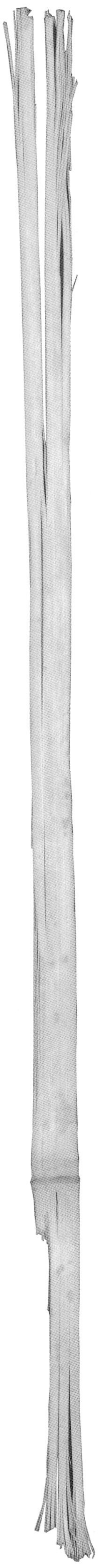

〼□□□書一□便侯相持疇、令史意、嗇夫莫當、佐齊出錢萬一千八百九十買韋寺薄土二、□韋經□倚馮〈凴〉二、闆□〼

109
0039

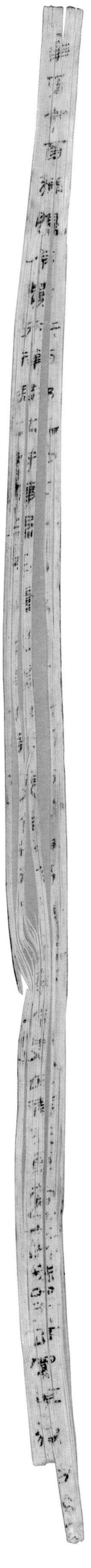

109b
0039b

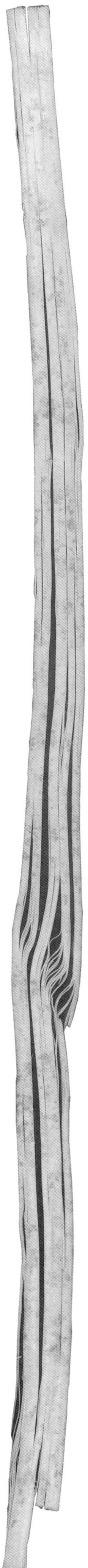

□年正月辛酉，秭歸令貴行南郡大（太）守事，丞到、屬□、書佐則、便侯相持嘻、丞□、令史企、嗇夫莫當、佐齊出錢四千八百買□□□□□☐

110
0088

110b
0088b

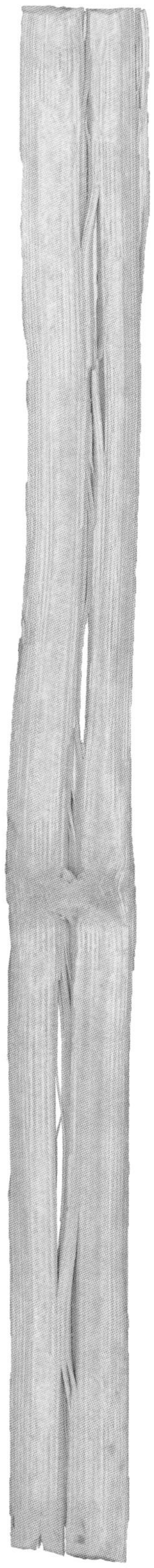

五年八月丁亥戊申，便侯相嘉移臨湘、少府、大（太）僕、江陵、臨沮、棓陵、零、夷道：案贖罪以下，寫劾、辟、報爰書移。書到。令史可論。充

111
0093

111b
0093b

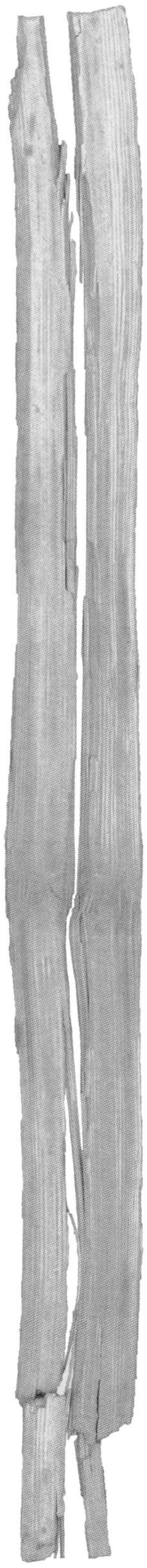

國貴罷軍埶。勝曰：吳西則倚莊持壽、勝自具，計入即不在所，在所亦論如律令。

☆ **112** 0033

112b 0033b

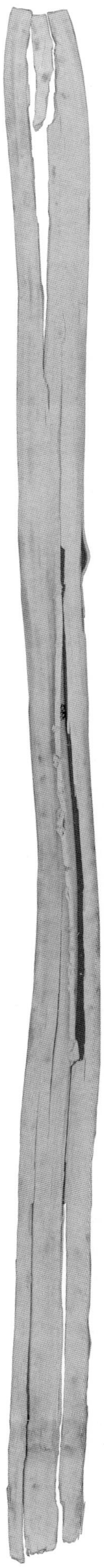

吳爲禹爵令史，嗇夫獄屬江陵，酉、則免在臨沮，倚莊持〼

嚋，棓陵勝、商贖罪以下即移

113 0110

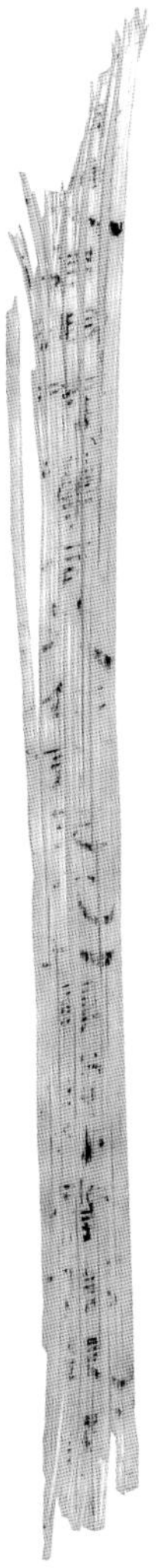

113b 0110b

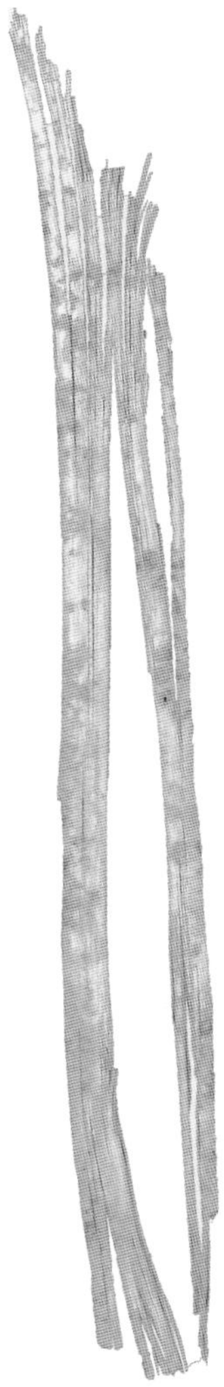

〼□□便侯相持嚋、令史企、嗇夫它人、莫當、佐閭、亭長□□〼

注釋：

［一］　當時，或爲武帝朝廷的大農令鄭當時。

114
0166

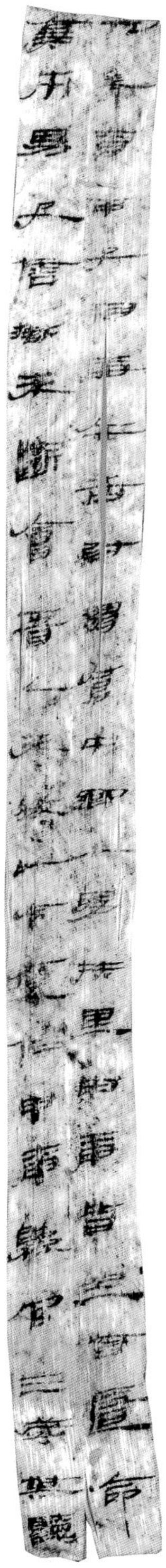

115
0985

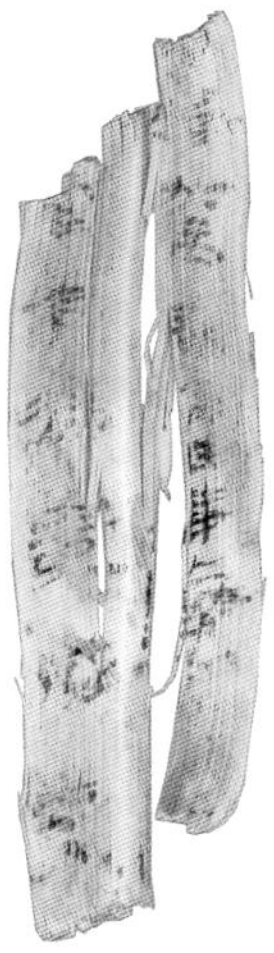

116
1601+
0858

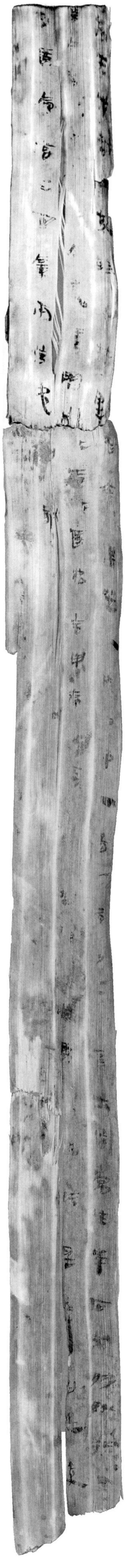

114b
0166b

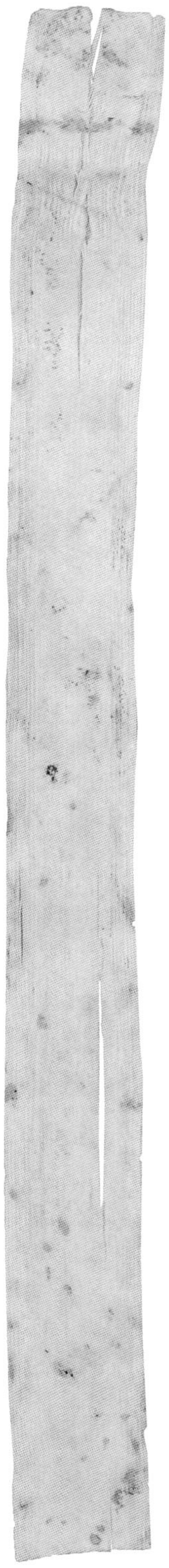

115b
0985b

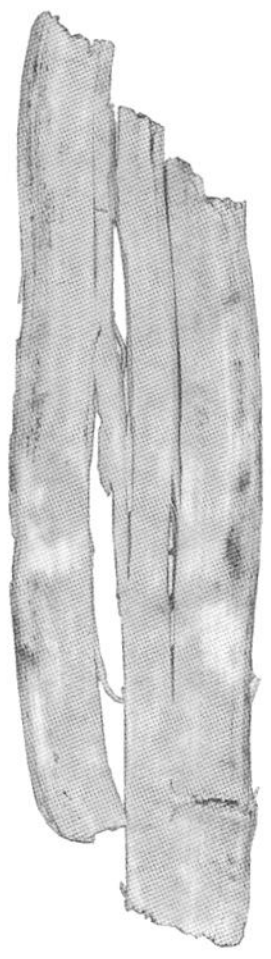

116b
1601+
0858b

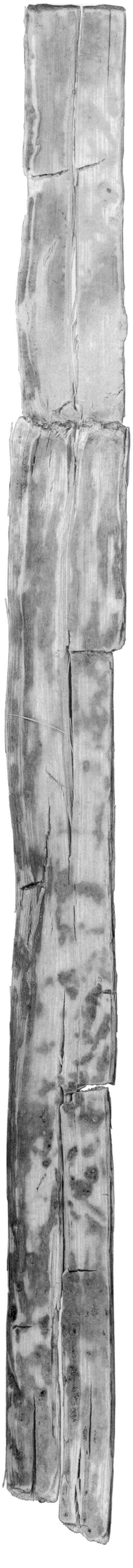

案例八　申、庚首匿信案　單簡圖版及釋文

114
0166

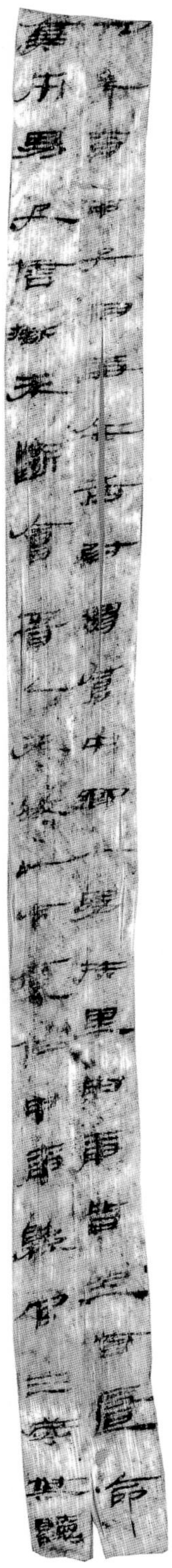

114b
0166b

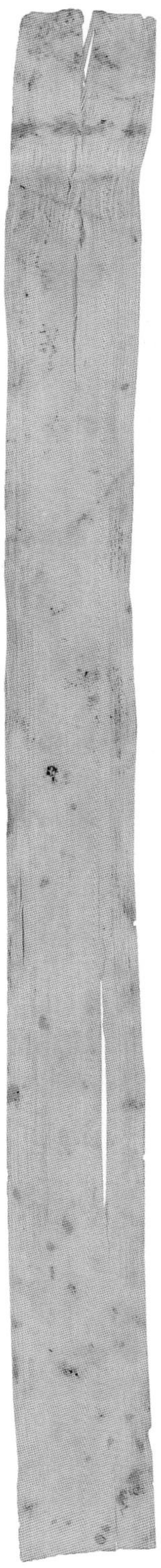

九年六月甲子朔庚午，告尉、謂倉：中鄉小男扶里申、庚皆坐首匿命
棄市男子信，獄未斷，會五月乙未赦，以令復作申、庚縣官三歲，其聽

115
0985

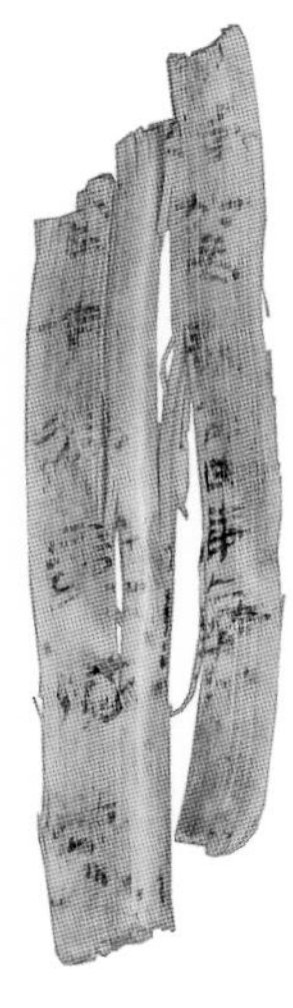

115b
0985b

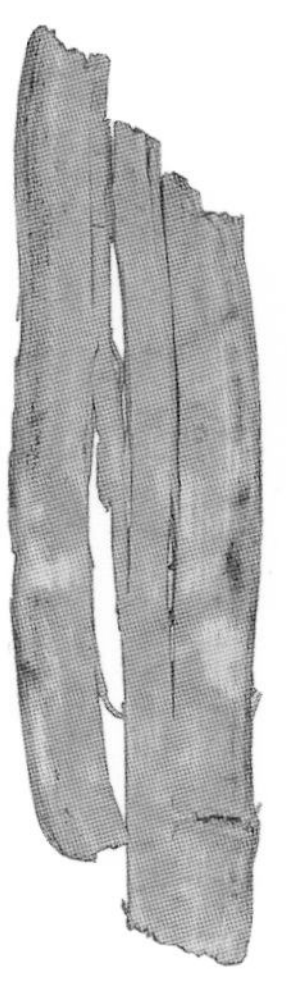

☐□獄，駕（加）論命申、庚棄□☐
☐者令爲責□吏☐

116
1601+
0858

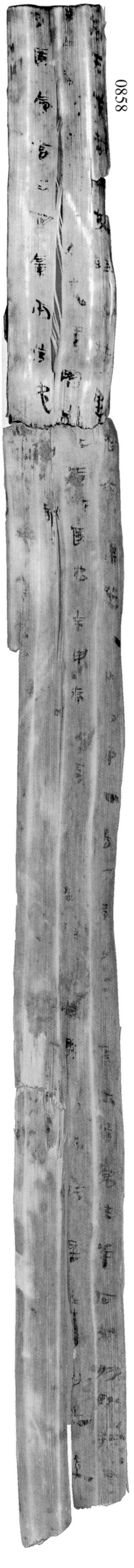

116b
1601+
0858b

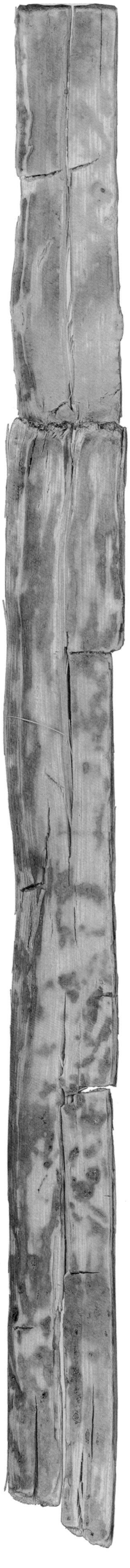

☐□朔壬戌越故臨湘扶里，者[去]□坐□□□□陽□□棄市□常往來石□□□□□☐
……吏薄問申、庚，申、庚匿弗言。申、庚首匿……獄未斷，小男中鄉扶里，年廿□□☐
首匿命笞五百棄市信，它[如]劾

未歸類簡圖版及釋文

☆**117**
0009

117
0009

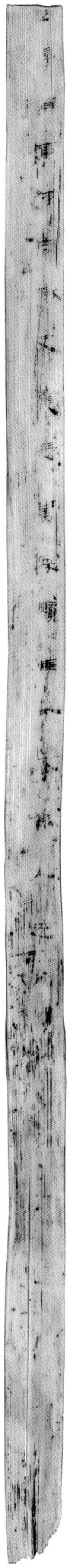

117b
0009b

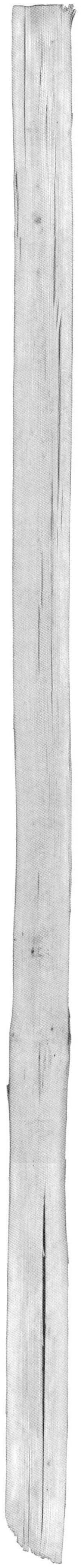

五年八月庚戌守獄史☐爰書案贖罪以下移入在所……☑

☆**118**
0018

118
0018

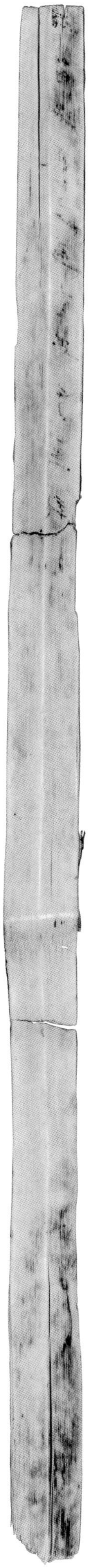

118b
0018b

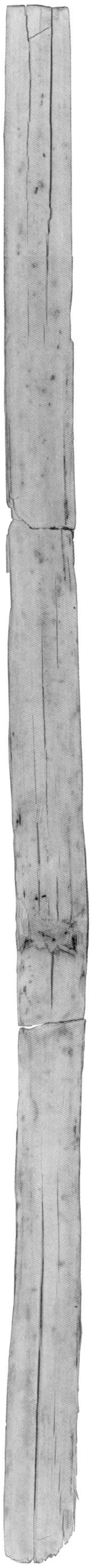

……

☆**119**
0034

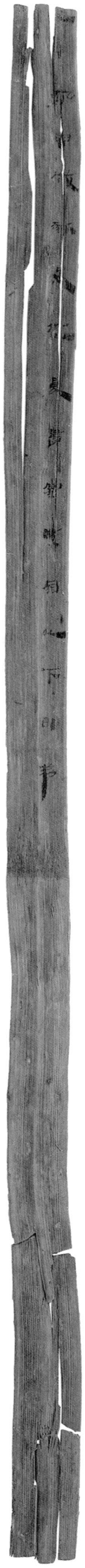

119
0034

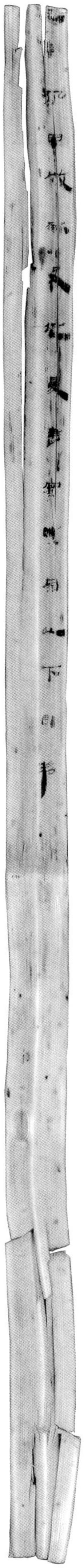

119b
0034b

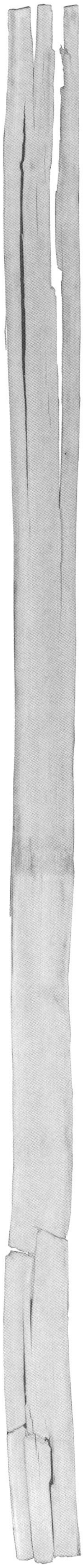

五年九月甲戌，獄史伉爰書。案贖罪以下即移。

☆ **120**
0041

120
0041

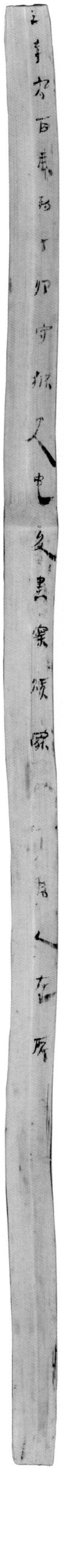

120b
0041b

五年九月丙辰朔丁卯，守獄史它爰書。案瀆罪以下移入在所。

121
0043

121
0043

121b
0043b

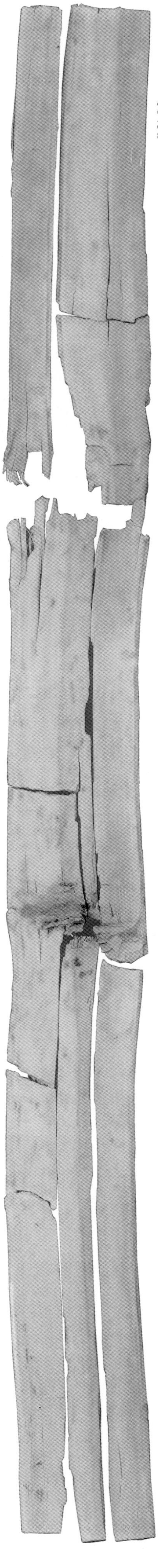

☐……丞……☐書責二年十二月丙午☐☐案當輒上令以下
……相史安邸主皆坐……佐壬寅☐令……
……守令☐移……以律令從事☐

☆ 122 0044

122 0044

122b 0044b

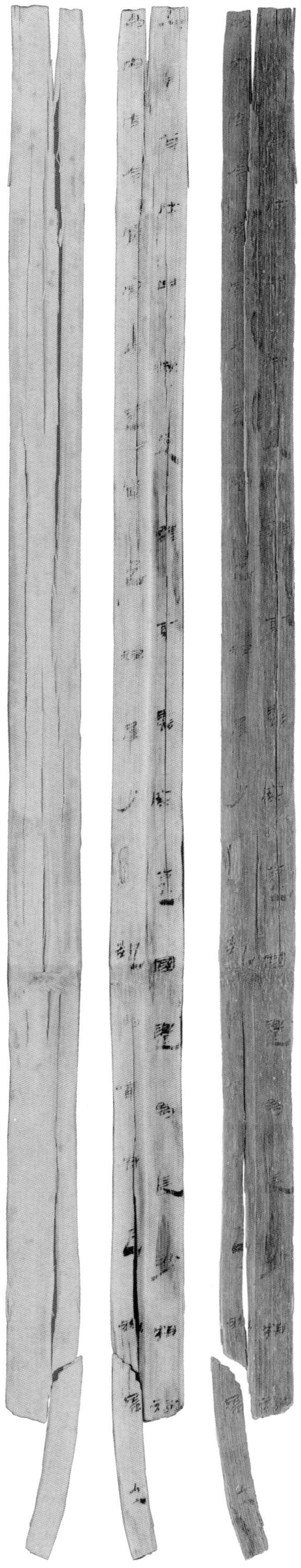

五年八月戊申，獄史□爰書。案充國遷爲長沙相獄〼

爲内官令，罷室爲武庫丞，獄屬少府，執爲車府丞，獄屬大〼

☆ 123 0050

123 0050

123b 0050b

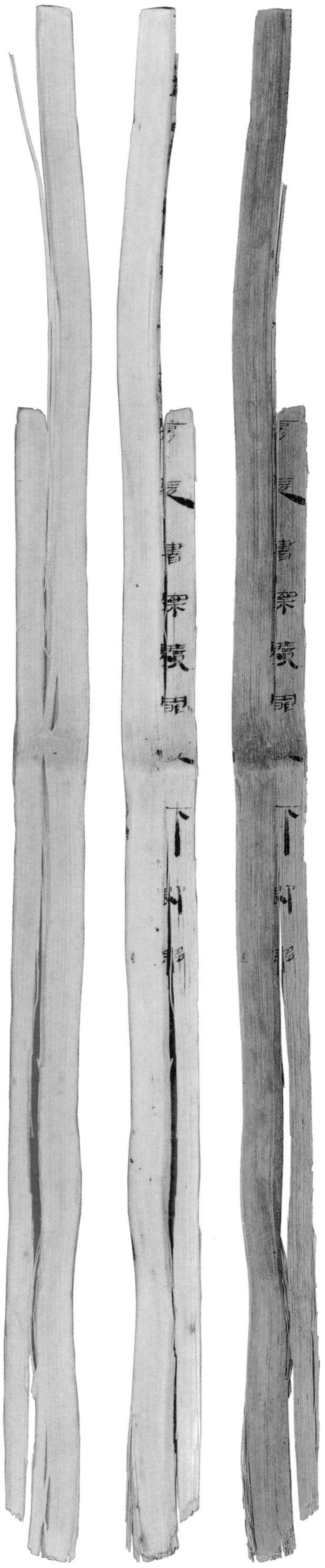

……肩爰書。案牘罪以下即移。

124 0053

124 0053

124b 0053b

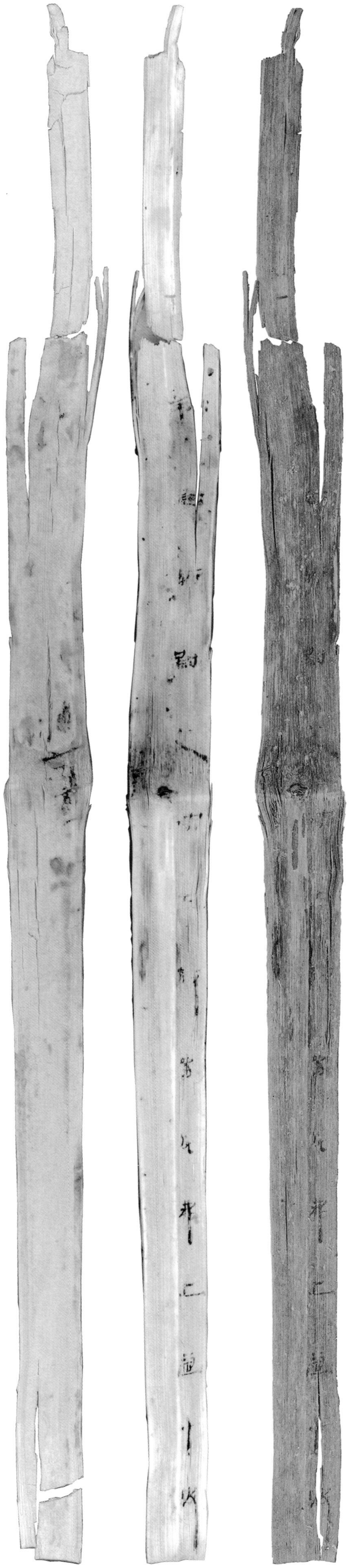

〼□□□尉史□□□留□弗上適十□

☆ **125** 0055

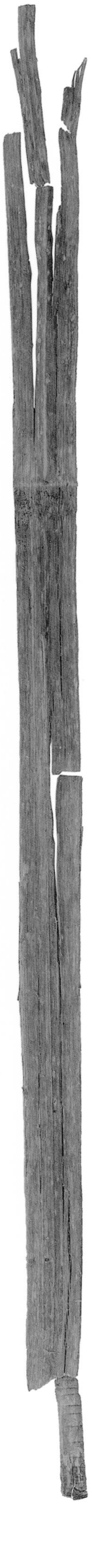

125 0055

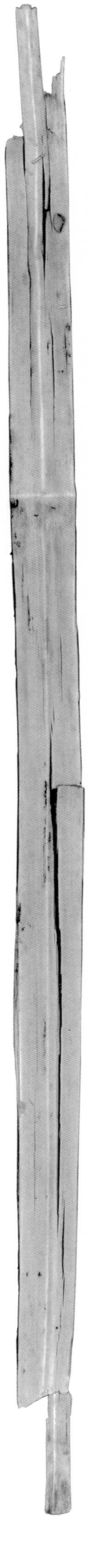

125b 0055b

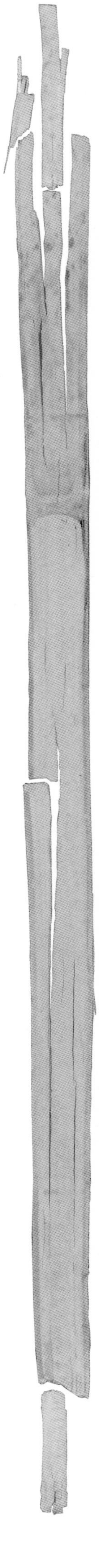

（無字簡）

☆ **126** 0057

126 0057

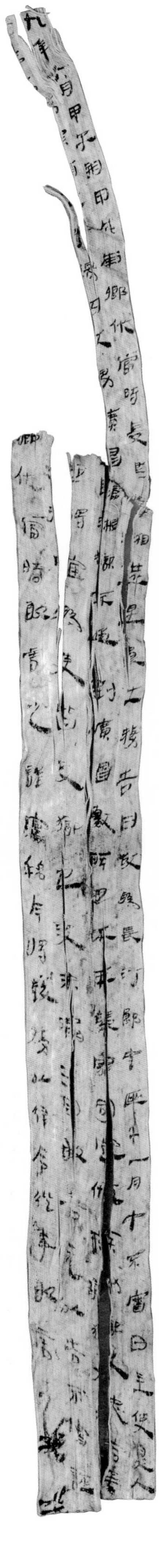

126b 0057b

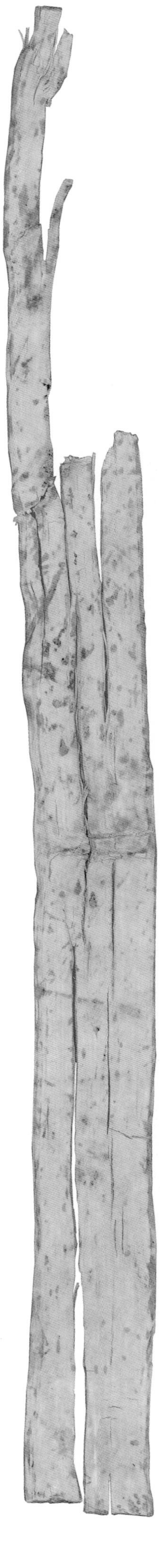

九年六月甲子朔甲戌，南鄉佐當時爰書。臨湘菆里良士勢告曰：故爲長沙郎中，迺十一月中不審日，主使炅人

□□□□癸酉□□陽囚大男廣昌，臨湘獄不通到廣昌毄（繫）所，毋（無）不平端罪，司空佐疾劾。獄史忠[詣]□

☑迺得宦、爲吏，皆故獄已決，未滿三月，敢告，先以告不審誣

☑[鄉]佐當時敢言之：謹寫移。今將致勢。以律令從事。敢言之。（按：簡下端倒書「求佐」二字）

127
0084

127
0084

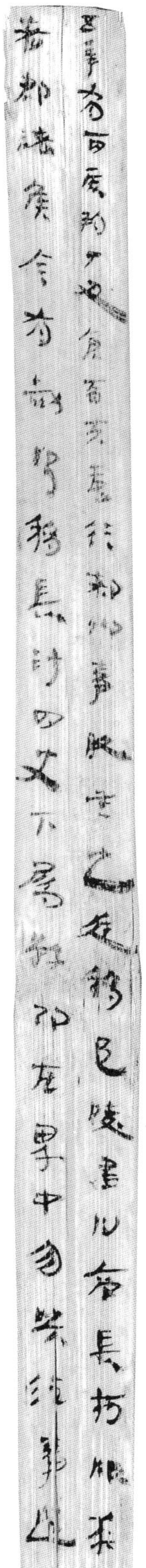

127b
0084b

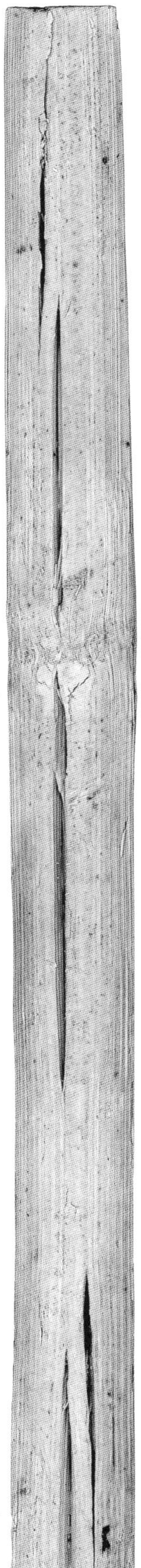

五年九月丙辰朔丁丑，倉嗇夫虹行都鄉事敢言之：廷移邑陵書曰：亭長柯服求命者郡、諸侯，今有劾。謁移長沙内史，下屬縣。即在界中，勿與從事。遣詣

128
0086

128
0086

128b
0086b

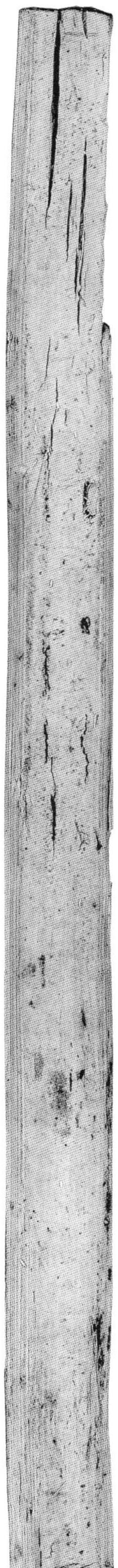

九月丁卯，倉嗇夫午行鄙丞事敢告臨湘丞主：案贖罪以下寫、劾、辟、報爰書移。書到，令史可問，它言夬（決）。

129
0087

129
0087

129b
0087b

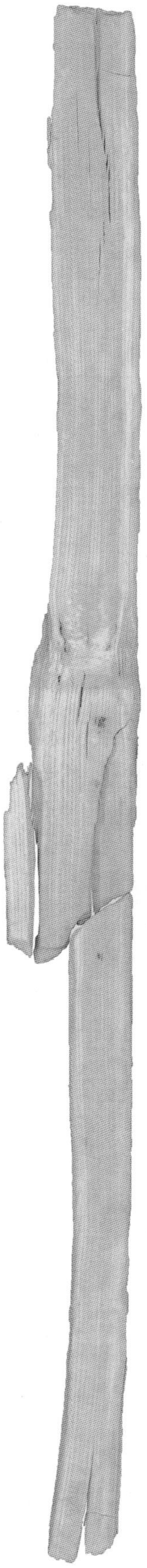

〼☐沅陵歸〼

移書辟☐居眾徒出入歲餘日弗歸吏卒主者☐〼

佐襄劾敢言之沅陵廷謹寫上謁以律令從事敢言之佐襄〼

130
0091

130
0091

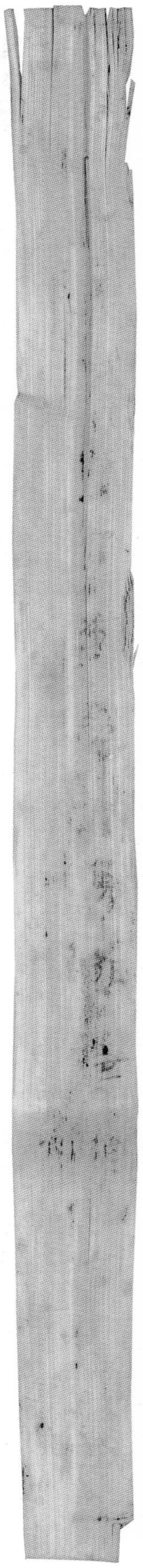

130b
0091b

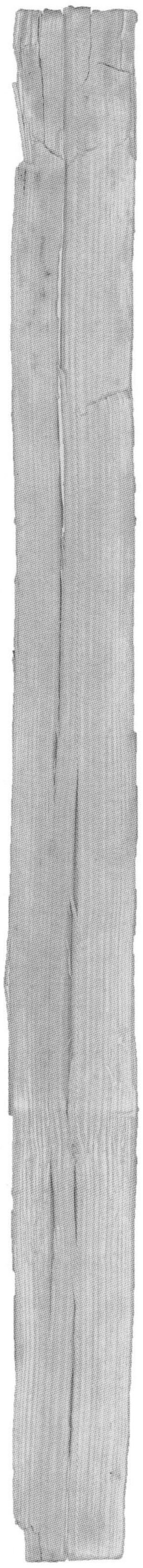

☐☐主不☐☐即有解具报若律令敢告主

131 0096

131 0096

131b 0096b

☒□宮司空縣邑別治園承

☒□令史宜倉佐相佐㝡

133 0100

133 0100

133b 0100b

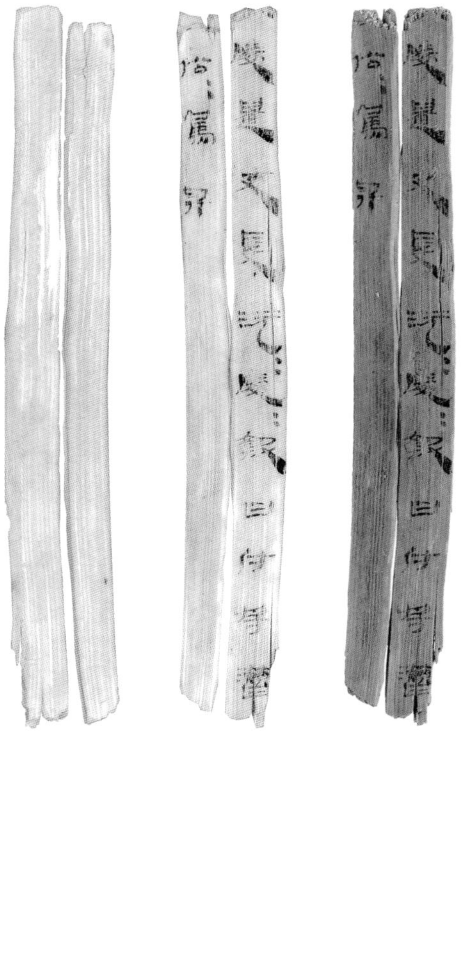

☒□陵遣吏受沅陵，沅陵報曰付將漕☒

☒□船船駕具☒

132 0097

132 0097

132b 0097b

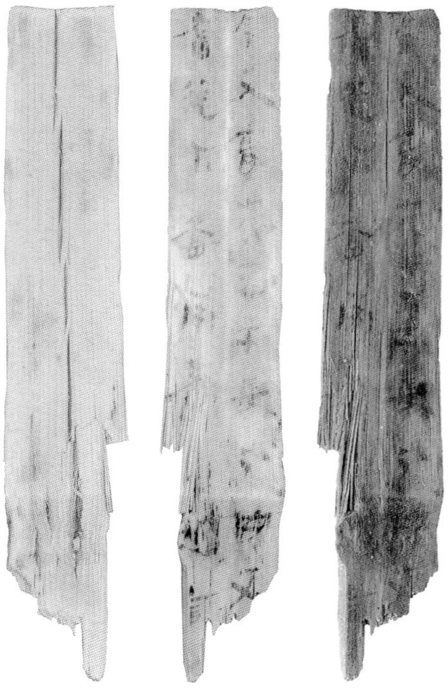

令史會九月壬午長沙内史☒

書從下當用者【書】到言☒

134
0104

134
0104

134b
0104b

以六月上即去之臨湘舍邸里人召曰長樂公出入丞相府中鄉士☐

鄉吏堅堅未入責（債）服繇（徭）歸，令服除吏在鄉皆☐☐食卯自言毋☐☐☐

135
0106

135
0106

135b
0106b

☐可問言夬（決）屬所☐

136
0107+
0095

136
0107+
0095

136b
0107+
0095b

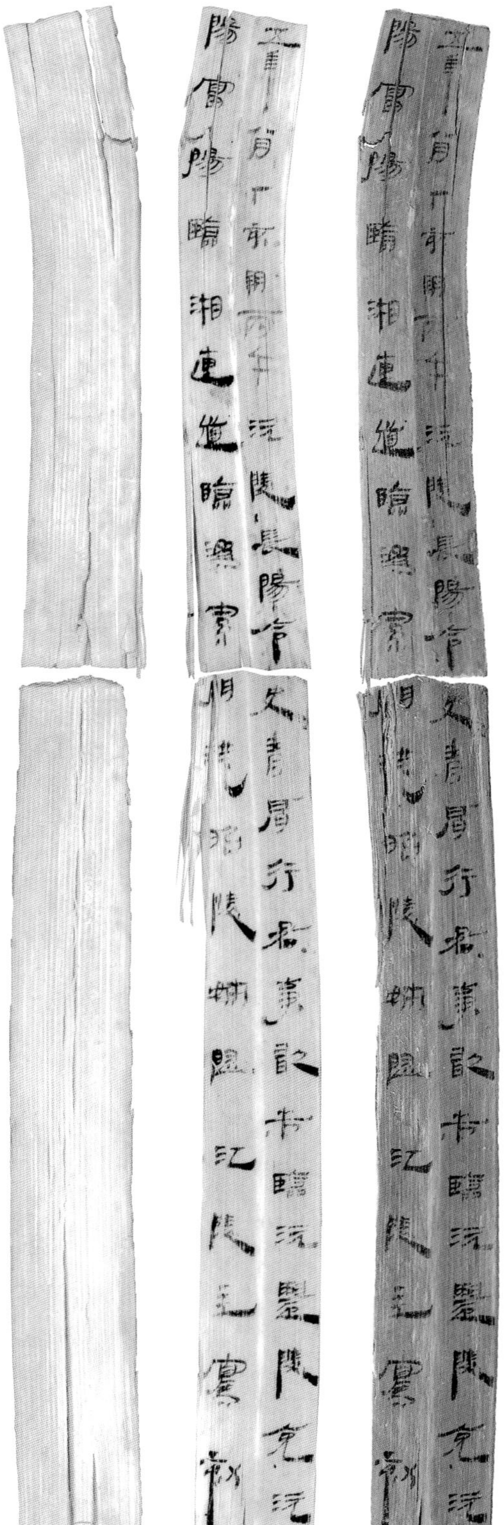

五年八月丁亥朔丙午，沅陵長陽、令史青肩行丞事敢告臨沅、遷陵、充、沅陽、富陽、臨湘、連道、臨潙、索、門淺、昭陵、姊（秭）歸、江陵主：寫劾

137
0108

137
0108

137b
0108b

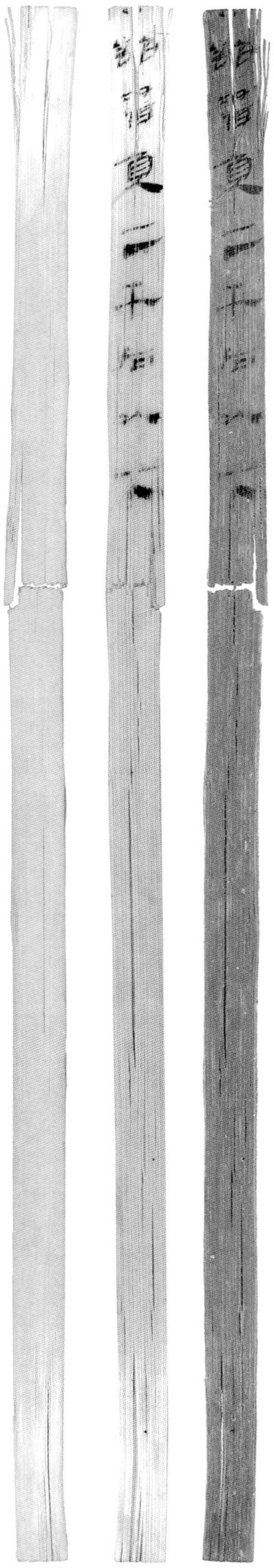

·詔書負二千石以下

138
0111

138
0111

138b
0111b

·□□□□

139
0116

139
0116

139b
0116b

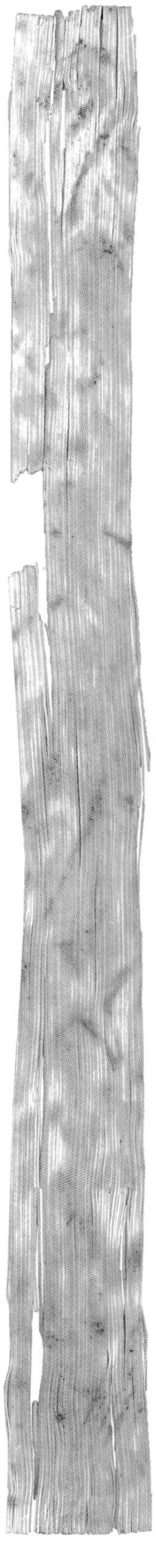

司空令史□□□□□

140
0120

140
0120

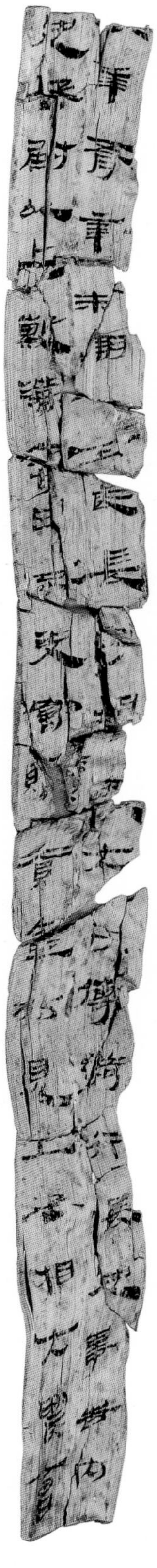

140b
0120b

八年五月辛未朔□辰長沙相□大（太）子傅倚行長史事告内

史：丞尉以上毄（繫）瀩陵出不央（決）罰令史於見上丞相□□□

141
0122+
0114

141
0122+
0114

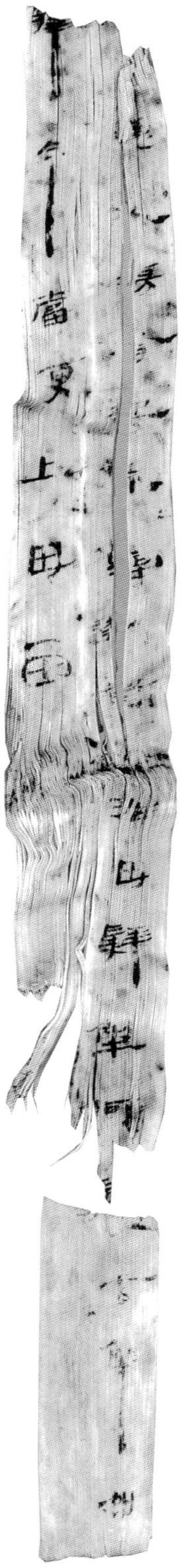

141b
0122+
0114b

⍁☐應受腸☐☐不佐佐☐部前非毋辭，解何，☐☐言，解如

⍁律令，當更上毋留。⍁

142
0126

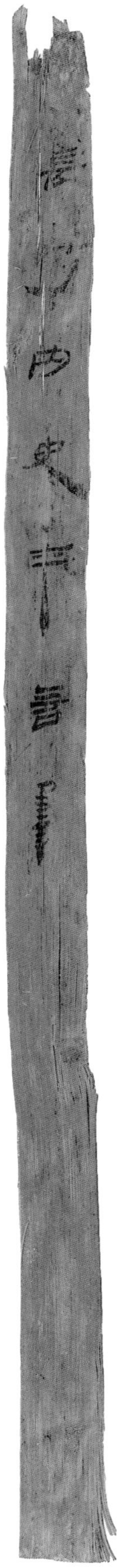

142
0126

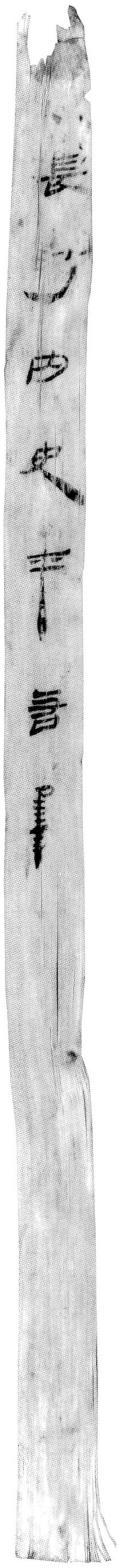

142b
0126b

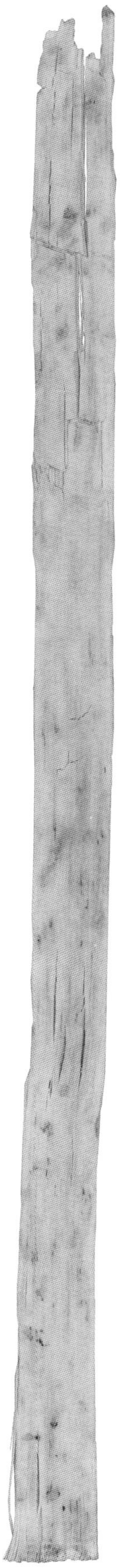

⍁長沙內史平若丞

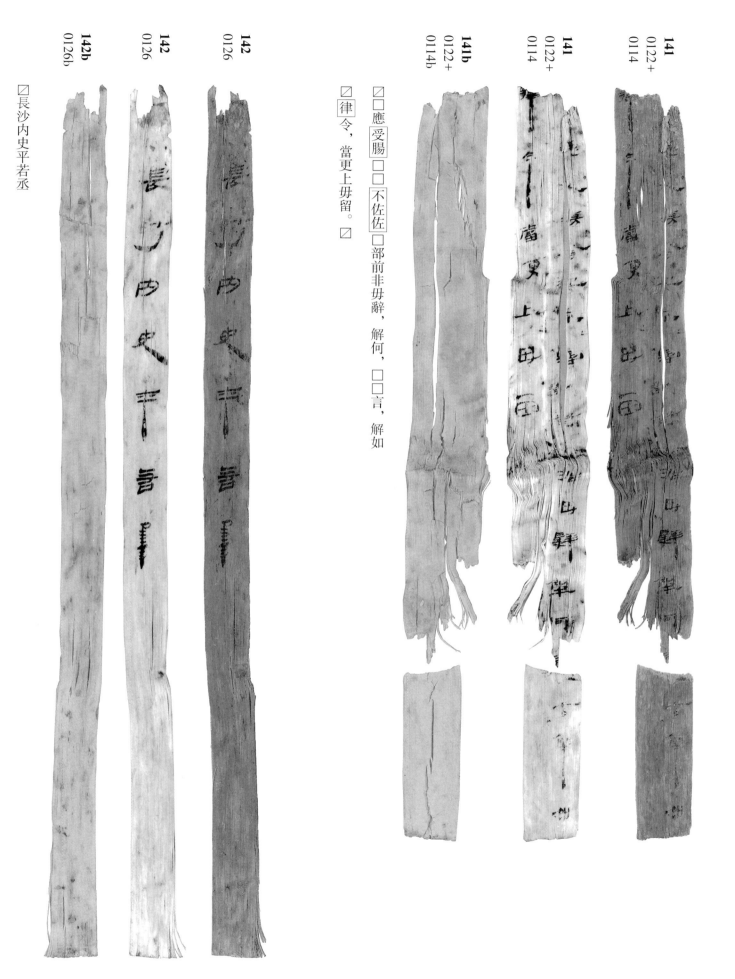

143
0129

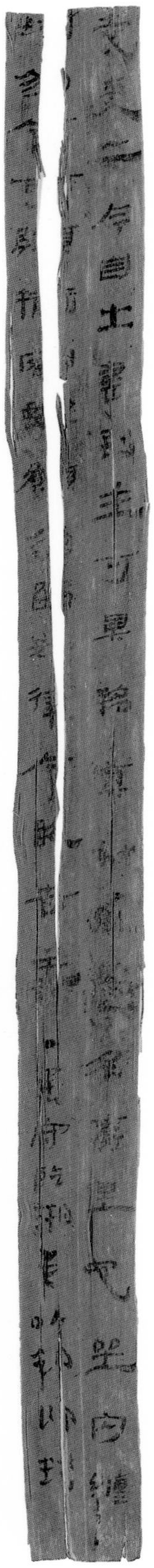

143
0129

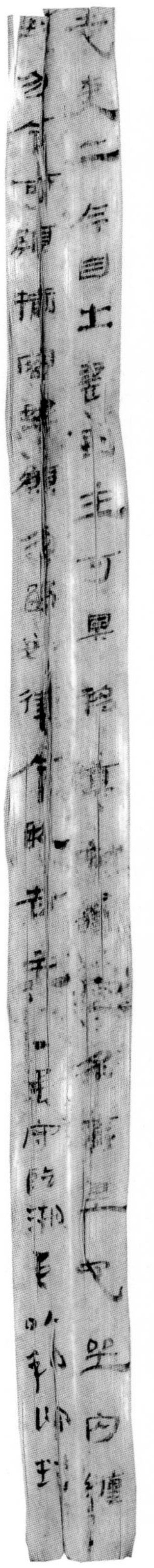

143b
0129b

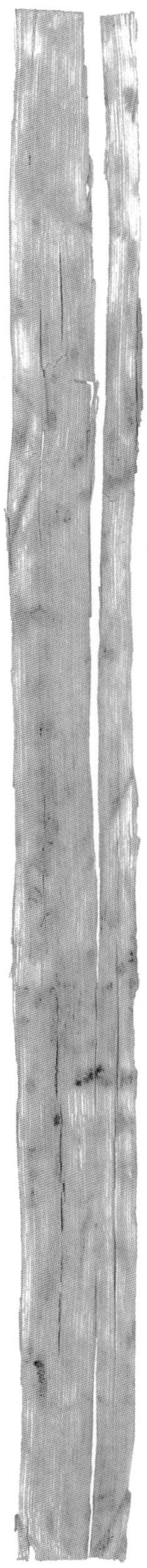

志，吏亡，今自出。書到，主可具移真劾獄，定名爵里、它坐，内纏
封，勿令可頗捕容姦。願勿留，如律令。敢告主。·丞守臨湘丞以私印封

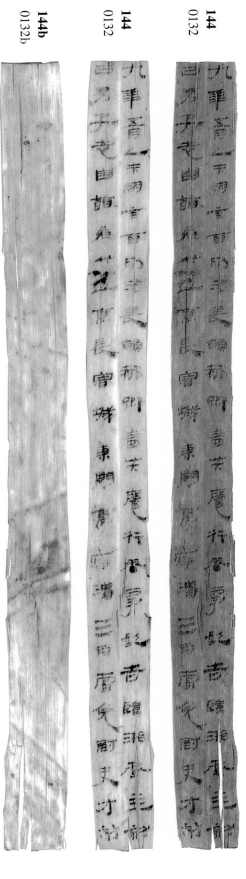

144
0132

144
0132

144b
0132b

九年五月乙未朔辛酉，别治長賴都鄉嗇夫𠑭行丞事敢告臨湘丞主：劾
曰：男子志自詣爲竹遂亭長，署城東門亭，病滿三月當免。尉史方劾。

145
0134

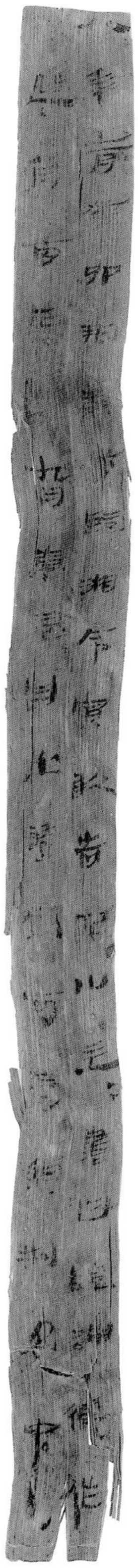

145
0134

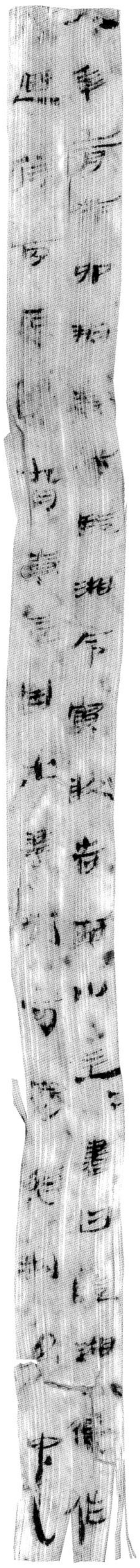

145b
0134b

八年十二月癸卯朔庚戌，臨湘令寅敢告西山主：主書曰：臨湘復作
□迺八月丙辰亡，九月庚辰自出。書到，可罰悲刑名，它

146
0135

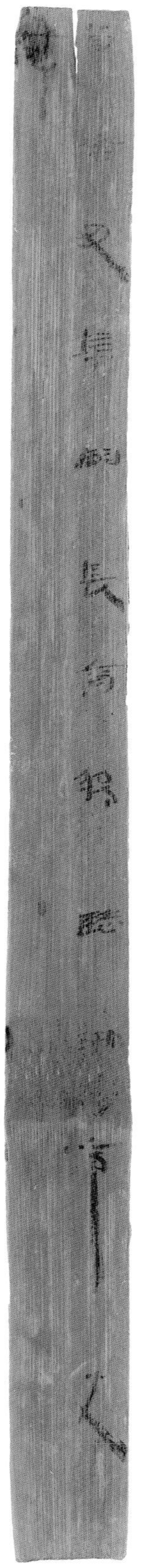

146
0135

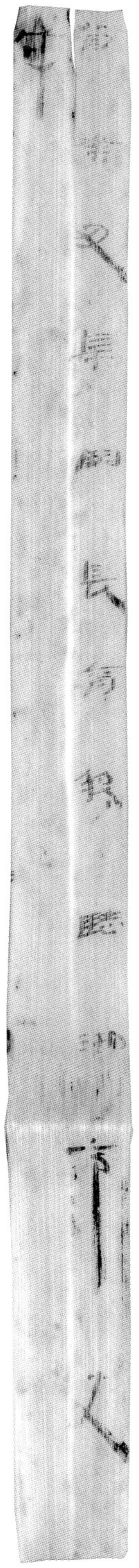

146b
0135b

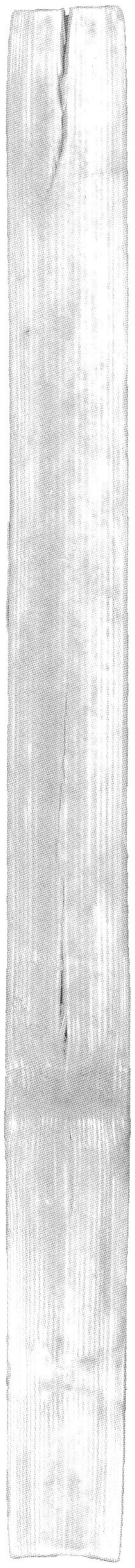

八月癸丑，采銅長齊移臨湘。令史
戌。

147
0140

147
0140

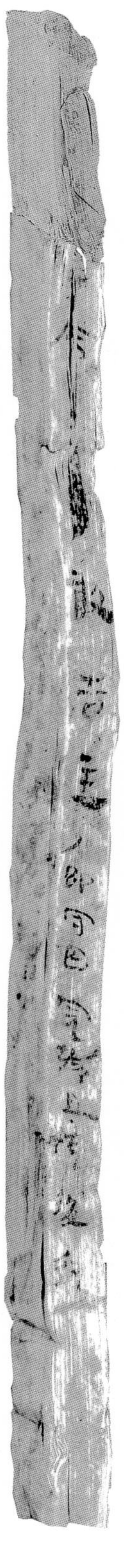

147b
0140b

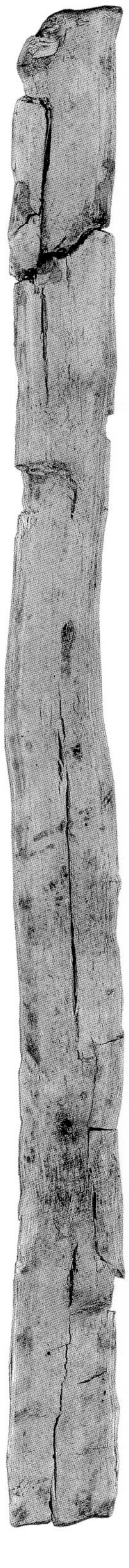

☐從事若律令。敢告主。ノ即守囚完城旦徒後行

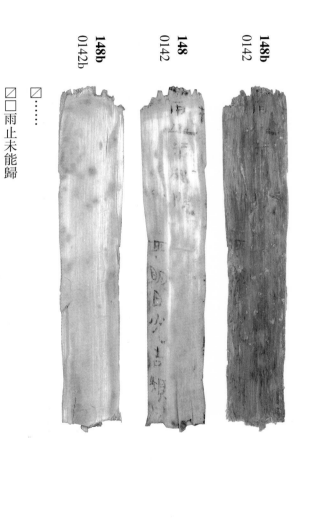

148b
0142

148
0142

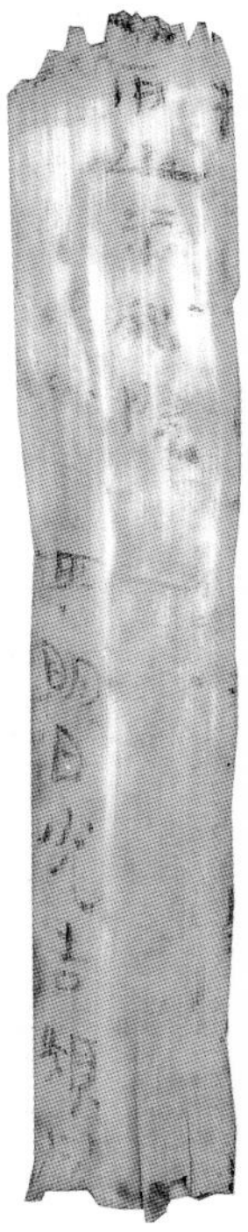

148b
0142b

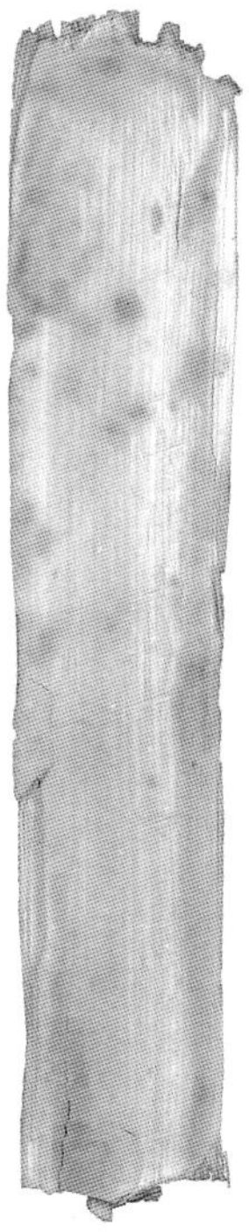

☐……

☐□雨止未能歸

☐　其明日光告煩曰☐

149
0144

149
0144

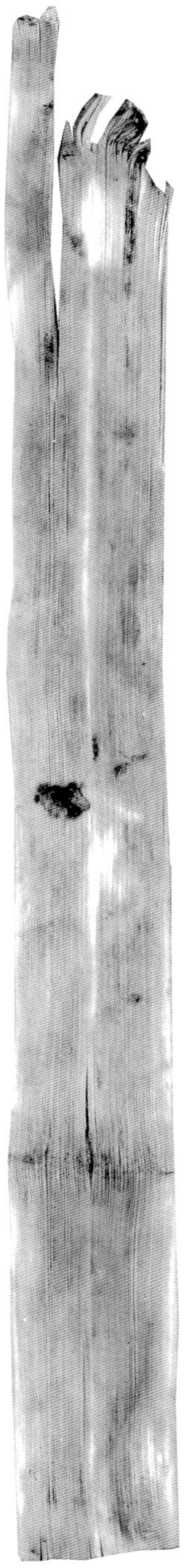

149b
0144b

☑□

150
0147

150
0147

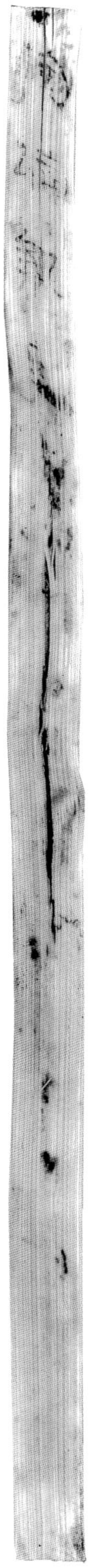

150b
0147b

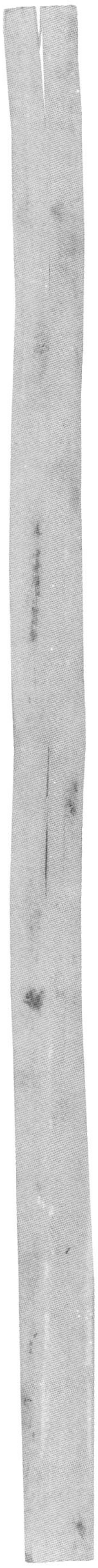

·鞫論報爰書

151
0148

151
0148

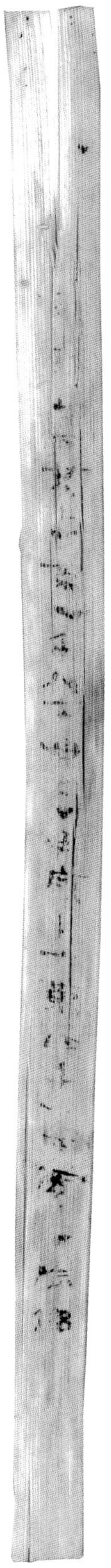

151b
0148b

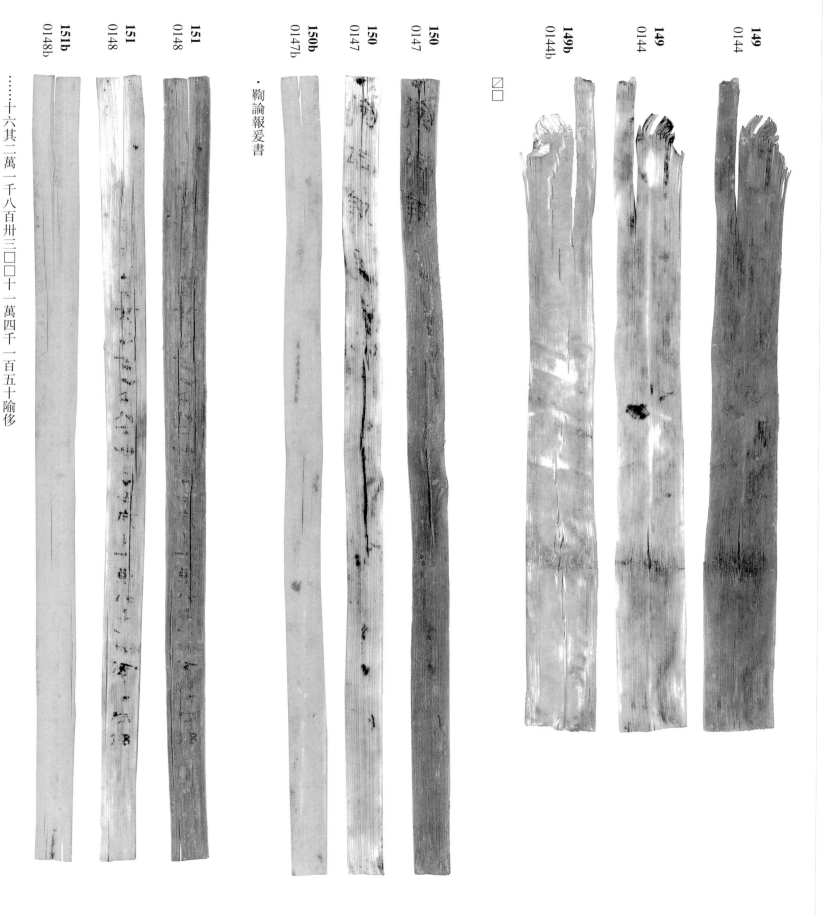

……十六其二萬一千八百卌三□□十一萬四千一百五十隃侈

152
0150

152
0150
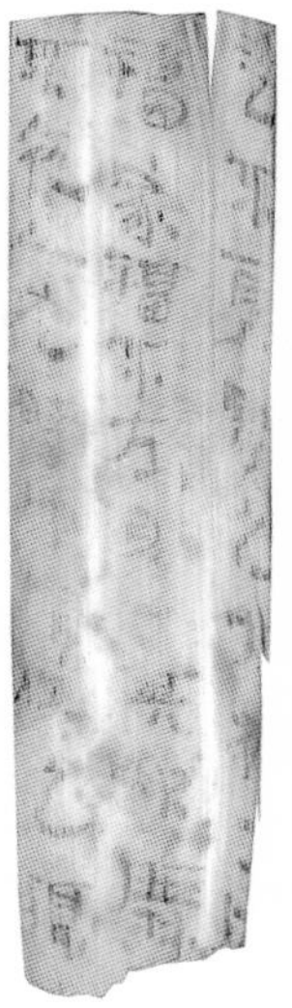

152b
0150b
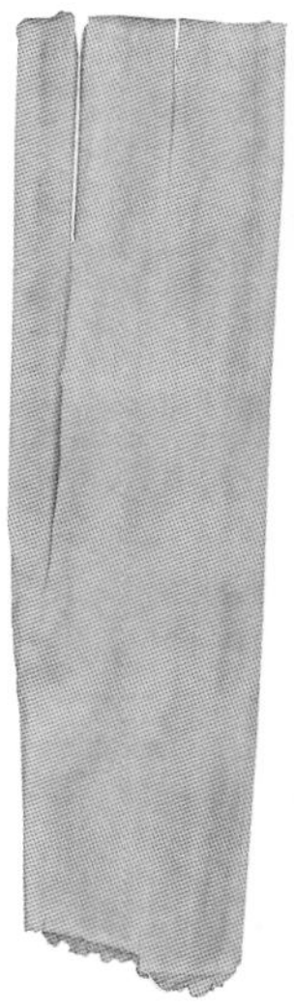

盜不更買之□□□□□☑
福家福不在見其炊廡☑
其夜人定時有頃俱之福☑

153
0154

153
0154

153b
0154b

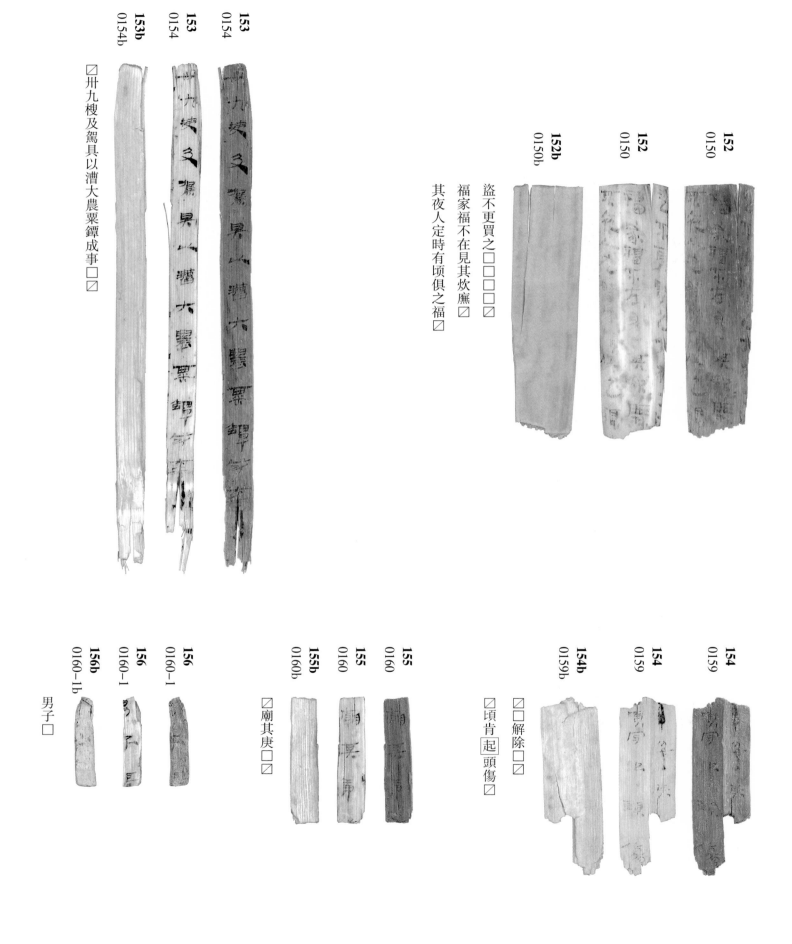

☑卅九棲及駕具以漕大農粟鐔成事□☑

154
0159

154
0159

154b
0159b
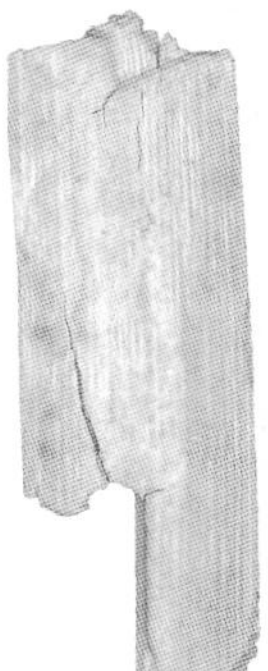

☑□解除□☑
☑頃肯起頭傷☑

155
0160

155
0160

155b
0160b

☑廟其庚□☑

156
0160-1

156
0160-1
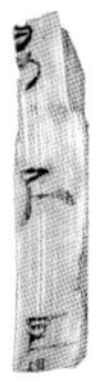

156b
0160-1b

男子□

157
0163

157
0163

157b
0163b

律令☐

☐[到]令史☐

158
0164

158
0164

158b
0164b

☐□已診以[屬]☐

159
0165

159
0165

159b
0165b

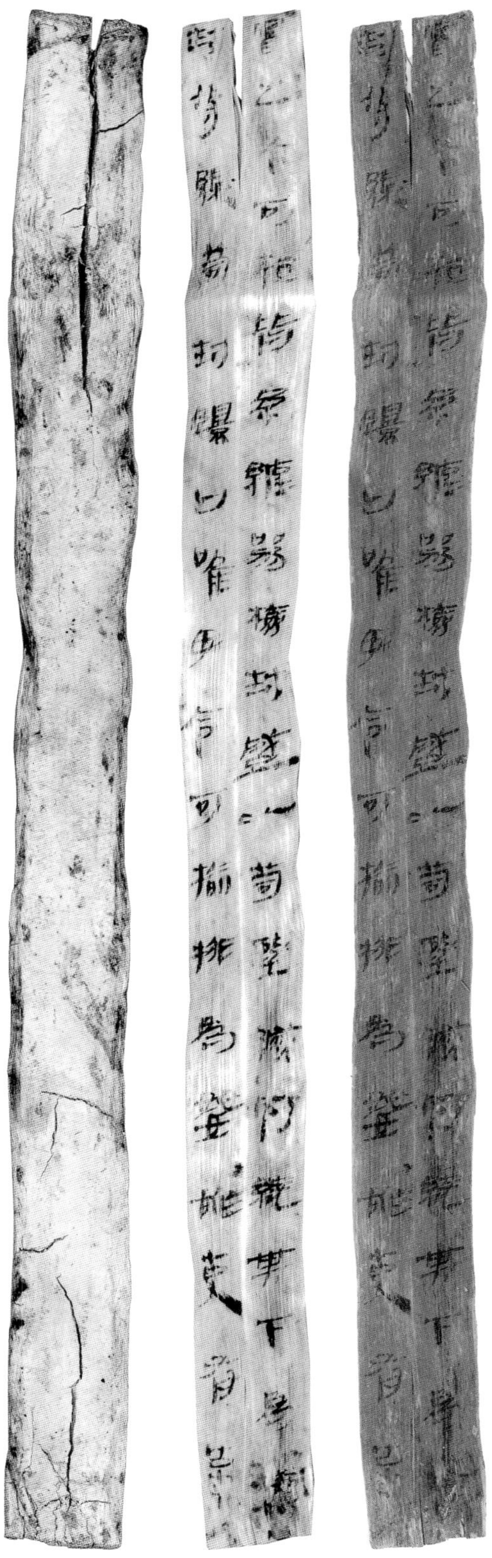

[買]之令可校，皆系纏參檢封，盛以笥，堅緘，皆绕其下爲□

封笥繯笥封繯口唯毋令可揄排爲姦詐（詐）吏有事

160 0168　160 0168　160b 0168b

☑繒五匹縗中□□前曰它有問事擇
□惡絣二匹欲自擇來不敢今故使

161 0169　161 0169　161b 0169b

三月甲寅采銅丞驕守□☑
☑令史齊　☑

162 0170　162 0170　162b 0170b

☑葆辜司空書到令人謹養
☑□不死報毋留□☑

163 0172　163 0172　163b 0172b

☑武卻夬（決）司寇居無雜診臨湘☑
☑……中可一□☑

164 0174

164 0174

164b 0174b

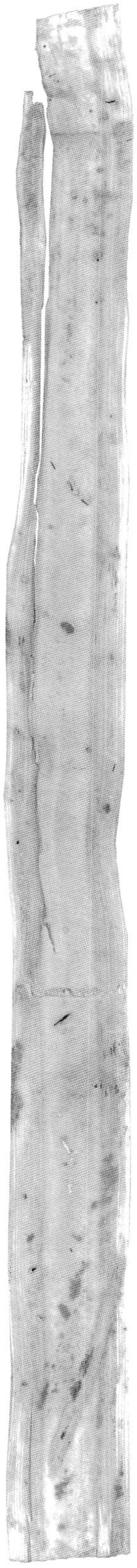

求捕以得爲故。得，將致獄，定名爵里、它坐，罪耐以上，當請
者非當，何以，年盡今年年幾何歲，移結年籍，遣識者即

165 0175

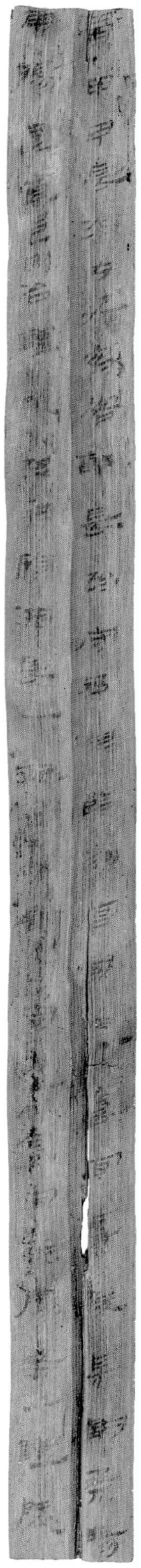

165 0175

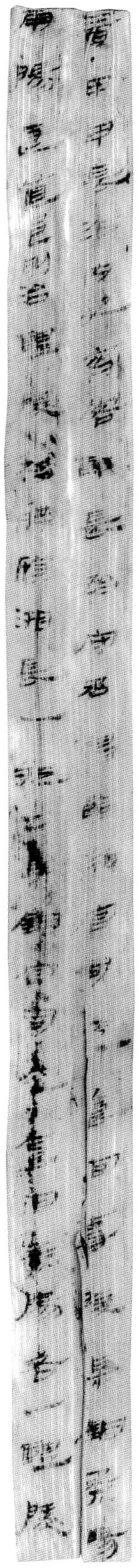

165b 0175b

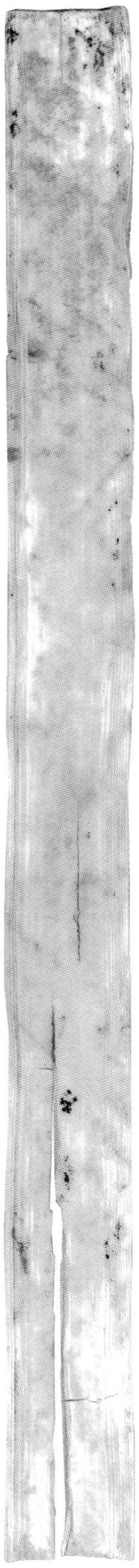

三月甲申，長沙内史齊客、邸長始守丞謂臨湘、宮司空、食官、壽陵、采銅、烝陽、
南陽、連道邑、別治醴陵：移牒臨湘長一短二，采銅、宮司空、食官、烝陽各一，醴陵

166
0177

166
0177

166b
0177b

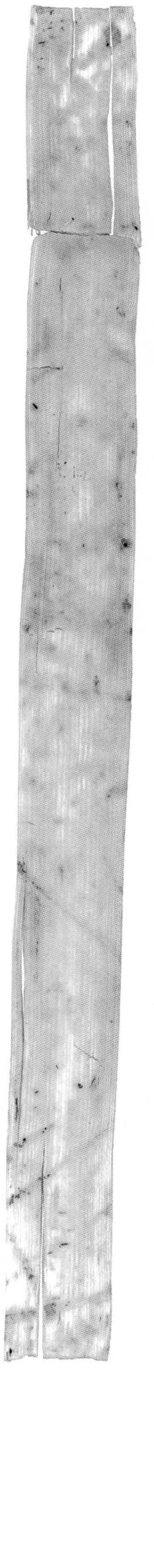

九年五月乙未朔戊戌，臨【湘】令堅敢言之：四月戊寅，中郎賣告曰
尚大王御衣器枕一，長三尺，御盧笥一，長二尺四寸，廣八寸。戊寅求弗得，材人孫方思

167
0178

167
0178

167b
0178b

自出書

168
0179

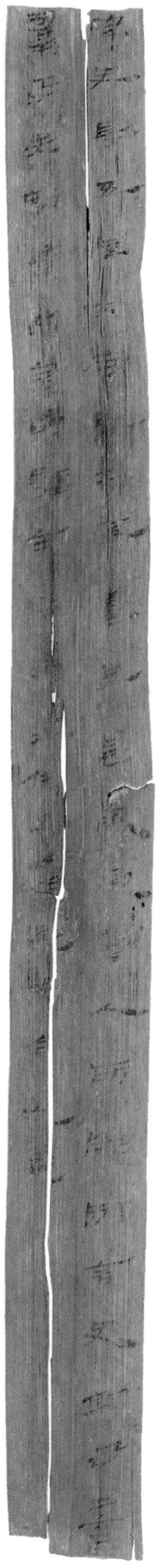

168
0179

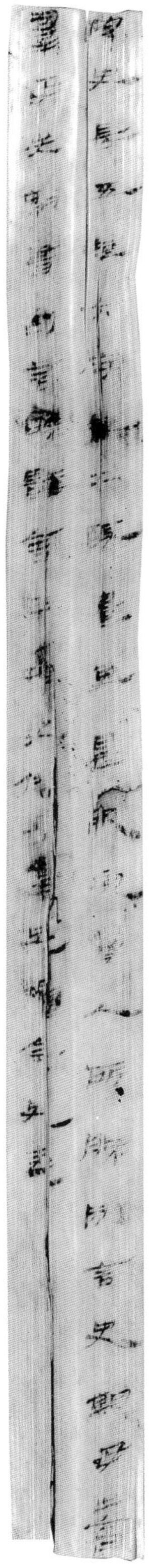

168b
0179b

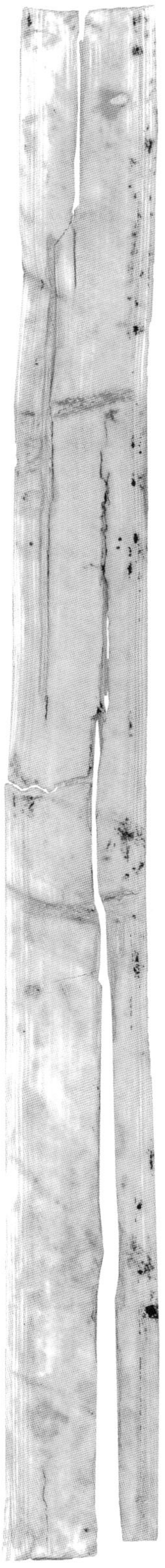

内史長五短六，守丞二，趣遣吏是服，處實入所，牒別言夬（決），期毋出六月。
冀毋失期。書到言牒數。言曰相史倚、卒史當□□令史武

169
0182

169
0182

169b
0182b

□請請□……皆令備盜賊□□求捕未得中尉
得以律令從事……得當騰騰尉上命□屬□官

170 0183

170 0183

170b 0183b

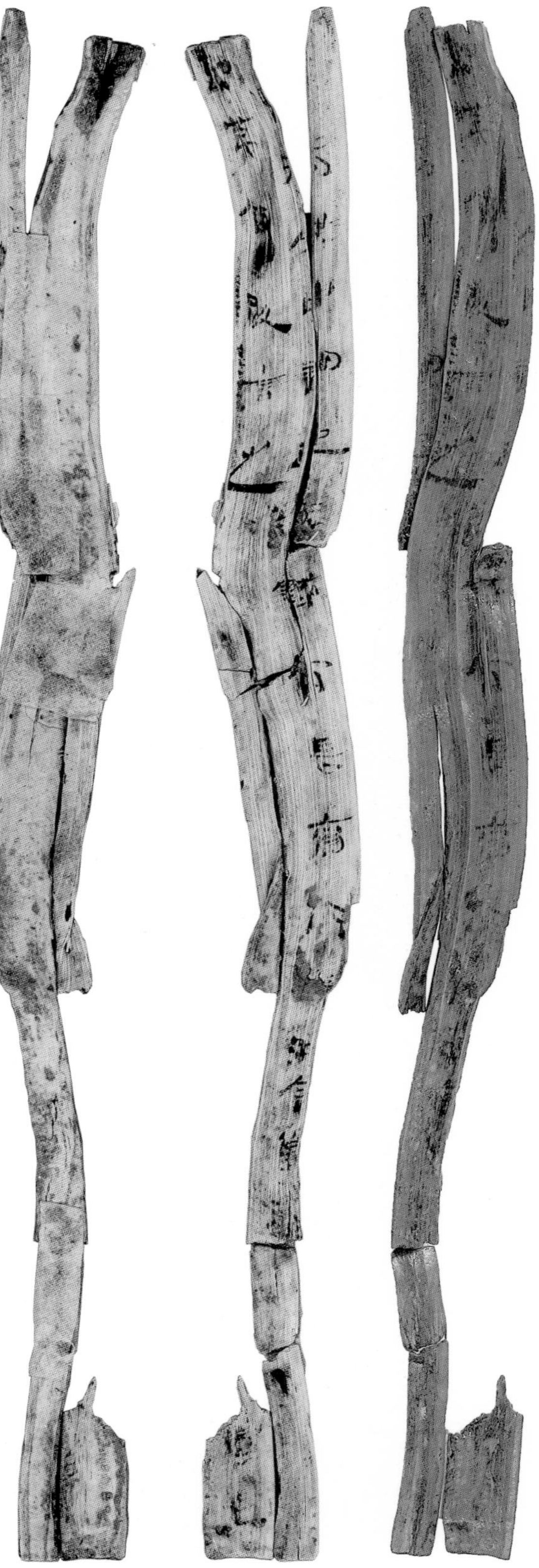

……令……

……□第□敢言之

171 0188

171 0188

171b 0188b

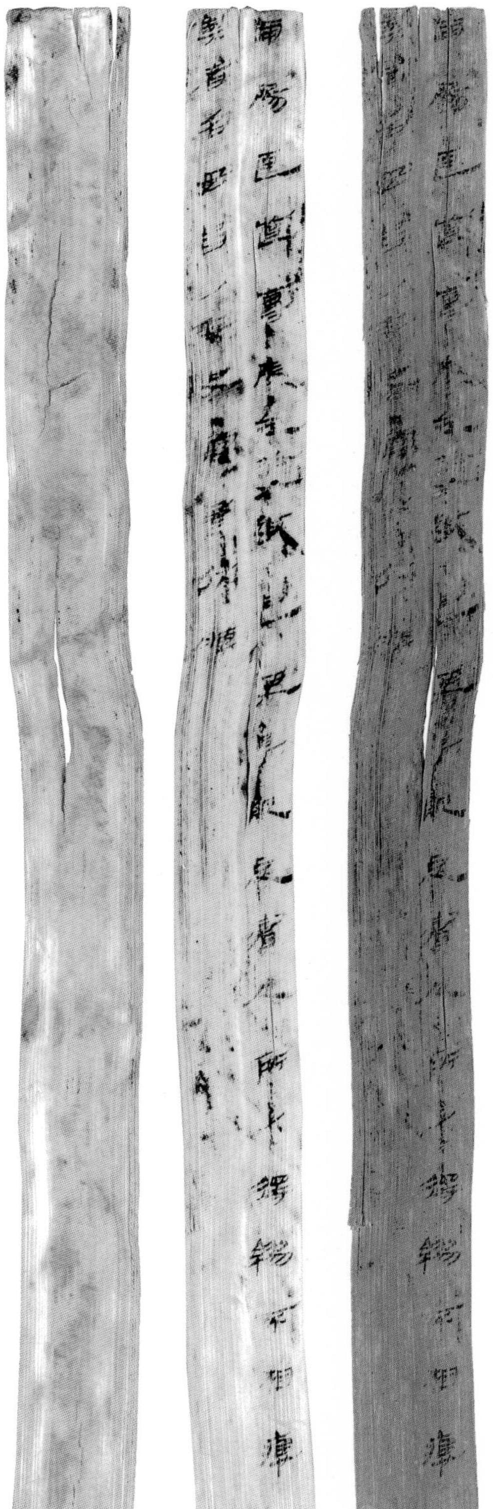

南陽、連道、壽陵短各一，□遣吏是服，處實入所，必得，繆不相應，

與者名毋留。ノ卒史當、書佐膊

172
0193

172
0193

172b
0193b

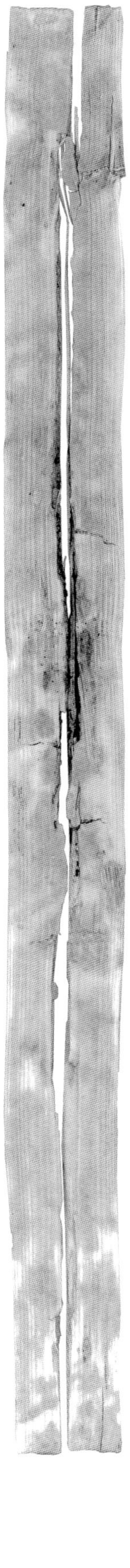

何以請。年盡今年年幾何歲，具移爵結年籍。遣識者毄（繫）
獄，定縣名爵里，定毋（無）它坐。有罪耐以上，不當請，敬

173
0198

173
0198

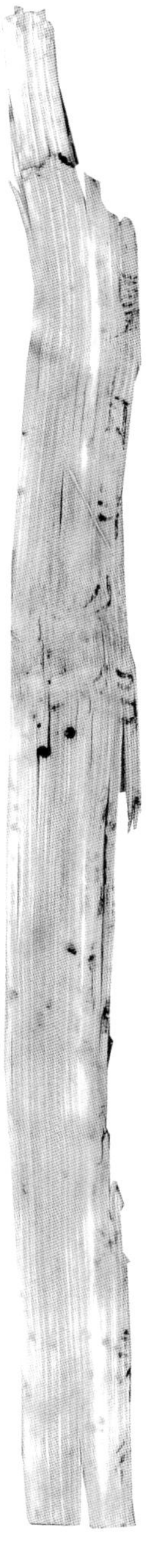

173b
0198b

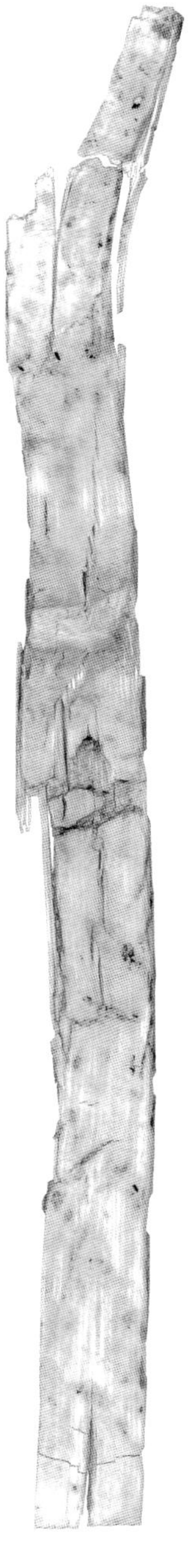

☐……☐

174 0199 **174** 0199 **174b** 0199b

☑欲亡與共予適刀適得以刀□斷□□令

175 0204 **175** 0204 **175b** 0204b

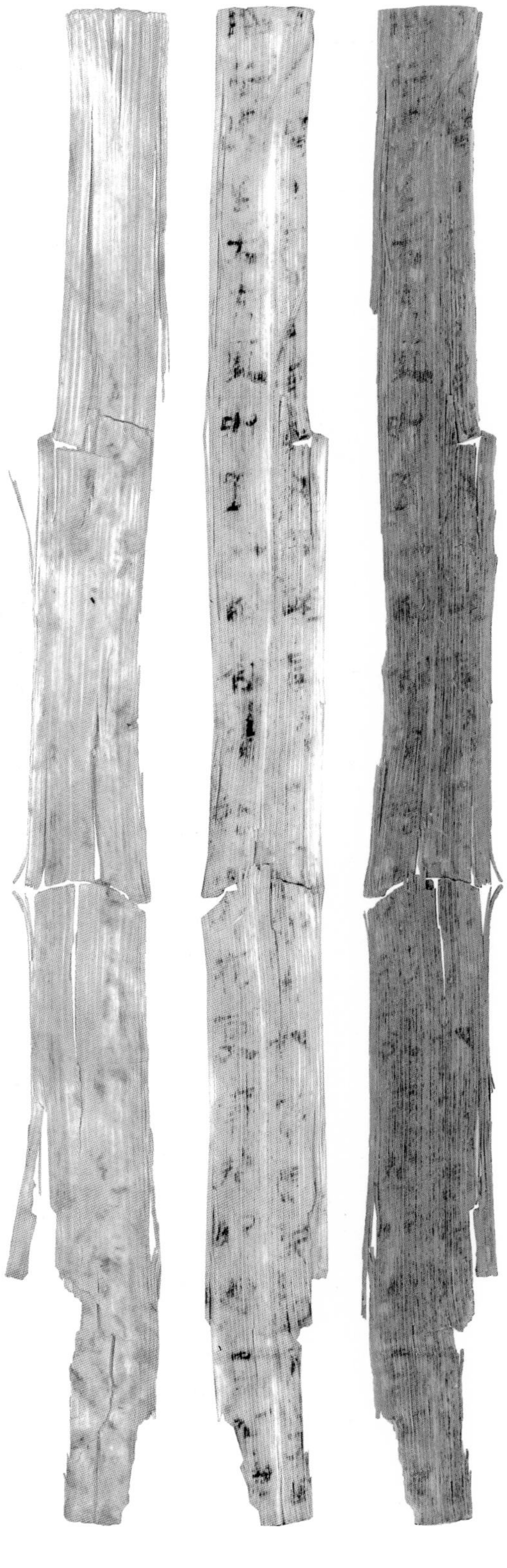

九年四月乙丑朔丁丑，臨湘令堅、長賴丞尊守丞謂□史……臨
湘牛造里大夫夏卯坐以詔令論□子夜更□□罪□□□□

176
0206

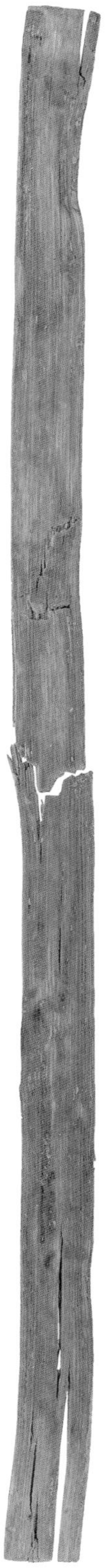

176
0206

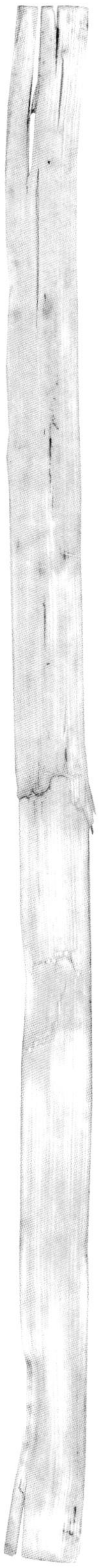

176b
0206b

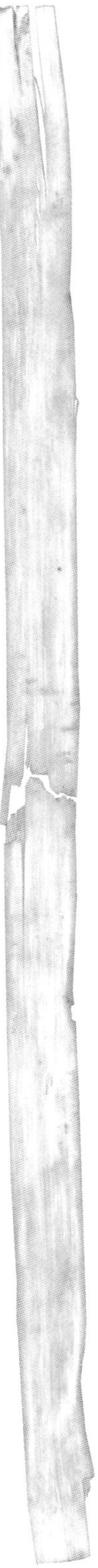

□

177
0210

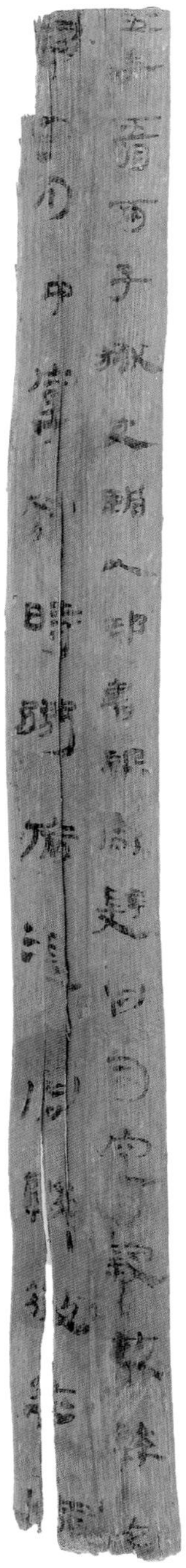

177
0210

177b
0210b

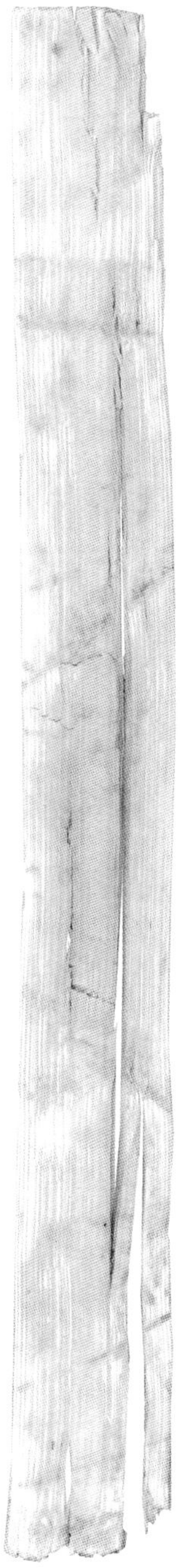

五年五月丙子，獄史朝以卻書報獄，辤（辭）曰：司空司寇故縣名☐

[軍]三月中軍罷時㢸病溫同縣[攸]卒□☐

178 0211
178 0211
178b 0211b

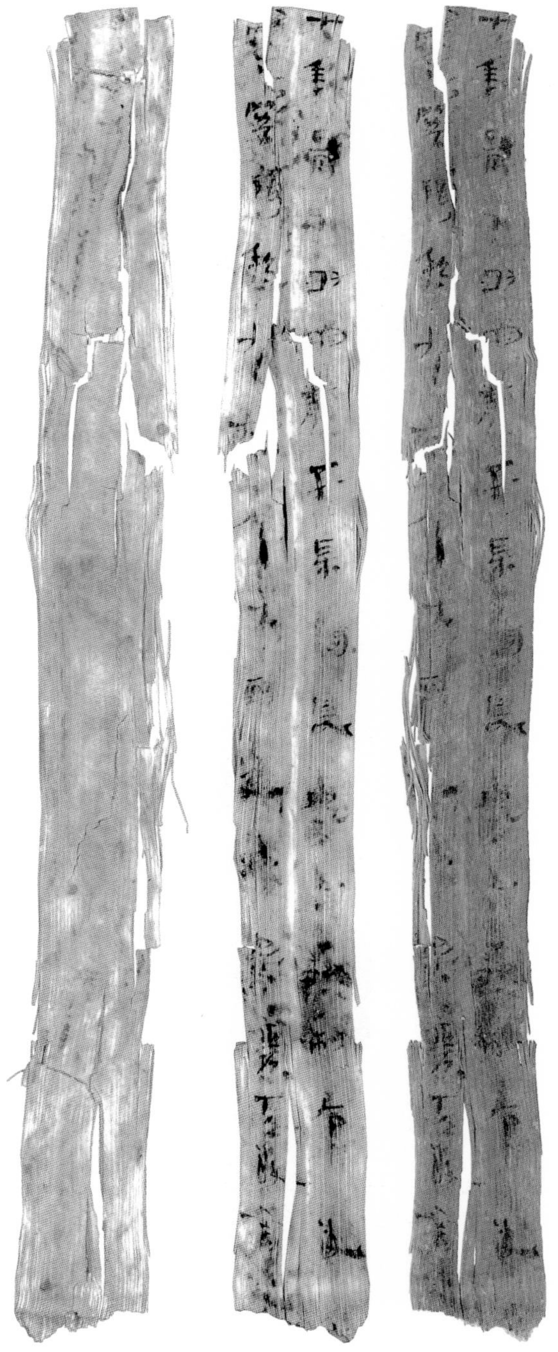

七年三月丁丑朔庚子，采銅長□□□□令敢□☒
□關謁移□□令[大]□□□農夫敢言之☒

179 0214
179 0214
179b 0214b

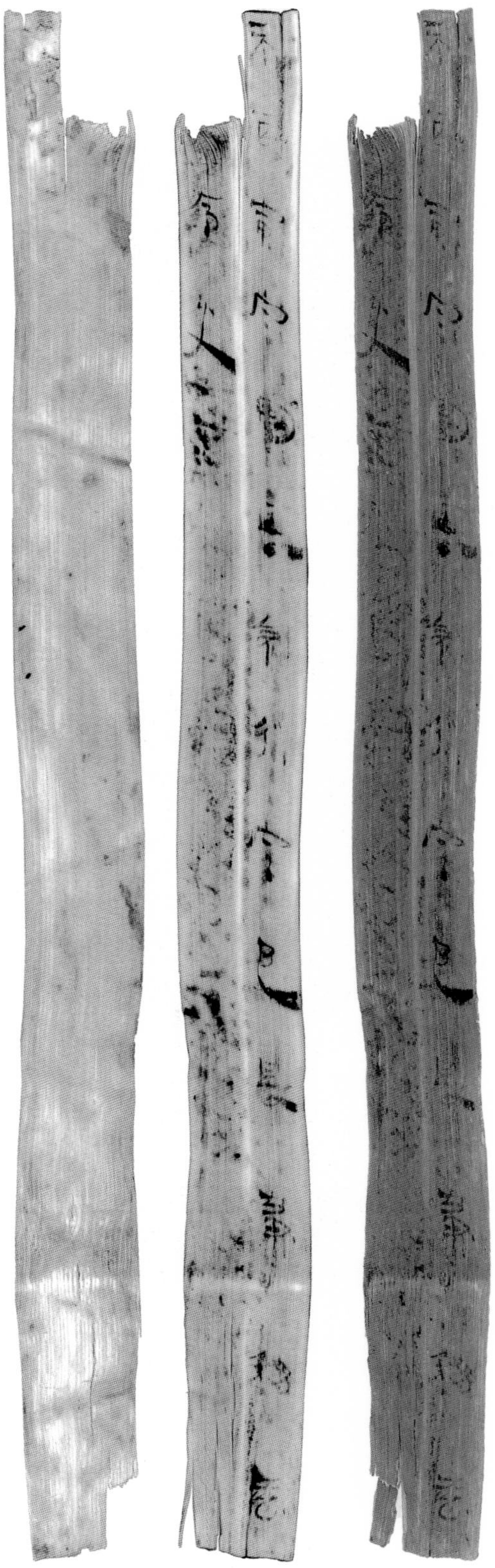

二月丙寅，定園長衾行定邑長事，移[籍]
□□令史[生]

180
0215

180
0215

180b
0215b

九年六月甲子朔庚午，御府丞客夫守臨湘丞告尉，謂南鄉：倉少內嗇夫：亭長官大夫鄧里黃襄坐、捕、别言女子字陽卻首匿

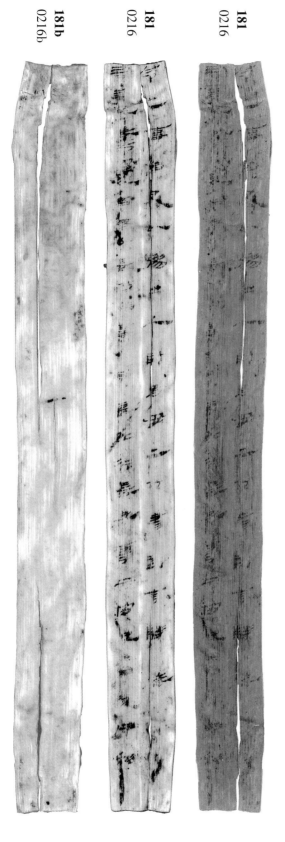

181
0216

181
0216

181b
0216b

令史事相繆出入計有毋（無）二校書到言牒衣□□□

三月庚辰長沙内史齊客行長沙相事、鄮長如行長史事告内史：□□即移

未歸類簡圖版及釋文

182
0218

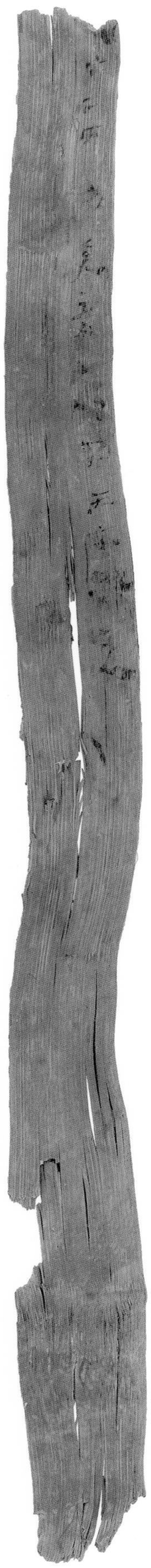

182
0218

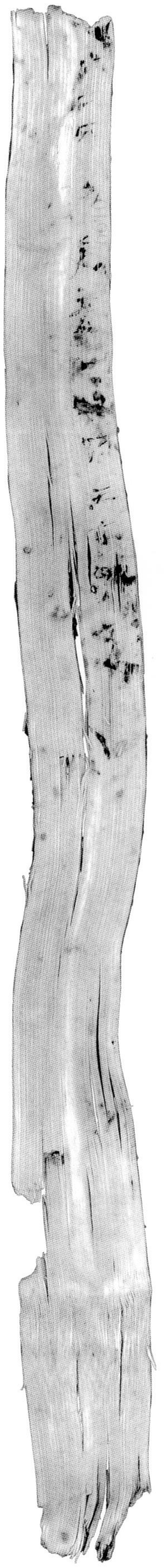

182b
0218b

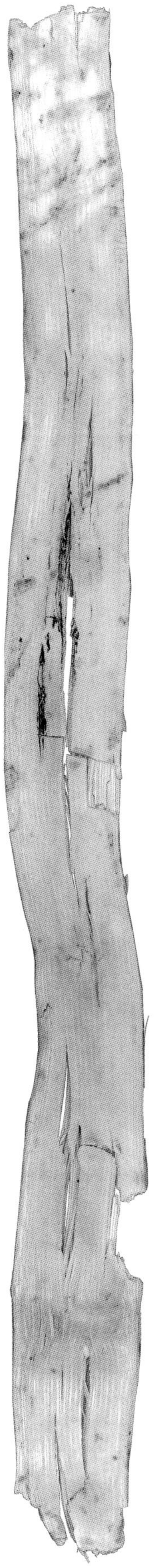

☑□米二石□升受五月丁卯朔壬午□□☑

183
0219

183
0219

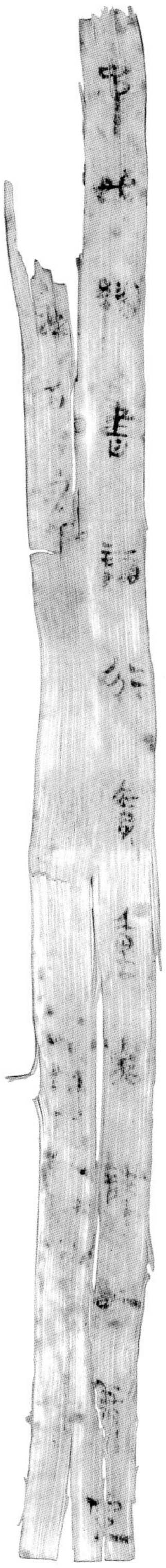

183b
0219b

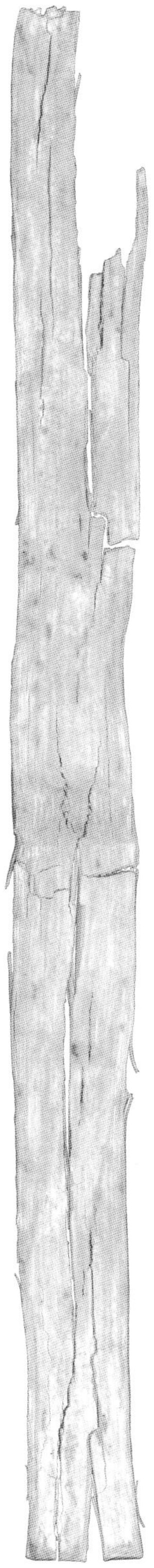

☑它如繆書論行責重罪謹以實定
☑敢言之　□□□

184
0220

184
0220

184b
0220b

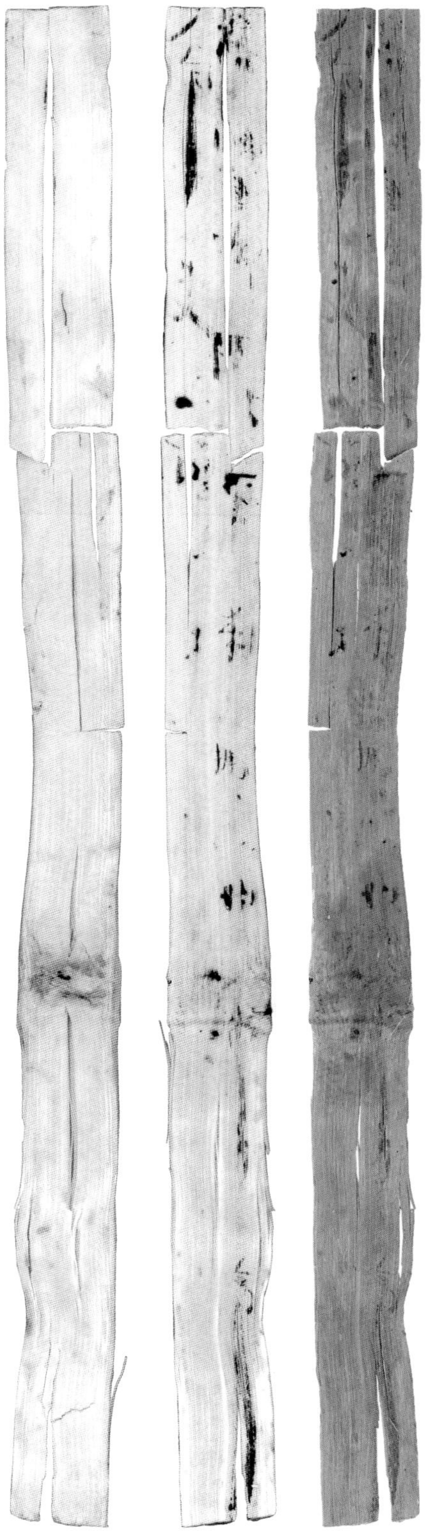

謹移書在所□求捕如律令

ノ令史可

185
0221

185
0221

185b
0221b

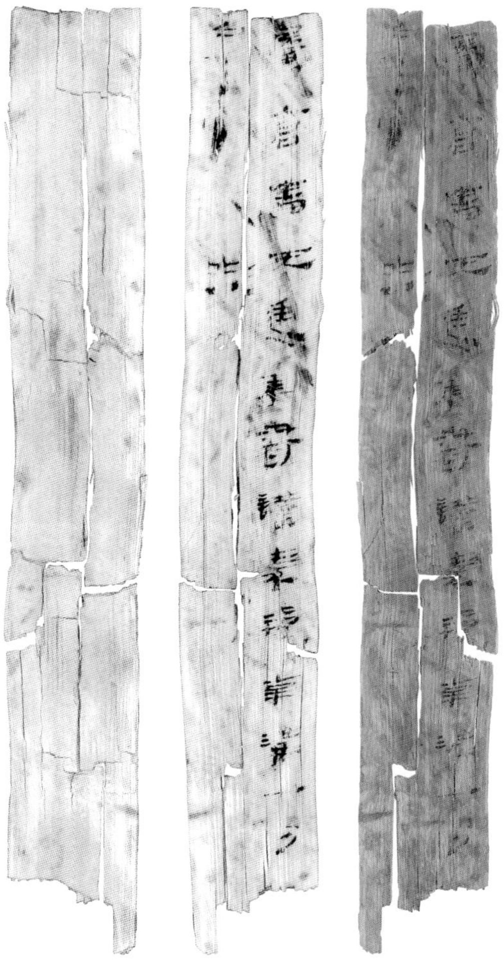

屬倉嗇夫烻年書謹案視辜滿一月⧄

令史主⧄

186
0224

186
0224

186b
0224b

☑□上以□□人☑

187
0228

187
0228

187b
0228b

·前受留事解ノ五十四

188
0230

188
0230

188b
0230b

□□□取入案予以爲後

189
0233

189
0233

189b
0233b

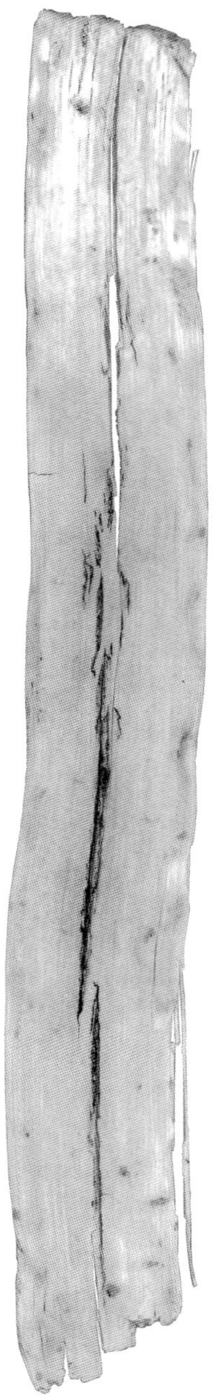

九年五月乙未朔戊申，牢監佐□□▨
囚大男□前□□順應後□▨
令寫枼（牒）敢言之▨

190
0236

190
0236

190b
236b

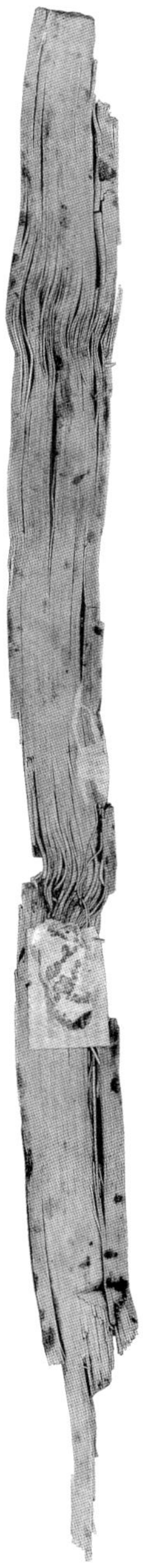

▨男宬□□□□□▨

191
0237

191
0237

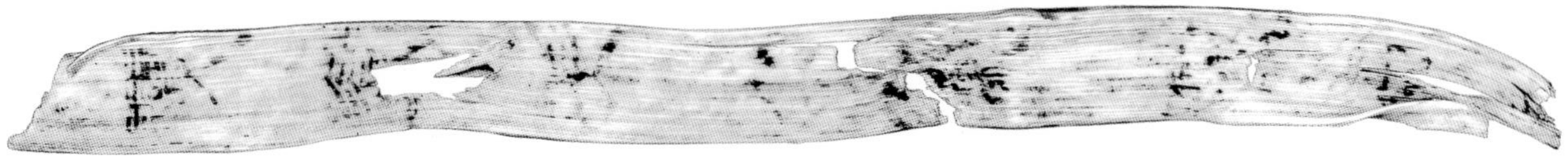

191b
0237b

☐𧶠責吳人……

192
0238

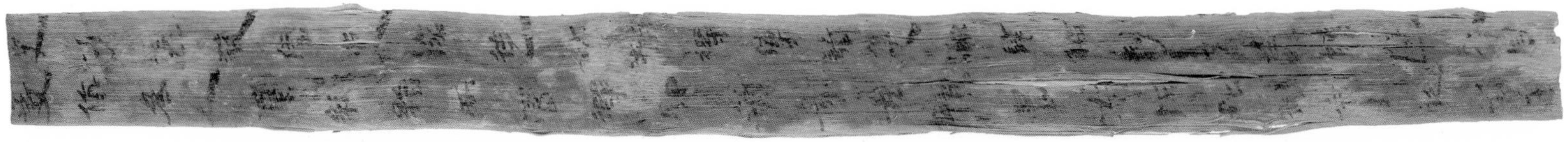

192
0238

192b
0238b

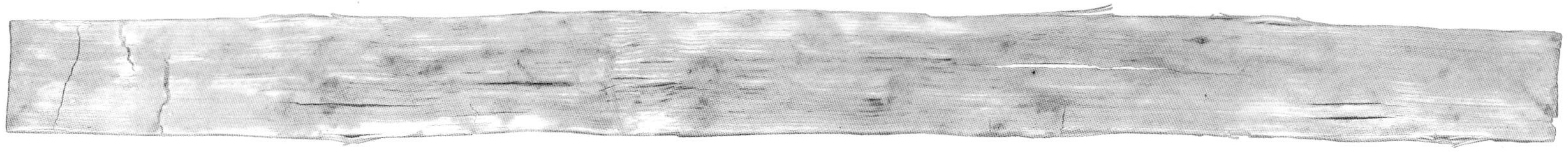

史可益發信吏□徒[求]捕得傳詣之獄謹備司寇令能遂□自
殺傷爲人□縱給所當得即有不在騰書在所，如律令。敢告主。

193
0242

193
0242

193b
0242b

（習字簡）

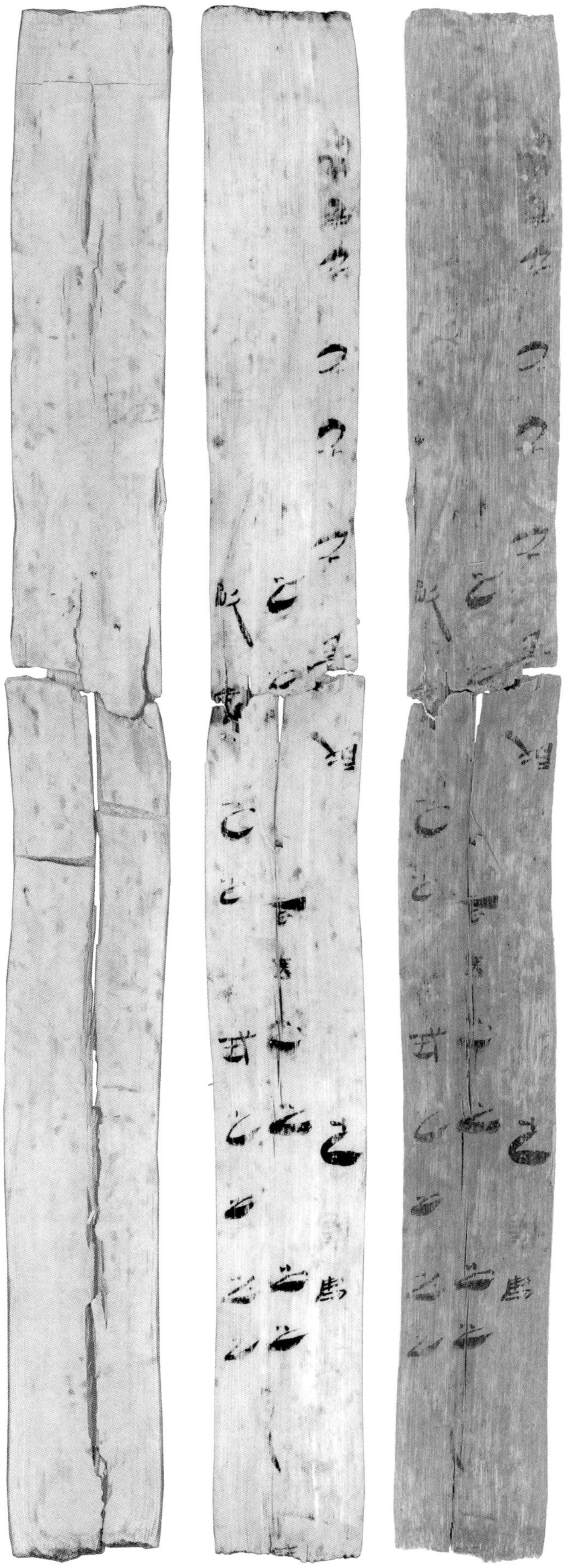

194
0243

194
0243

194b
0243b

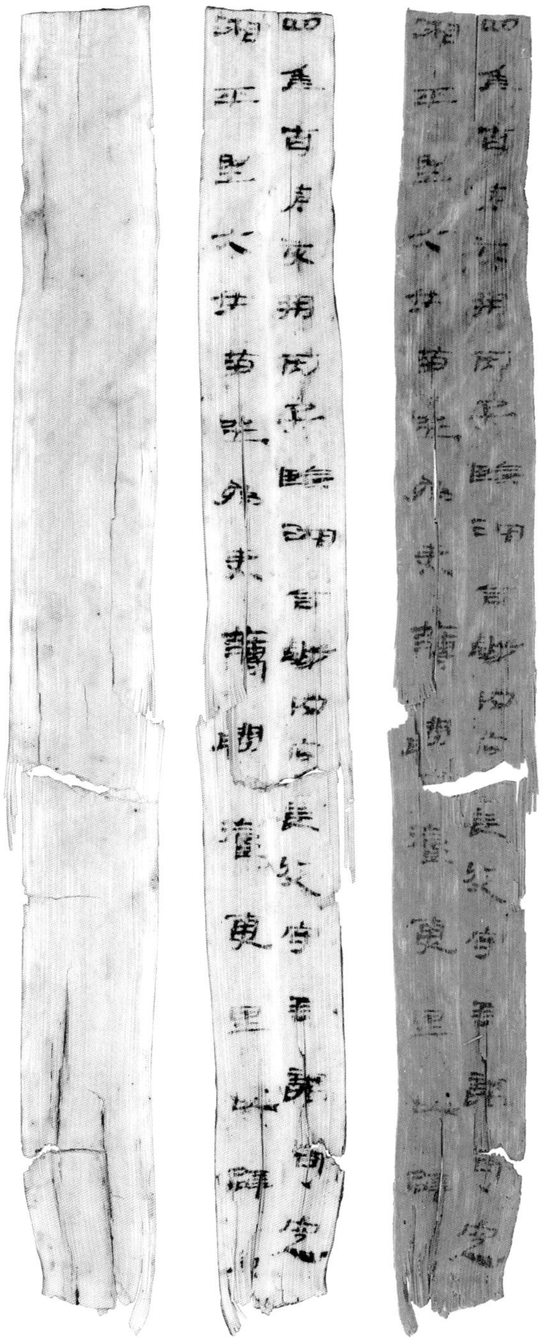

四年七月癸亥朔丙子，臨湘令越、内官長收守丞謂司空▨
湘平里大女菊坐爲吏簿問擅更里以辟□▨

195 0251

195 0251

195b 0251b

☑陽

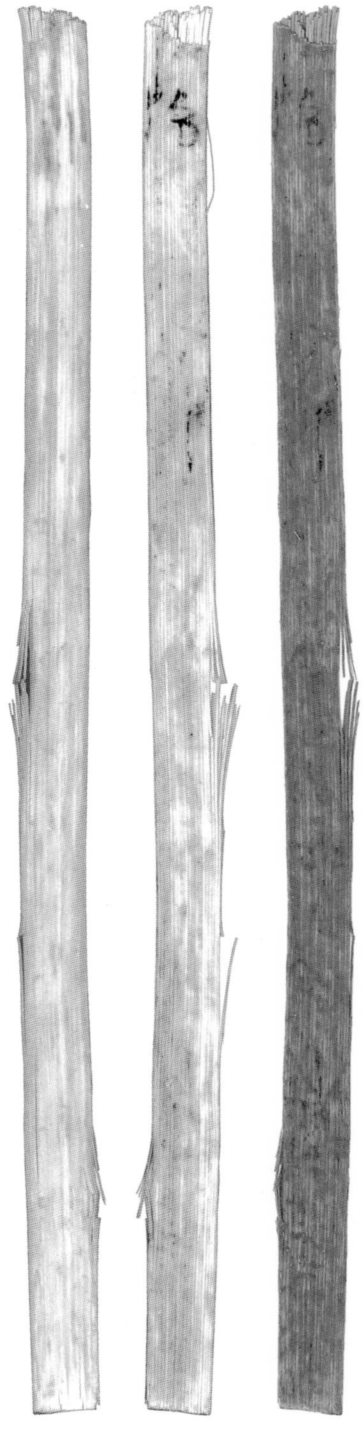

196 0252

196 0252

196b 0252b

牒今望移應書三牒，佐誤直（值）。敢言之。

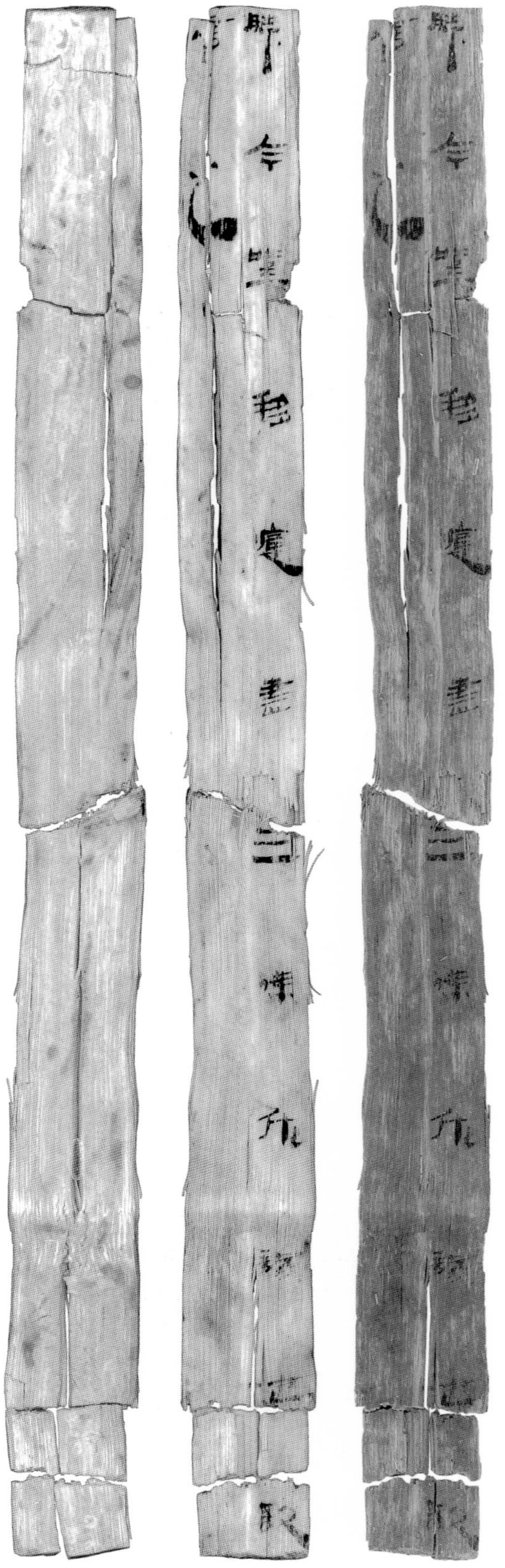

197
0254

197
0254

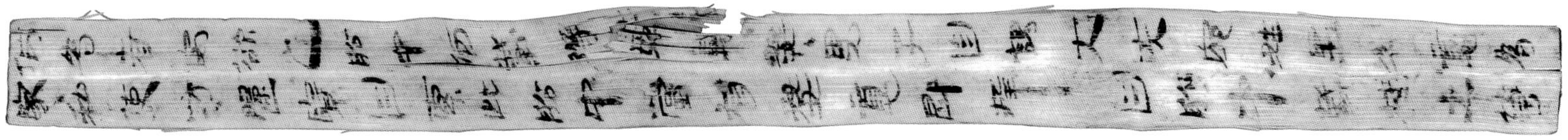

197b
0254b

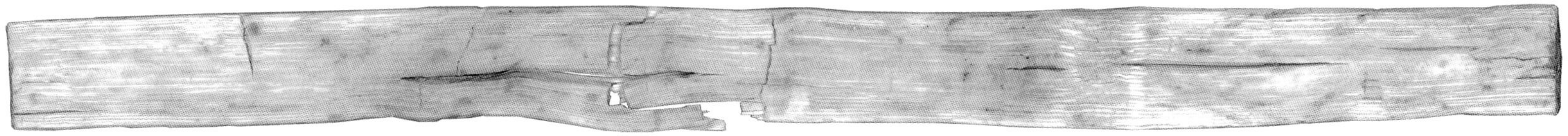

何爲者？安欲之？船中何載？得毋載姦？・男子自謂：大夫，宛姓里，名意，爲家私使，方歸。寰曰：索此船中當有姦。意即拜曰：船中載桂土[簪]

198
0255

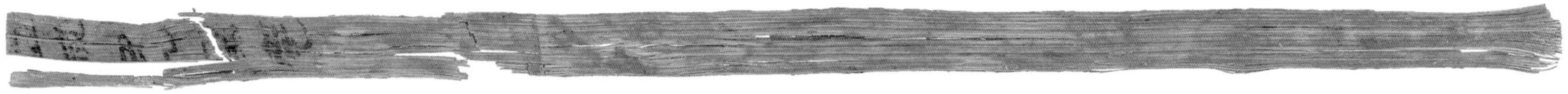

198
0255

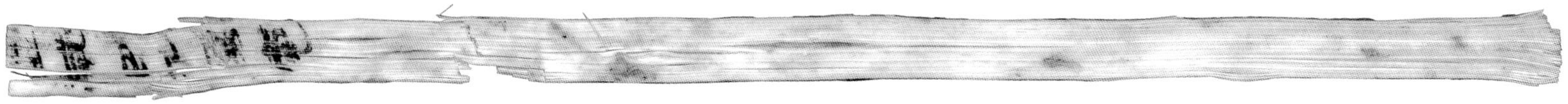

198b
0255b

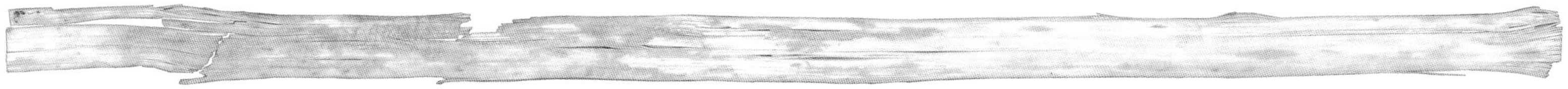

盜械囚大男□

199
0257

199
0257

199b
0257b

七年十一月己卯朔乙酉，廷故佐福敢言之沅☑
囚大男嬰□□臨沅……
……敢言之☑

200
0258

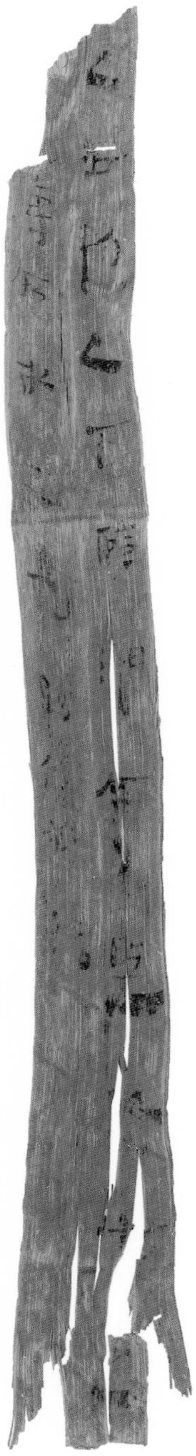

200
0258

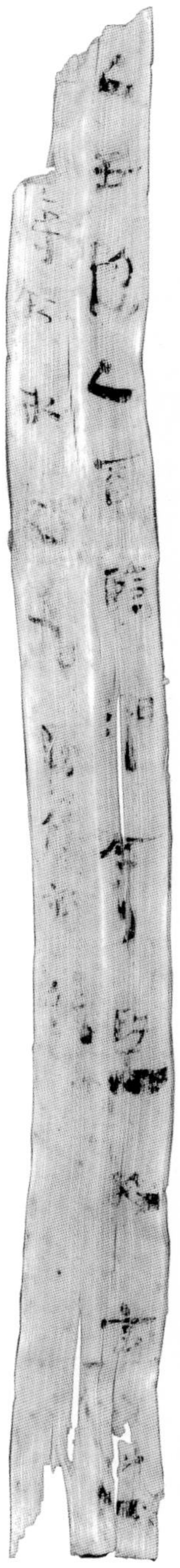

200b
0258b

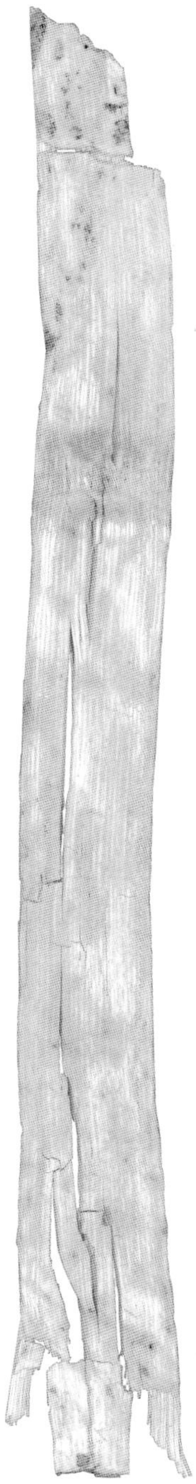

☑乙丑朔乙酉，臨湘令堅敢言之
☑尊□取□□謂佐劾徒……

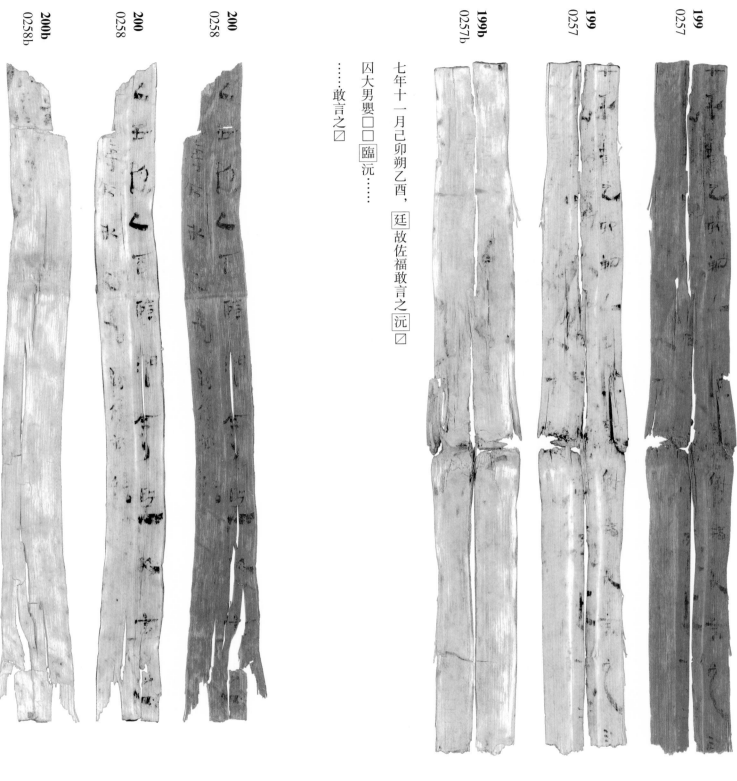

201 0261

201 0261

201b 0261b

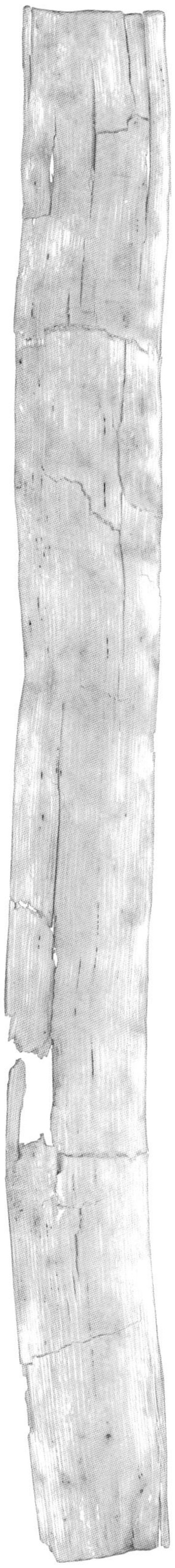

五月乙未，長沙沙相相被作大（太）子傅綺行長史事，□趣言毋留ノ
相史倚令史娊

202 0262

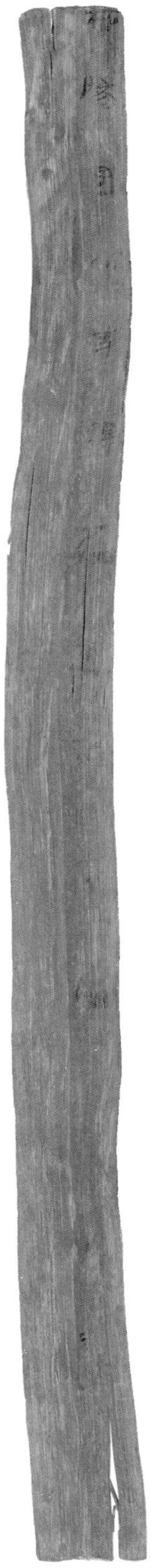

202 0262

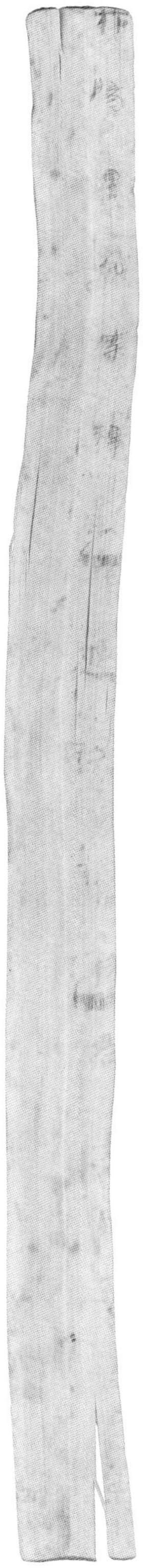

202b 0262b

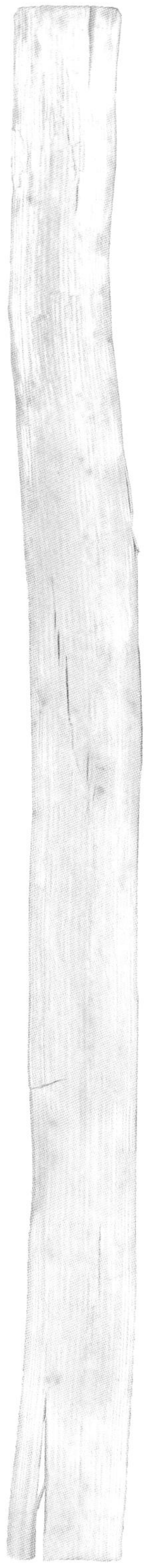

材陽里公乘得之連敢言之

203
0264

203
0264

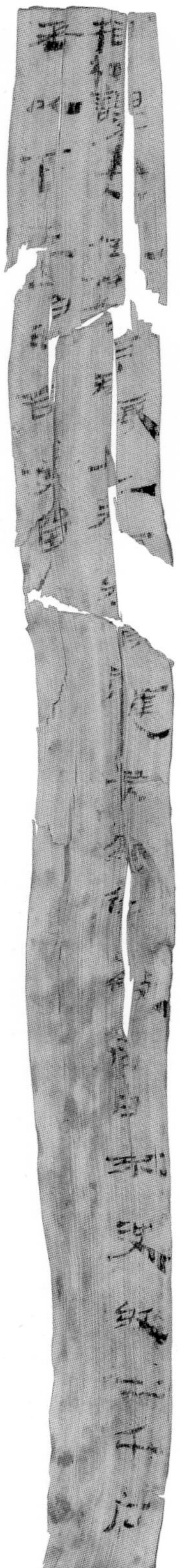

203b
0264b

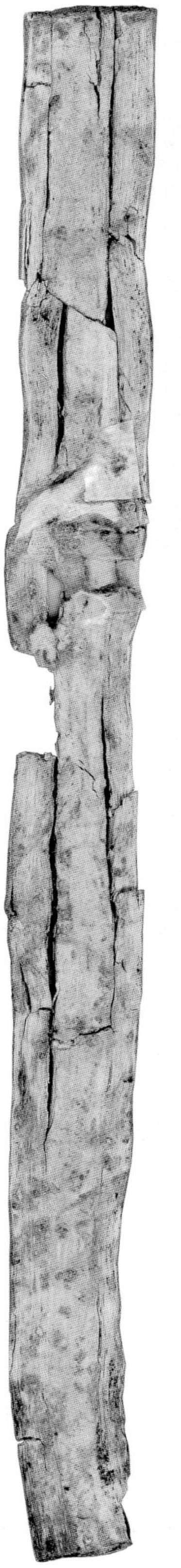

相相□七人任令趣上有應書□□□赦月日不決收二千石
丞以下任治名毋留

204
0265

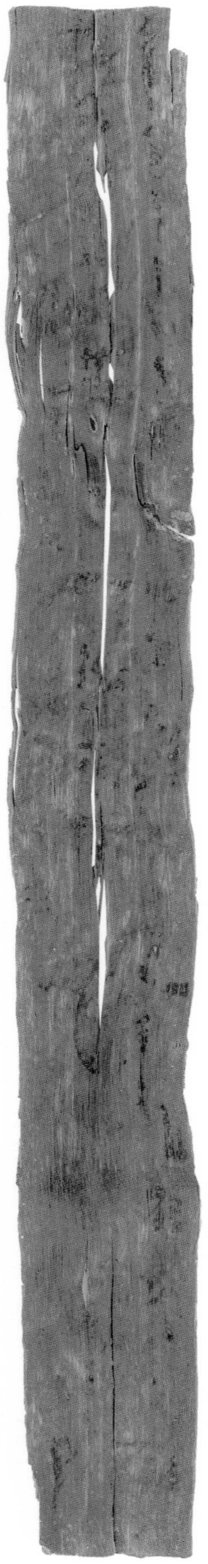

204
0265

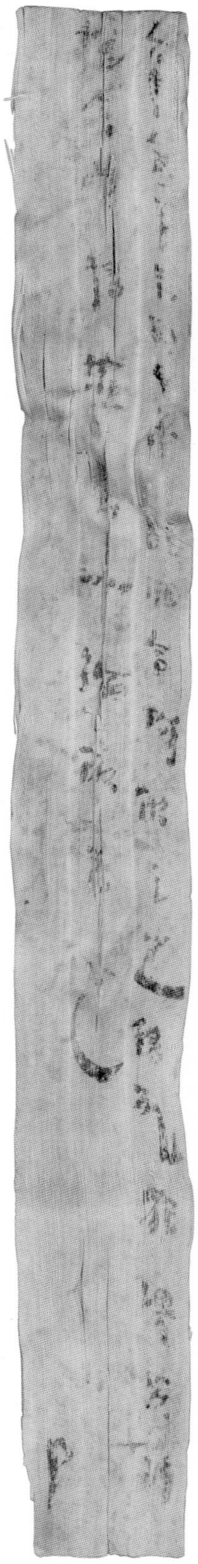

204b
0265b

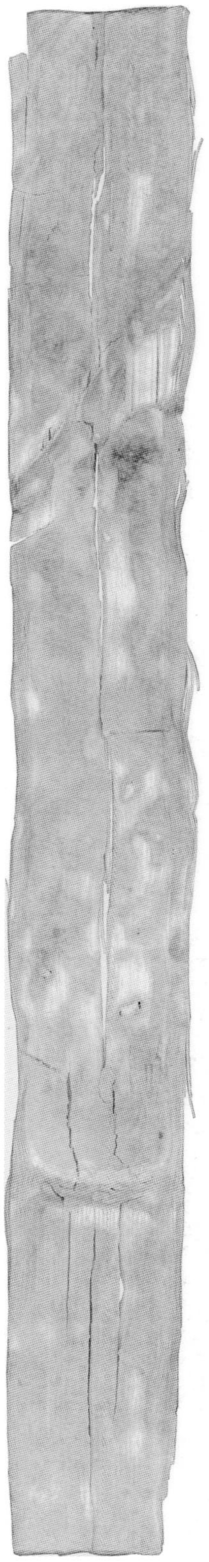

六年六月辛亥朔丁未，臨湘令越敢言之：移死罪□□□
□□□移校？書一編。敢言之。
卩

205
0273

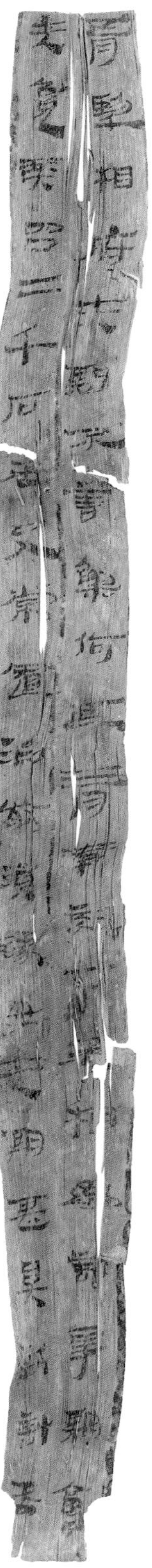

205
0273

205b
0273b

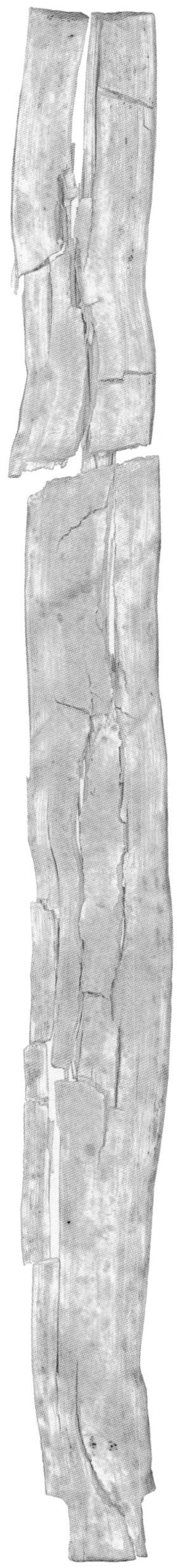

五月望相府。失期不言，解何？迺三月庚辰下丞相爲郵事期會
失負筭品，二千石丞、史常置治前。須錄毋失期。甚具獄計丞

206
0276+
0468

206
0276+
0468

206b
0276+
0468b

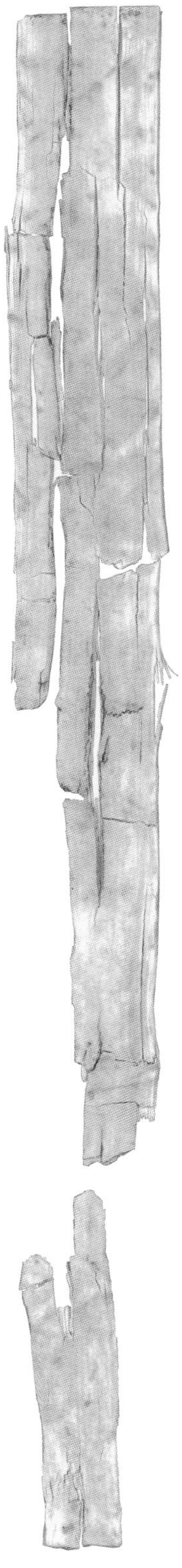

吏遂捕取在所將致如書……得出具報
亡告劾死診及伍里人證任者爰書報毋留，若律令。

207
0277

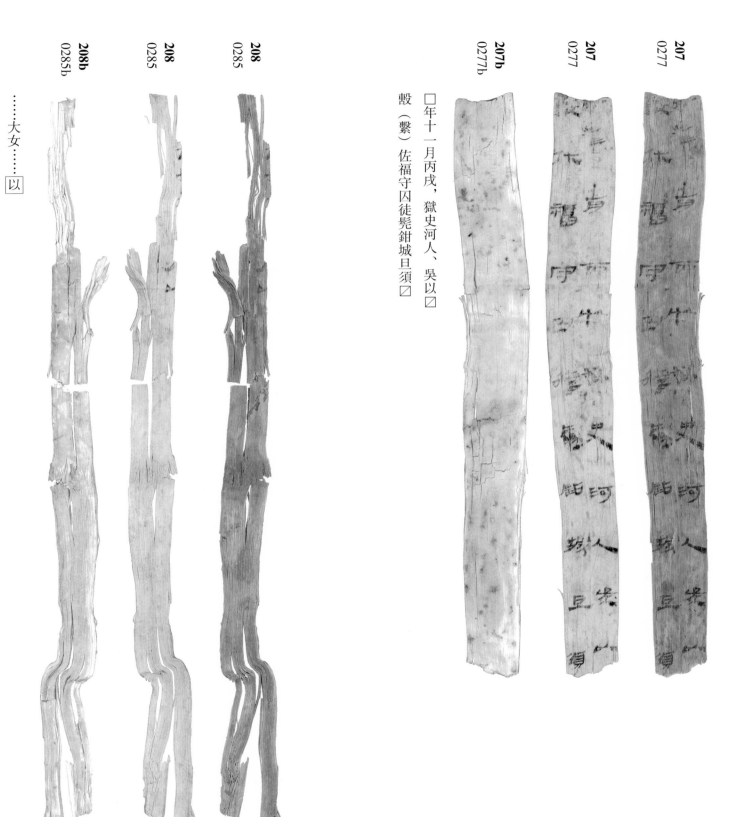

207
0277

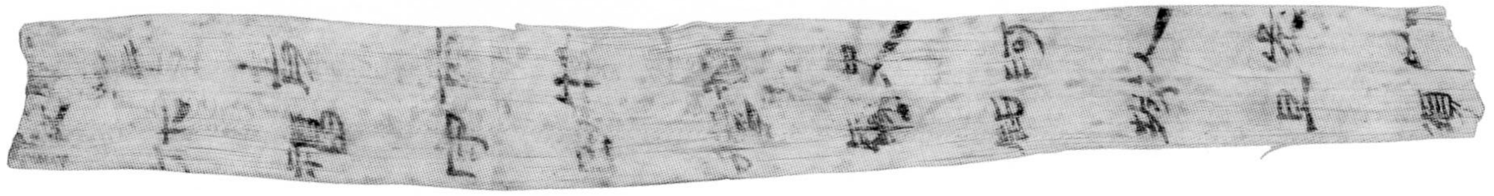

207b
0277b

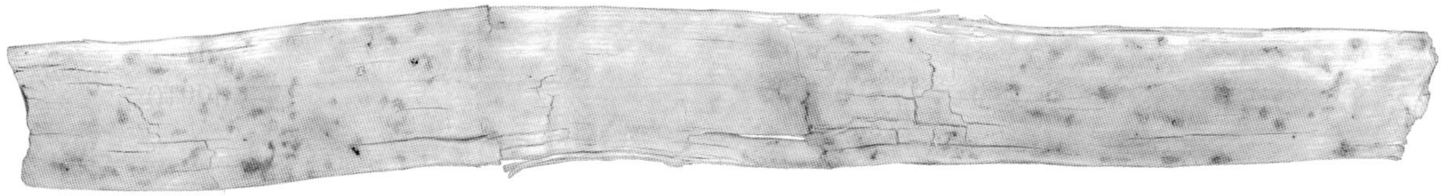

□年十一月丙戌，獄史河人、吳以☐

轂（繫）佐福守囚徒髡鉗城旦須☐

208
0285

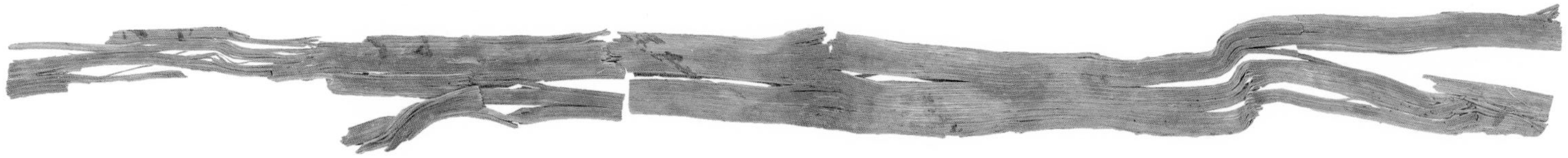

208
0285

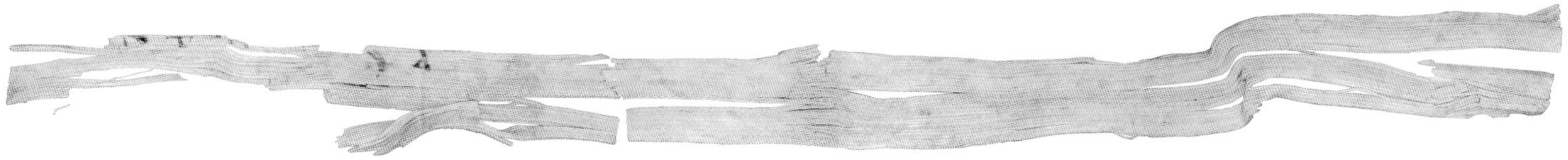

208b
0285b

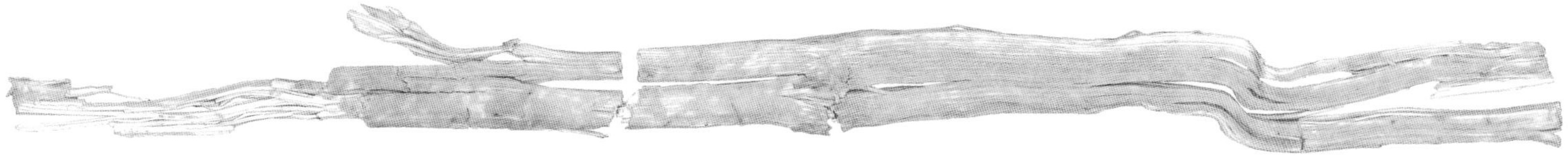

……大女……[以]

209 0287

209 0287

209b 0287b

死罪囚大男□⧄

210 0288

210 0288

210b 0288b

堅訊始季父仲父以多少予始多舉始

211 0289

211 0289

211b 0289b

□□□□

212 0290

212 0290

212b 0290b

・論獄辟報

213 0291

213 0291

213b 0291b

主……書□□……☐

214 0293

214 0293

214b 0293b

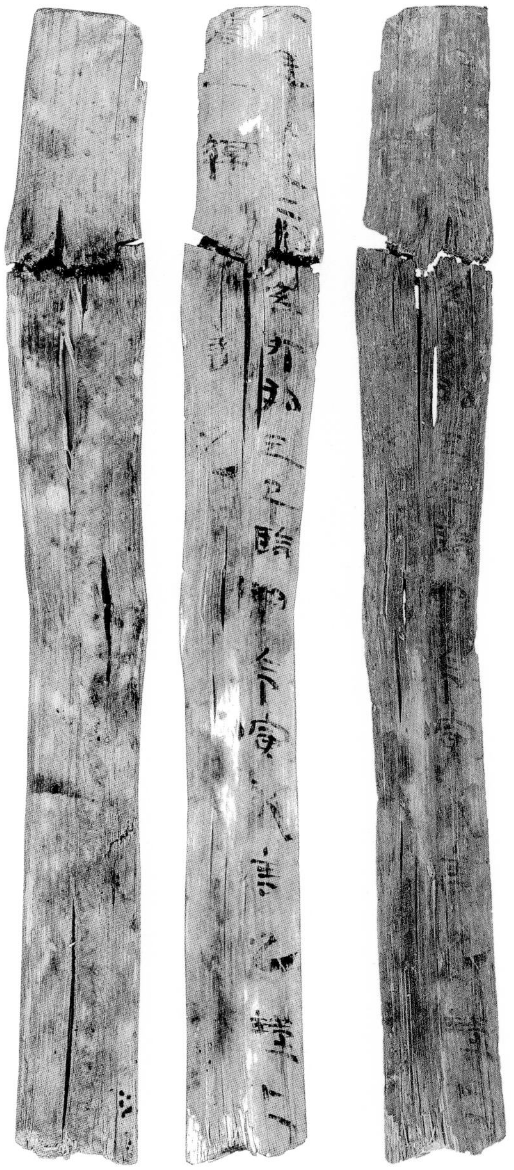

八年十二月癸卯朔己巳，臨湘令寅敢言之謹上☐

□一編敢言之。

215
0295

215
0295

215b
0295b

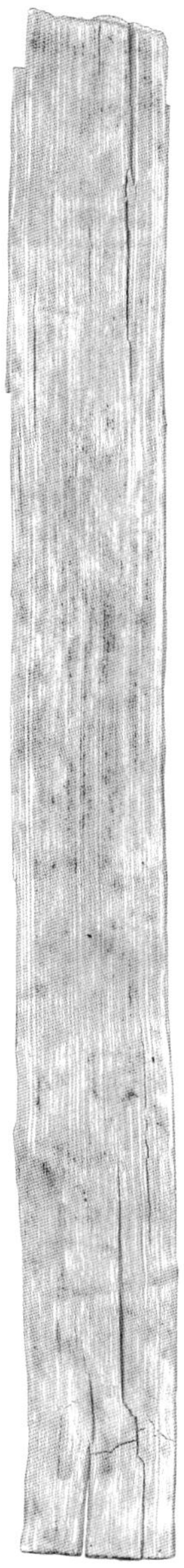

☐敢言之：寫重，敢言之。ノ尉史解

216
0296

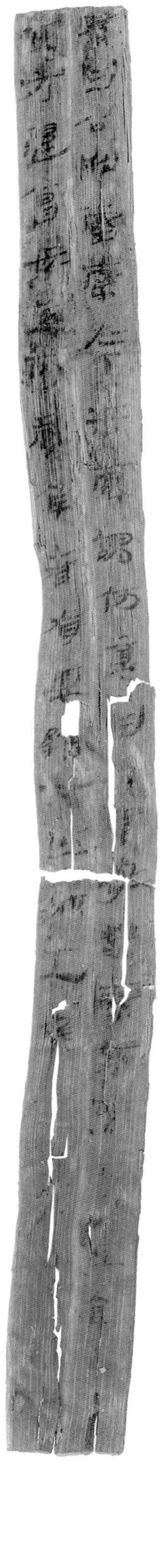

216
0296

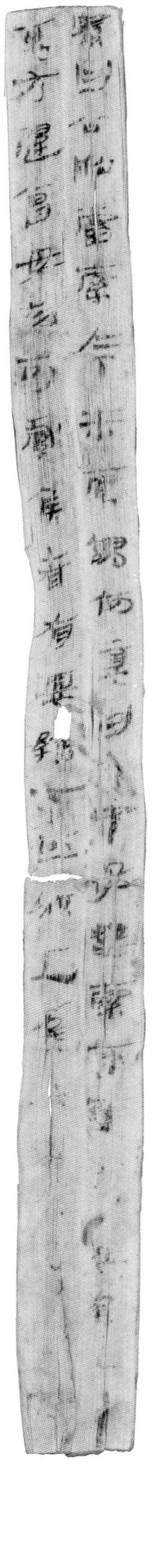

216b
0296b

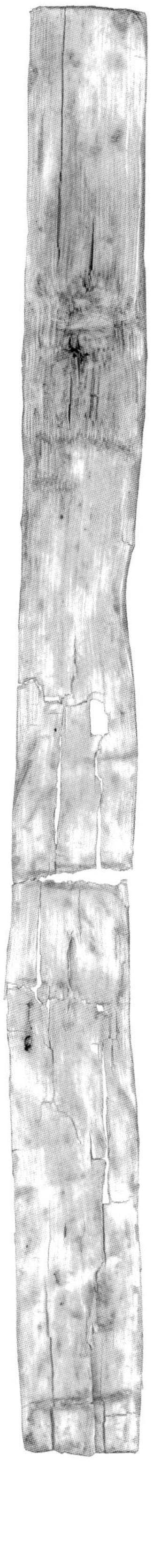

寰曰：公船當索，今未索，謂何？意曰：舟中毋（無）姦，索不索？今在侯，令意方歸，會毋（無）物可獻侯者，有惡繒一匹，願上侯☐☐☐☐

217
0298

217
0298

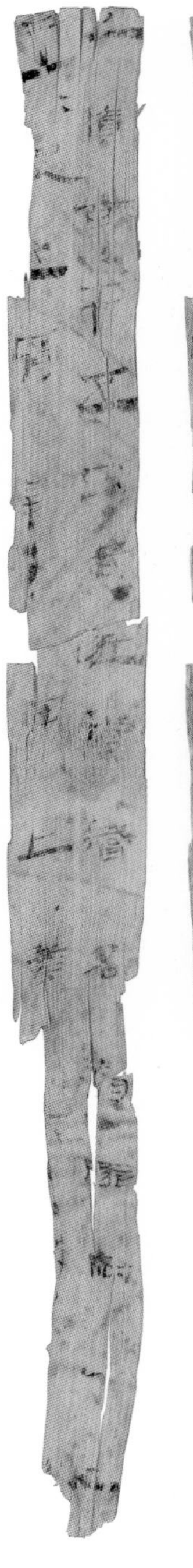

217b
0298b

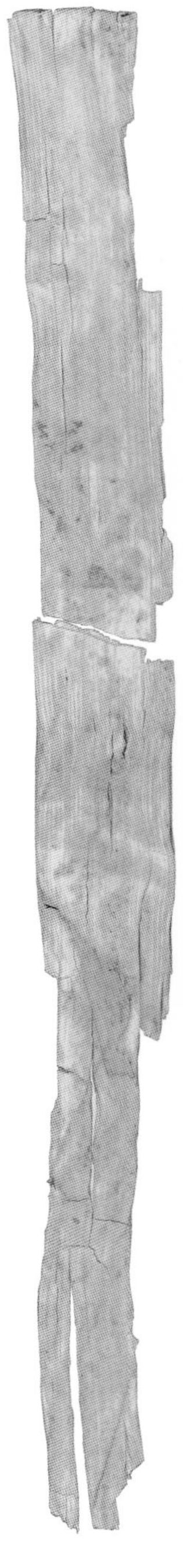

已積百七十五□□在官智（知）名有罪耐以上
王王夬（決）之正月辛丑上奏……☒

218
0301

218
0301

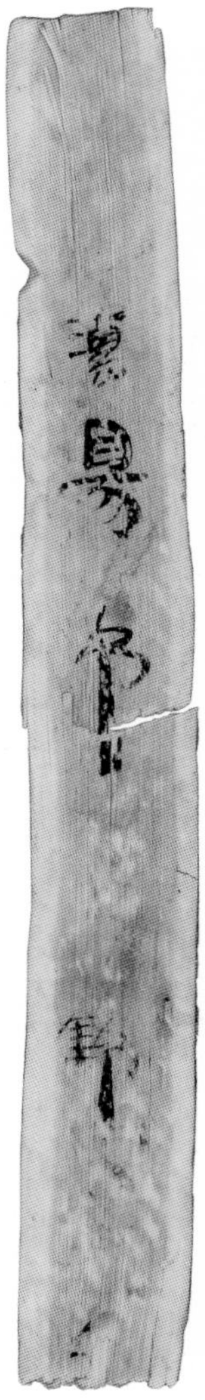

218b
0301b

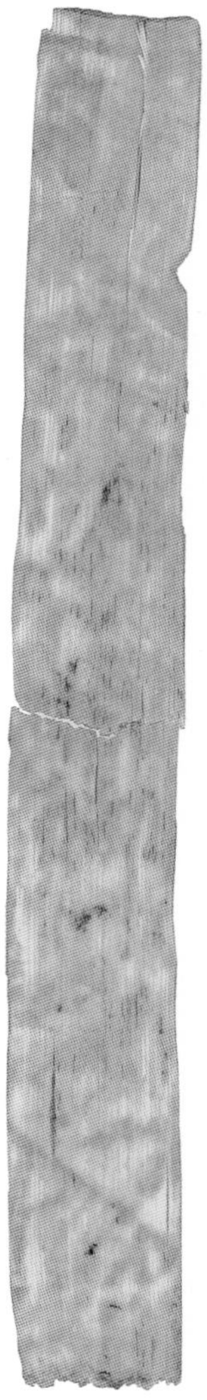

□熏陽矛鋝□☒

219
0302

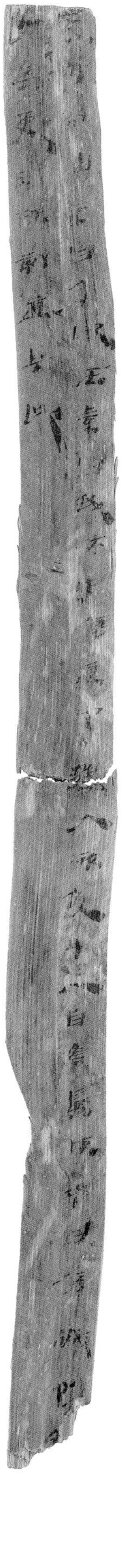

219
0302

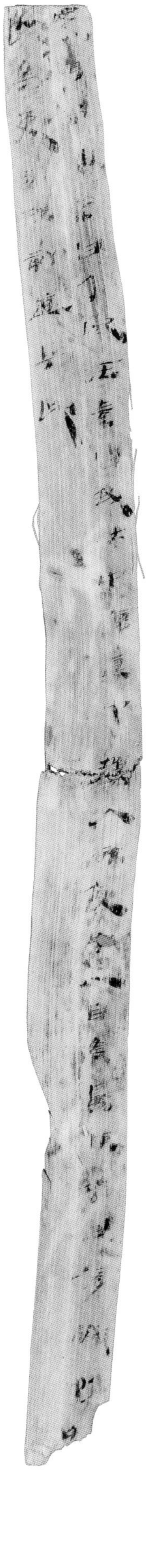

219b
0302b

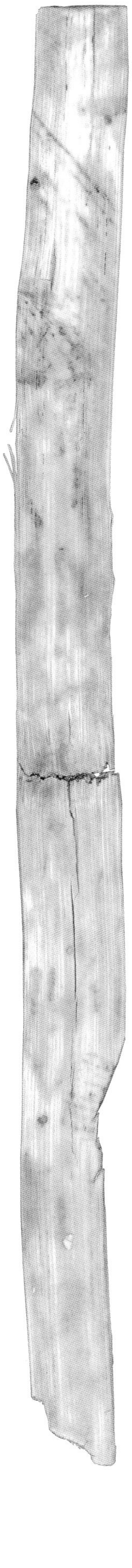

□門尚問素曰：刀安在？素曰：我床中□幕中操入欲便中入自爲鬍須。□曰：掾誠心□☐
亡爲吏所捕㓨道具此☐

220
0305

220
0305

220b
0305b

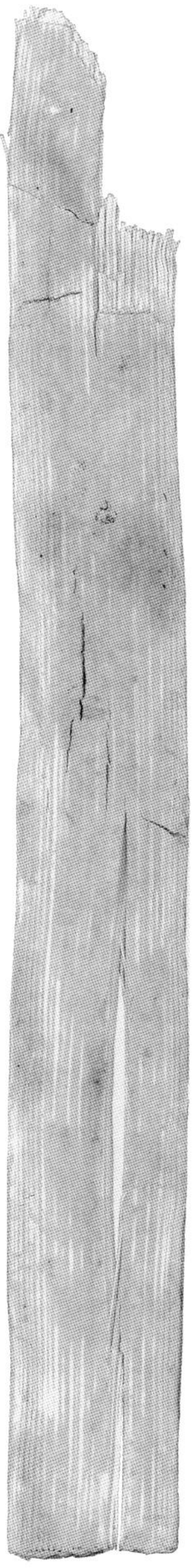

☐□強寫追ノ守獄史河人
☐·□□人□行

221
0307

221
0307

221b
0307b

丑丑丑丑丑言之□□視□☒

222
0308

222
0308

222b
0308b

用刀監□□□後以後刀客

223
0310

223
0310

223b
0310b

☒己開[復]智（知）所擅□入宮門殿門得轂（繫）牢

☒[亡]㝡□官各三□其案謹書以詐（詐）僞校

224
0311

224
0311

224b
0311b

☐當爲可問以追詐（詐）已爲報一人毄（繫）可以從
事

225
0314

225
0314

225b
0314b

·☐☐☐

226
0315

226
0315

226b
0315b

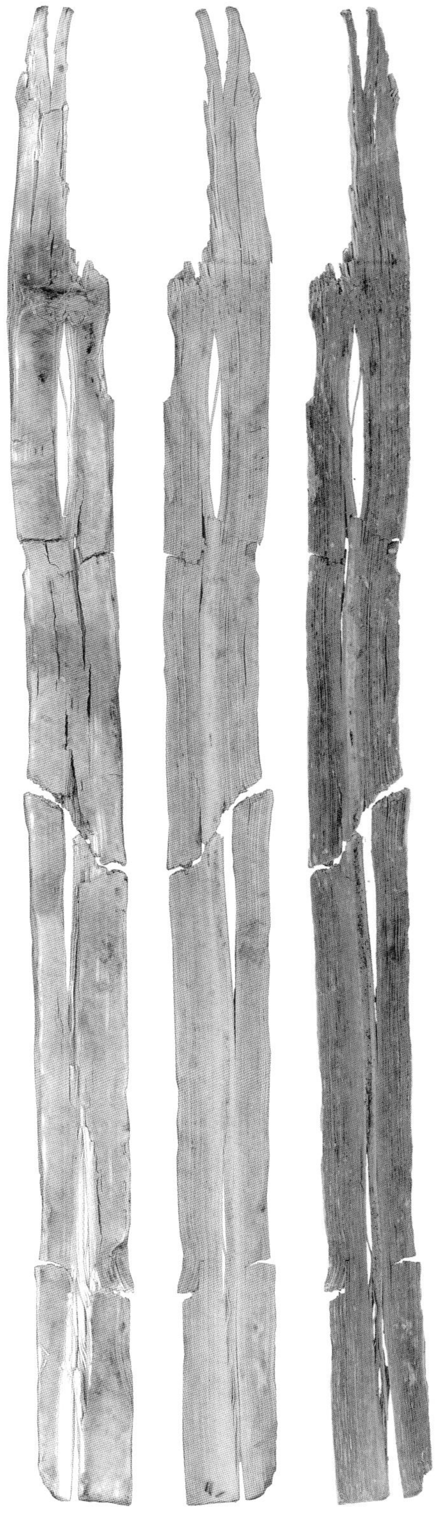

……

227
0317

227
0317

227b
0317b

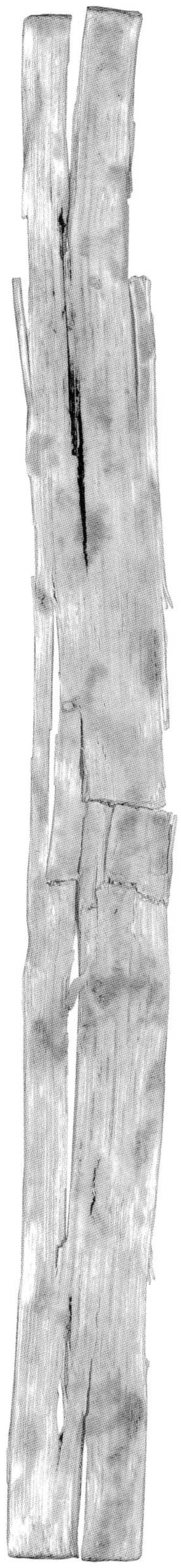

九年十月乙□

228
0319

228
0319

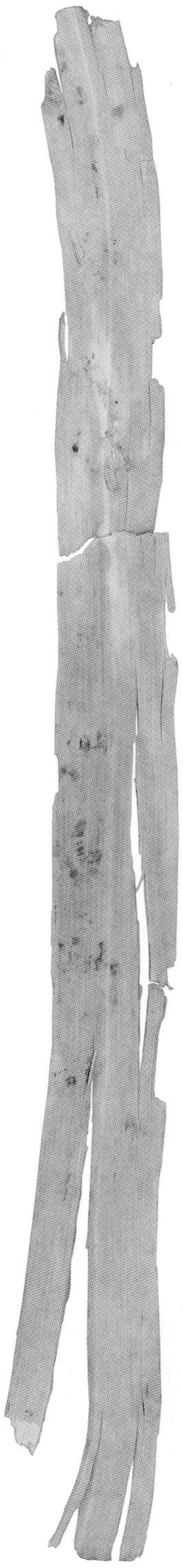

228b
0319b

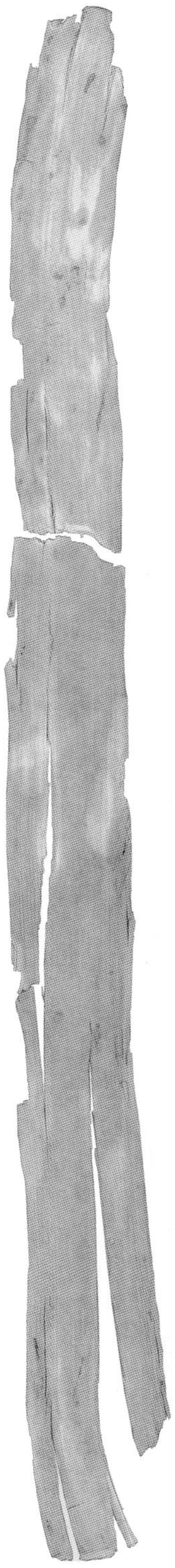

☒□具獄臨湘□☒

229
0320

229
0320

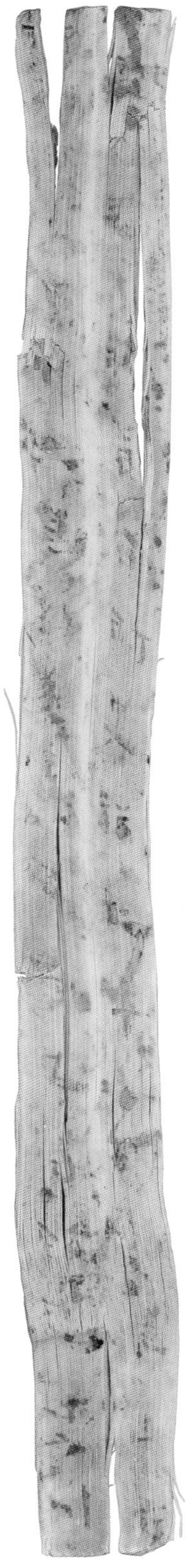

229b
0320b

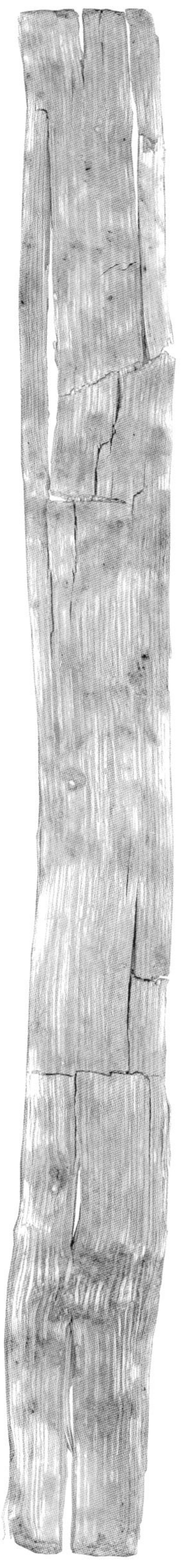

□□□□□□□□尉史福敢言之□□上故

……丞□□□以□爲丈□故□

230
0322

230
0322

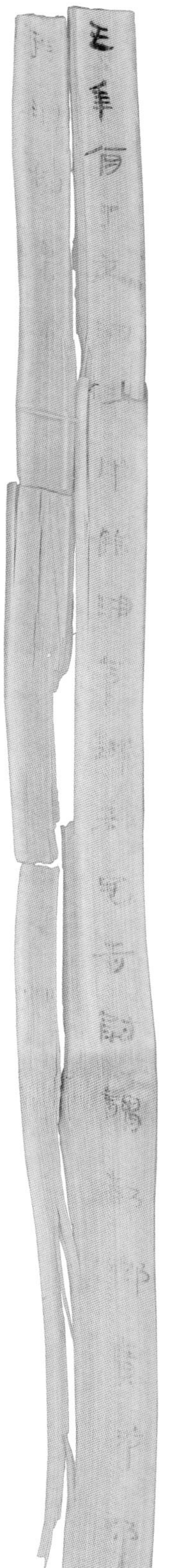

230b
0322b

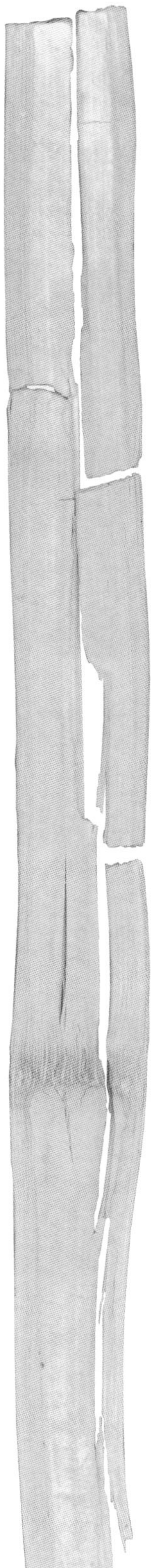

五年八月丁亥朔庚戌，臨湘令越、丞忠告尉、謂都鄉廣成部

臨湘胡書里己酉……

231 0325

231 0325

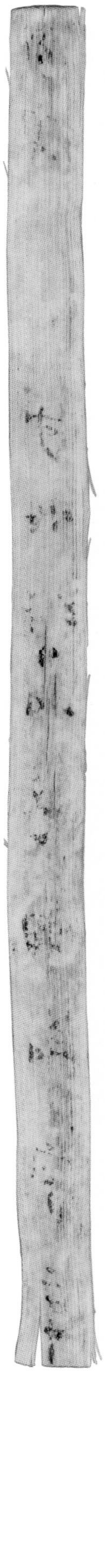

231b 0325b

将軍　它如劾・以□□□□□

232 0327

232 0327

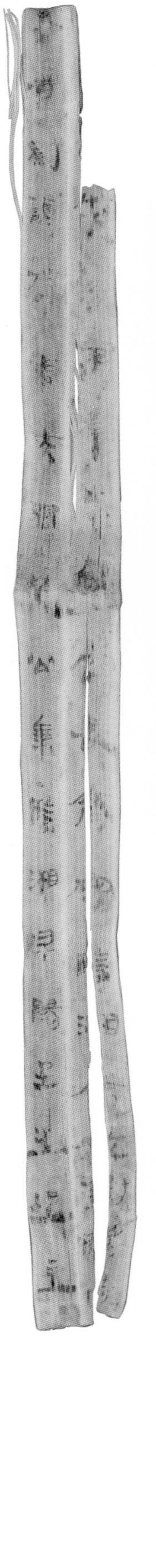

232b 0327b

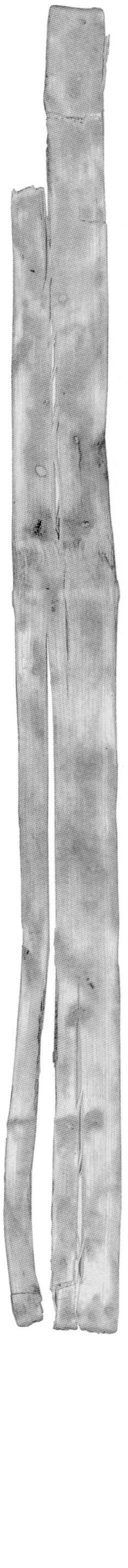

☐戊辰朔辛未，鐵官長齊守臨湘令、左尉信守
丞告尉謂庫嗇夫獄史公乘臨湘泉陽里坐盜主

233
0328

233
0328

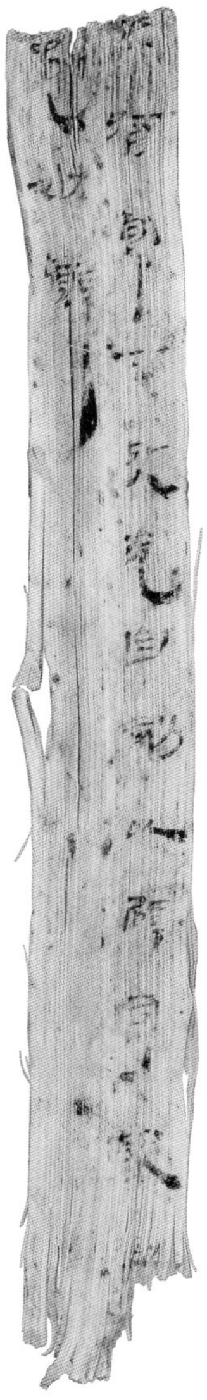

233b
0328b

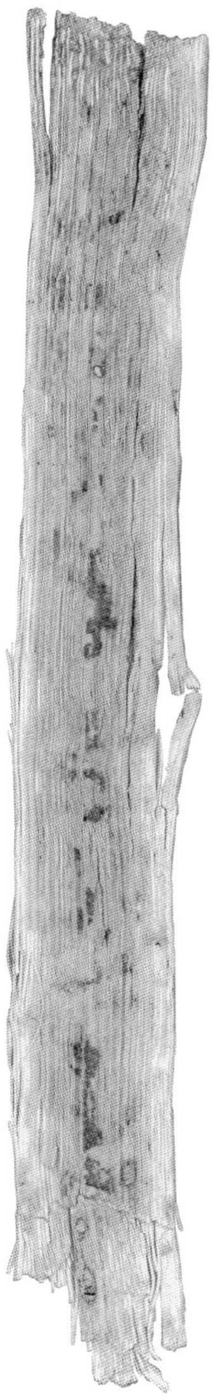

☒□有解□故先自劾以辟司寇□☒
☒它如辤（辭）☒

234
0330

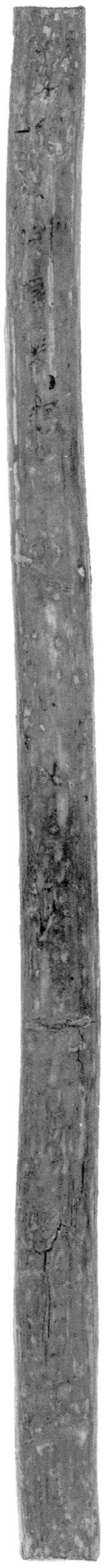

234
0330

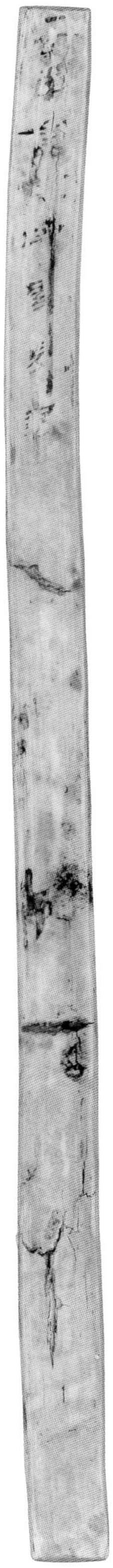

234b
0330b

五年六月功墨爰書

235
0335

235
0335

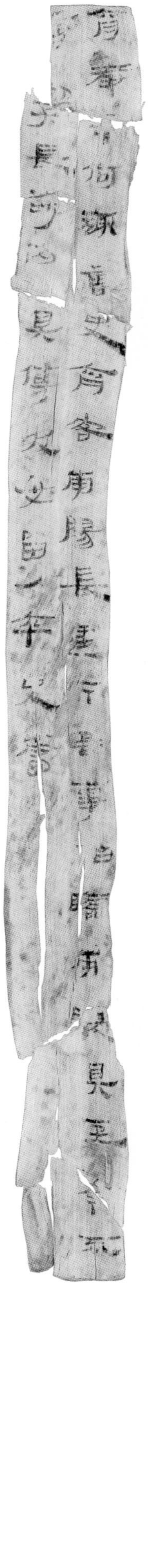

235b
0335b

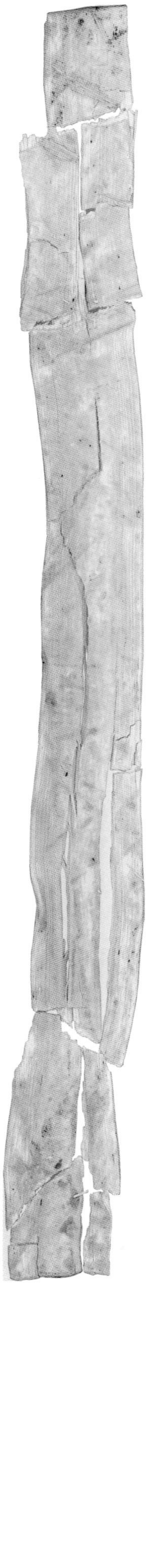

六月庚子，長沙内史齊客、南陽長建行丞事告臨南陵具，至今不
言。解何？趣言，具傳狀，毋留。丿卒史當

236
0336

236
0336

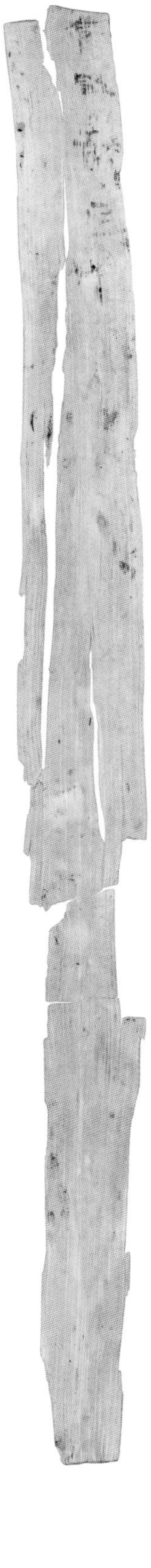

236b
0336b

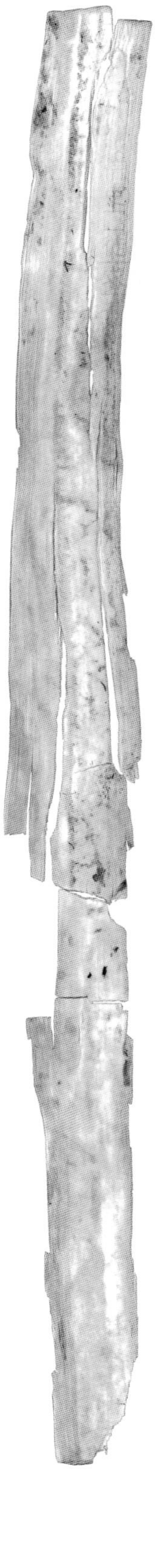

令敢告主

237
0340

237
0340

237b
0340b

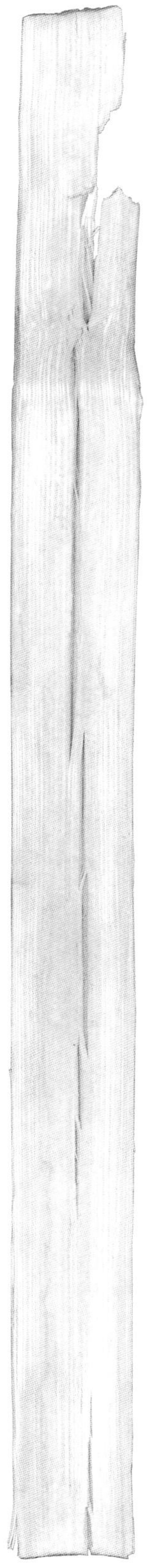

邑陵各案界中不在便報臨湘。·今謹案：柯不在長賴界中。謁報臨湘，以從事，敢言之。

238
0343

238
0343

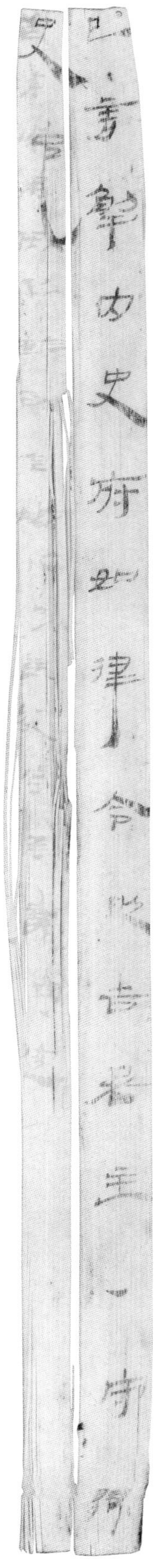

238b
0343b

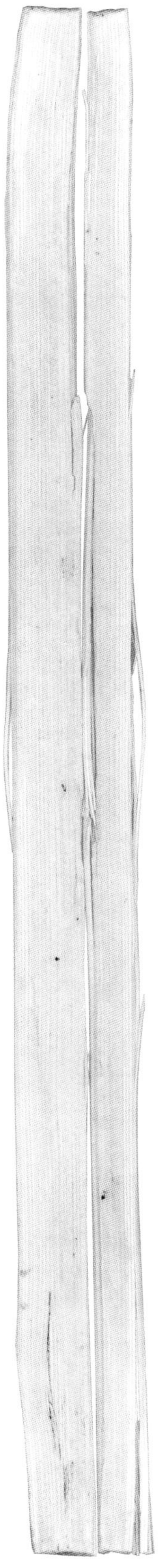

已言解内史府如律令敢告丞主ノ守獄史它

239
0344

239
0344

239b
0344b

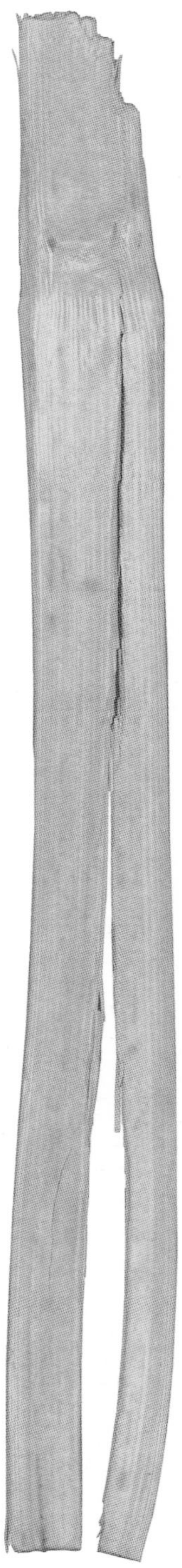

☐夫別治長賴倉嗇夫唐行丞事移臨湘ノ守令史忠

☐☐捕駕以私印封

240
0345

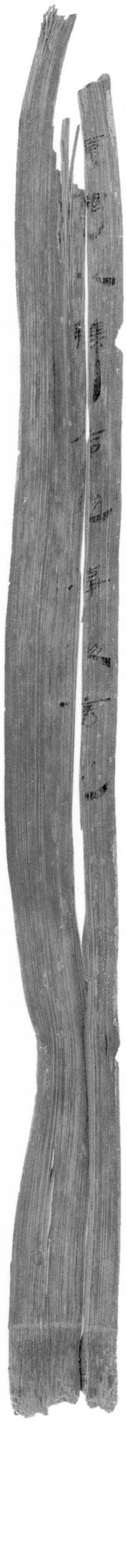

240
0345

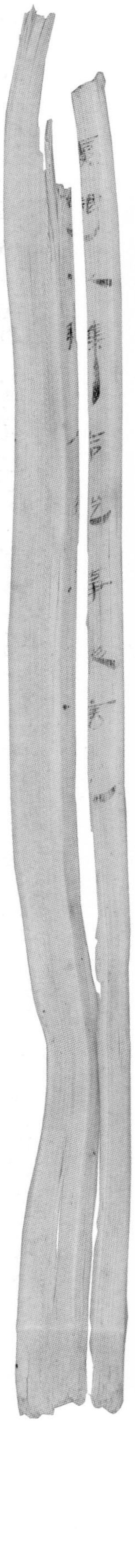

240b
345b

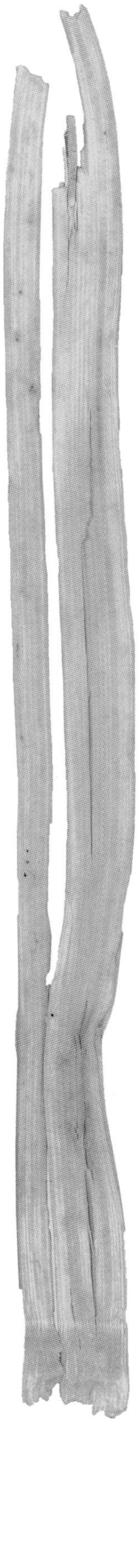

☐受謁以律令從事敢言之

241
0354

241
0354

241b
0354b

鉗……☒

□□□會……☒

242
0355

242
0355

242b
0355b

☒□死診爰書并☒

243
0357

243
0357

243b
0357b

☒□陽□□□□□□□□敢言之

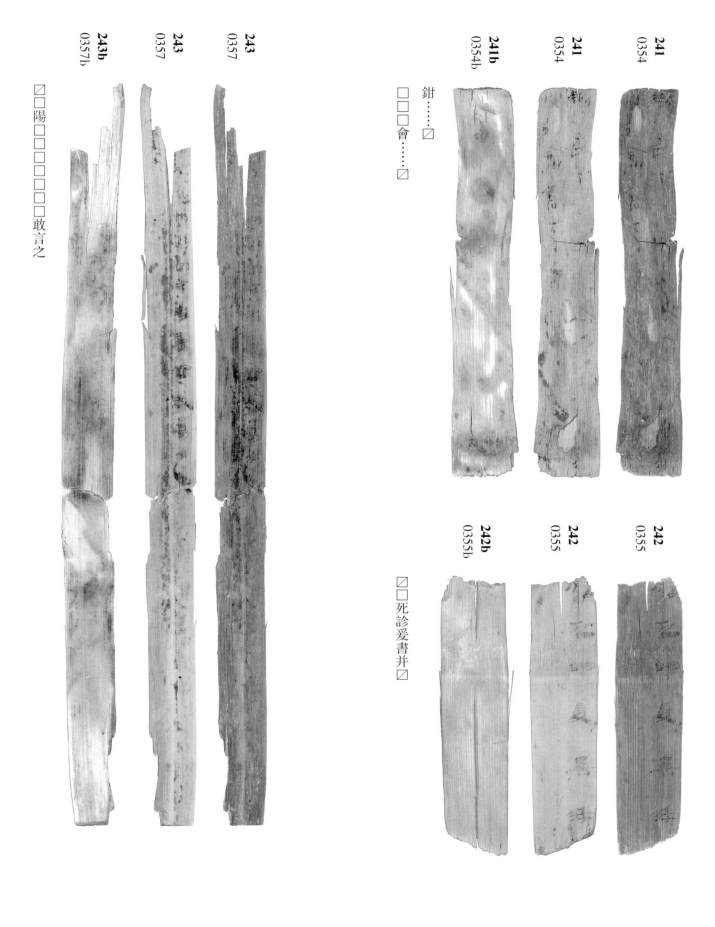

244 0358

244 0358

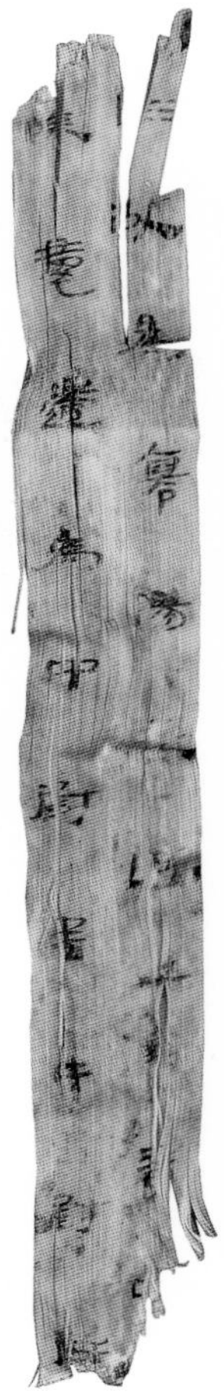

244b 0358b

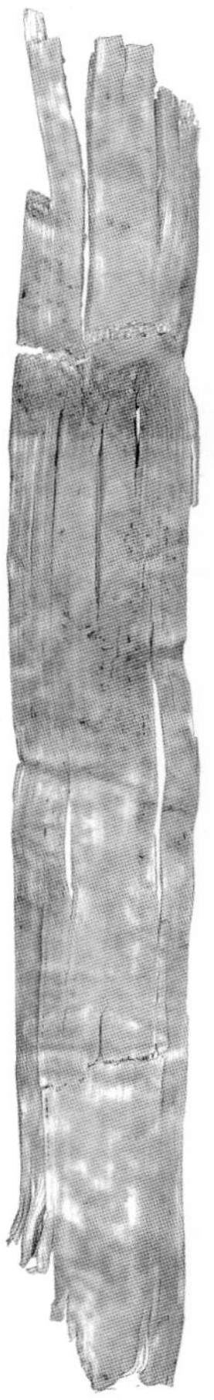

⧄□曰故爲零陽□□七年三月中⧄

⧄除慶遷爲中尉丞中尉府⧄

245 0358-1

245 0358-1

245b 0358-1b

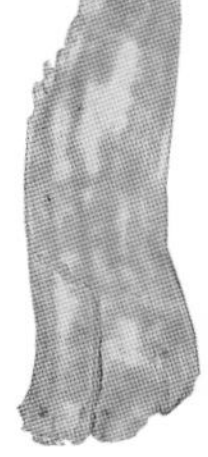

⧄何解□⧄

⧄三月丙午朔⧄

246 0359

246 0359

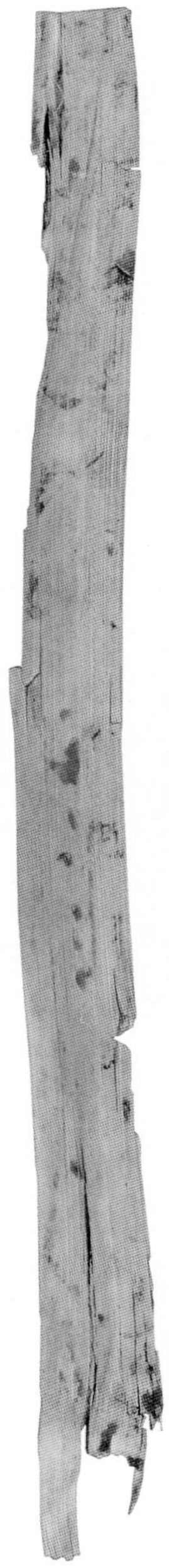

246b 0359b

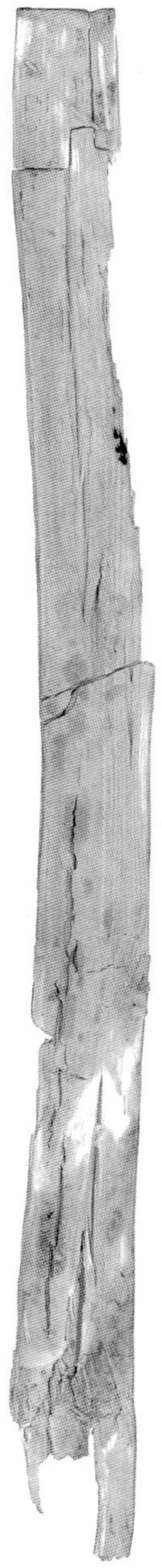

……⧄

……敢言之⧄

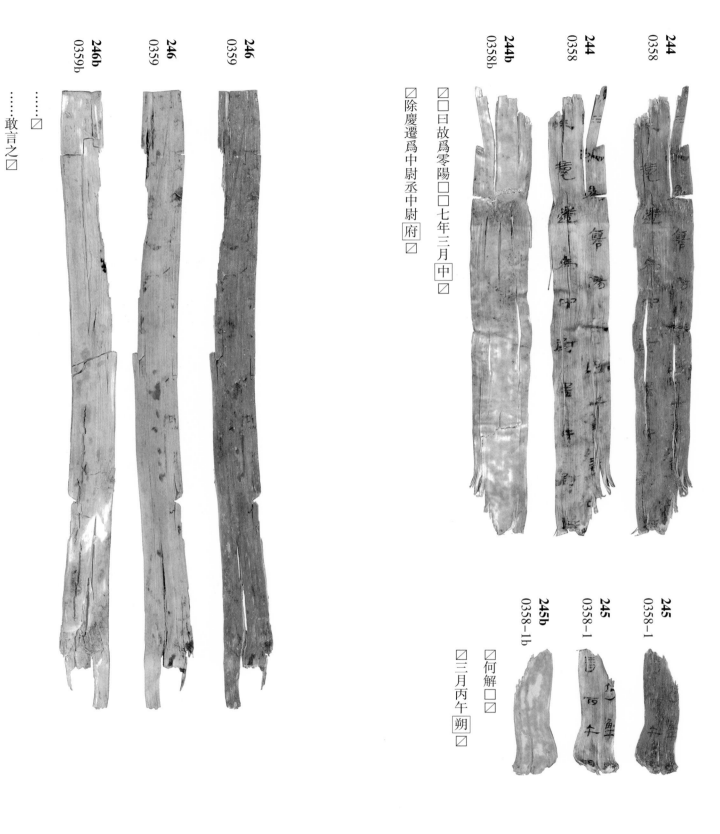

247 0361

247 0361

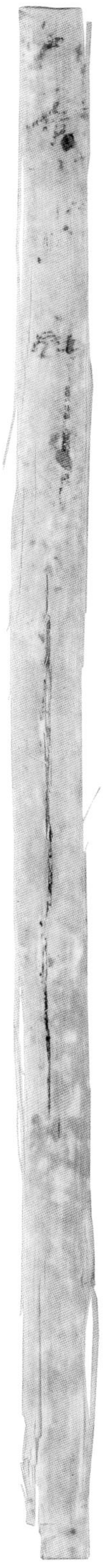

247b 0361b

·命辤（辭）

248 0362

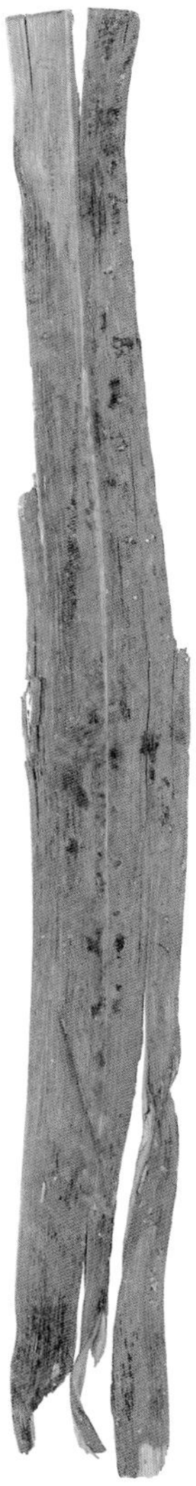

248 0362

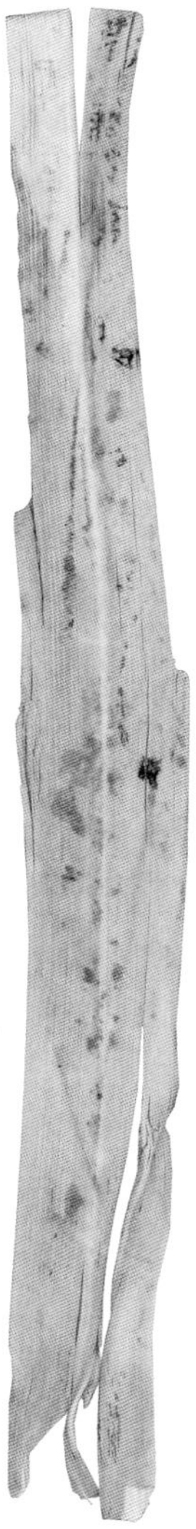

248b 0362b

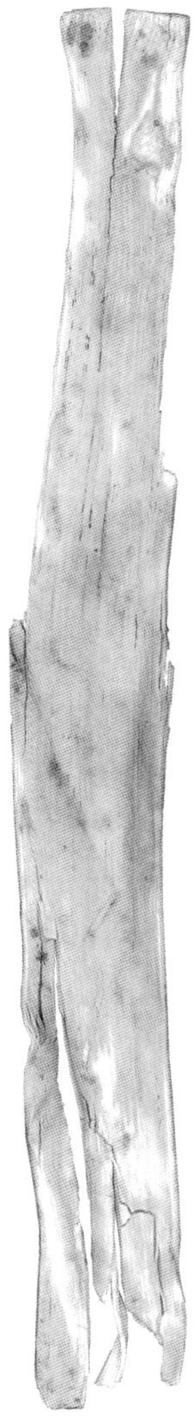

□□□敢告之□□☒

□□□□☒

249
0366

249
0366

249b
0366b

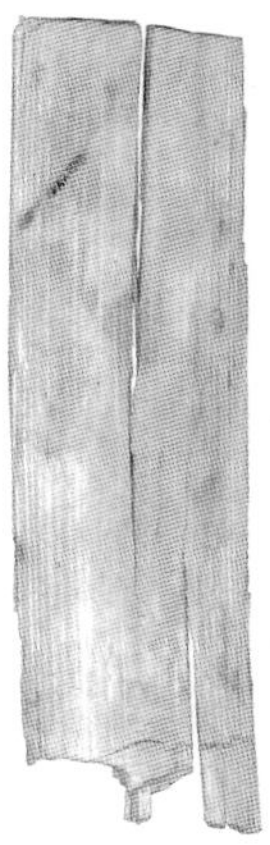

□……☑

能視事敢言之☑

250
0369

250
0369

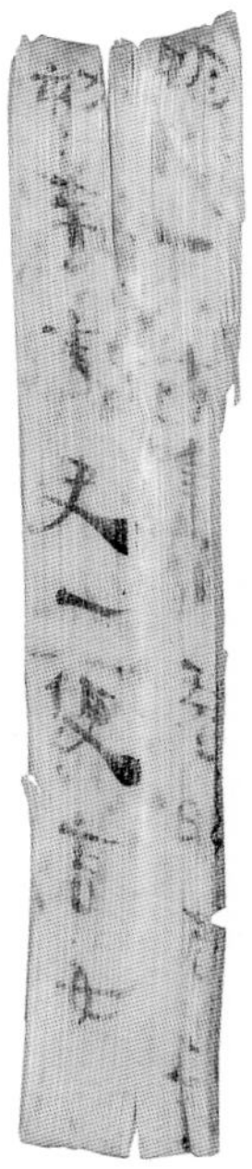

250b
0369b

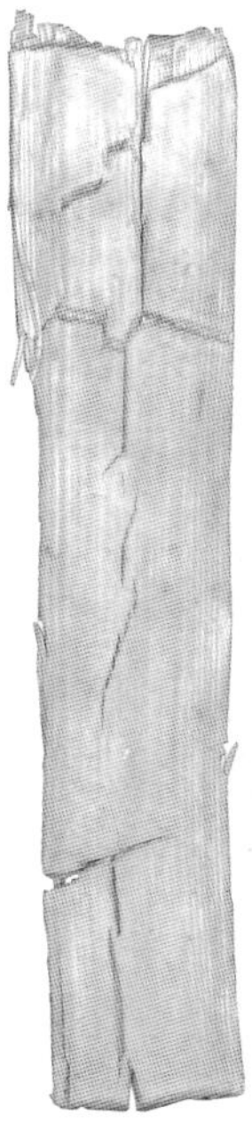

☑期ノ七年五月甲辰上

☑劾未言夬（決）ノ便言女

251
0372

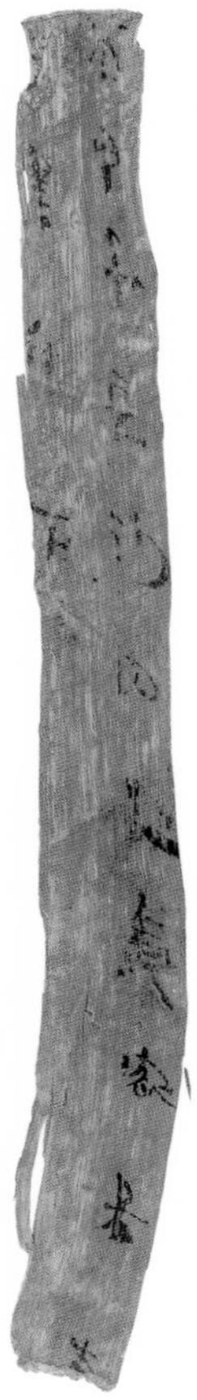

251
0372

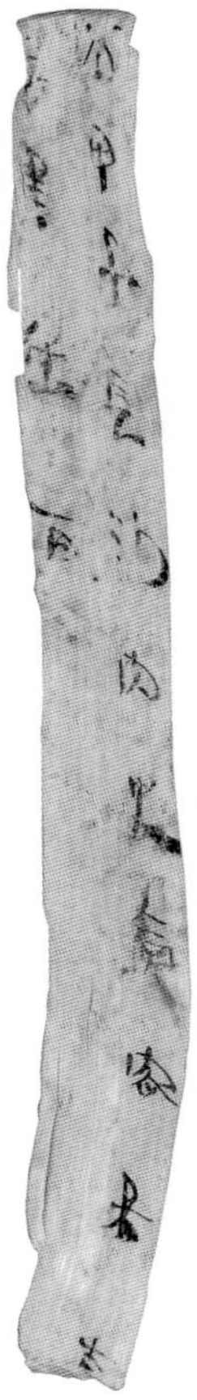

251b
0372b

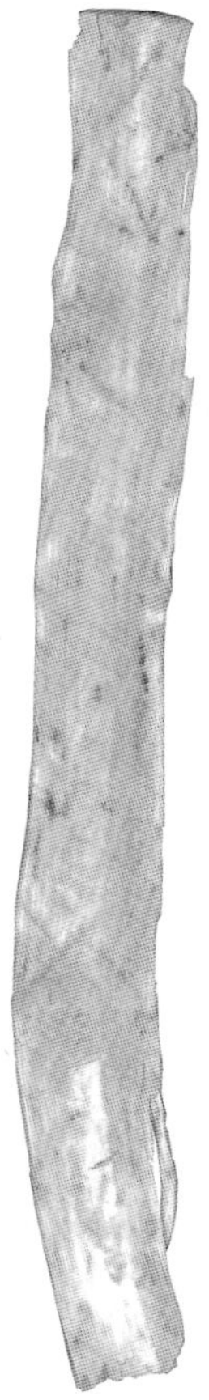

八月甲子長沙內史齊客丞□☑

□書佐丙☑

252
0373

252
0373

252b
0373b

六年七月戊戌，獄史意以辟、報、爰書豎□☑

名不識與兄羅東郭里公大夫纏□☑

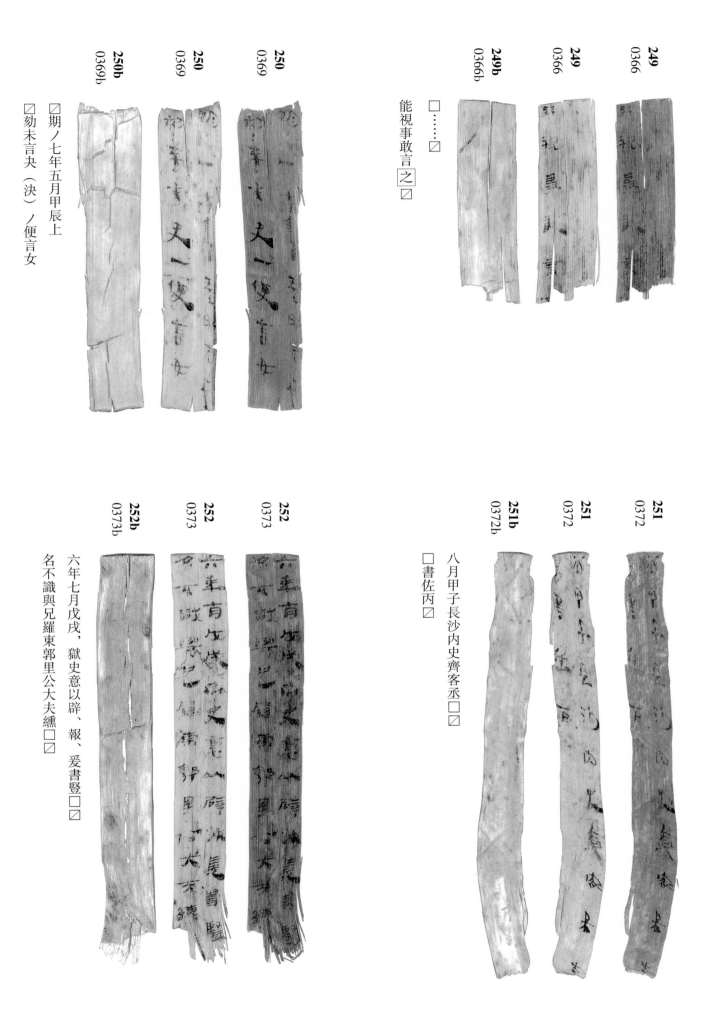

253
0374

253
0374

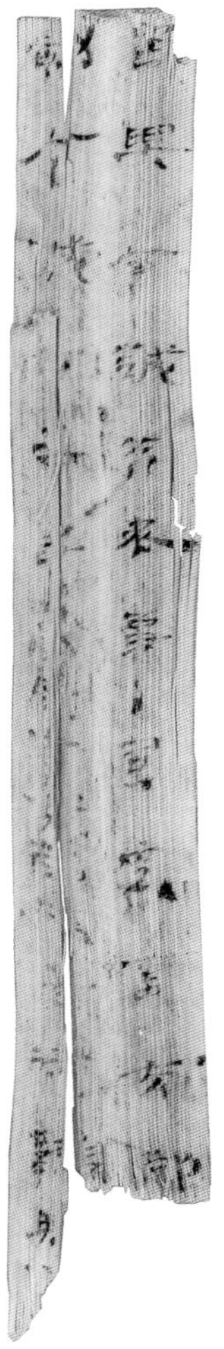

253b
0374b

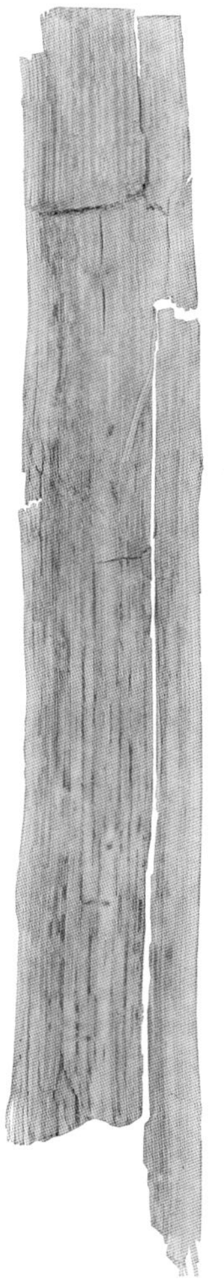

留與令越行丞事司空嗇夫部☐

劾令越行丞事司空嗇夫部□□□鞫其□☐

254
0377

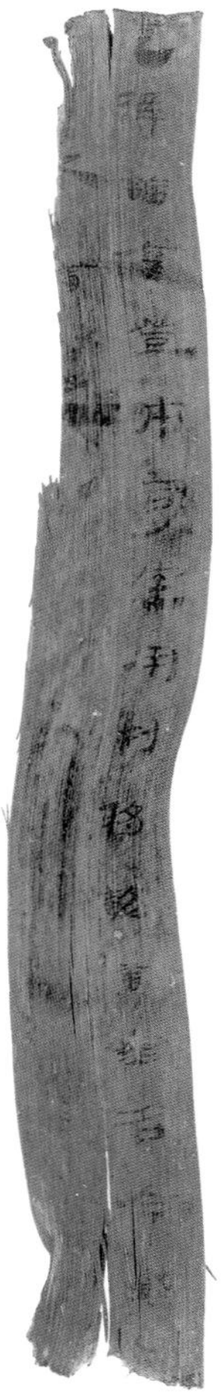

254
0377

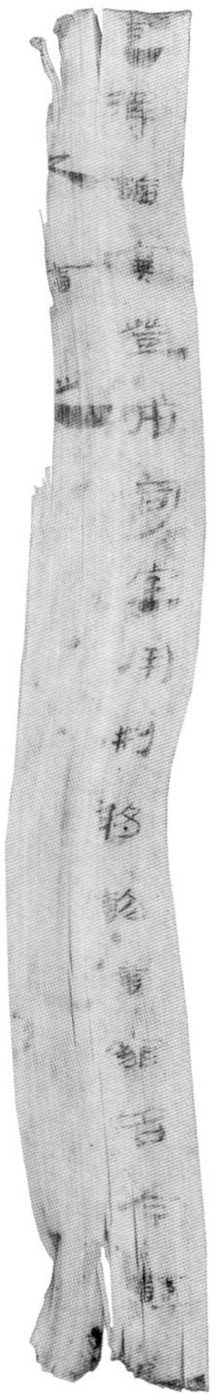

254b
0377b

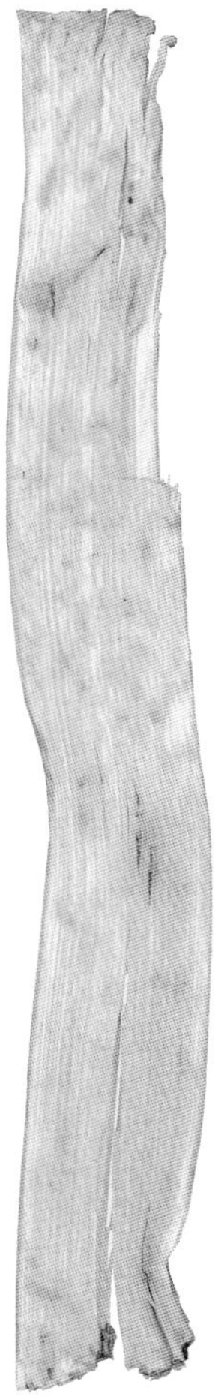

登得論棄登市司空用刑移診言罪名今謹已☐

□敢言之☐

255
0378

255
0378

255b
0378b

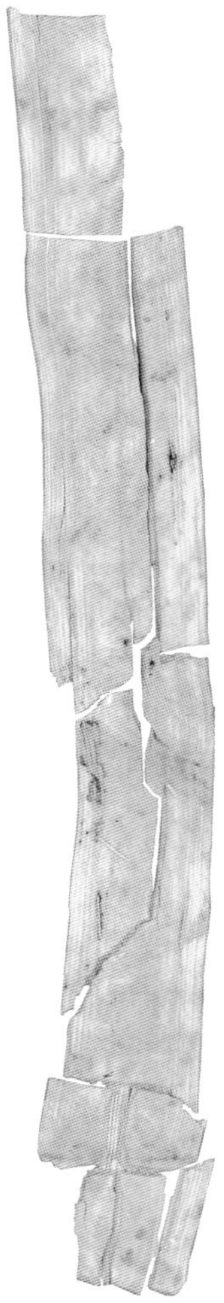

☐□行丞相事告中二千石二千石郡守諸侯相下

☐□□遣吏是服處實入所以律

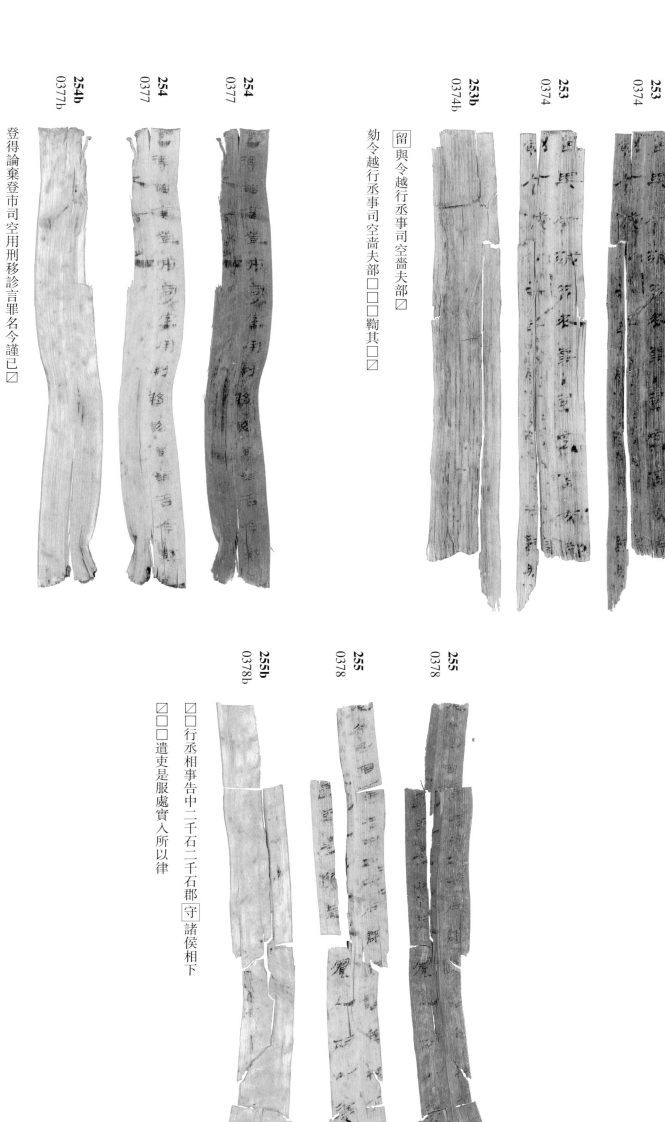

256
0379+
0391

256
0379+
0391

256b
0379+
0391b

甲午□□廿日辛卯率臣請下御史有臣昧死請。
制曰可。ノ二年十一月癸酉朔戊戌，大（太）常平、丞祭下御史府，丞〈承〉書從事

257
0380

257
0380

257b
0380b

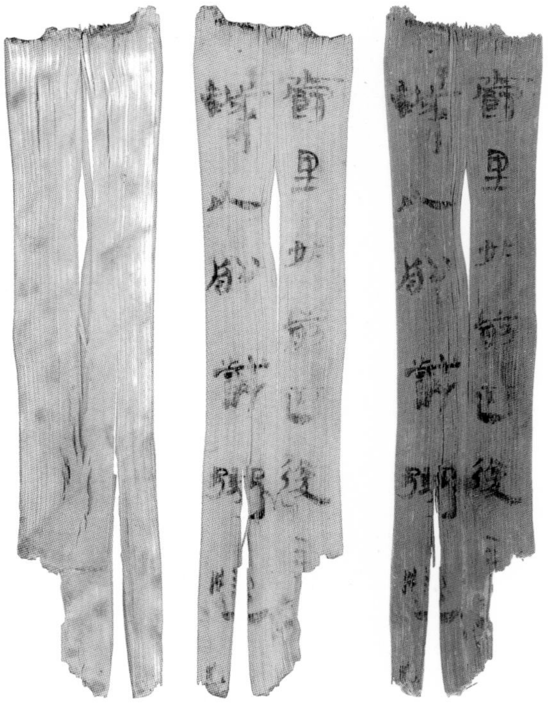

☐爵里如前迺後三□☐
☐越以船載澇歸☐

258 0382
258 0382
258b 0382b

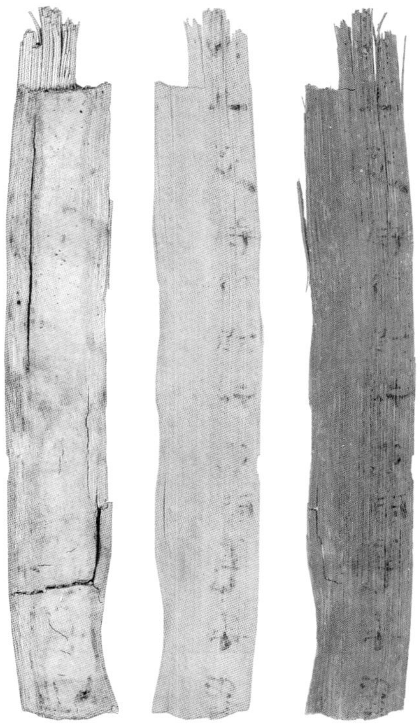

☒□□故守衛尉行少府事丞□☒

259 0386
259 0386
259b 0386b

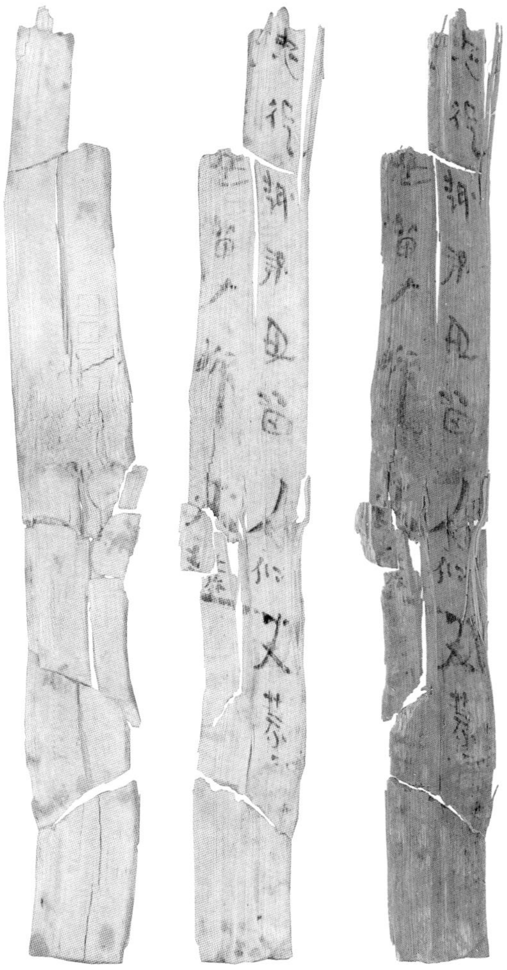

☒忠追趣報毋留ノ獄史恭
☒毋留ノ獄史恭

260 0388
260 0388
260b 0388b

☒□縣遣城……☒
☒即往之武□……☒

261 0390
261 0390
261b 0390b

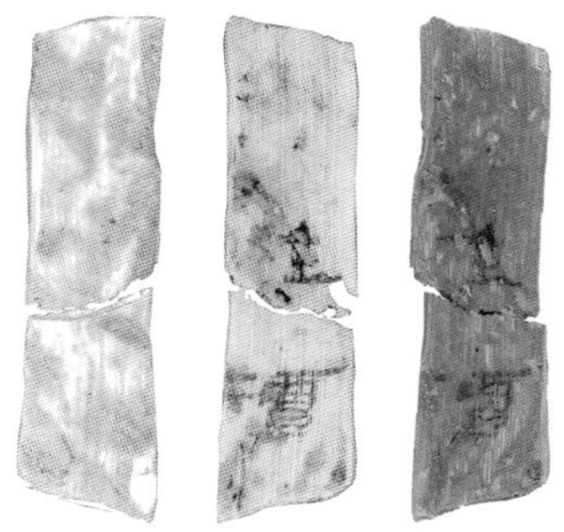

☒主曹☒

262
0390-1

262
0390-1

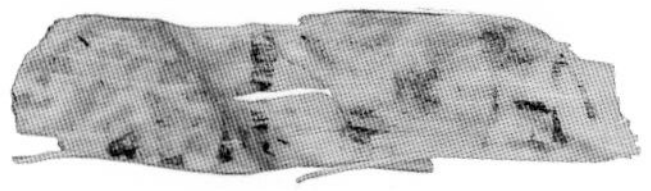

262b
0390-1b

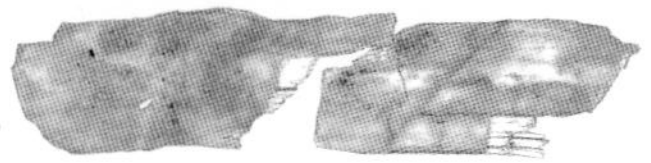

☒……☒

263
0390-2

263
0390-2

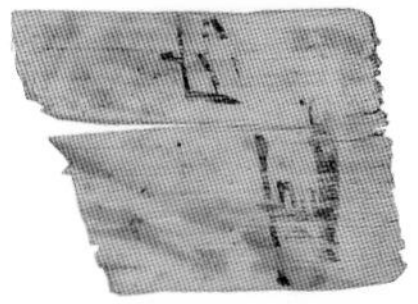

263b
0390-2b

☒內☒
☒直☒

264
0392

264
0392

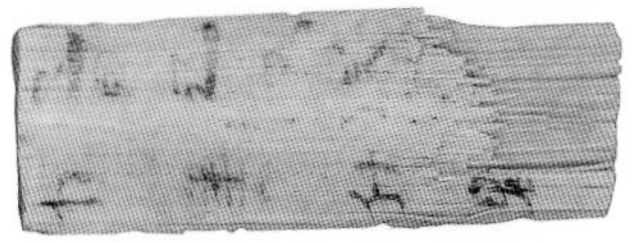

264b
0392b

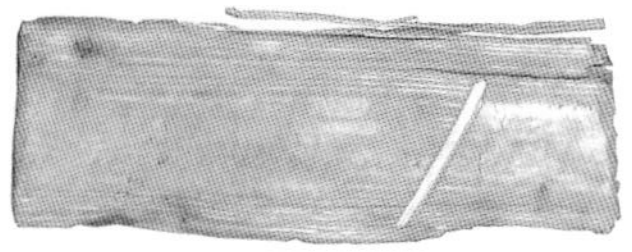

五月己丑□☒
僮丞佐□☒

265
0393

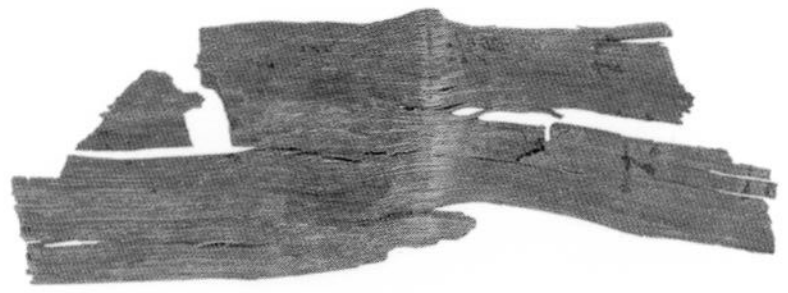

265
0393

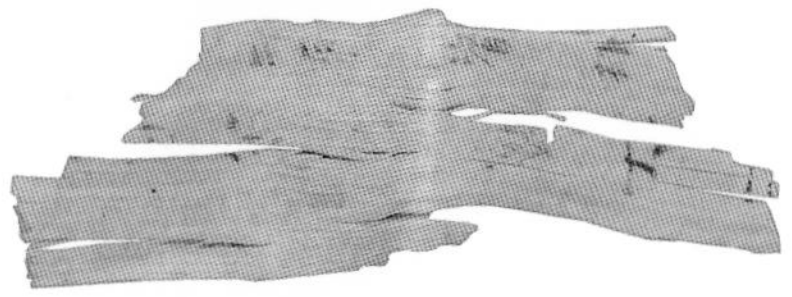

265b
0393b

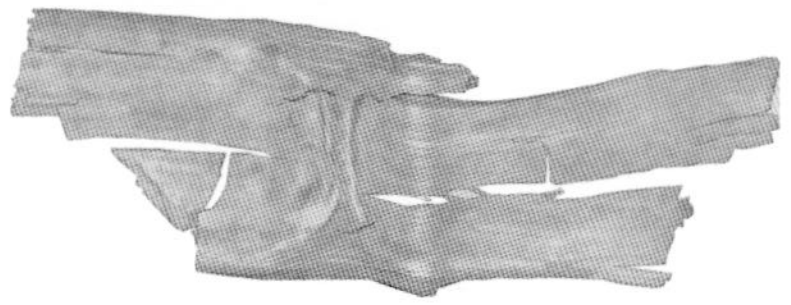

☒二月□□☒
☒□坐□□大□☒

266
0394

266
0394

266b
0394b

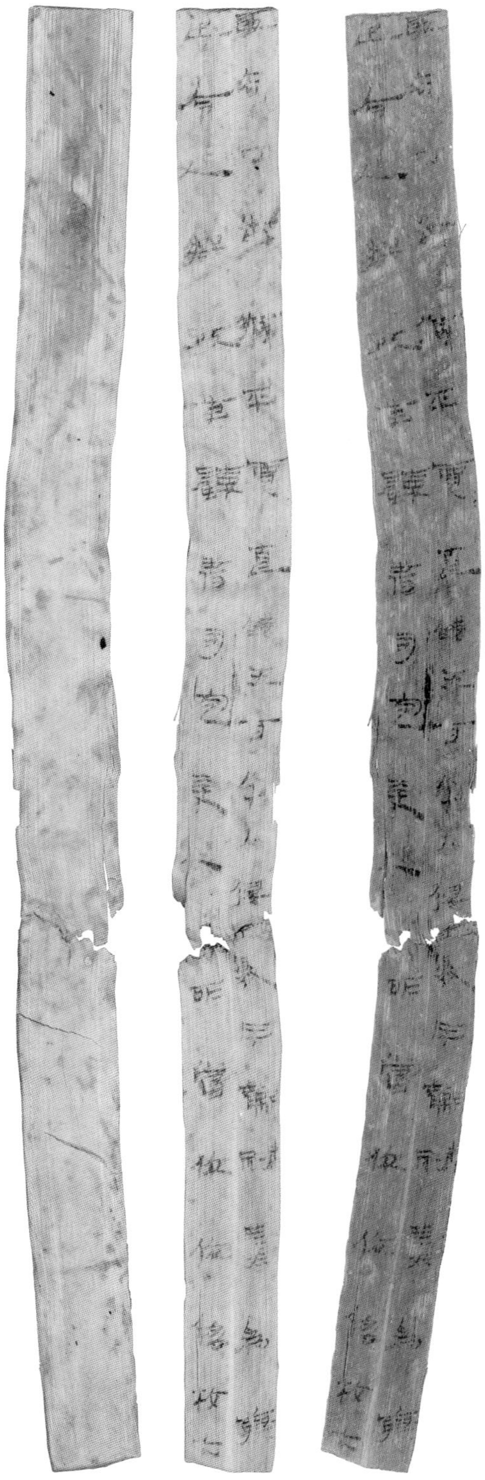

取去四歲臧（贓）平賈（價）直（值）錢五百八十[五]，得，轂（繫）牢，論耐□爲隸

臣，令入臧（贓）故吏，聽書司空受人□所當依依移校六

267
0411

267
0411

267b
0411b

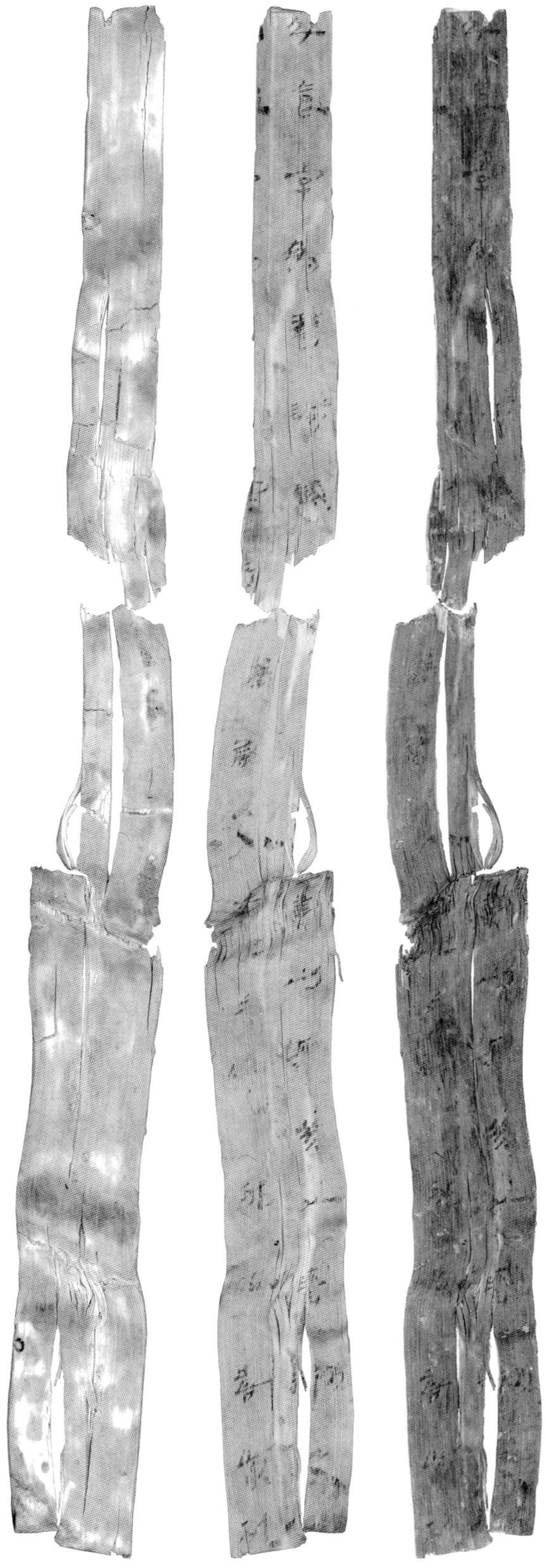

斗食字爲書誠錢……□□□承力□癸以署[㓊]之

……□尉史士五（伍）□□弗□喜前死

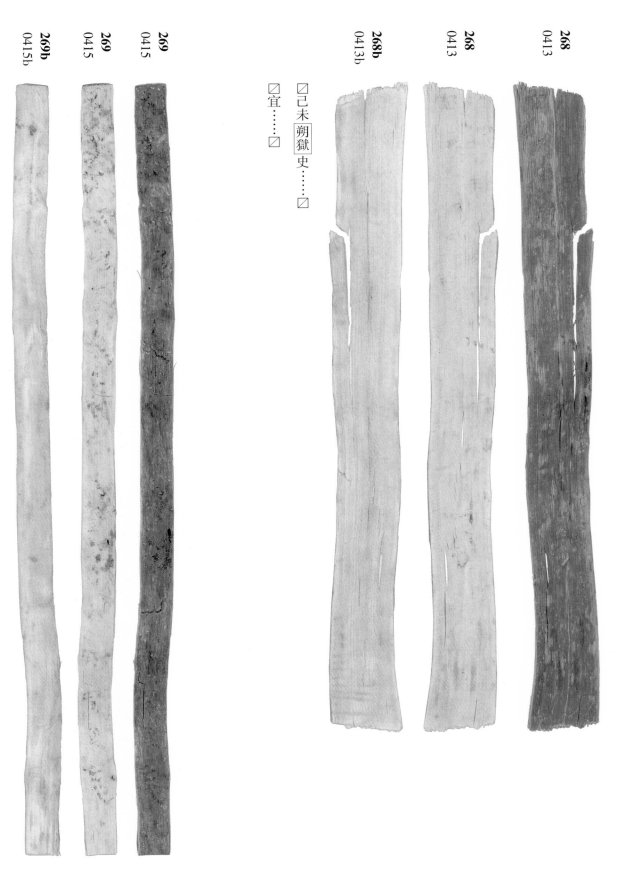

268
0413

268
0413

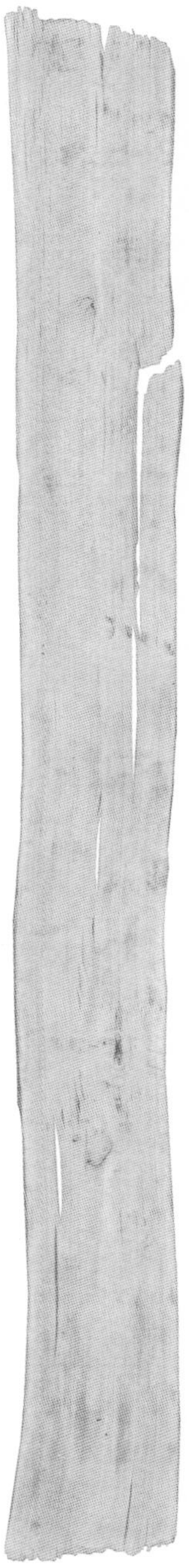

268b
0413b

☐己未朔獄史……☐
☐宜……☐

269
0415

269
0415

269b
0415b

……

270
0417

270
0417

270b
0417b

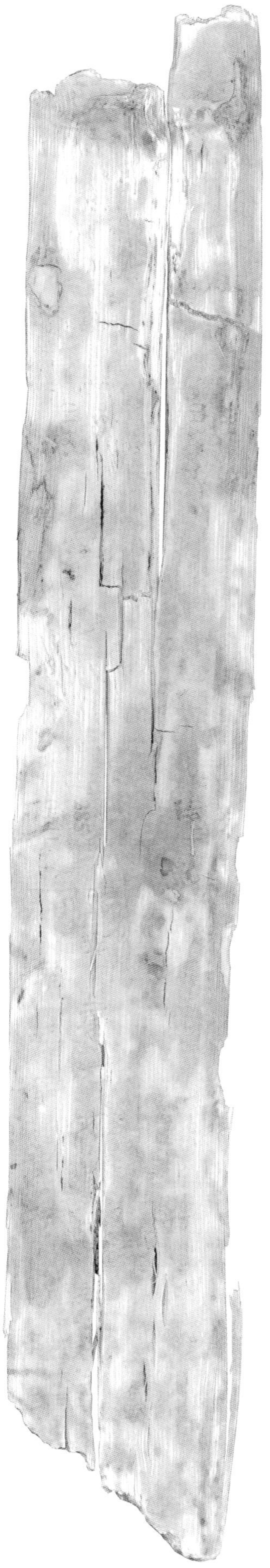

▨……▨
▨□▨
▨□[臨]湘……□南山[醴]陵[丞]□□□□吏郴以▨
▨□南山……▨

271
0420

271
0420

271b
0420b

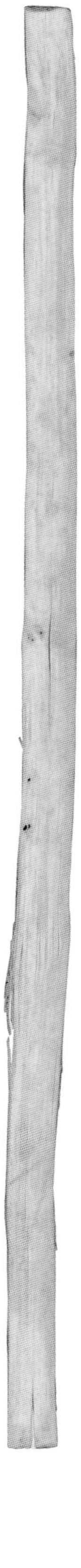

盗□□大□……

272
0422

272
0422

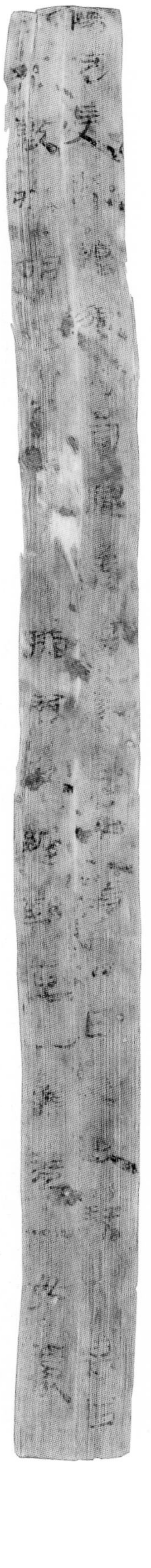

272b
0422b

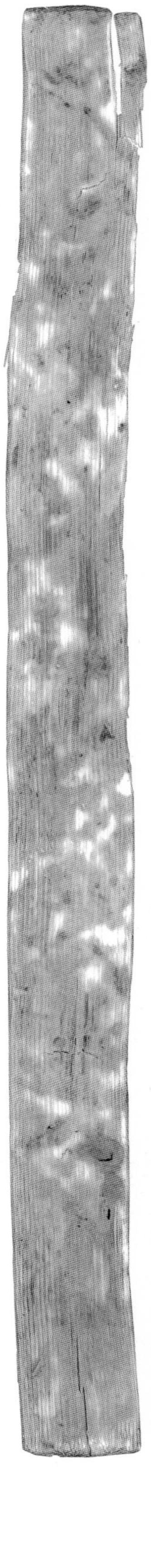

陽充受敢纏獄守司置□□□□□自出□□□□敢□昌曰

□□轂（繫）□□胡□□□□□□□□敢纏軺車一乘蓋一毋（無）薦

273
0424

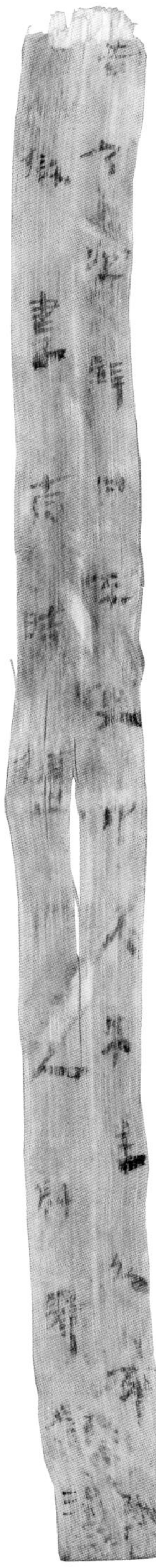
273
0424

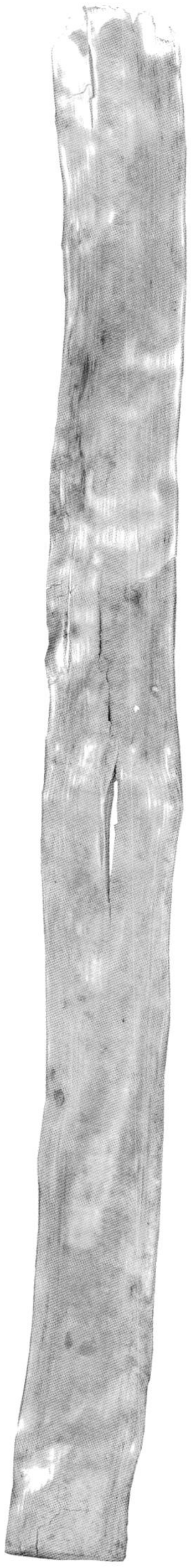
273b
0424b

☒告乃訊辤（辭）曰不更卯□成里□□朝

☒獄盡七月時復毋入計舉獄治

274
0425

274
0425

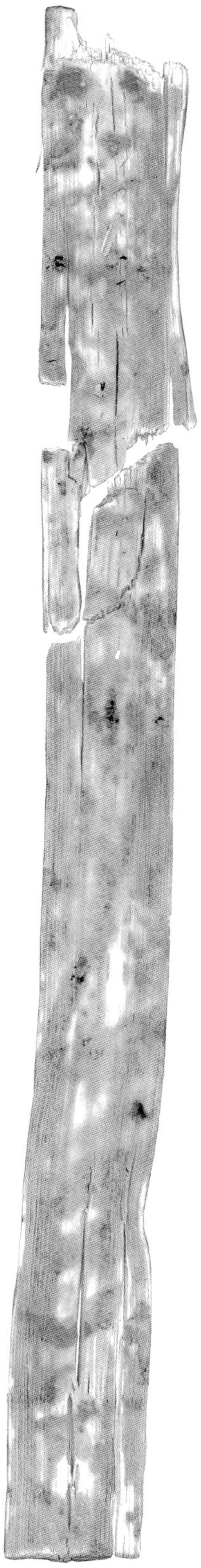
274b
0425b

貰買金一斤□御史少史娗年客夫告卒史助曰到縣相償之

□所盜賦臧（贓）六百以上丞相史昌長沙少史守卒史助劾皆不審共

275 0427 **275** 0427 **275b** 0427b

☒□斷毋□赦所☒

276 0428 **276** 0428 **276b** 0428b

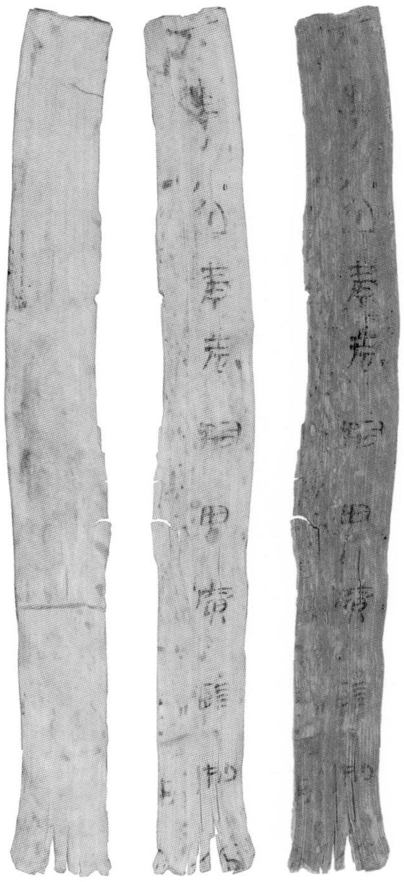

六年八月庚辰朔甲寅臨湘令☒

……告☒

277 0429 **277** 0429 **277b** 0429b

☒年三月甲戌南郡大（太）守充國□□卒史□□書□□☒

278 0430 **278** 0430 **278b** 0430b

二年四月己亥南郡大（太）守充國沅☒

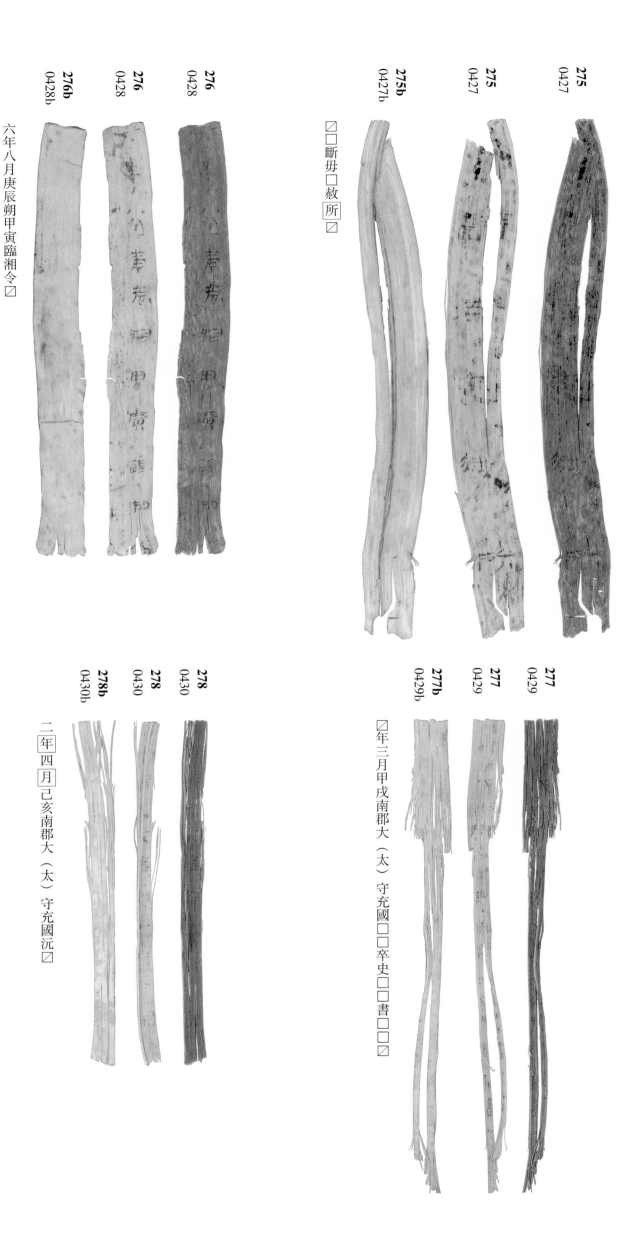

279 0432

279 0432

279b 0432b

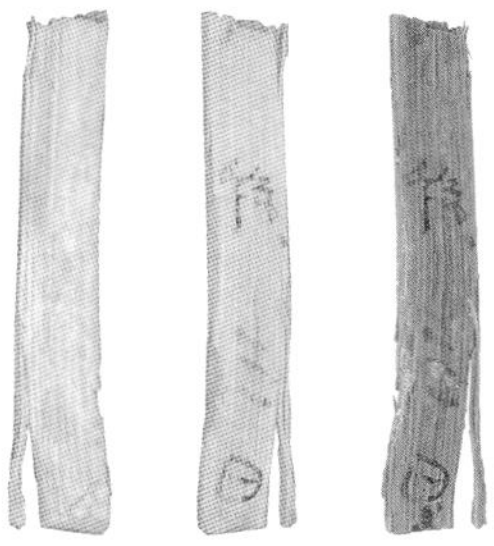

☐☐移三日

280 0434

280 0434

280b 0434b

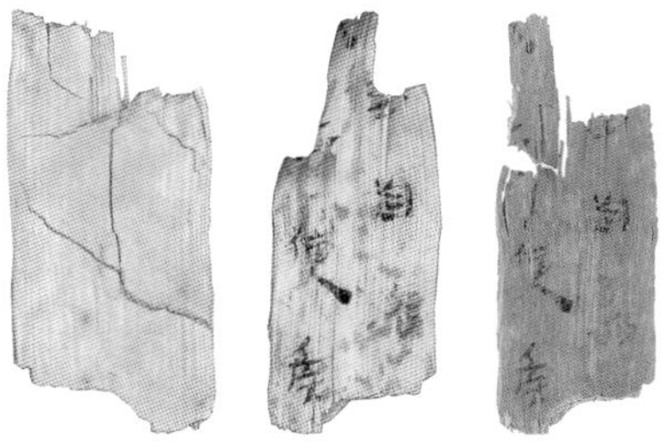

☐☐自去☐

☐☐便侯☐

281 0436

281 0436

281b 0436b

☐☐丑夜闕中

☐闕其夜半

282 0437

282 0437

282b 0437b

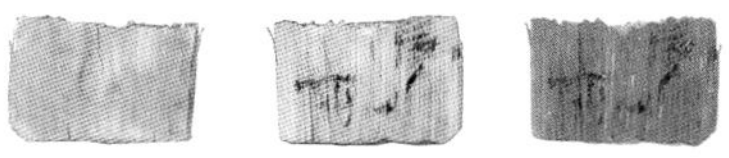

☐受

☐所

283 0438

283 0438

283b 0438b

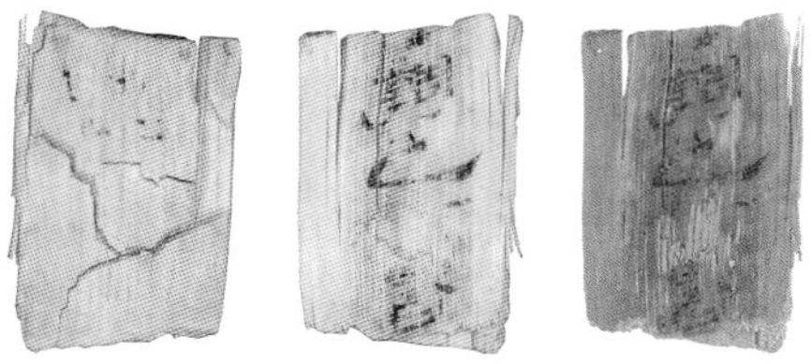

·鞫之不智（知）☐

284 0440

284 0440

284b 0440b

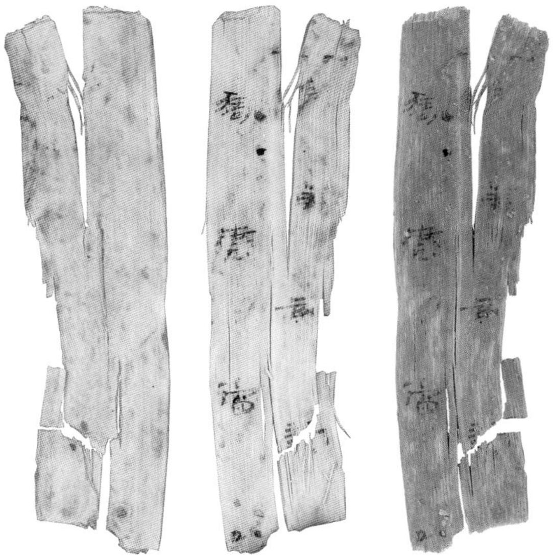

☐七月癸亥朔☐

☐獄書當以☐

285 0441

285 0441

285b 0441b

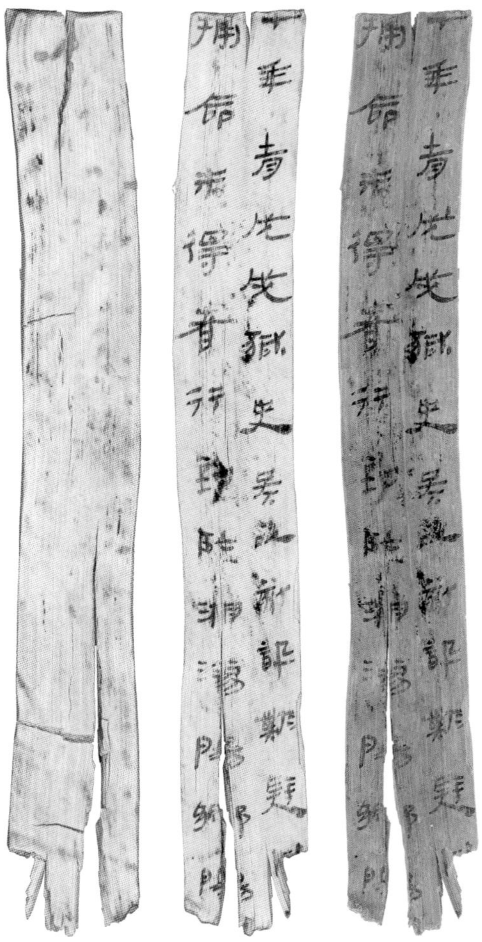

七年十一月戊戌，獄史吳以劾訊期。辤（辭）曰：☐

捕命未得者，行到臨湘漻陽鄉，陽☐

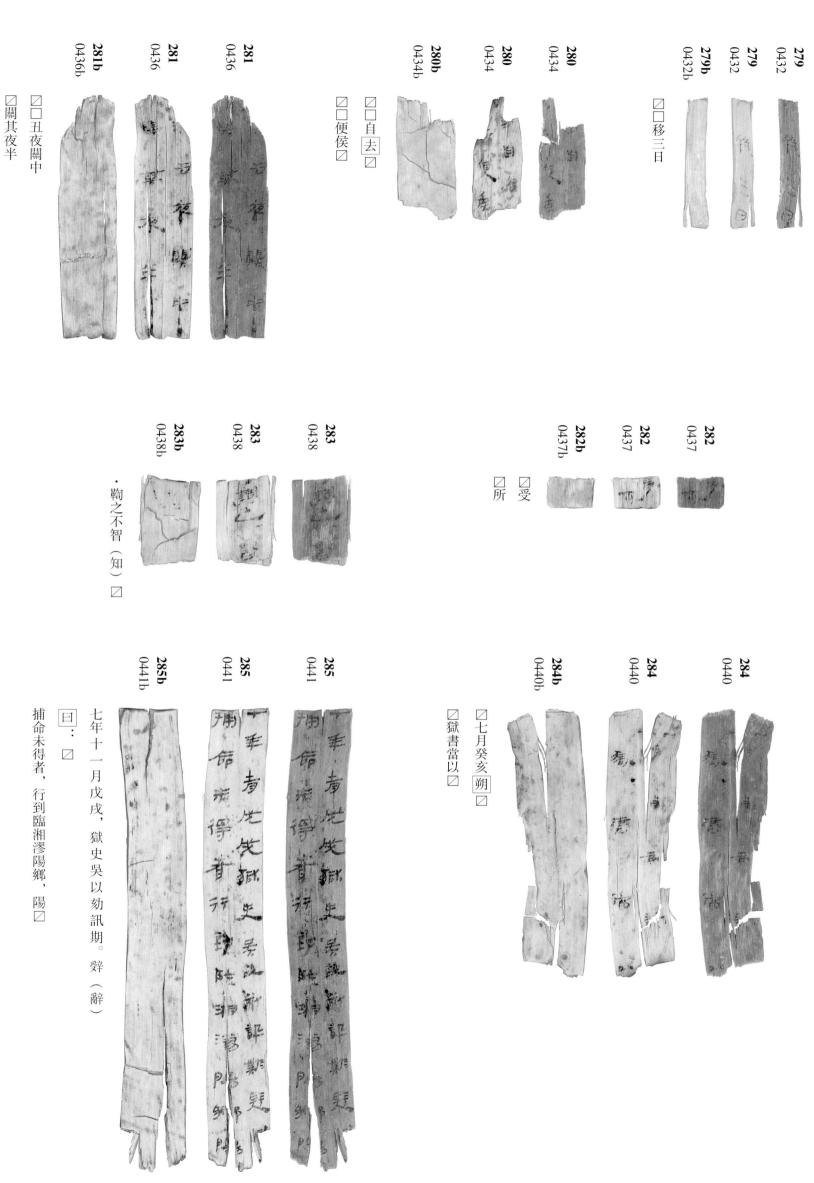

286 0442

286 0442

286b 0442b

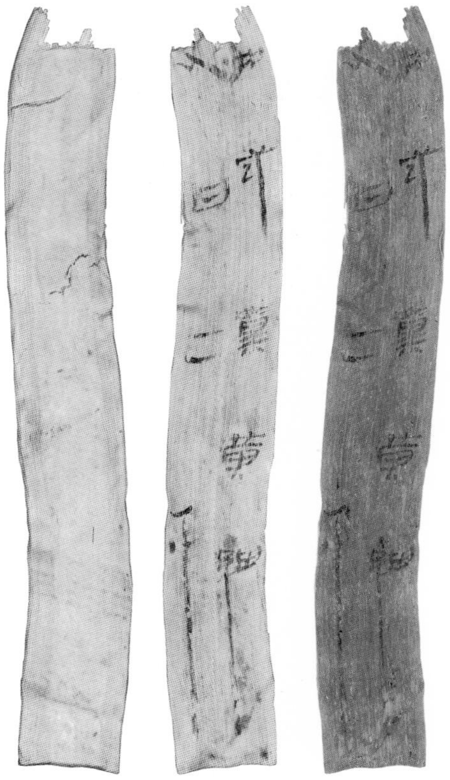

☐如式冀黃紬

☐史曰二千

287 0445

287 0445

287b 0445b

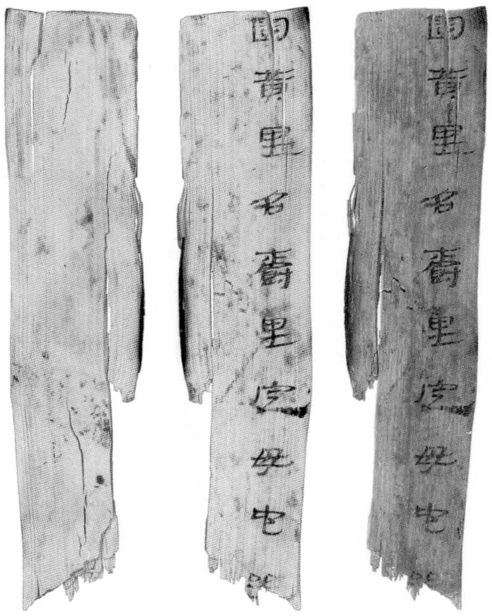

園黃里名爵里，定毋（無）它坐☐

288 0446

288 0446

288b 0446b

敢告主☐

☐☐☐

289 0447

289 0447

289b 0447b

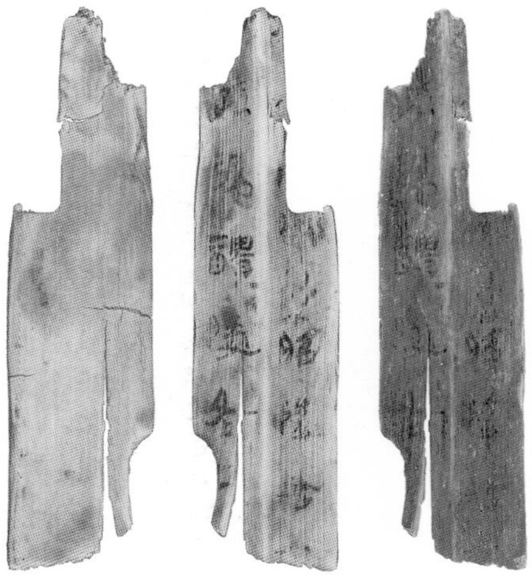

☐☐☐☐☐郴☐昭陵各一☐

☐臨潙醴陵各二☐

290 0448

290 0448

290b 0448b

☐推☐到家黃☐☐

☐壬午朔甲午獄☐

291 0449

291 0449

291b 0449b

獄史佐☐告☐☐

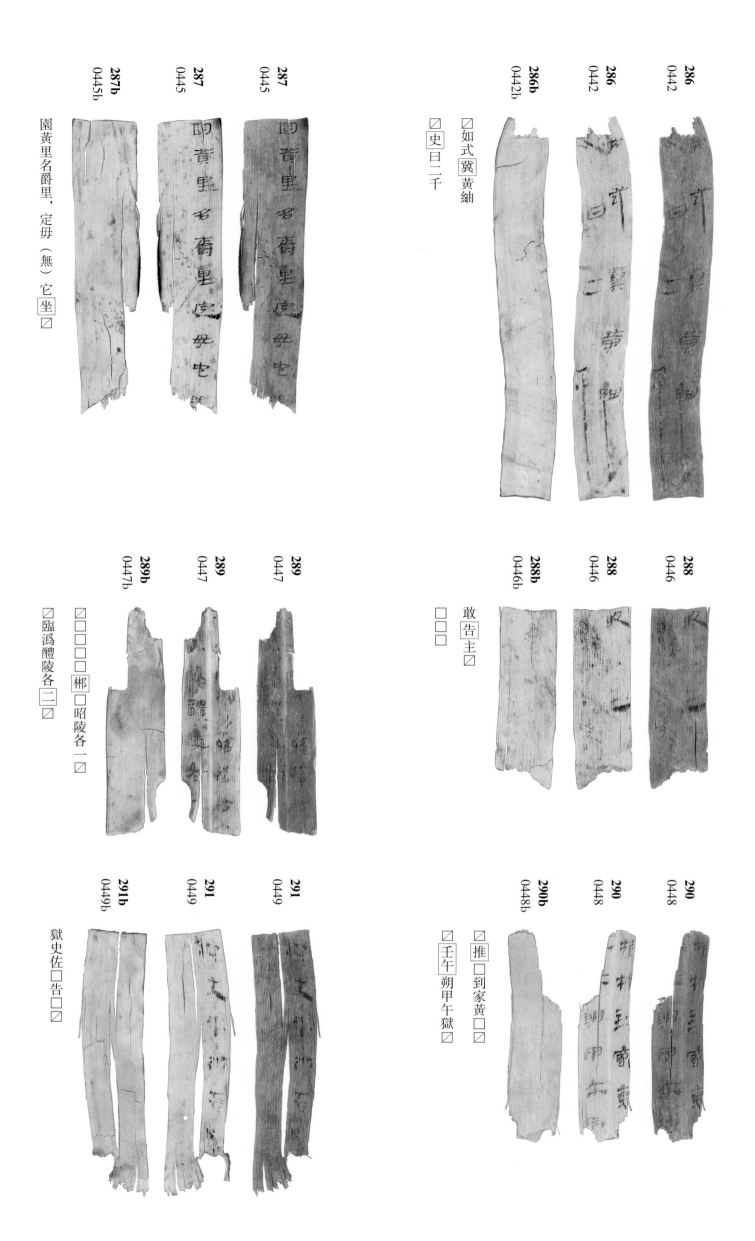

292 0450 **292** 0450 **292b** 0450b

⧄□□奉書□⧄

293 0452 **293** 0452 **293b** 0452b

⧄死罪囚大男延⧄

294 0453 **294** 0453 **294b** 0453b

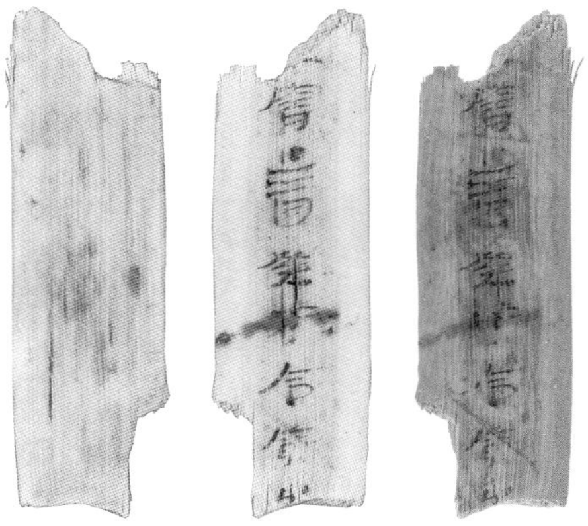

⧄不審・三月癸未令寅出⧄

295 0454 **295** 0454 **295b** 0454b

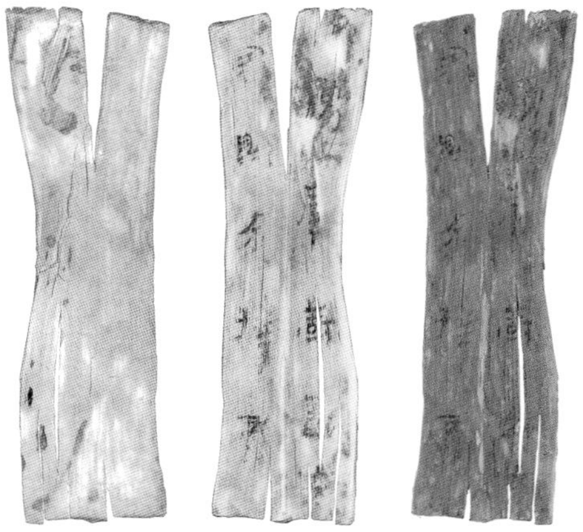

⧄即謂廟廚嗇夫
⧄□□□拜書

296 0455 **296** 0455 **296b** 0455b

⧄□□移其□⧄

297 0458 **297** 0458 **297b** 0458b

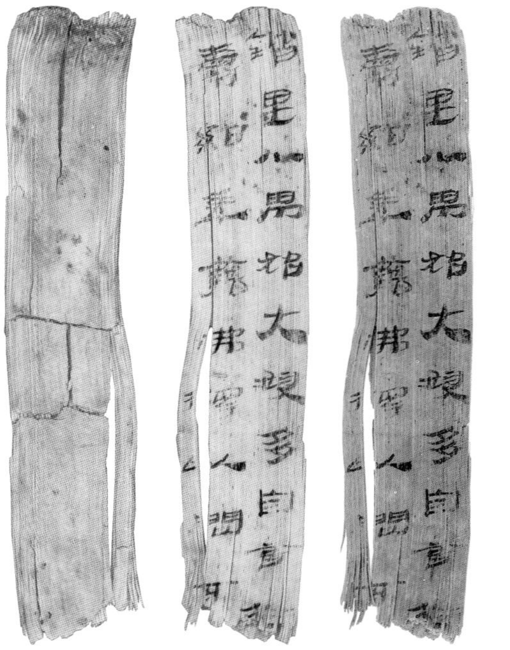

⧄錯里小男始大奴多自言非⧄
⧄爵結年籍弗得以問不⧄

298 0460 **298** 0460 **298b** 0460b

收印綬須書如律⧄

299 0461

299 0461

299b 0461b

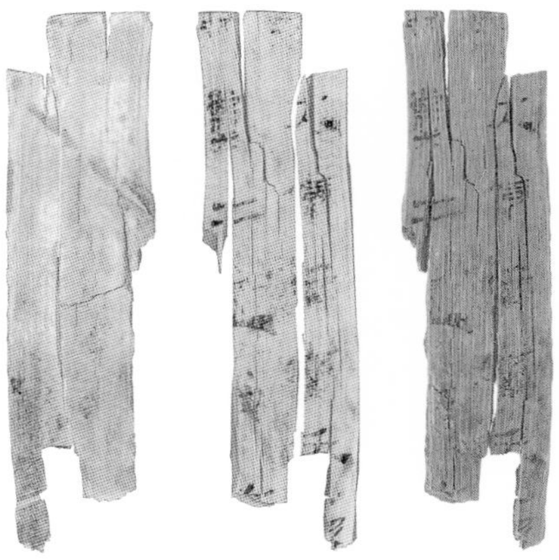

□大□□□壬□☑

□□二□□□☑

300 0464

300 0464

300b 0464b

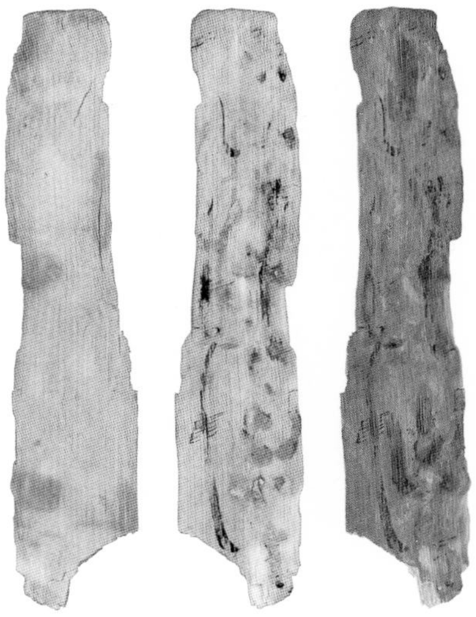

……☑

……☑

301 0465

301 0465

301b 0465b

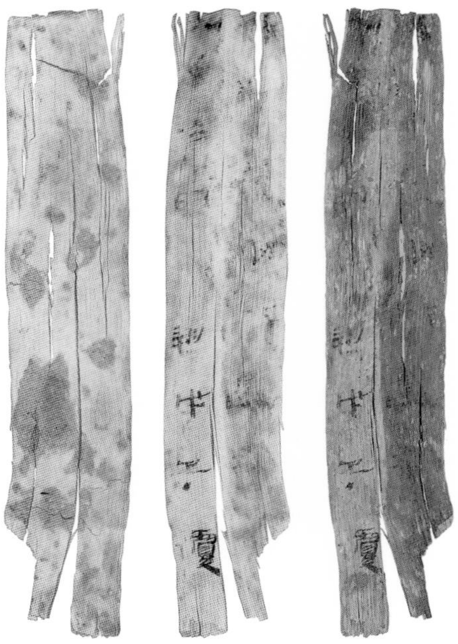

……☑

九年六月甲[子]朔戊子覆☑

302 0466

302 0466

302 0466

☑□里定

☑獄以律

303 0467

303 0467

303b 0467b

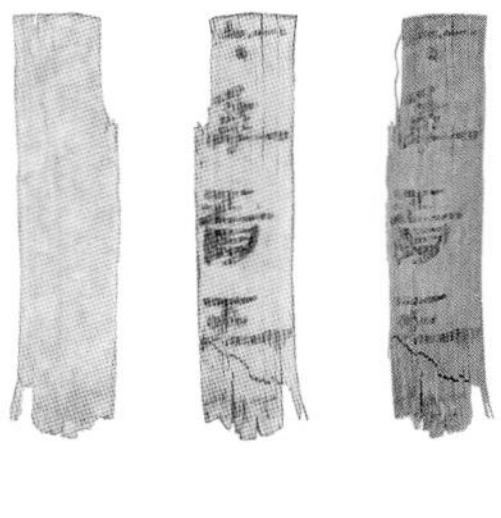

六年五月壬午☑

304 0469

304 0469

304b 0469b

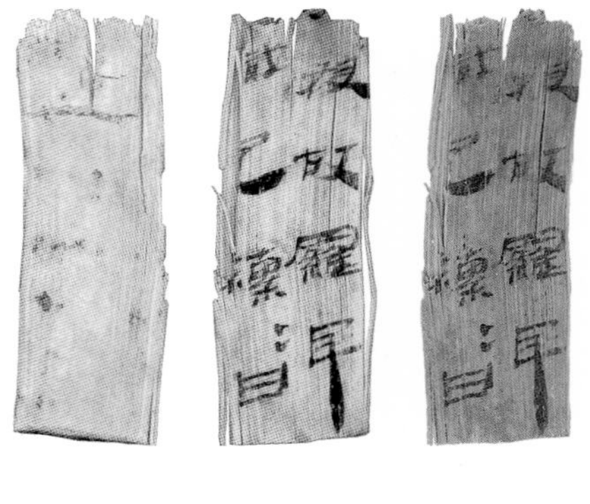

☑□奴故羅民

☑識兄纆纆曰

305 0470

305 0470

305b 0470b

☑□□□[并]☑

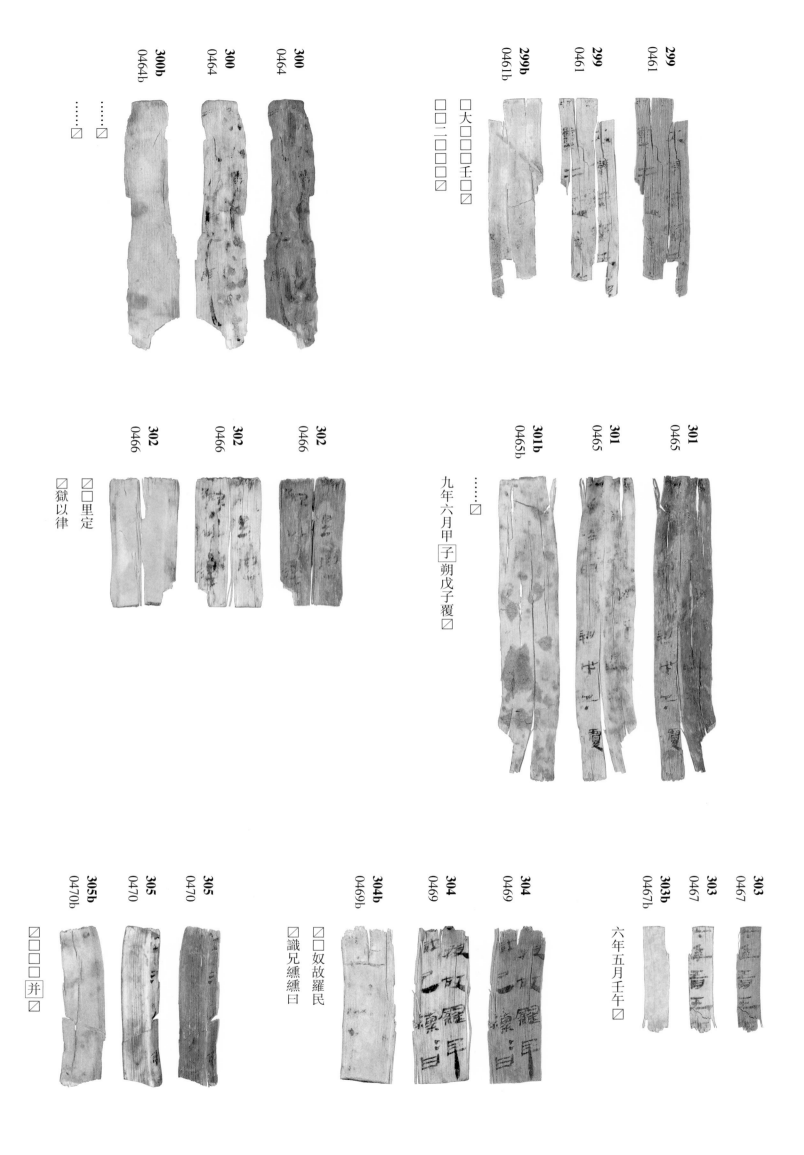

306 0471

306 0471

306b 0471b

□□它如前□

307 0472

307 0472

307b 0472b

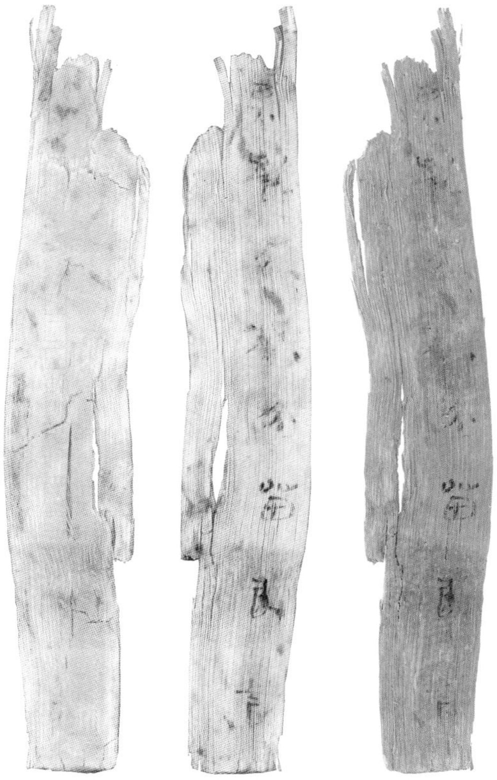

□吏農夫□勿留敢言

308 0473

308 0473

308b 0473b

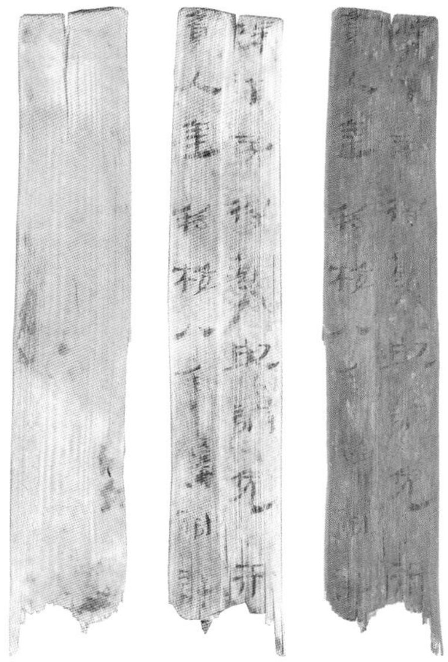

□□□得毄（繫）牢論免非□
責人金移校八年[應]獄計□□

309 0474

309 0474

309b 0474b

□[獄]計除錄它紇事如律令敢□□

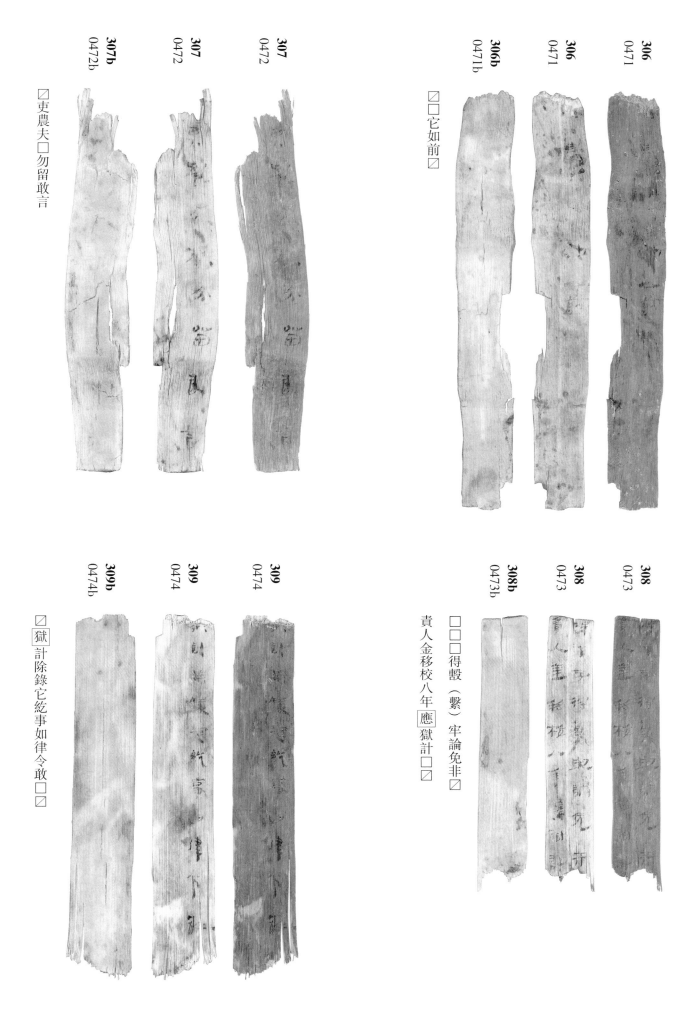

310
0476

310
0476

310b
0476b

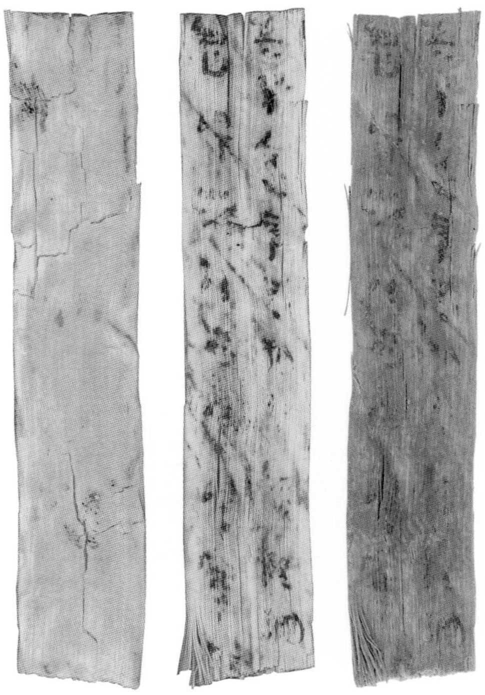

六年六月辛亥朔□□臨湘☐
智□□勿留□謹案□☐

311
0477

311
0477

311b
0477b

☐□□芛漻陽士五（伍）□忠西山
☐□□主□□□不

312
0478

312
0478

312b
0478b

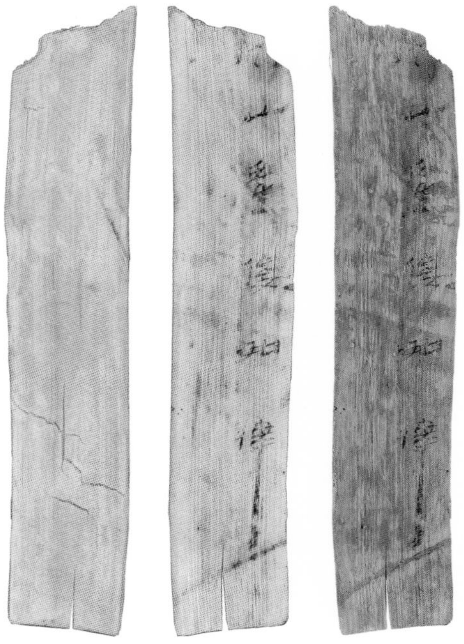

☐敢以重後如律

313
0479

313
0479

313b
0479

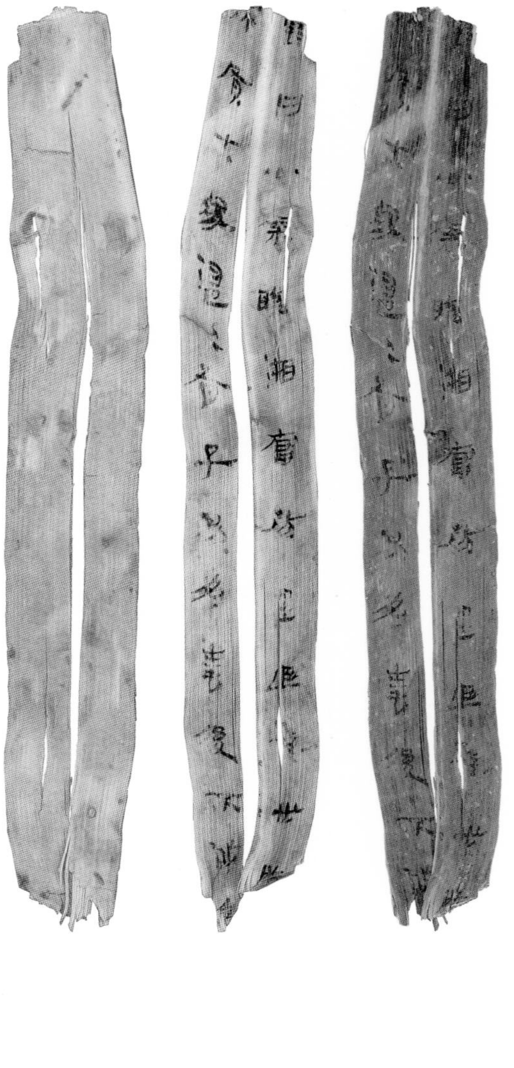

☐辭曰公乘臨湘當陽里廼年卅歲☐
☐所買大婢溫溫有子男名蛙後不識年☐

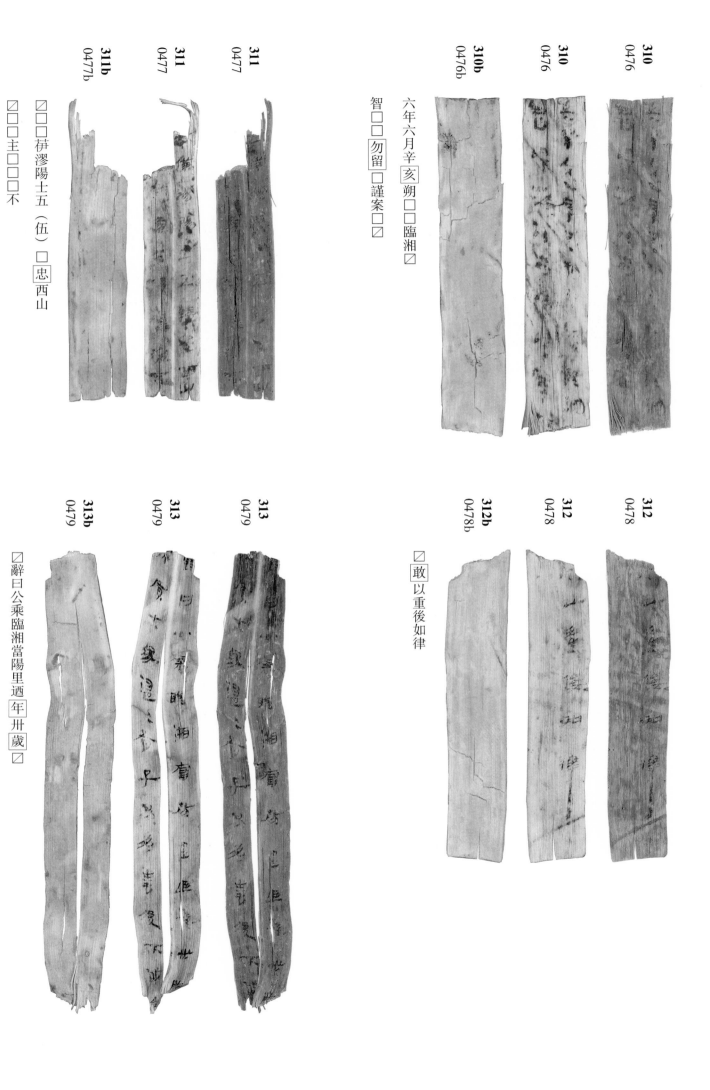

314
0480

314
0480

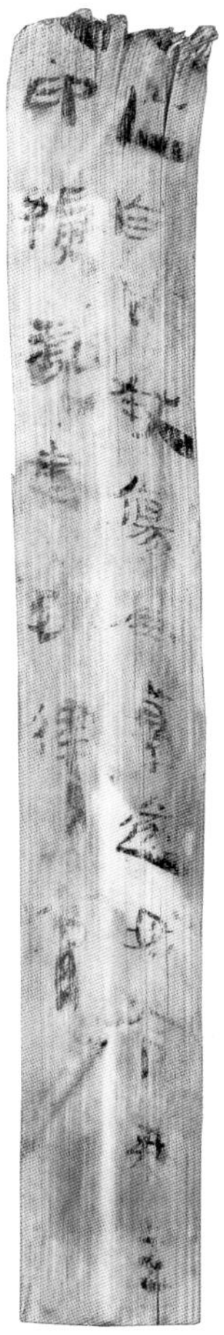

314b
0480b

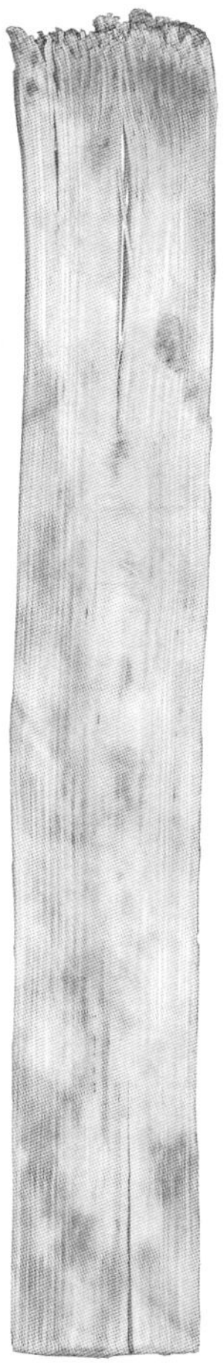

☑□亡自賊殺傷爲篡遂毋令[弗]主
☑[收]印綬須書如律令

315
0481

315
0481

315b
0481b

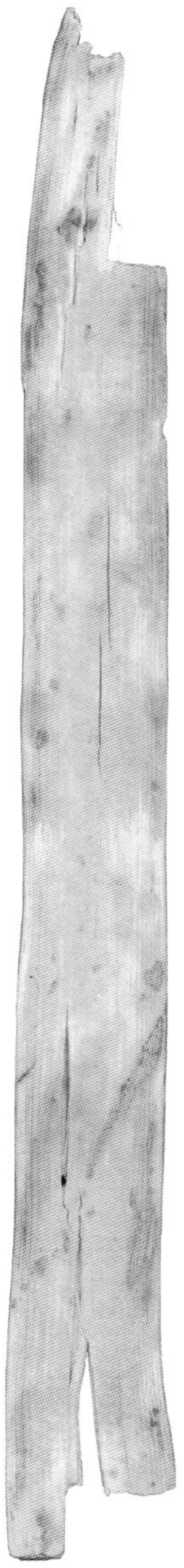

☑□癸六年功墨凡爲吏中勞二歲七月十一日其案五年
☑[丞]尉以[屬]尉史農夫農夫亡癸功墨不[移]告[劾]☑

316
0483

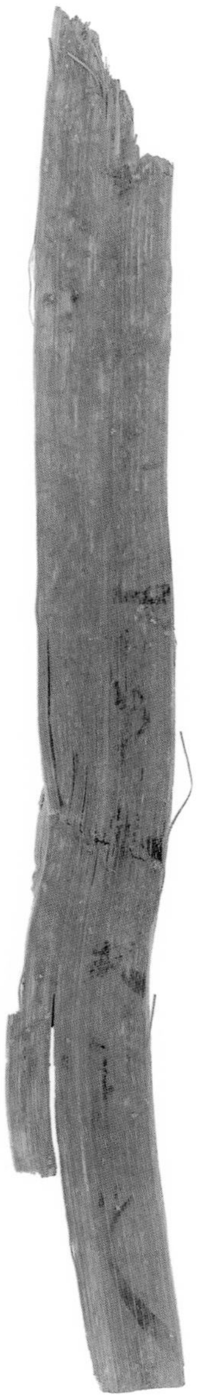

316
0483

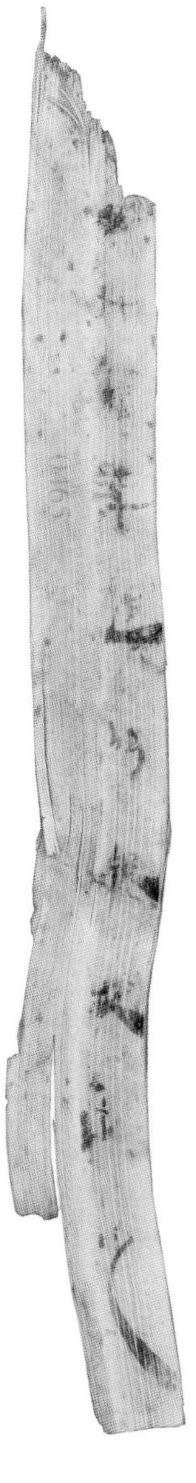

316b
0483b

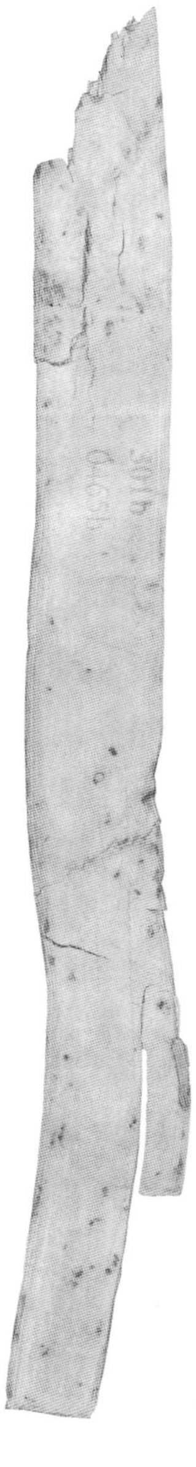

☐獄佐經年迺謁報敢言之

317
0485

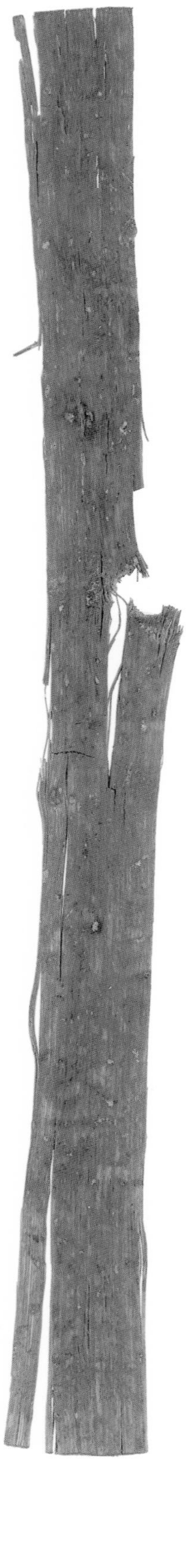

317
0485

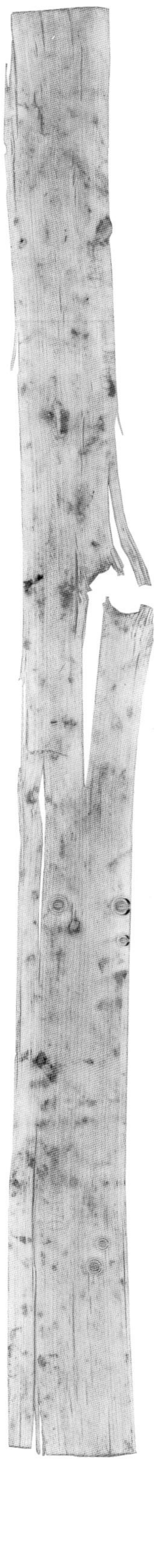

317b
0485b

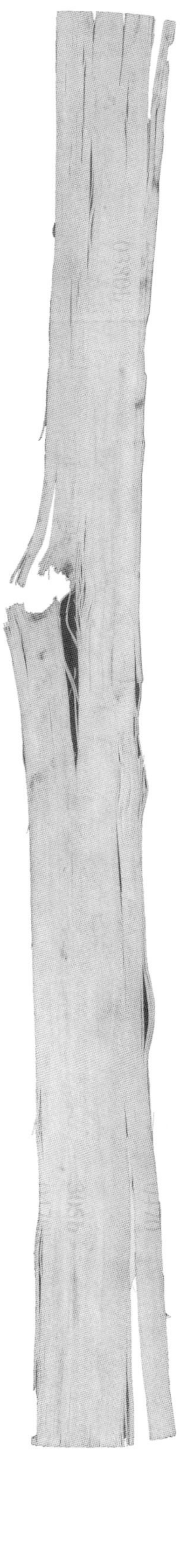

……

318
0486

318
0486

318b
0486b

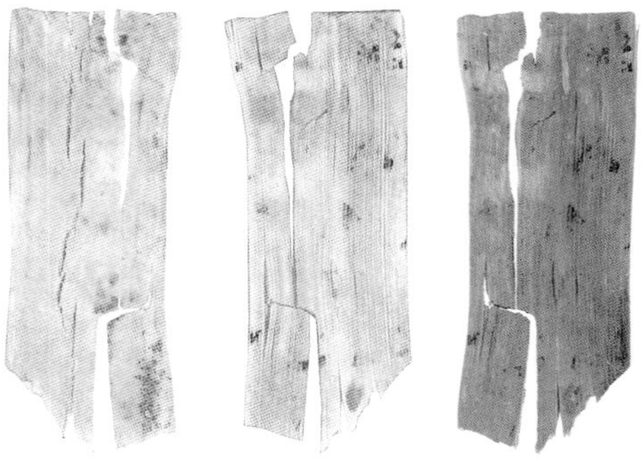

〼……

319
0487

319
0487

319b
0487b

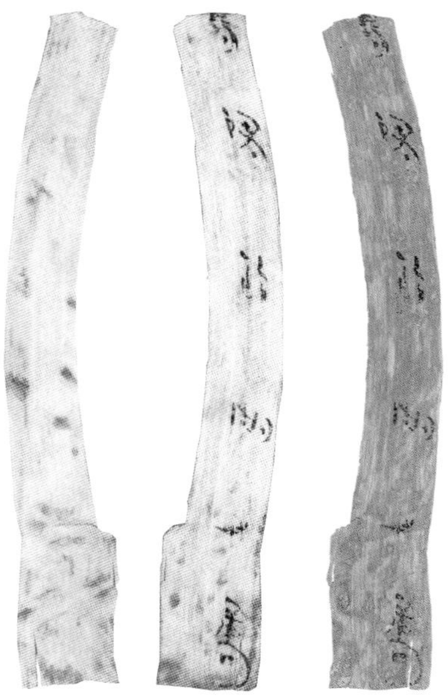

〼謁移臨湘丿屬

320
0488

320
0488

320b
0488b

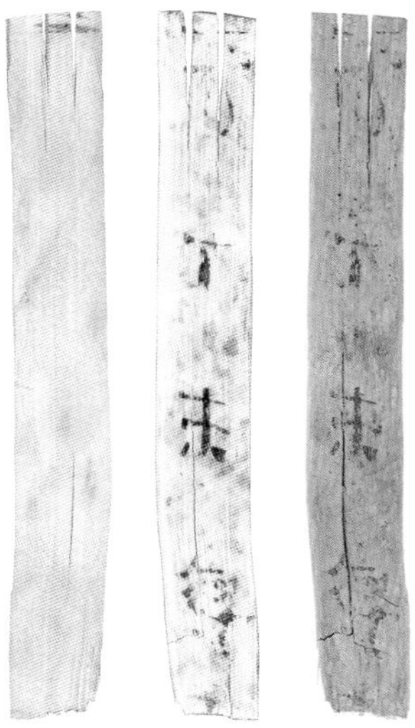

正月丁未夜〼

321
0489

321
0489

321b
0489b

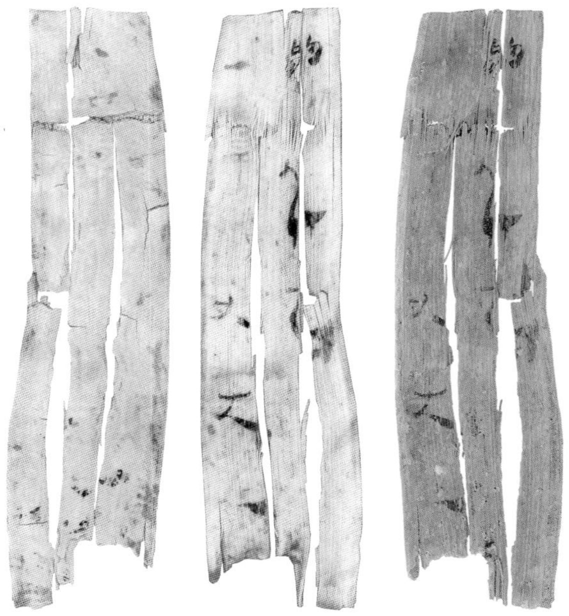

以以以
大大大

322
0490

322
0490

322b
0490b

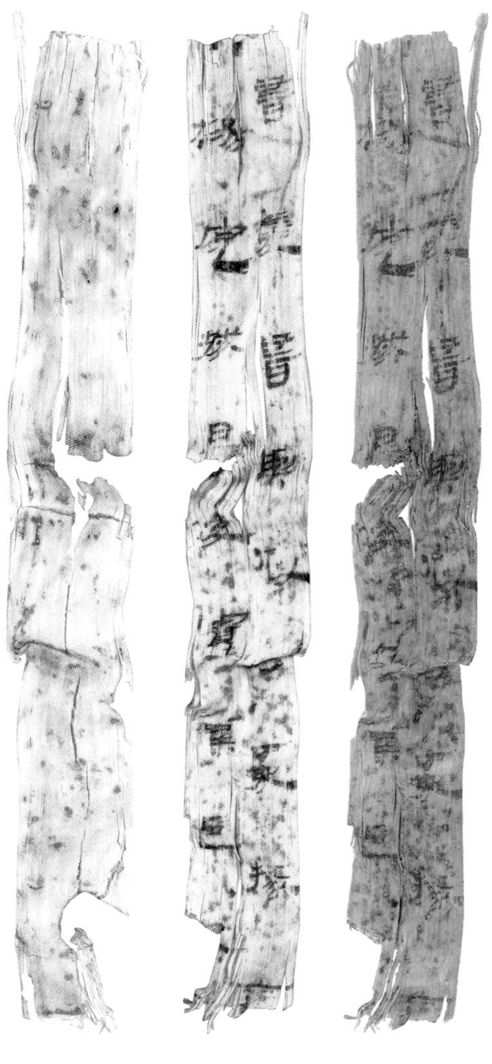

〼書爰書與□□夏掾□〼
〼□楊完城旦後覆隸臣□〼

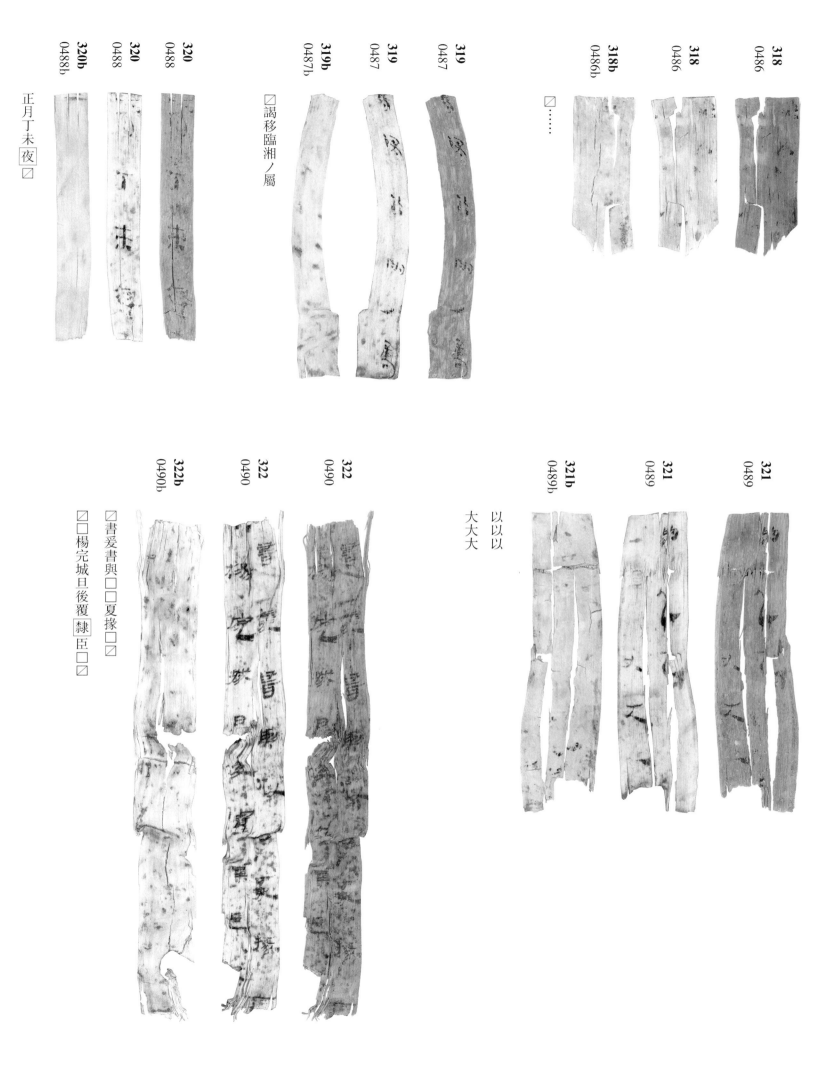

323 0491

323 0491

323b 0491b

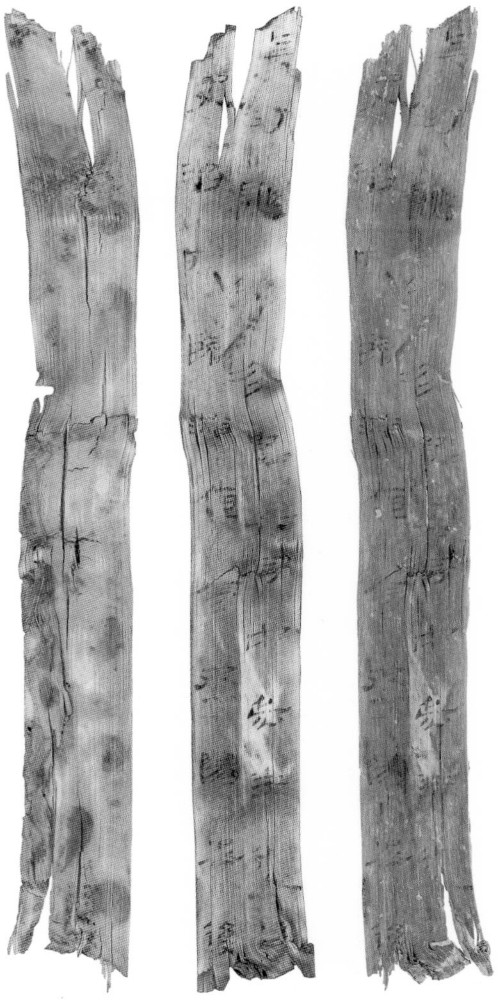

☐長沙詐（詐）移名數六月中姃年遣☐☐

☐史治所臨湘傳舍烝陽丞後☐

324 0492

324 0492

324b 0492b

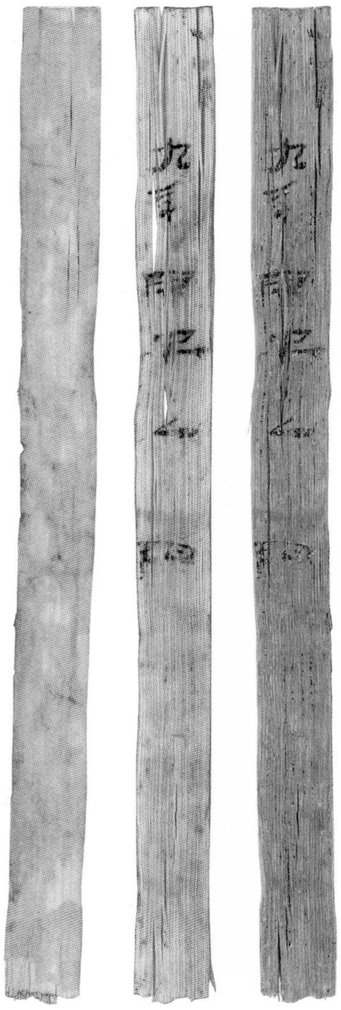

九年甲子乙朔☐

325 0493
325 0493
325b 0493b

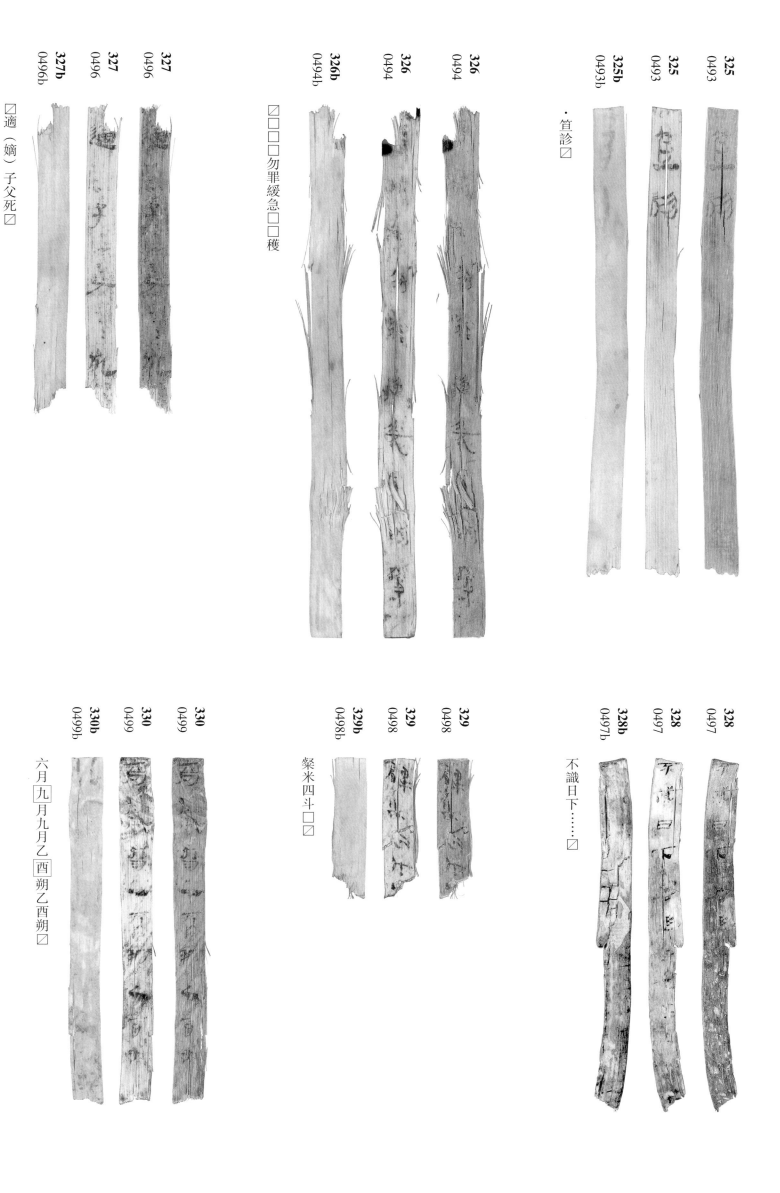

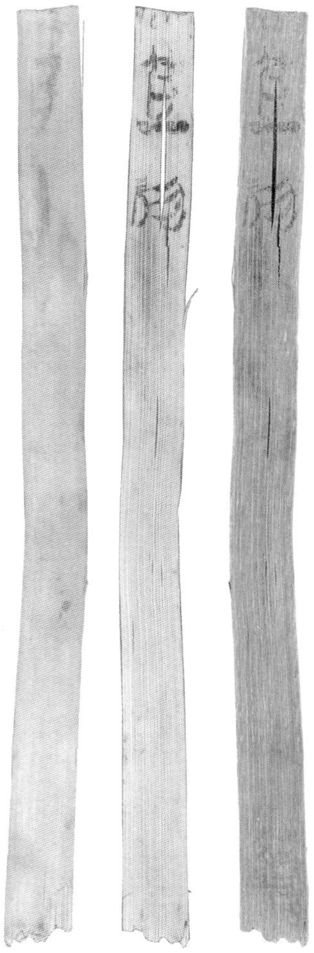

·笪診☒

326 0494
326 0494
326b 0494b

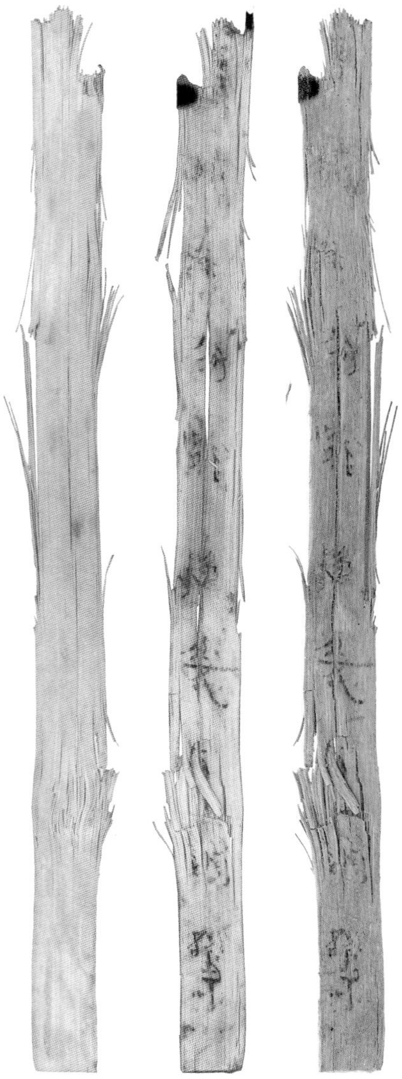

☒□□□勿罪緩急□□稄

327 0496
327 0496
327b 0496b

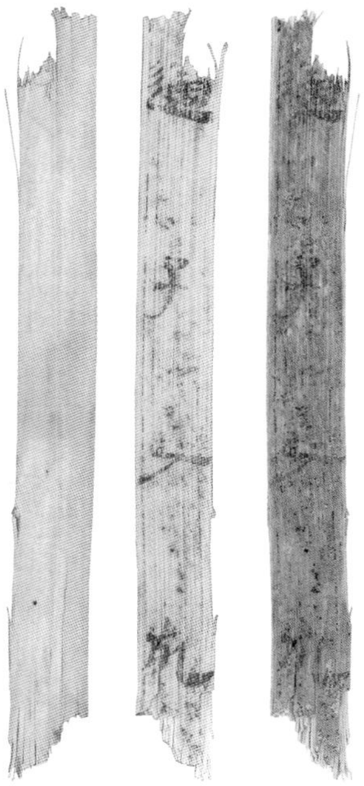

☒適（嫡）子父死☒

328 0497
328 0497
328b 0497b

不識日下……☒

329 0498
329 0498
329b 0498b

粲米四斗□☒

330 0499
330 0499
330b 0499b

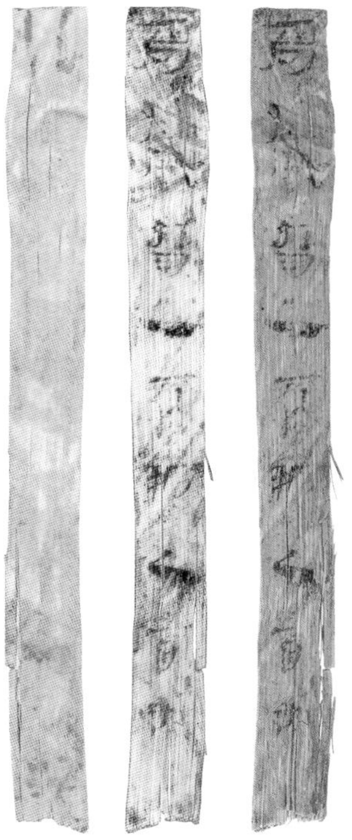

六月九月九月乙酉朔乙酉朔☒

331
0510

331
0510

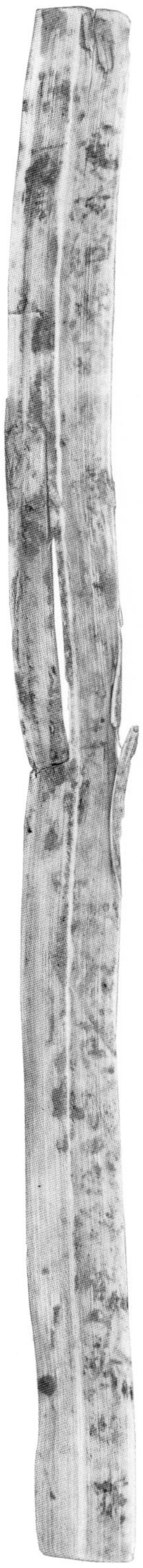

331b
0510b

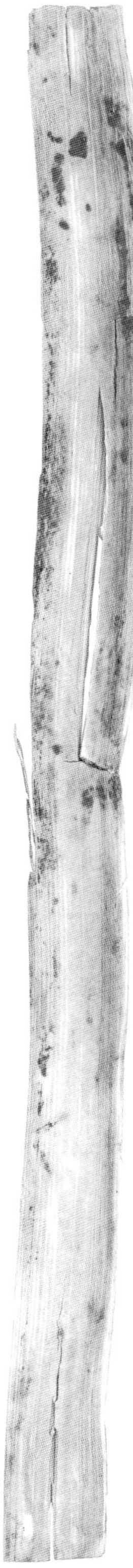

□年□月丙子朔戊午……

囚簿一編……敢言之

332
0511

332
0511

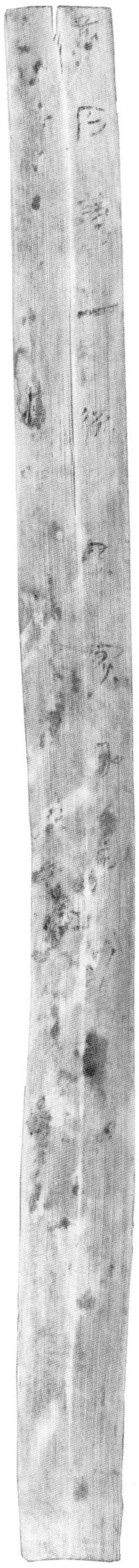

332b
0511b

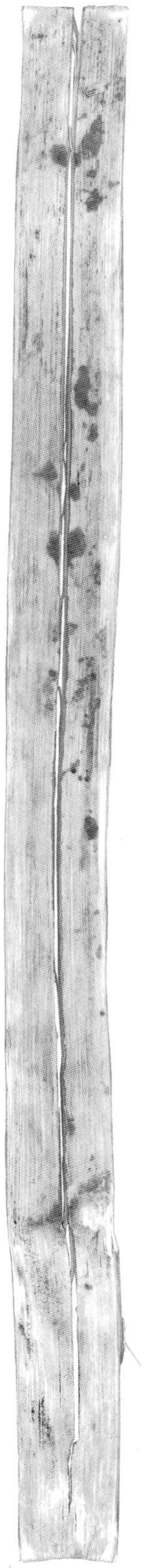

前囚簿一編書實敢言之

333 0517　333 0517　333b 0517b

已決刻十五事其十一故囚

334 0530　334 0530　334b 0530b

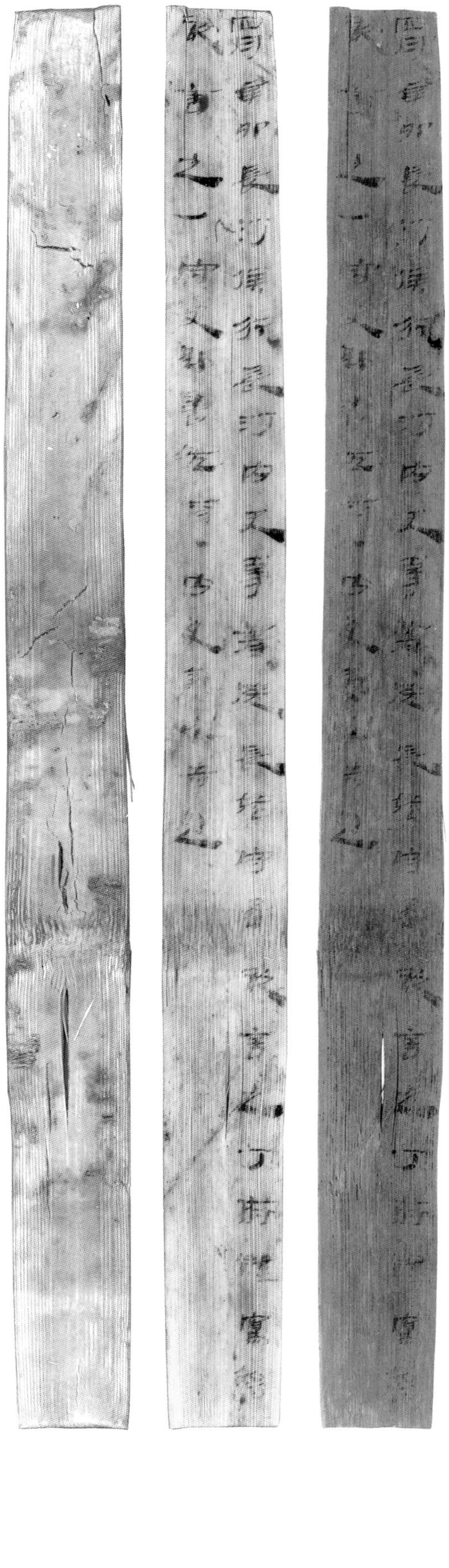

四月辛卯長沙僕行長沙内史事、春陵長始守丞敢言之少府，謹寫移。
敢言之。丿守史郢、書佐丙。·内史齊客告歸。

335 0531

335 0531

335b 0531b

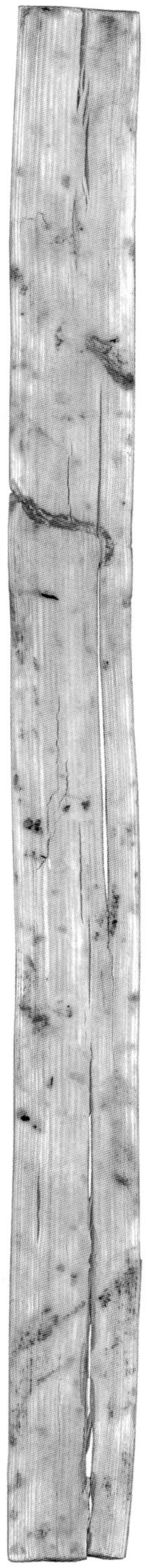

當詰詰已謹內纏封印移願勿留如律令
敢告主

336 0533

336 0533

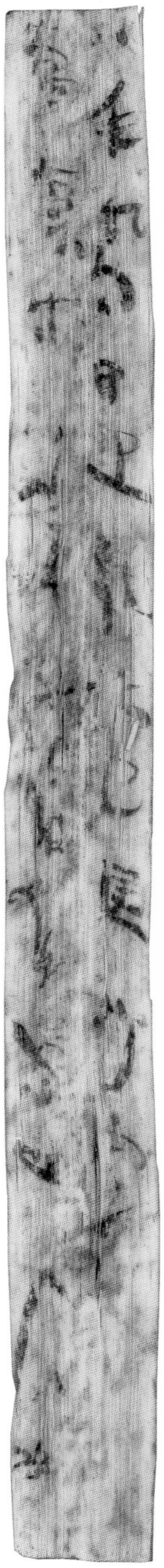

336b 0533b

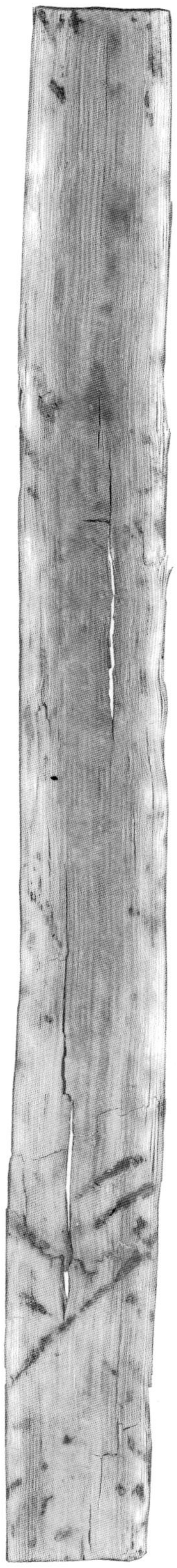

八年九月甲子朔癸巳長沙內□
當棄市　長沙內史充敢言之……

337
0537

337
0537

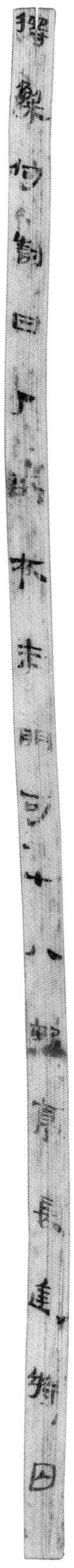

337b
0537b

得解何對曰丁亥夜未明可ノ十八□亭長達將囚

338
0538

338
0538

338b
0538b

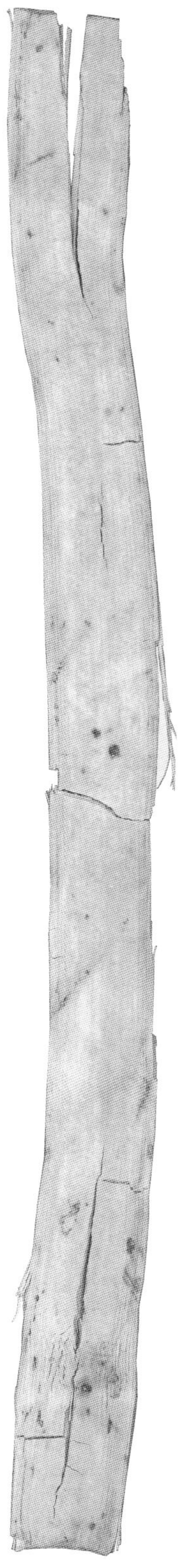

六年十一月乙酉朔丙戌司空嗇夫裯敢言之獄書曰定邑中大夫

□士五（伍）□□大女交坐首匿臨湘命棄市□吳人論棄交市

339
0539

339
0539

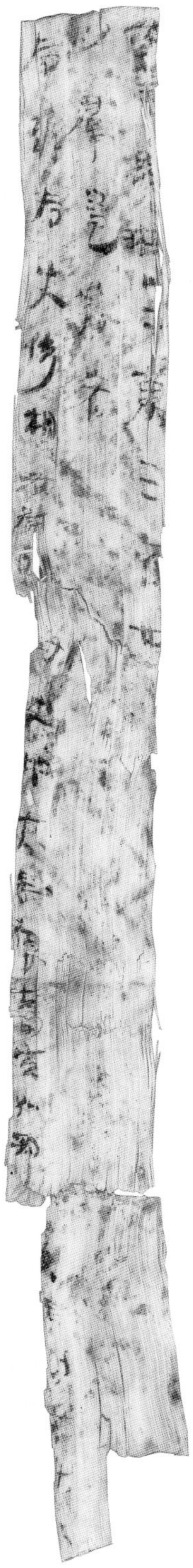

339b
0539b

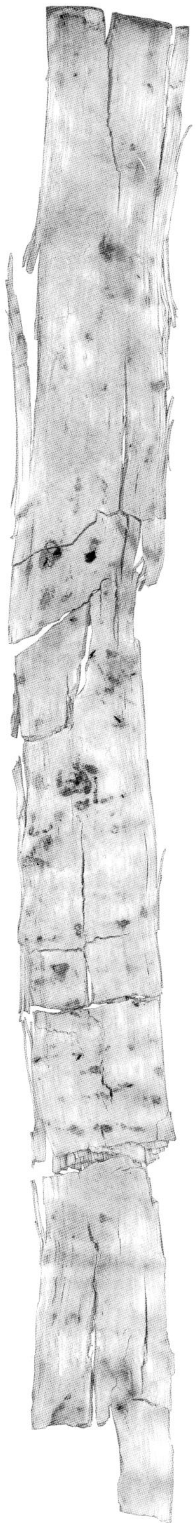

六年臨湘□二萬三百廿

毋（無）群盜發者

令□令史倚相右尉□尉史印亭長傳嗇夫加胡……☐

340
0540

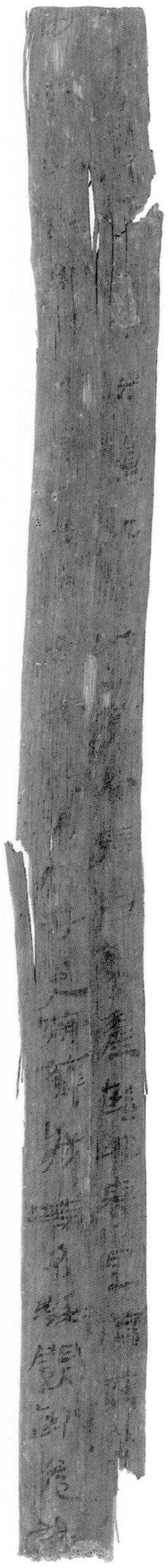

340
0540

340b
0540b

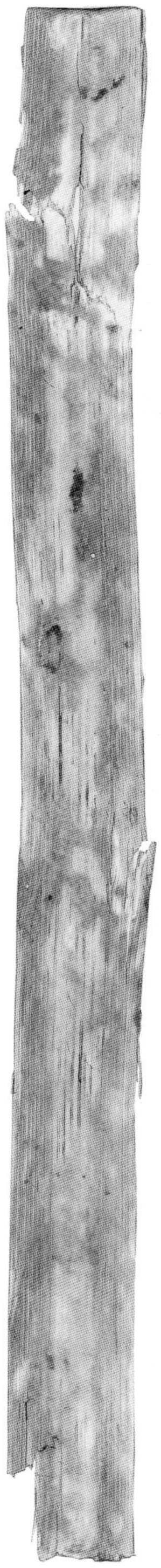

七年三月戊寅令史意訊□□□□辤（辭）曰故産臨湘春里蒲䕸□□☐

囚鬪歐臨湘□□里大女危□□□媒所告吏蒲䕸誠無名數鬪歐危媒☐

341
0541

341
0541

341b
0541b

四月甲申尉曹史充移獄聽書從事它如律令丿令史充

……

342
0542

342
0542

342b
0542b

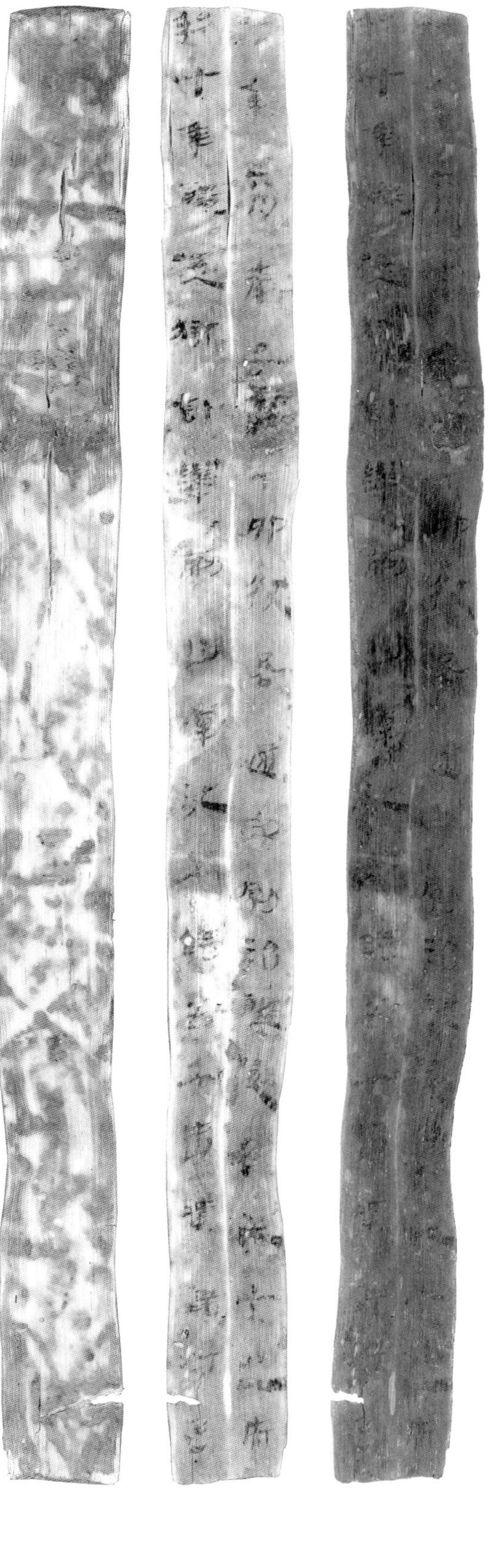

八年六月庚子朔丁卯，攸丞[通]守別治醴陵丞敢言之：府

移七年醴陵獄計。舉劾曰：庫決入錢五千，皆黃錢，付丞

343
0550

343
0550

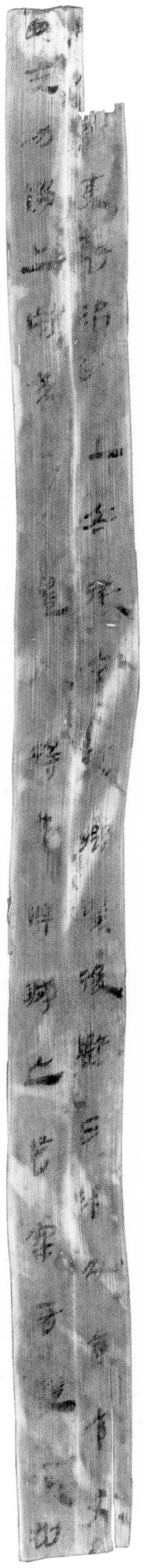

343b
0550b

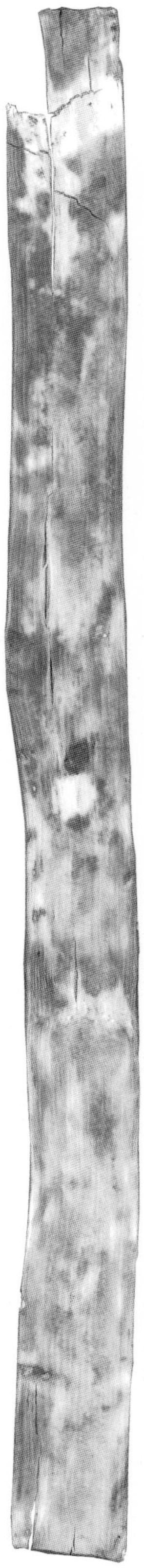

□□尉吏曹治所上去徵卒移鄉環後數日錢斗食令史
嗇夫功勞上府□□□遷入將弗得誠亡書案若辤（辭）它如

344
0552

344
0552

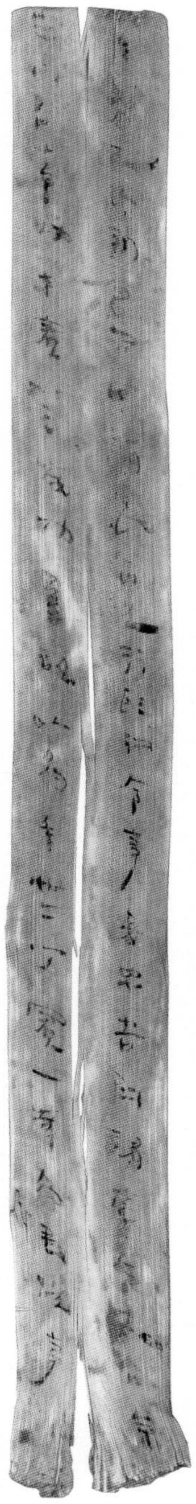

344b
0552b

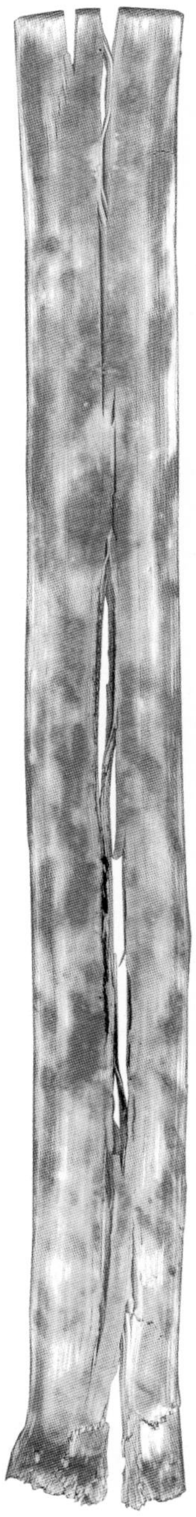

□年九月乙亥朔己丑，定廟長昌之行臨湘令事、丞忠告尉、謂庫：令史公乘☐
坐自占七年功未實，卅三歲功墨誤以爲年卅二，少實一歲，爲書誤。事□☐

345
0553

345
0553

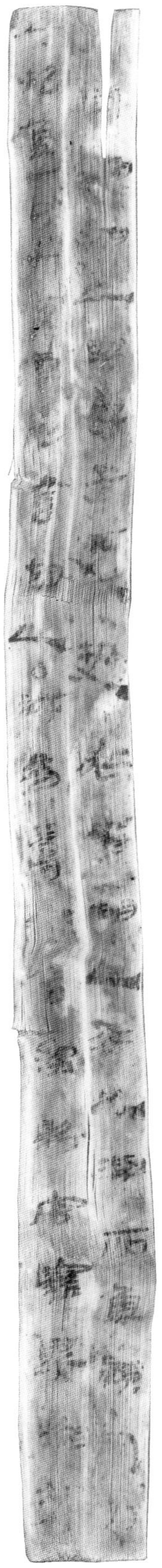

345b
0553b

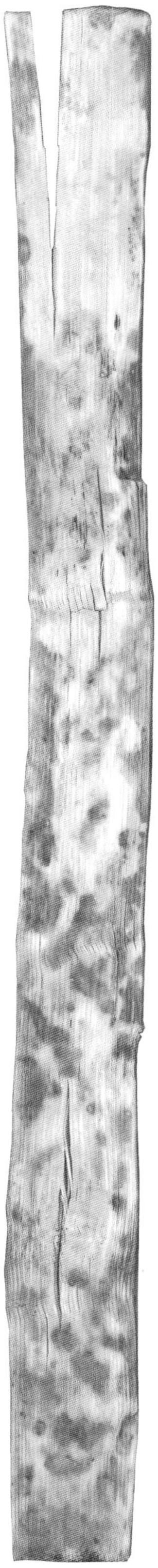

□臨湘胡人與男子更投衣器胡人去之淵所魚□□□

□招魚一日一夜魚□書胡人誠爲受□舍移縣官羅界□□

346
0555

346
0555

346b
0555b

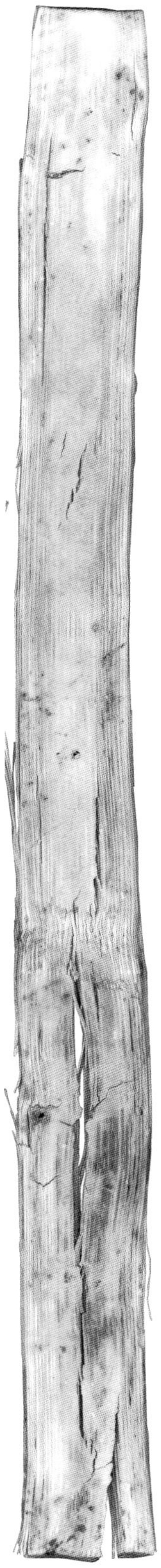

九年六月甲子朔庚午，御府丞客夫守臨湘丞謂倉、敢告西陽丞主：西陽

士五（伍）東里辟坐，□鬬以釰（劍），烝陽潙里漢左劦一所，得，毄（繫）牢

347
0558

347
0558

347b
0558b

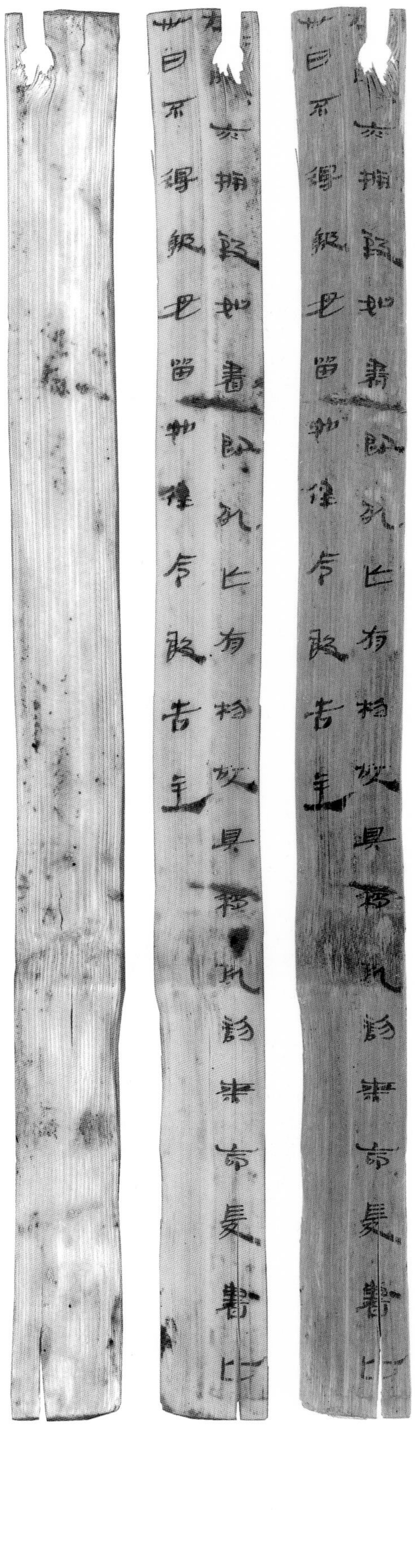

在所，在所亦捕致如書。即死亡，有物故，具移死診、喪命爰書。亡
卌日不得，報毋留。如律令。敢告主。

348
0565

348
0565

348b
0565b

□若時魚劾不到□□□□募衣□□□□□欲復□之廷
囚痛不能復投長號接□尊投書胡人即入[它]船□持牒二□

349 0568

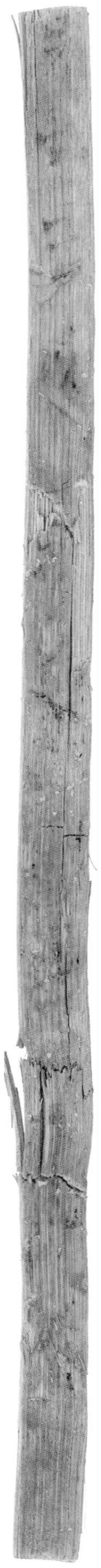

349 0568

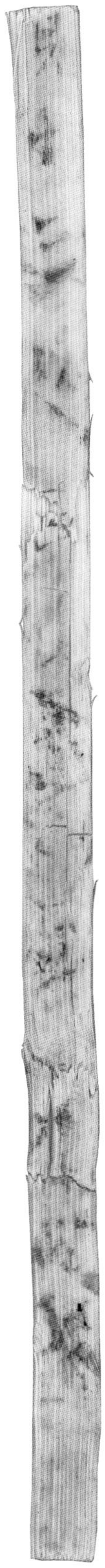

349b 0568b

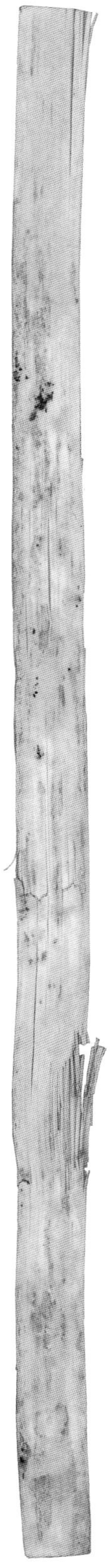

其十三故囚……

350 0570

350 0570

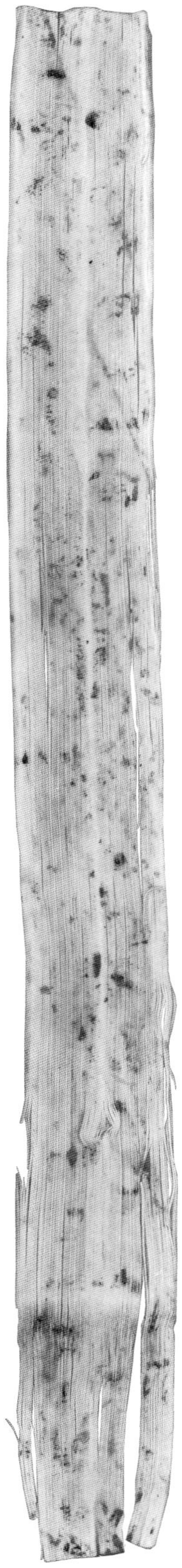

350b 0570b

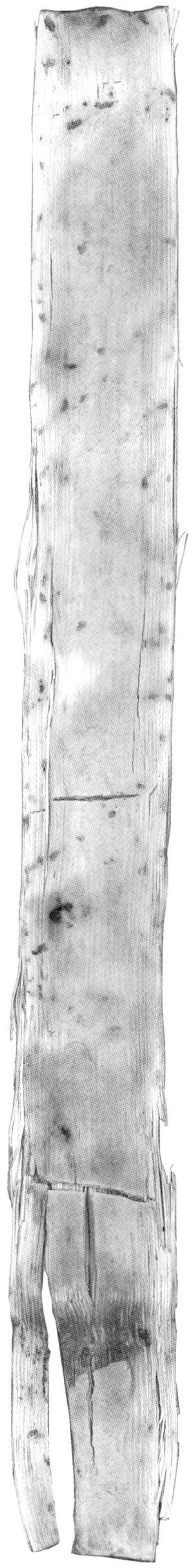

…………

…………

351
0571

351
0571

351b
0571b

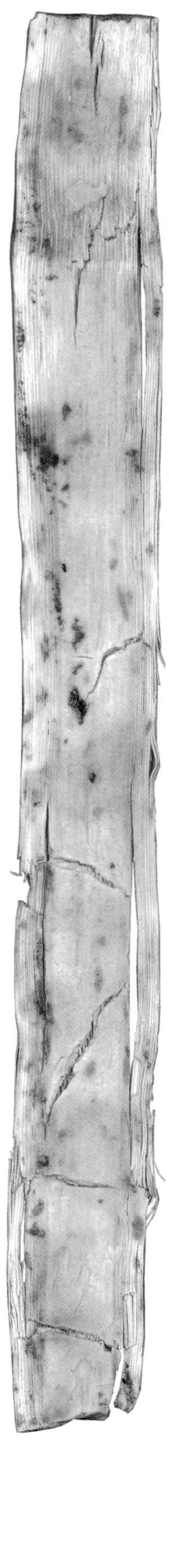

……臨湘守獄史左……

……

352
0572

352
0572

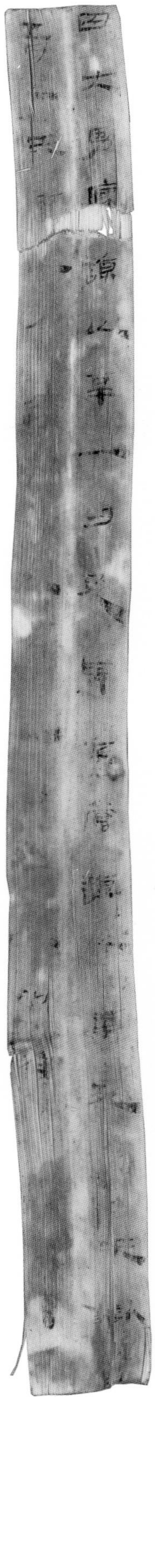

352b
0572b

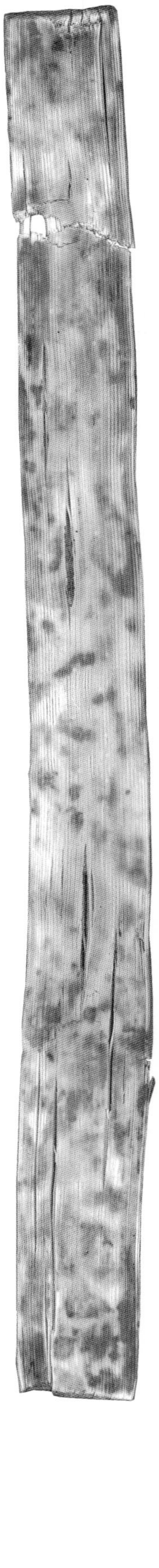

囚大男㝡諒以辜一日死辤（辭）不當證以辜死□未獄會

五月乙未赦以令復作□歲……如律令

353 0574

353 0574

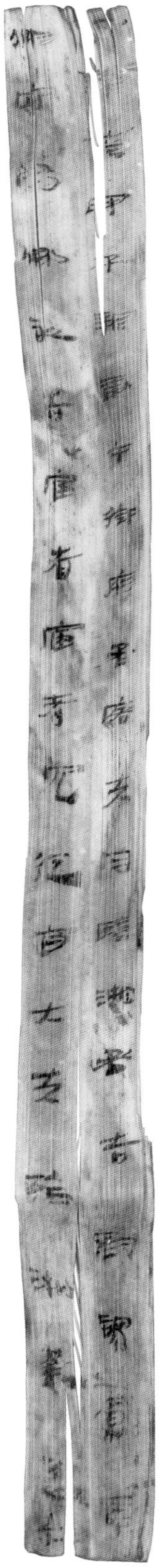

353b 0574b

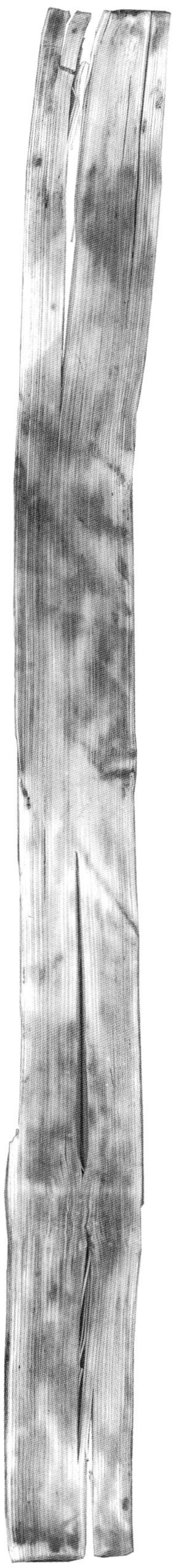

九年六月甲子朔庚午，御府丞客夫守臨湘丞告尉、謂倉、南鄉、安陽鄉，敢告宦者：宦者冗從官大夫臨湘□里□

354 0576

354 0576

354b 0576b

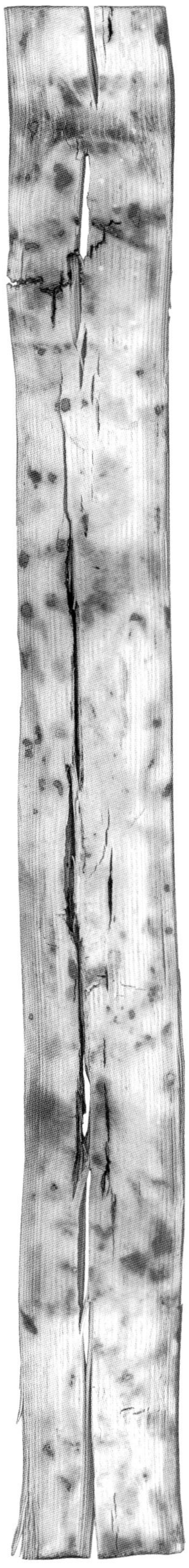

五月戊辰蘄春長辨守丞全□丞京移臨湘過所縣ノ令史正・丞□□

355
0577

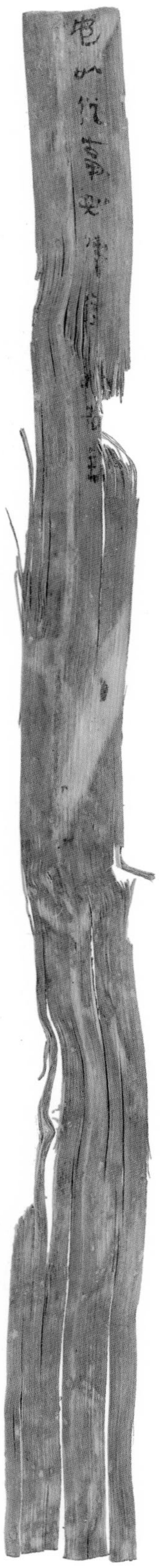

355
0577

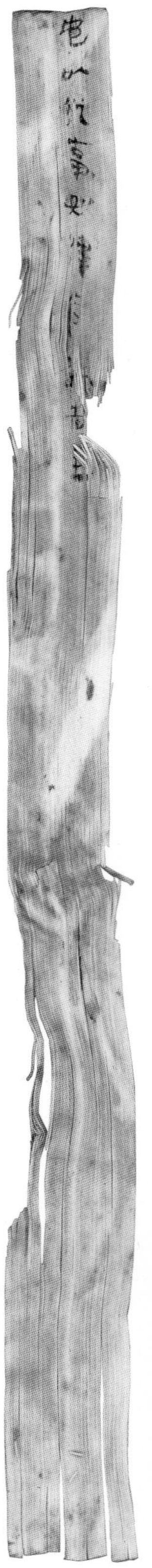

355b
0577b

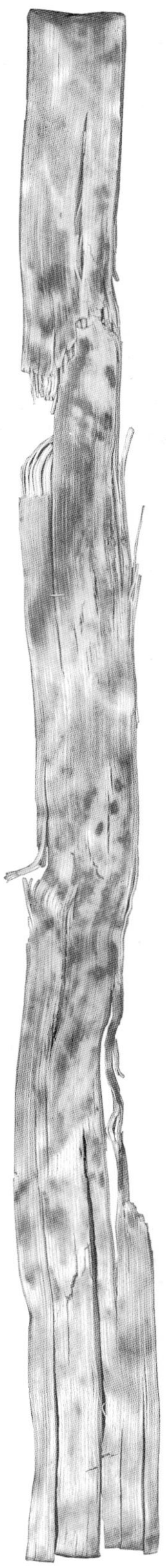

它以從事如律令敢告主

356
0578

356
0578

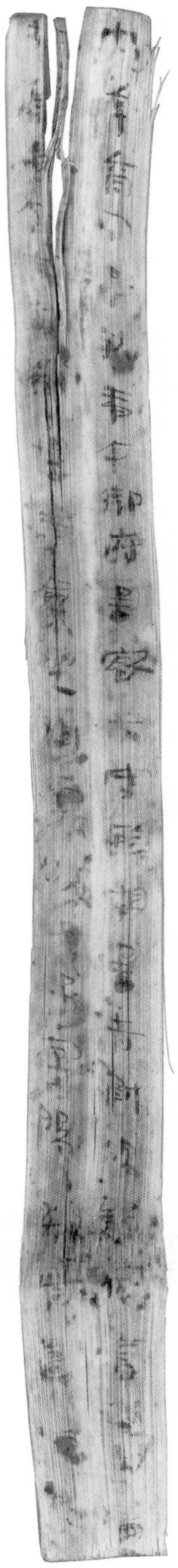

356b
0578b

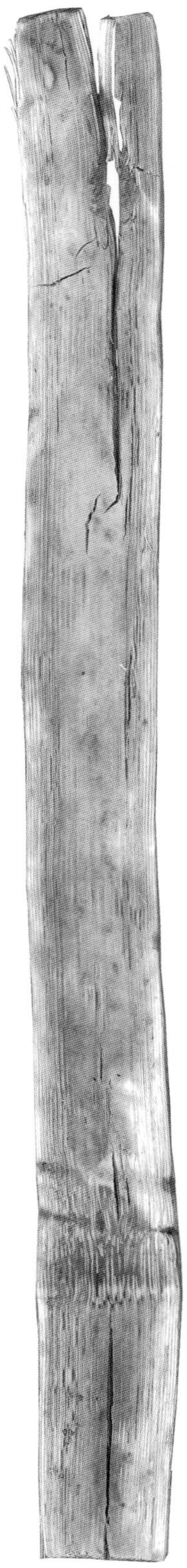

九年六月甲子朔庚午，御府丞客夫守臨湘丞告尉、謂南鄉、倉、少內嗇
夫：　亭長官大夫鄧里黃襄坐捕……女子字陽卻首匿□

357 0579

357 0579

357b 0579b

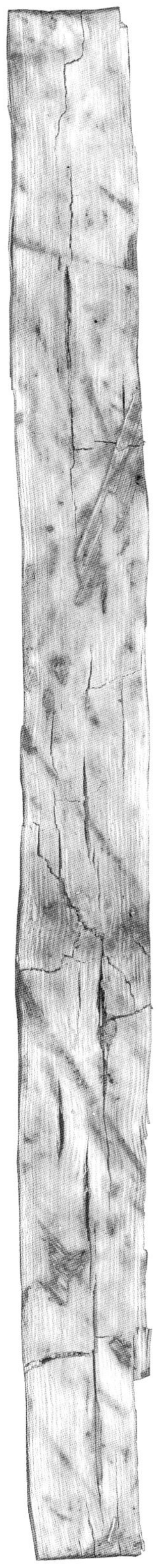

□□毋（無）真長丞連衣器在夏田往取之可且直留湘旁以□不爲解
聽問決ノ論吏葵徙朝連乃之官視事連即行之夏……

358 0584

358 0584

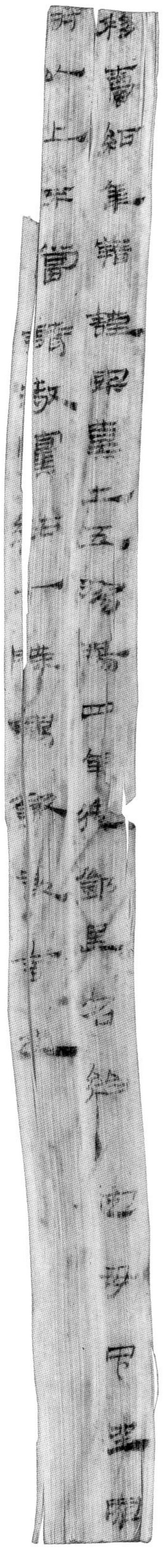

358b 0584b

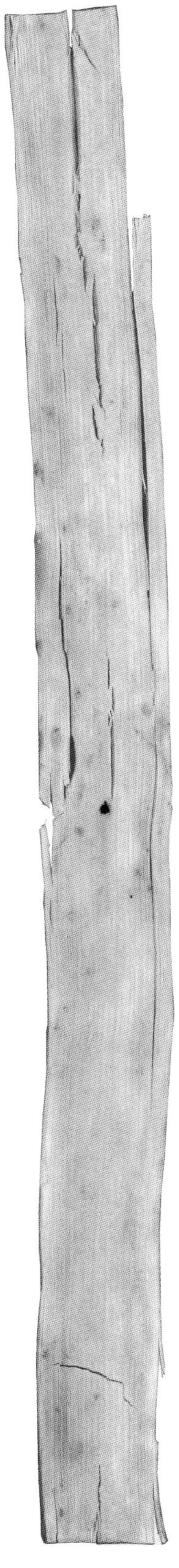

移爵結年籍謹案熹士五（伍）漻陽四年徙郅里名紿定毋（無）它坐罪
耐以上不當請敬寫結一牒謁報敢言之

359
0586

359
0586

359b
0586b

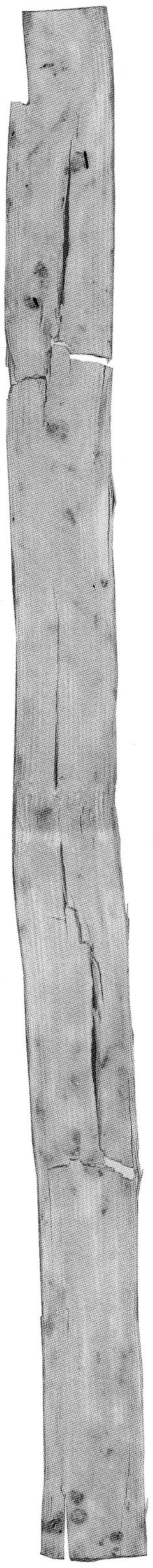

即死有物故亡滿卅日移死診爰書具報毋留
若律令

360
0599

360
0599

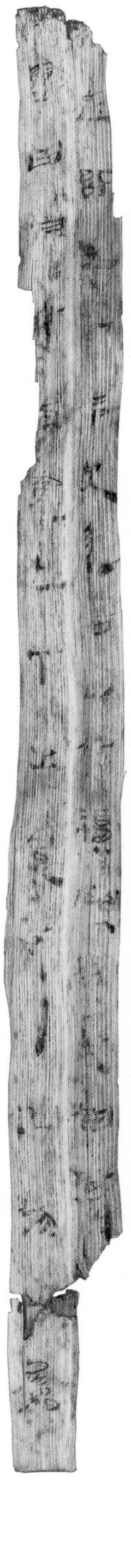

360b
0599b

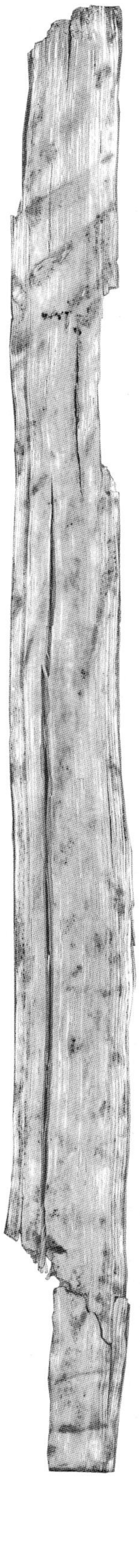

☐☐庭即☐☐令史充西山佐福守囚髡鉗城☐
☐☐嬰曰完城旦冤上下出食死已診以屬

361
0600

361
0600

361b
0600b

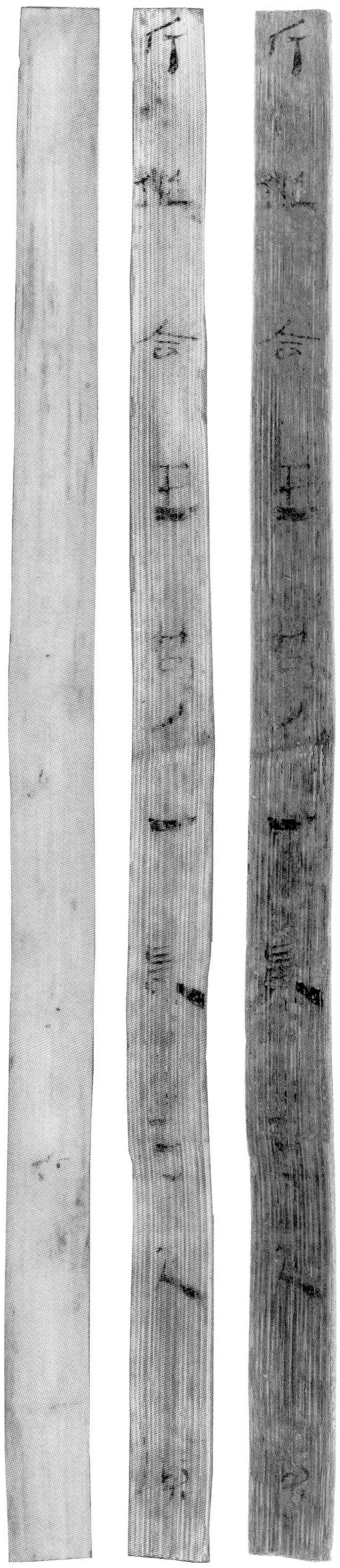

斤作合生笥一長三尺廣

362
0607

362
0607

362b
0607b

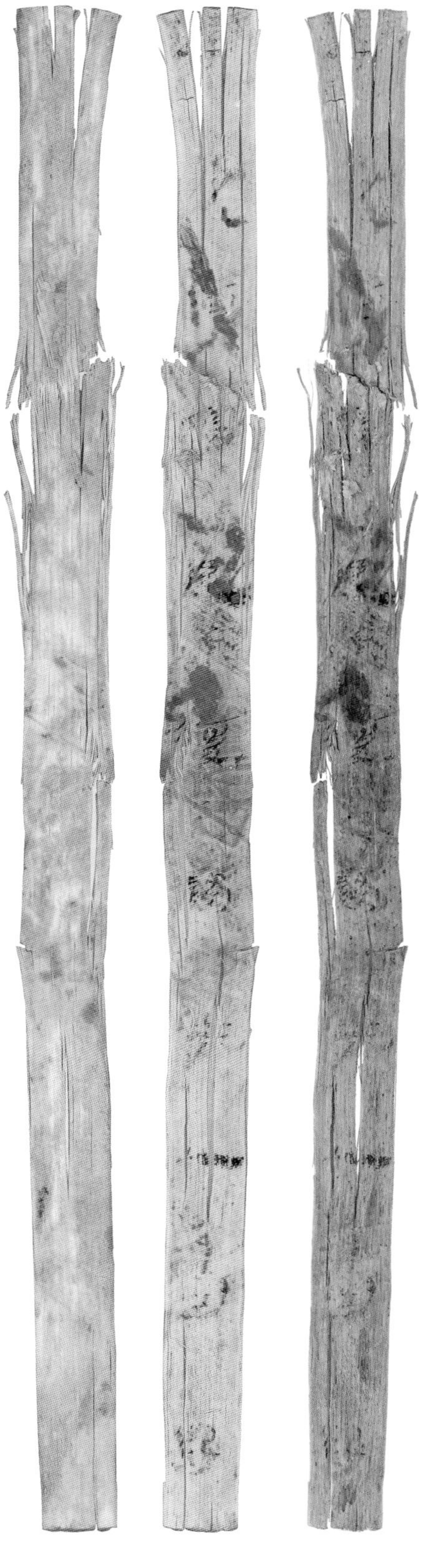

□□□□後復謂吳人曰欲

363
0608

363
0608

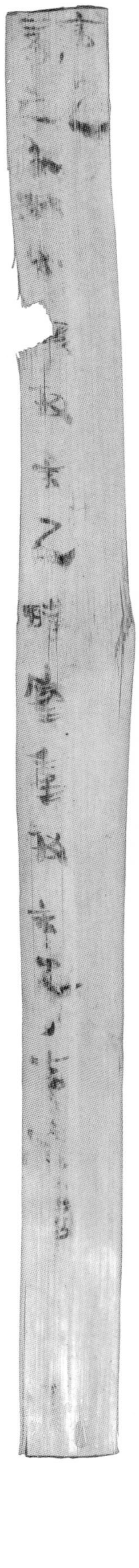

363b
0608b

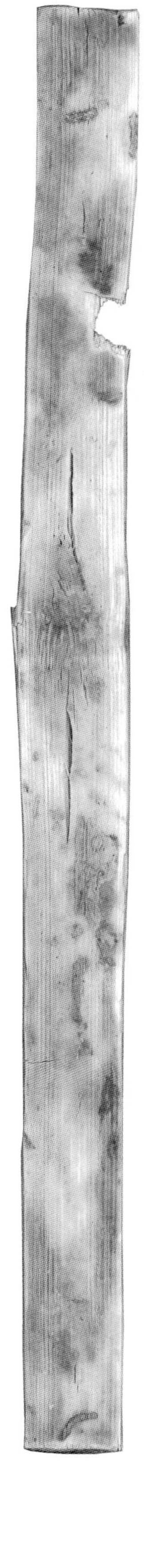

言之
三月己丑獄史□敢言之謹寫重敢言之ノ□□□

364
0609

364
0609

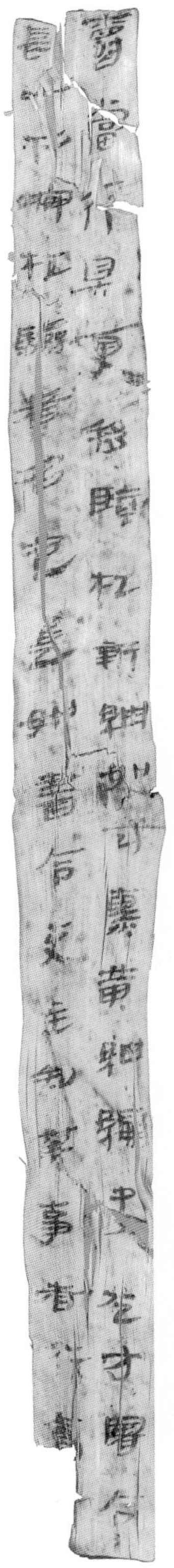

364b
0609b

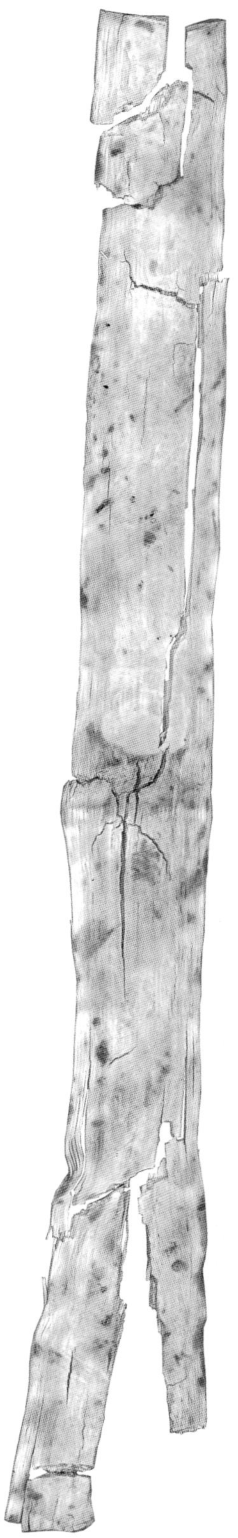

爵當行具更移臨札新紬如式熏黃紬編夬左方署令
長以下按校驗者名色長如書令吏主知其事者行會□

365 0610

365 0610

365b 0610b
內中……

366 0611

366 0611

366b 0611b
□故佐□守囚卒零陵將田□倉□

367 0612

367 0612

367b 0612b
□□□□□□□□□□□

368 0614

368 0614

368b 0614b

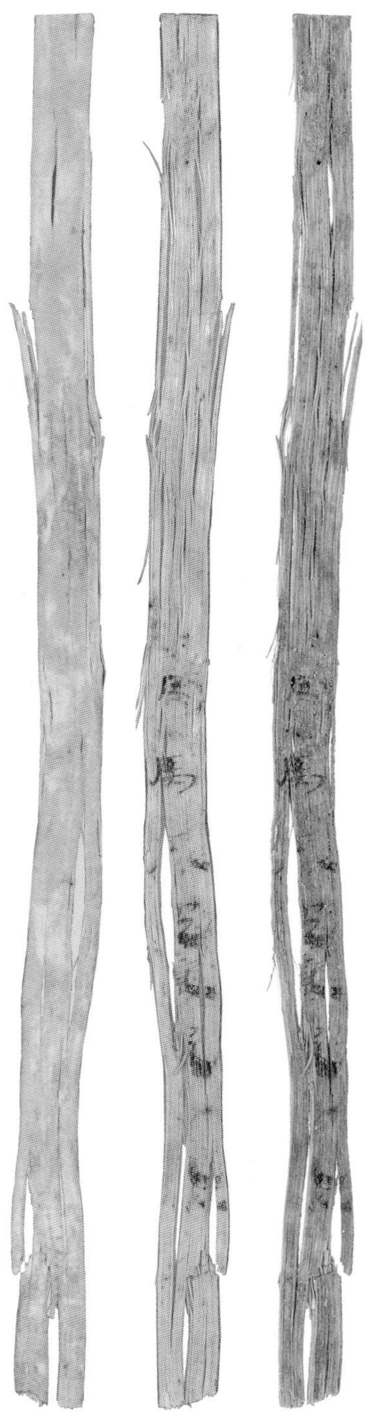

馬馬長足□足▨

369 0615

369 0615

369b 0615b

廷史掾書佐寰從囚史□佐聖□南陽大（太）守□人▨

370 0616

370 0616

370b 0616b

……

371 0622

371 0622

371b 0622b

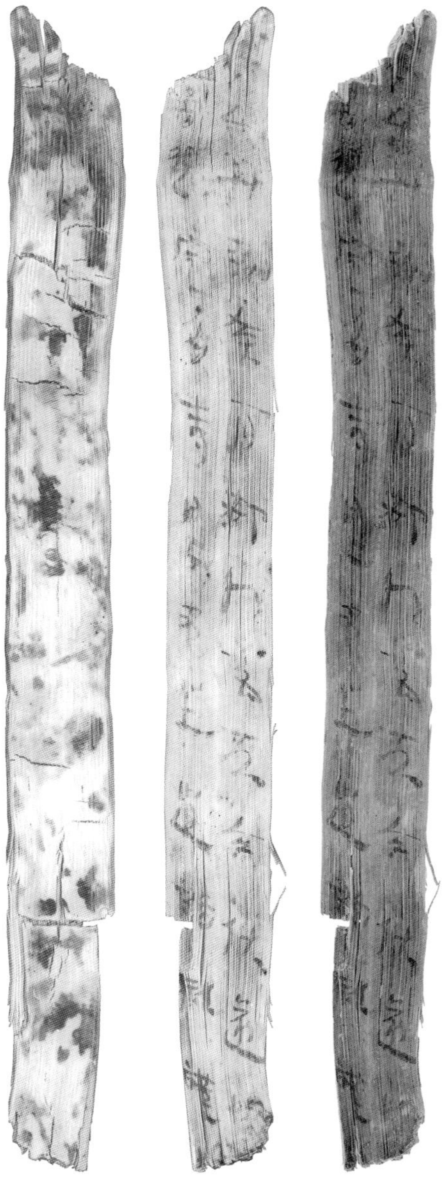

☐二月乙丑朔癸酉都鄉嗇夫責佐遂☐☐

☐丞追定名爵里、它坐，遣詣獄謹寫☐

372 0623

372 0623

372b 0623b

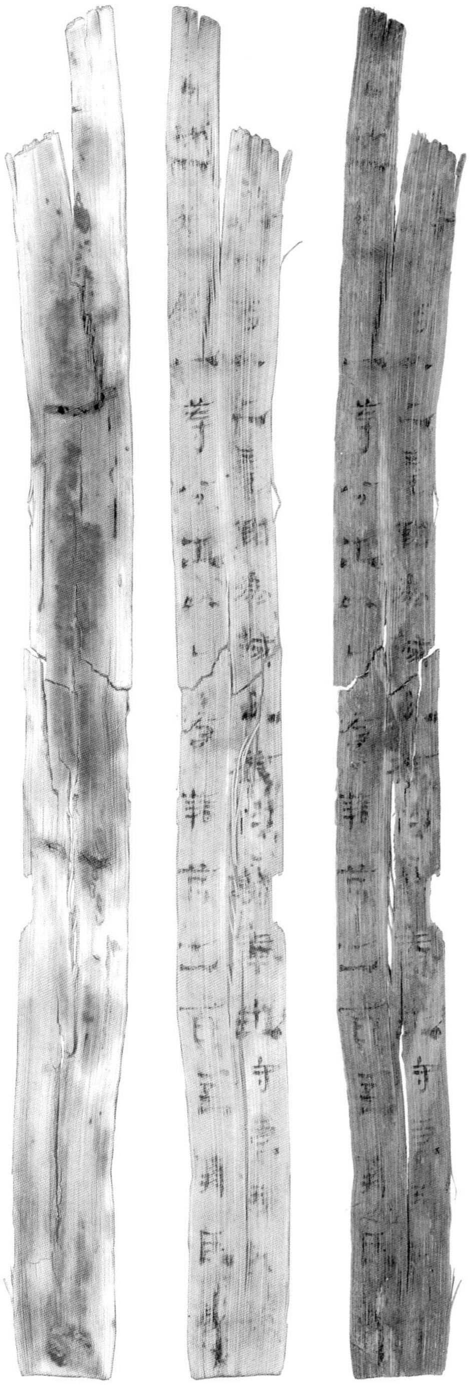

☐☐錢六百以上髡鉗爲城旦者自詣奉主守☐監臨☐

☐主守☐駕（加）罪一等，公士以上有藉笞二百至隸臣，☐

373
0625

373
0625

373b
0625b

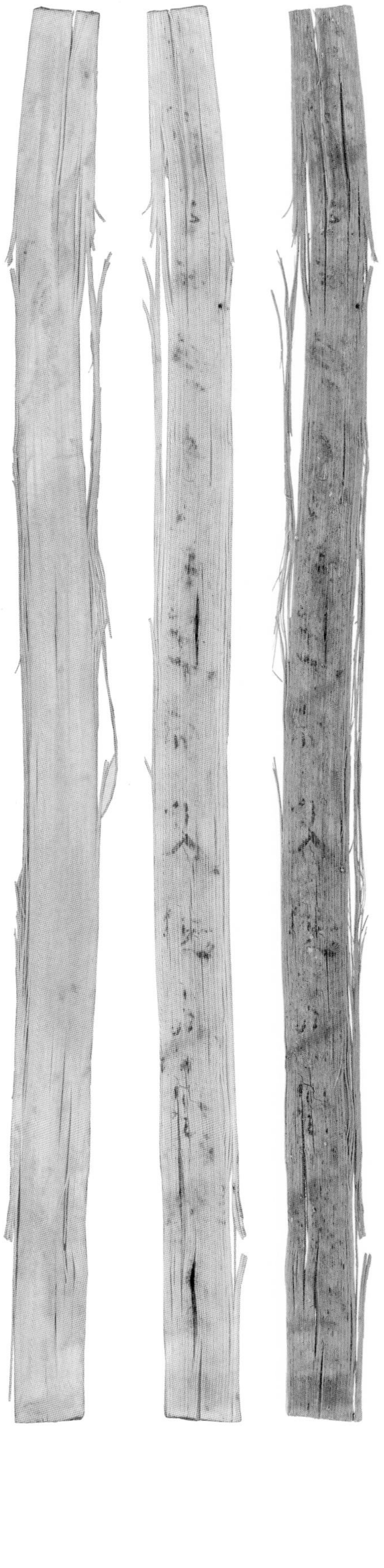

□□□□□□及□□定□□□

374
0629

374
0629

374b
0629b

☐□□□

☐鞫□□

375
0631

375
0631

375b
0631b

□□□☐

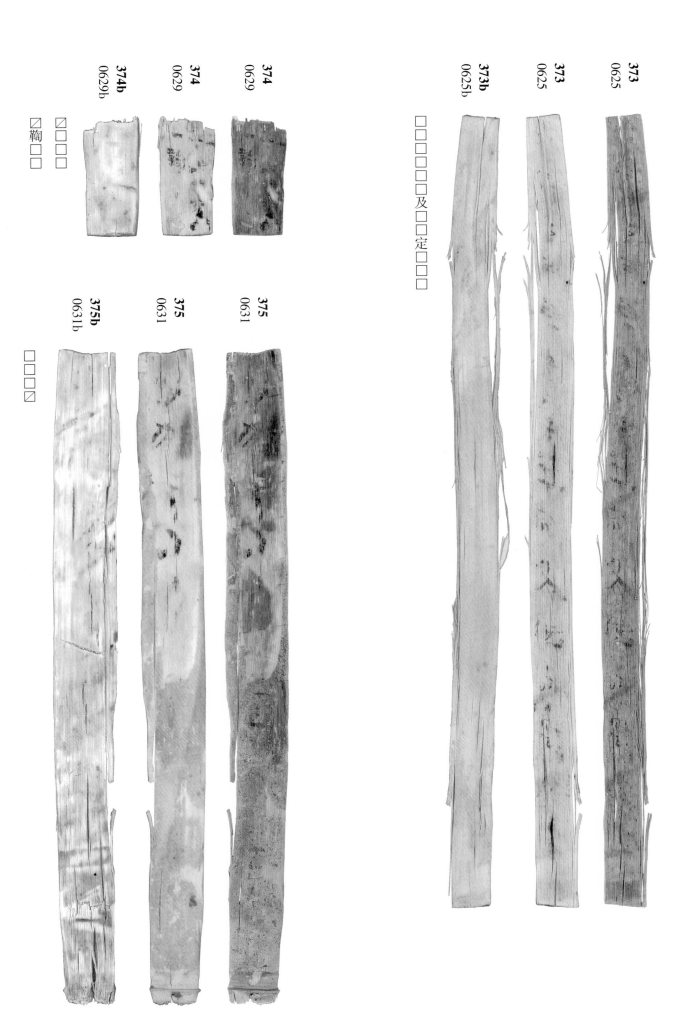

376
0632

376
0632

376b
0632b

☒四年七月癸亥朔戊辰尉□人敢言之□移臨湘書曰復爲史……

☒武□□……

377
0634

377
0634

377b
0634b

☒□□能識證智（知）盜者□□盜有

378
0635

378
0635

378b
0635b

☒謁□所廷史故行御史皆爲駕一☒

379
0636

379
0636

379b
0636b

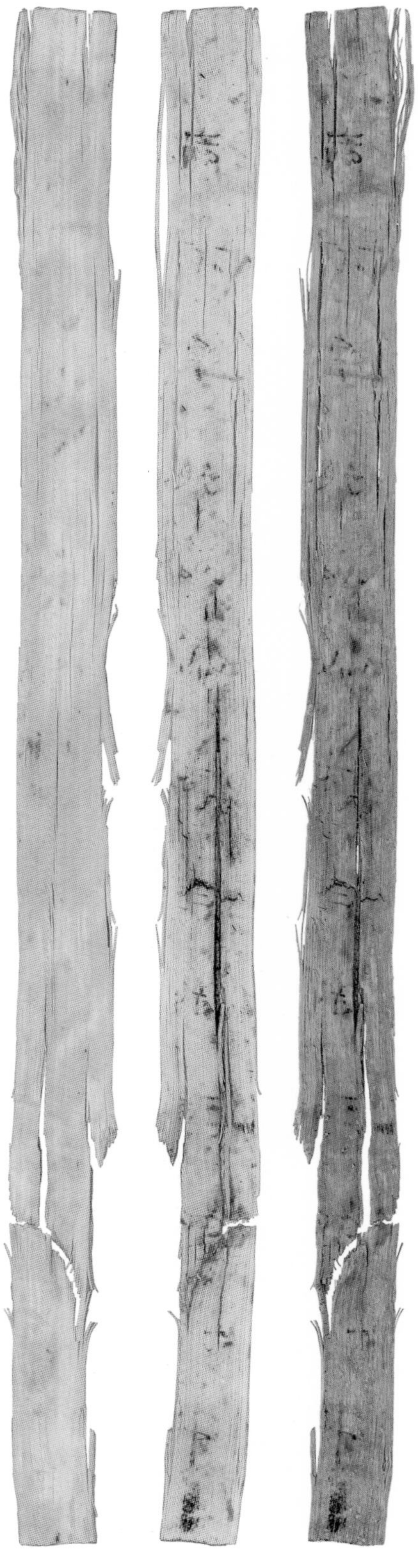

病不幸死以……如令

380
0637

380
0637

380b
0637b

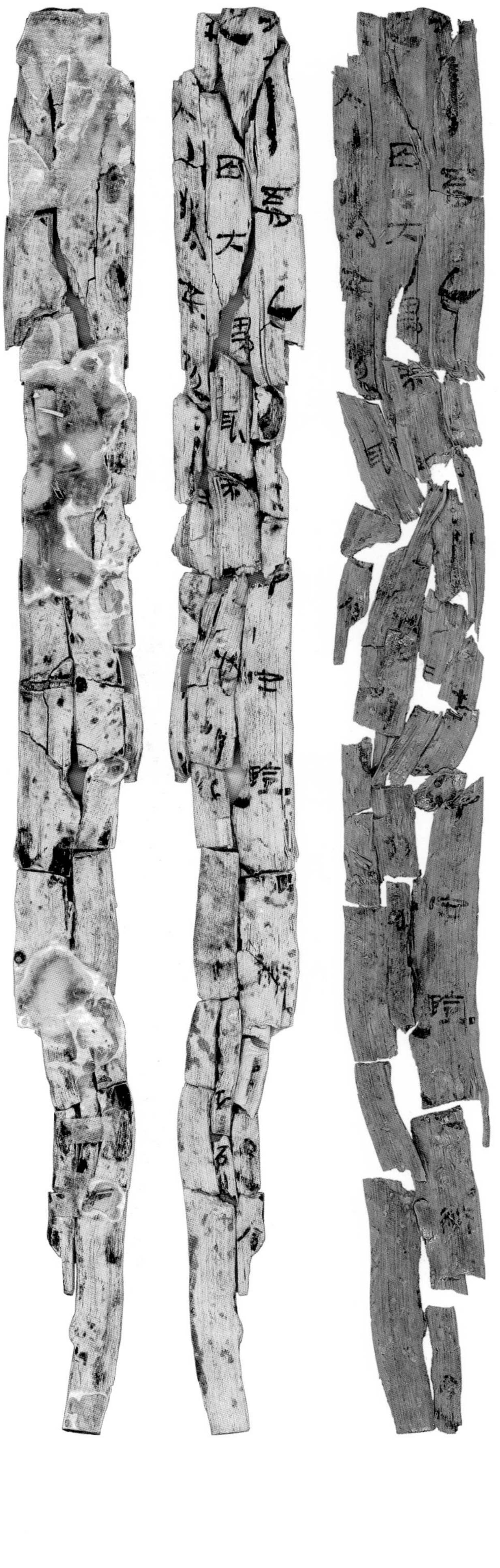

九年五月乙未朔戊申牢監佐衍□〼

囚大男〼

□令寫枼（牒）敢言之

381 0639

381 0639

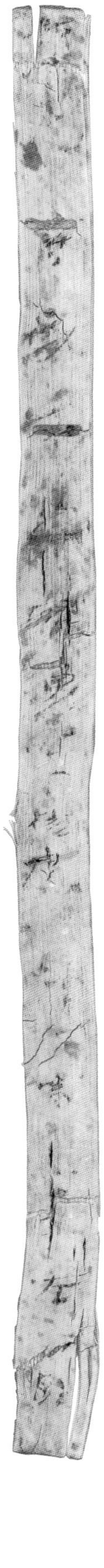

381b 0639b

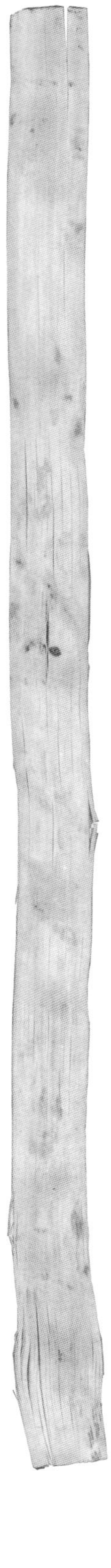

□□□□□□□男子楊建□□□在所

382 0641

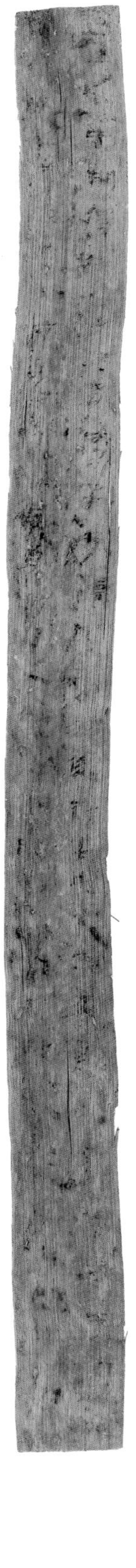

382 0641

382b 0641b

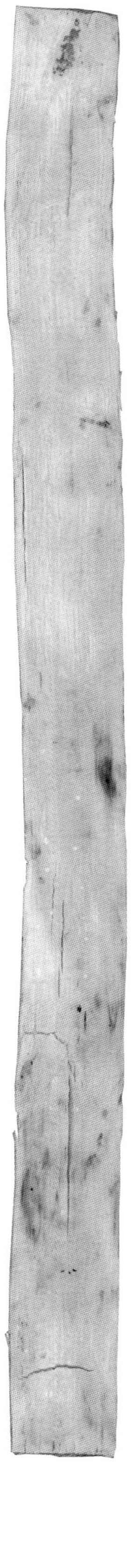

□□□中捕得□□□者男子中孺將覆獄後□□中□子……

□□而勠□□□□之不智（知）何男子……

383
0642

383
0642

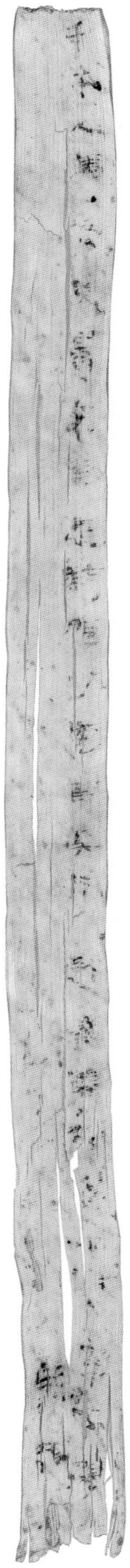

383b
0642b

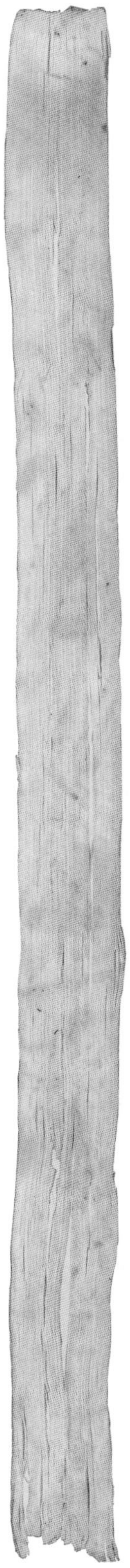

⊘千□人馬・□受爵乘車□騎[車]少□□具行□爲券□□□□解不□□⊘

□□⊘

384
0643

384
0643

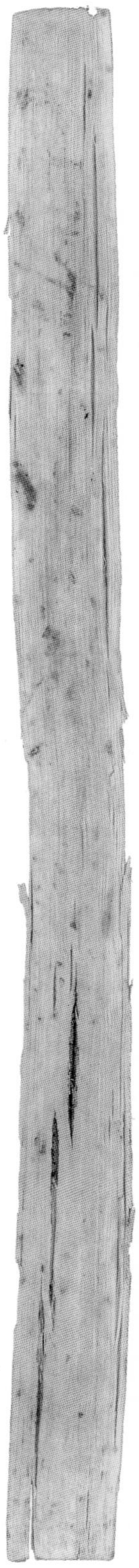

384b
0643b

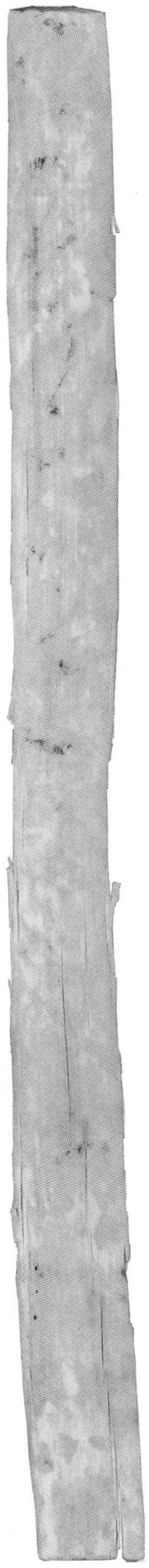

□□□□□

385
0646

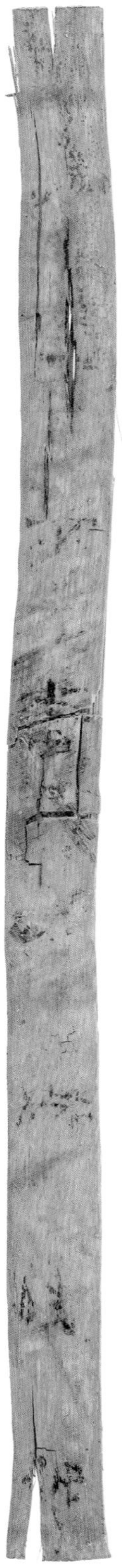

385
0646

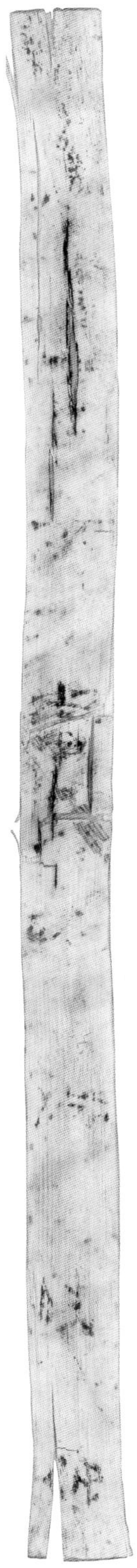

385b
0646b

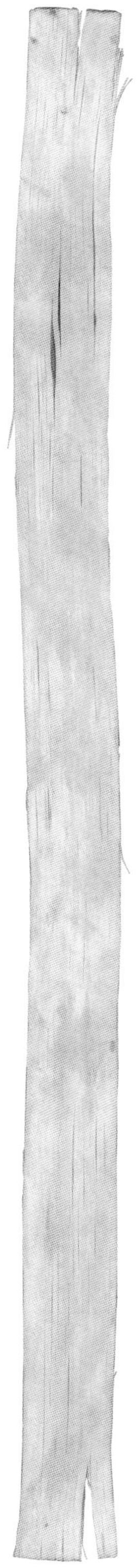

□□□不[當]□□□□□

386
0648

386
0648

386b
0648b

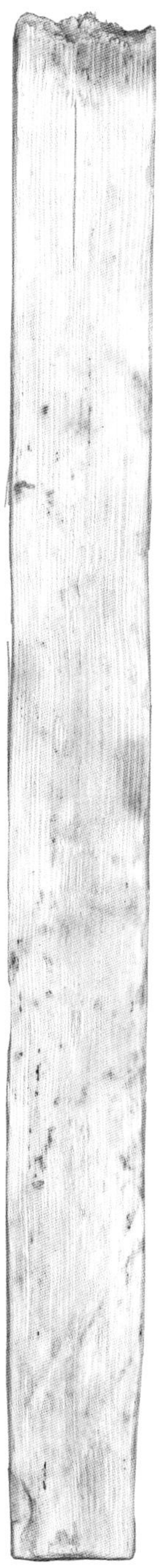

⧄[迺]六年八月中廷遣期與令史童亭長起服求

⧄犢界得二男子簿問之一自謂名嬰定

387 0650　**387** 0650　**387b** 0650b

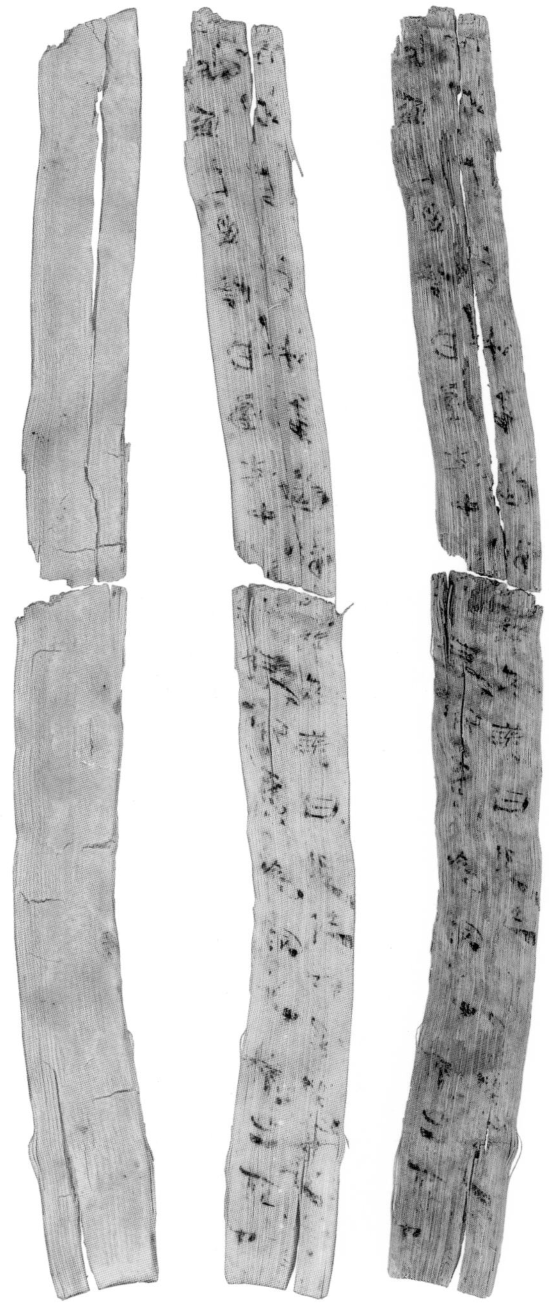

☐月中不審日☐☐上復作以☐爲籍曰復作☐☐☐☐☐

☐丞☐書佐曰丞☐☐☐使☐屬爲寂☐積二百廿

388 0652　**388** 0652　**388b** 0652b

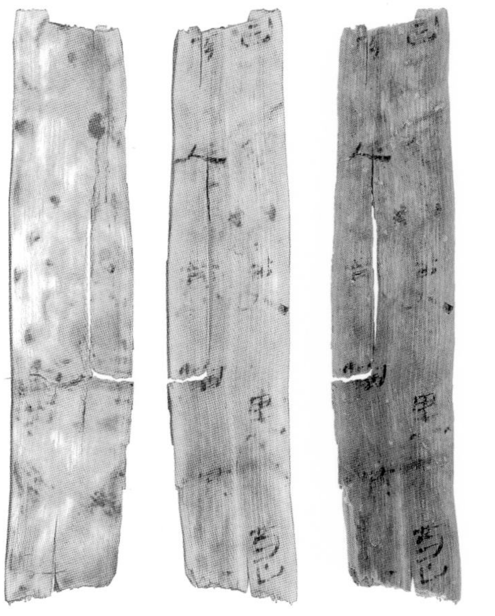

☐曰名吏（事）里若☐

☐吳人髡鉗城旦☐☐

389 0653　**389** 0653　**389b** 0653b

☐報☐☐

390 0654　**390** 0654　**390b** 0654b

事之☐

☐署☐

自以從☐

391 0655　**391** 0655　**391b** 0655b

☐卒史辛☐☐

392 0656　**392** 0656　**392b** 0656b

☐六月☐

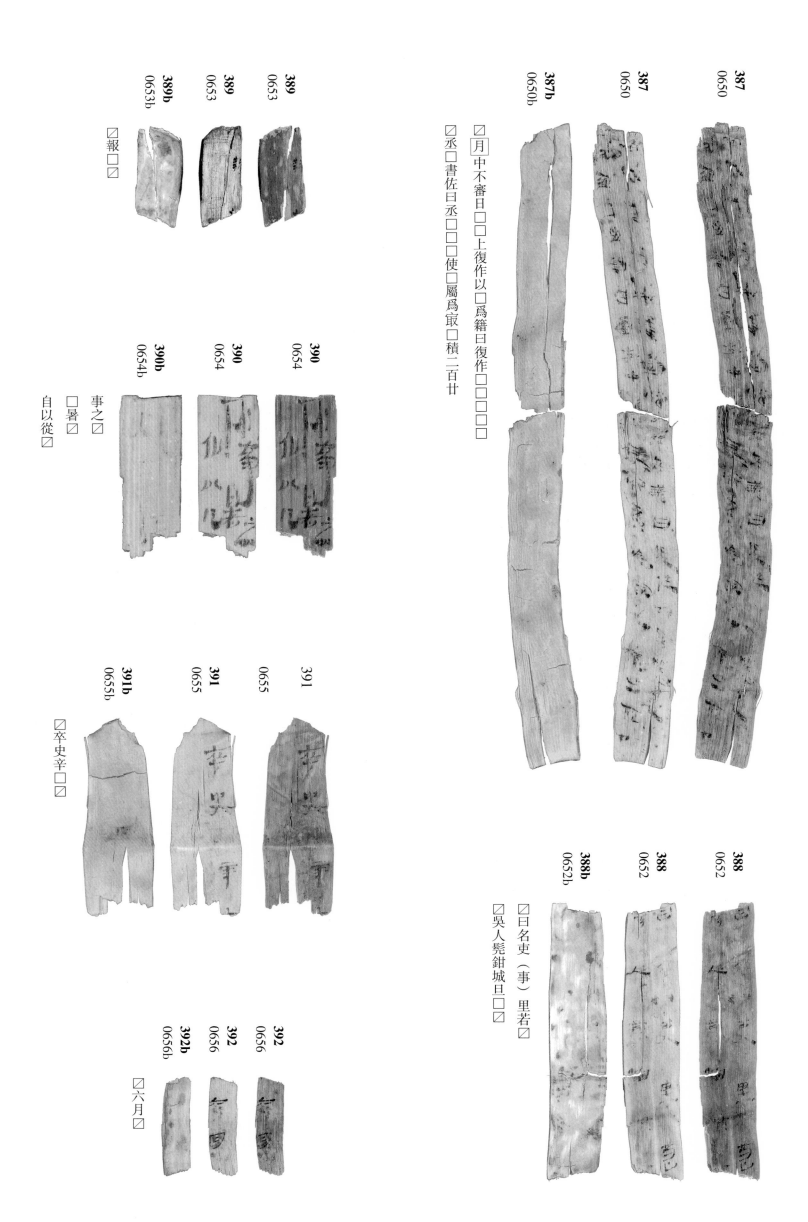

393
0658

393
0658

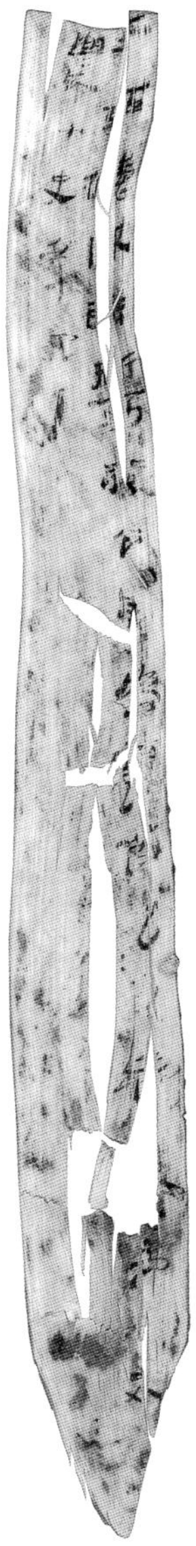

393b
0658b

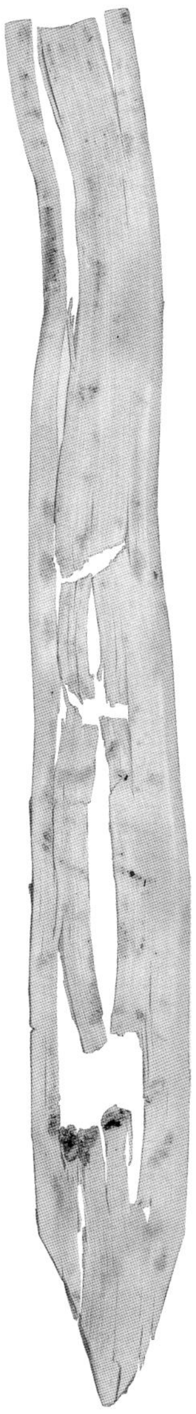

士五（伍）德□□折可張召□爲□……史☑

農夫史季子☑

394
0659

394
0659

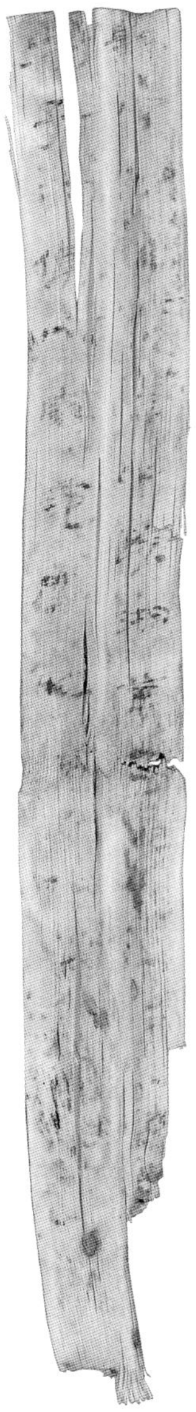

394b
0659b

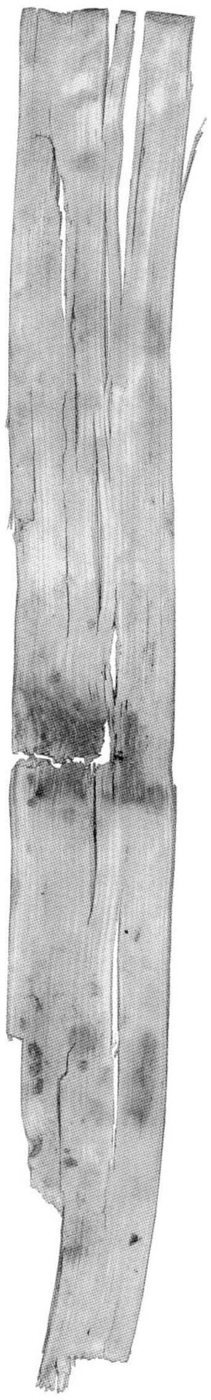

縣官□□□□中臨湘□……

男子□俱以寒池……

395 0060

395 0060

395b 0060b

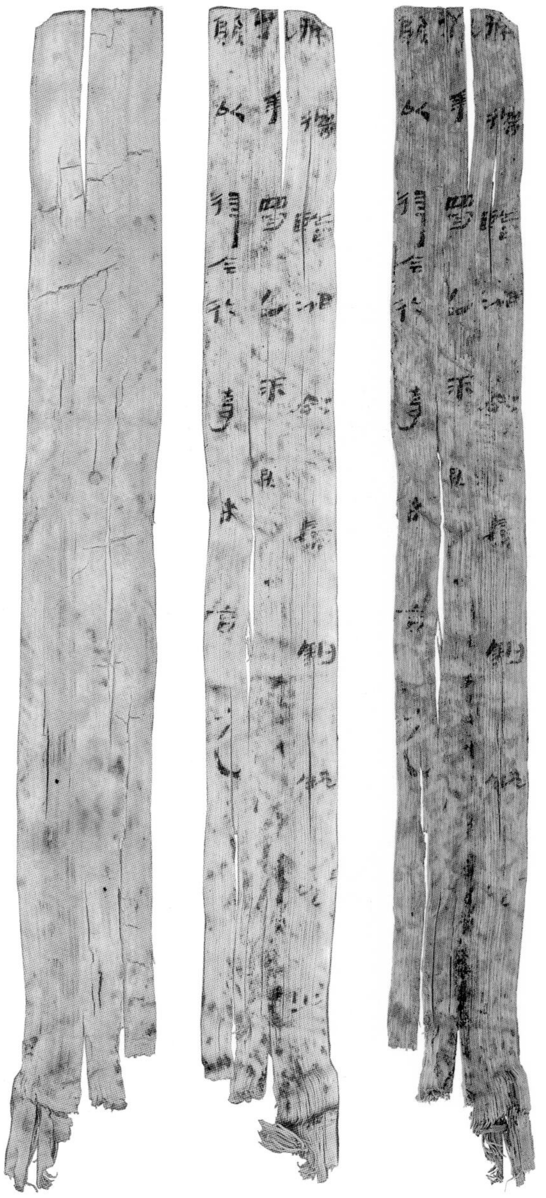

捕得臨湘命髡鉗鈦左止□☒

九年四月乙未朔丁□……☒

願以律令從事敢言之☒

396 0062

396 0062

396b 0062b

☒衣所當衣□☒

397 0063

397 0063

397b 0063b

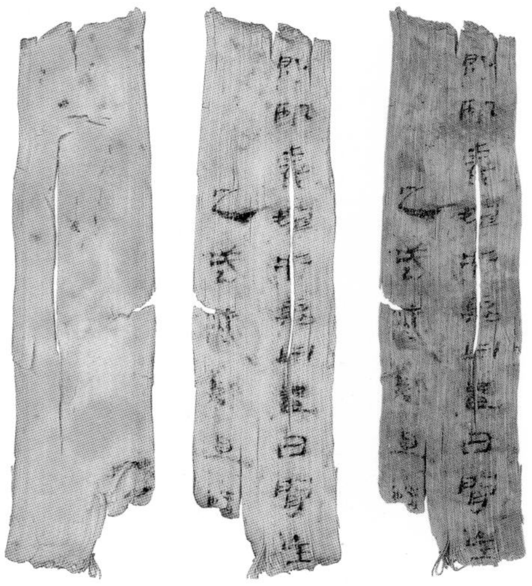

☒即臥義嬗牛萬曰晝日間往☒

☒　之武陵郡且臨☒

398 0064

398 0064

398b 0064b

☒□不智（知）何☒

☒□不審□☒

399 0065

399 0065

399b 0065b

☒捕得獄史乙與□□☒

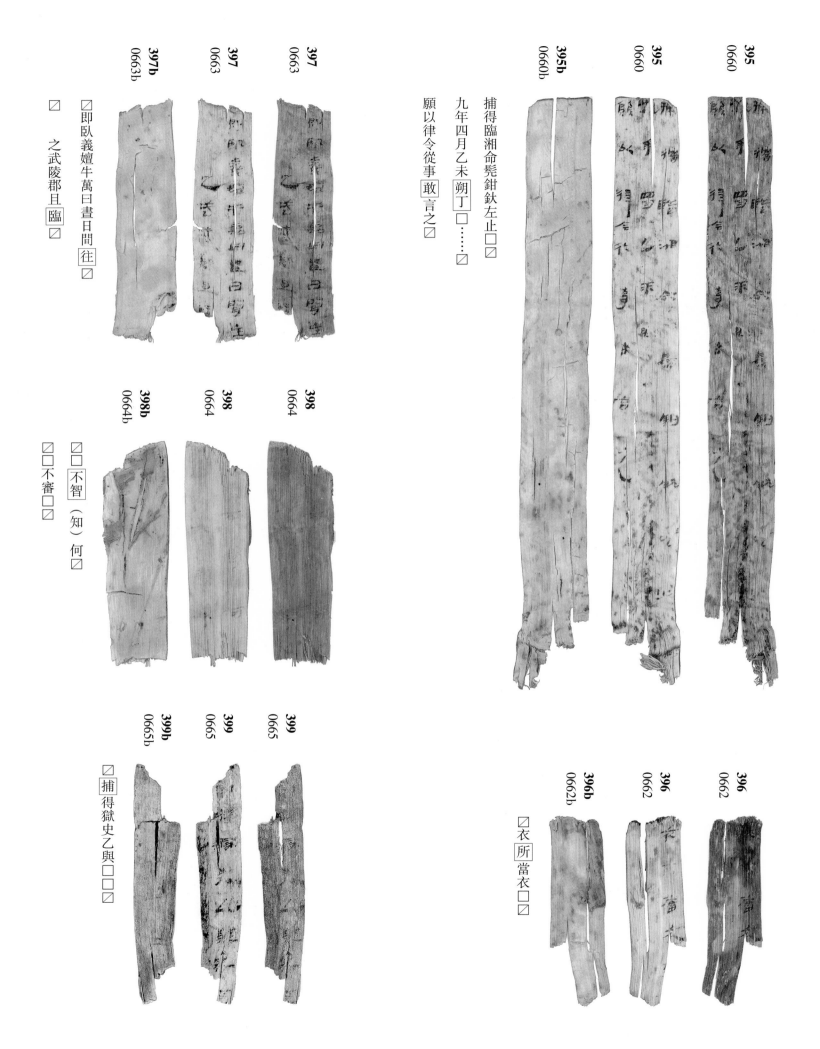

400
0669

400
0669

400b
0669b

□□五月丙子朔癸卯廟府嗇夫□敢言之廷移烝陽書曰使高昌正直於六年[受]芻卌四石校桀（牒）一

受爲報今已受，[願]移烝陽令官以物若校已以受烝陽都鄉芻稾計付臨湘廟府祠費計六年

□□官佐□□白準遣真自致敢言之

401
0670

401
0670

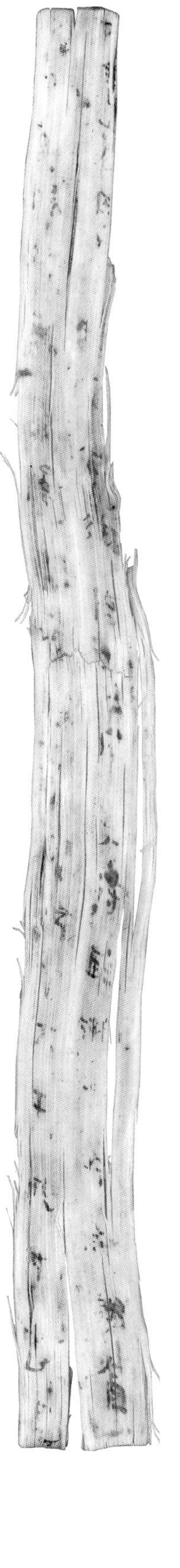

401b
0670b

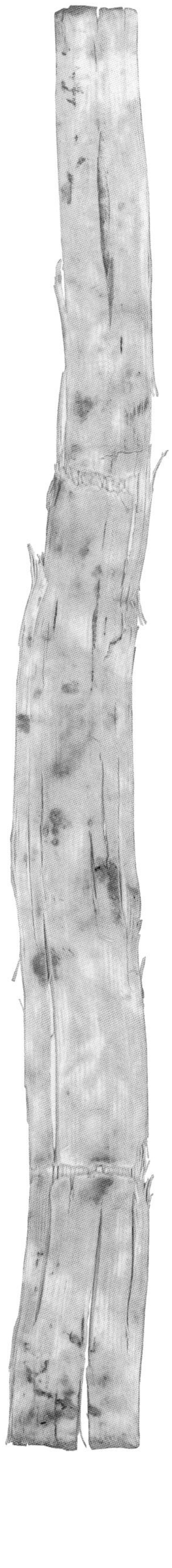

[九]年[六]月甲[子朔庚]午御府[丞客夫]守臨湘丞告尉謂倉

□□□□□□□□□□□□□官大夫臨湘□□

402
0671

402
0671

402b
0671b

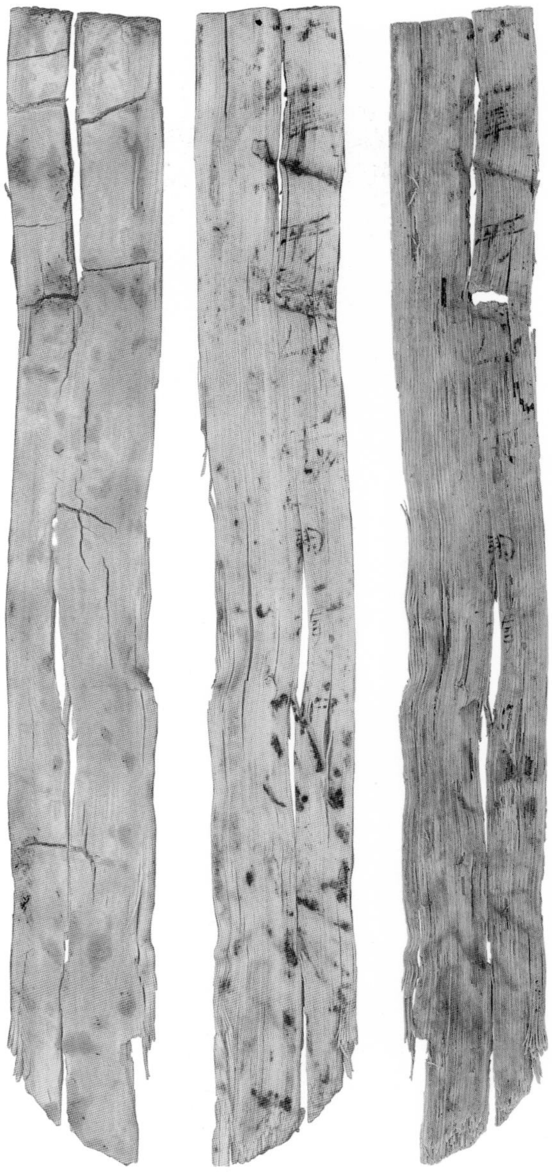

九年五月乙未朔癸卯……⧄

……⧄

403
0672

403
0672

403b
0672b

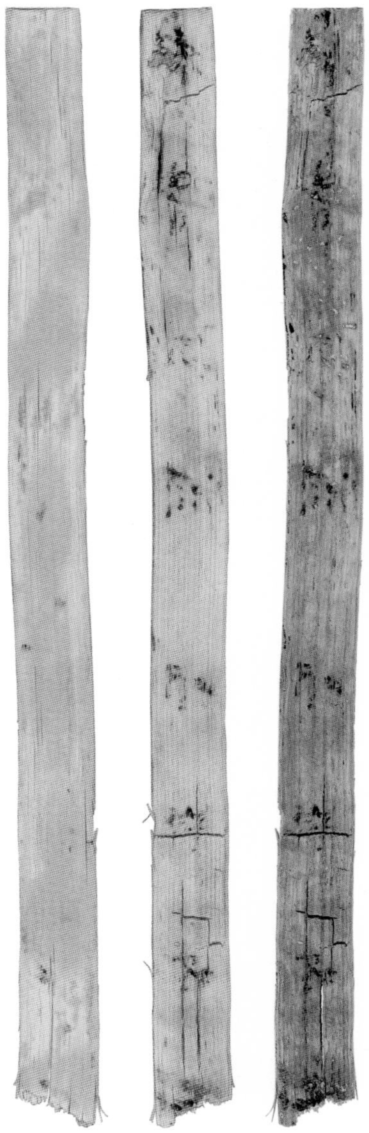

□□□所取□□□□⧄

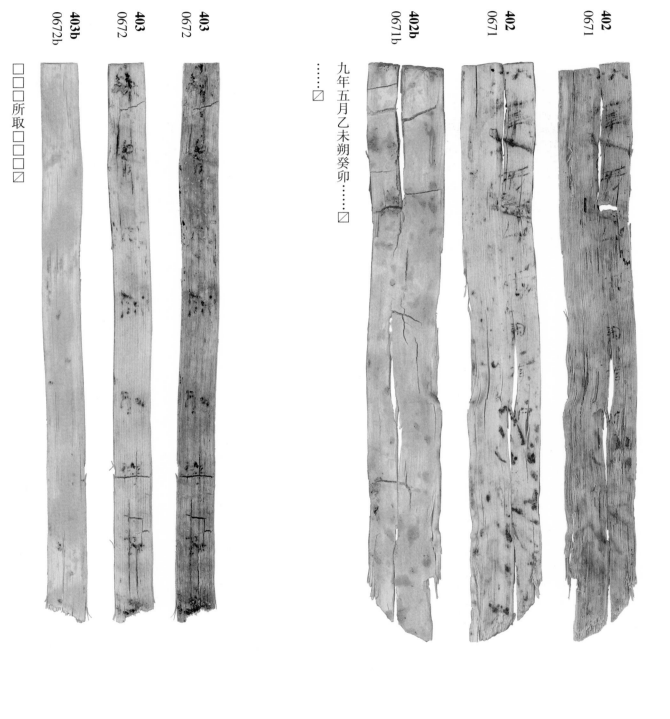

404
0673

404
0673

404b
0673b

·□□□▨

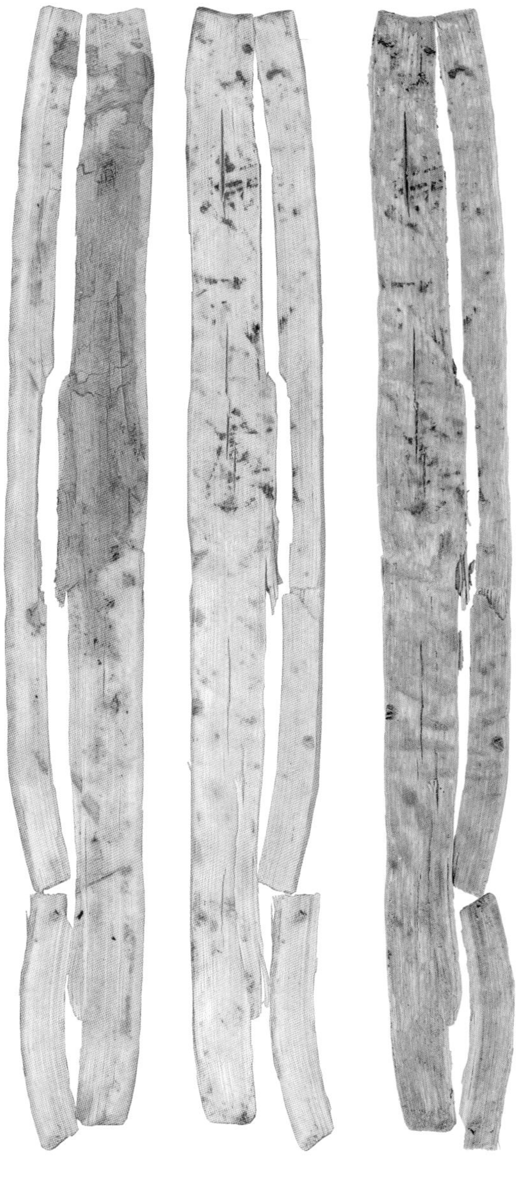

405
0674

405
0674

405b
0674b

▨……工……

406 0675　**406** 0675　**406b** 0675b

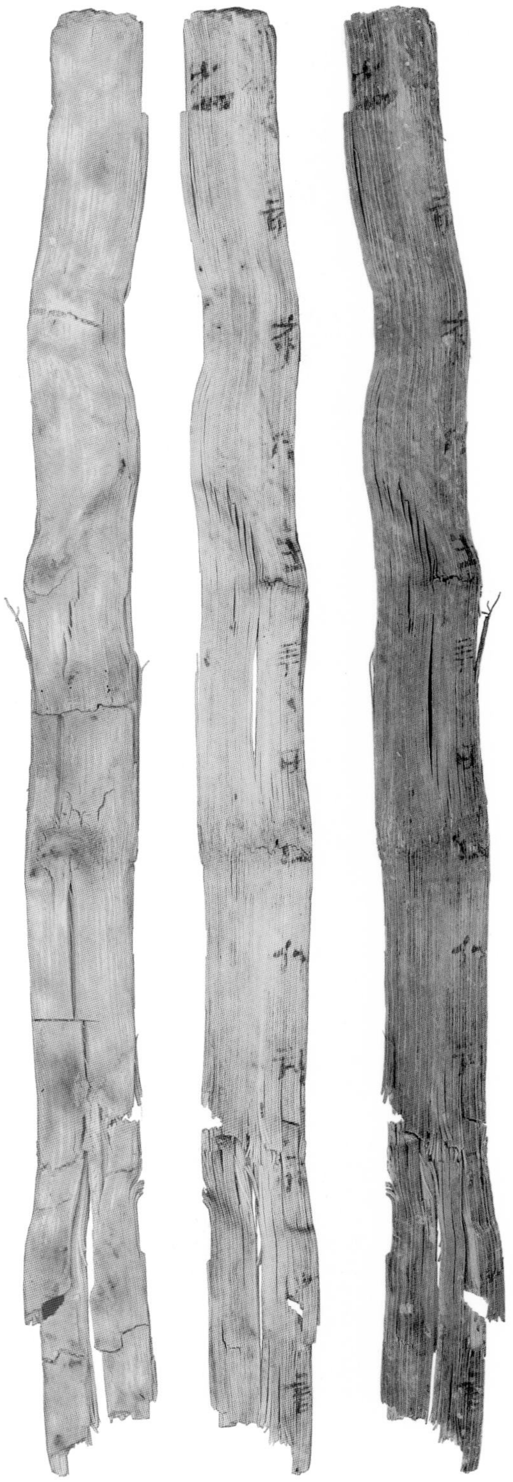

☑……刼□佐主拜田□佐□□敢言□☑

☑之

407 0677　**407** 0677　**407b** 0677b

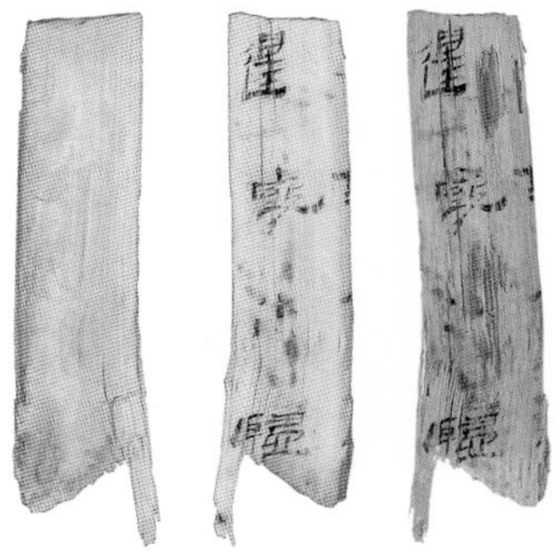

□□□□☑

遝廄佐監□☑

408 0678　**408** 0678　**408b** 0678b

☑□鞫其獄以

☑□□□□□

409 0680

409 0680

409b 0680b

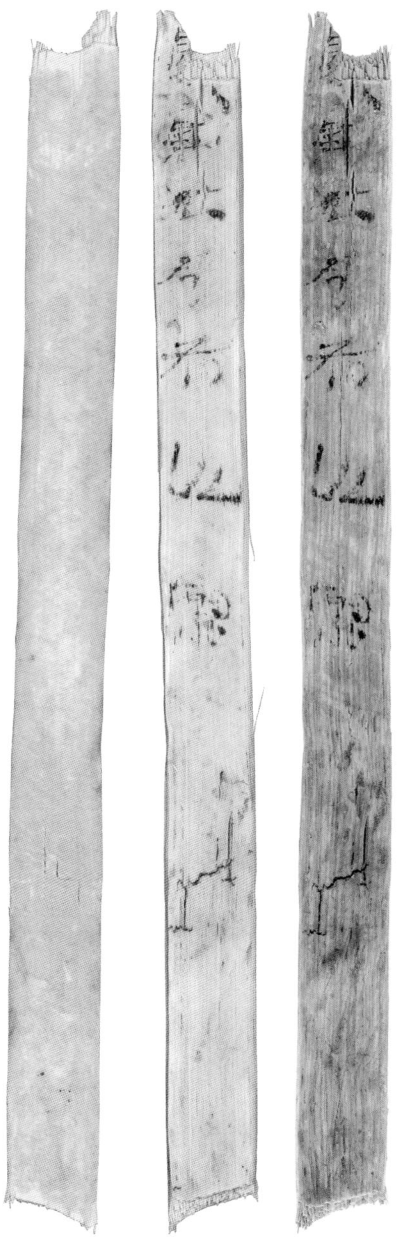

⧄髡鉗釱左右止罪⧄

410 0681

410 0681

410b 0681b

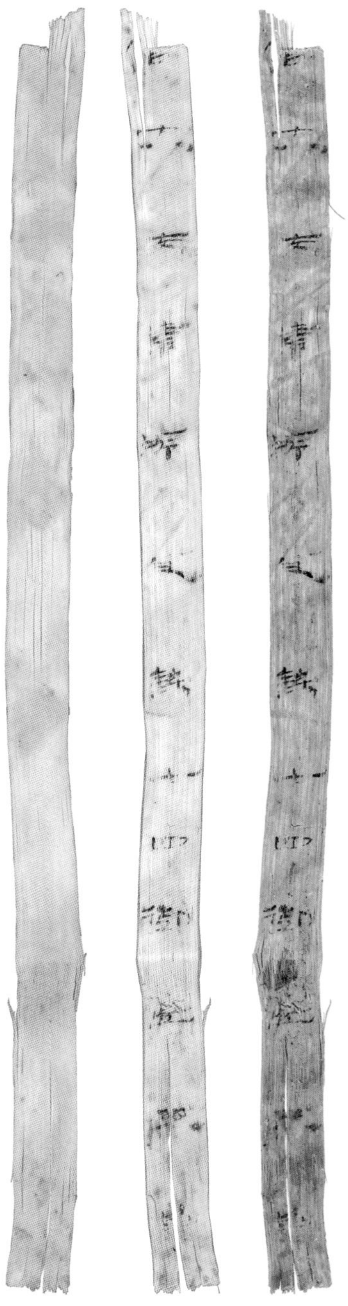

⧄官大夫唐所受錢廿四御□已畢⧄

411 0682

411 0682

411b 0682b

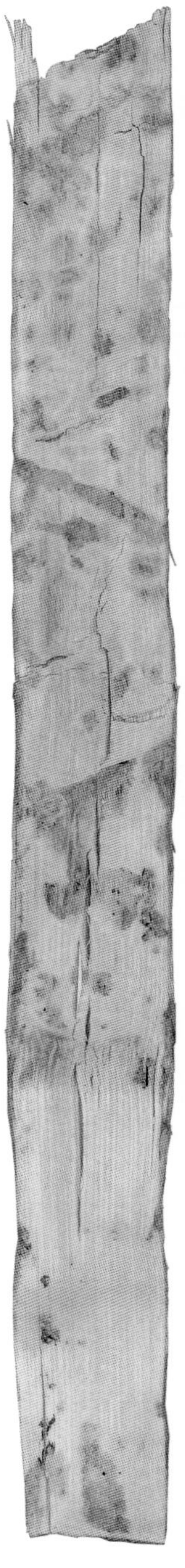

〼甲子朔辛卯臨湘令堅敢告長沙廐丞主或

〼買之尊騶代馬卒聞書到定縣名爵里、它坐

412 0683

412 0683

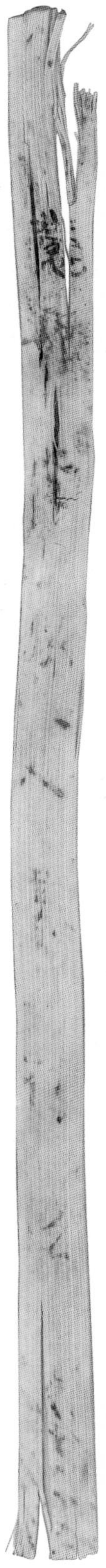

412b 0683b

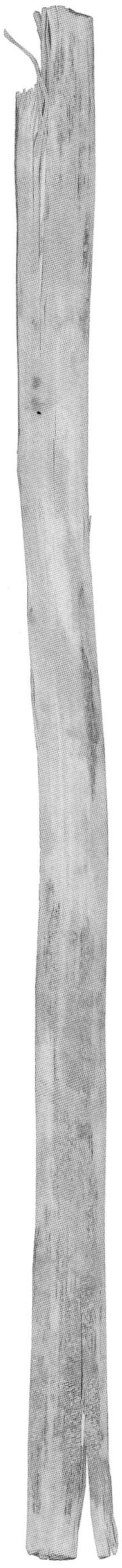

〼……慶☐☐〼

413
0685

413
0685

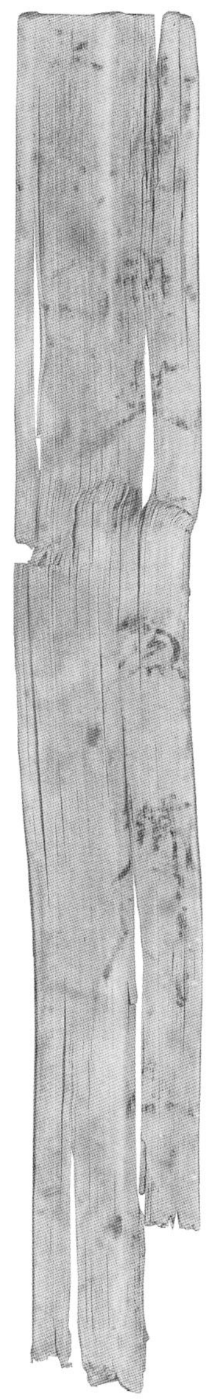

413b
0685b

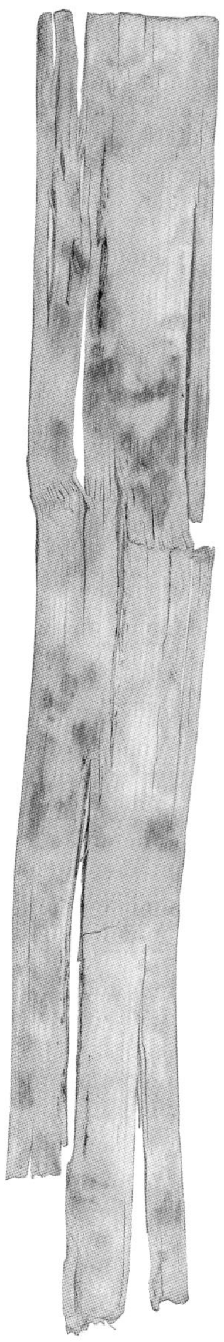

☐☐☐☐☐爲貸直☐☒

敢言之☒

414
0686

414
0686

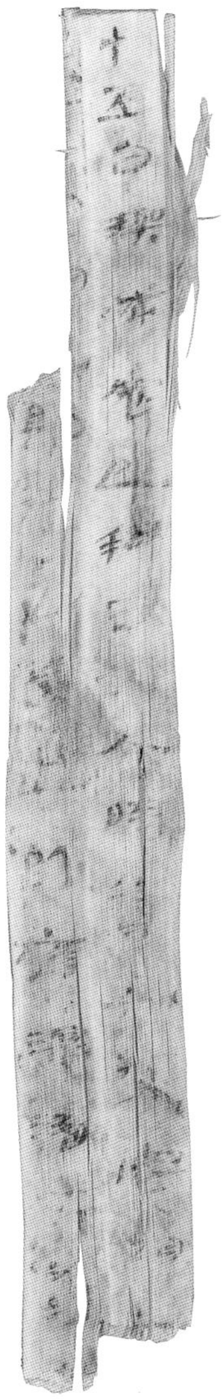

414b
0686b

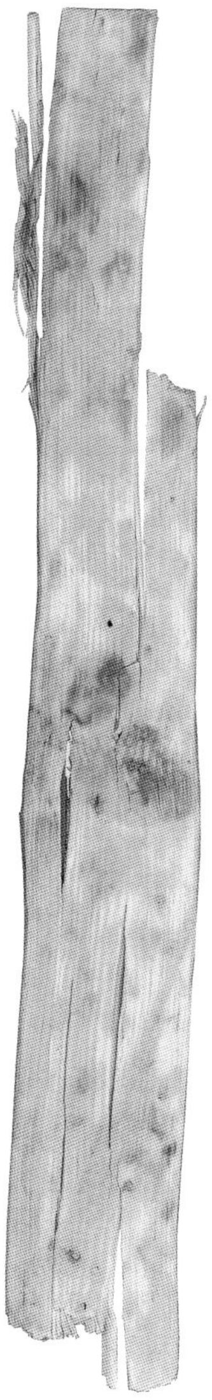

十五日與賊寇已私日失入時尊六枚寇相入☒

……即徙定陵上到雁澤渚☐☐☐

415 0687

415 0687

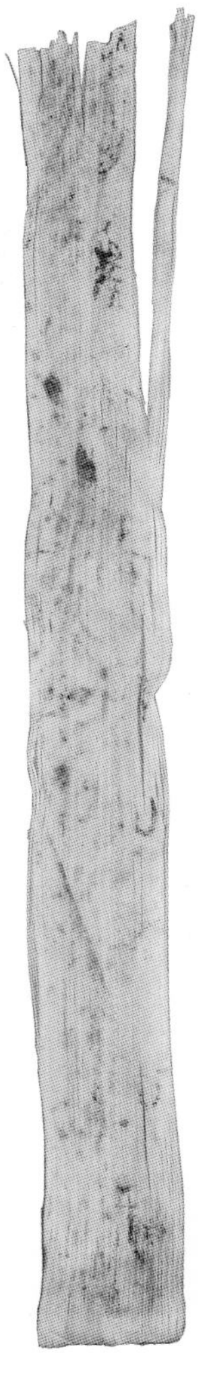

415b 0687b

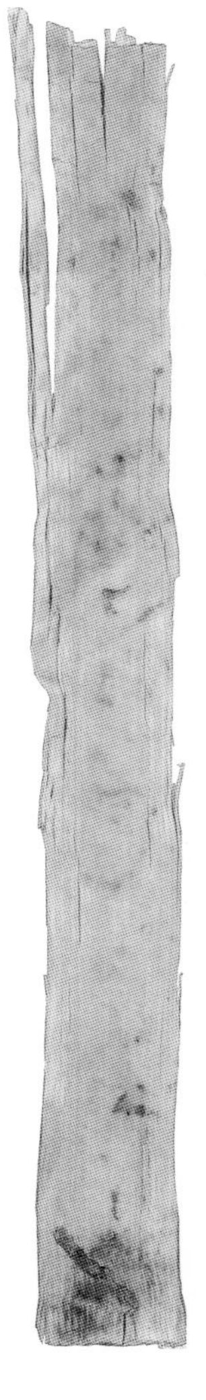

羅……

416 0690

416 0690

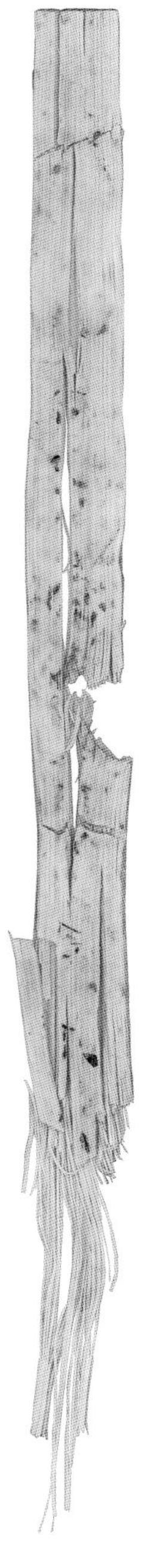

416b 0690b

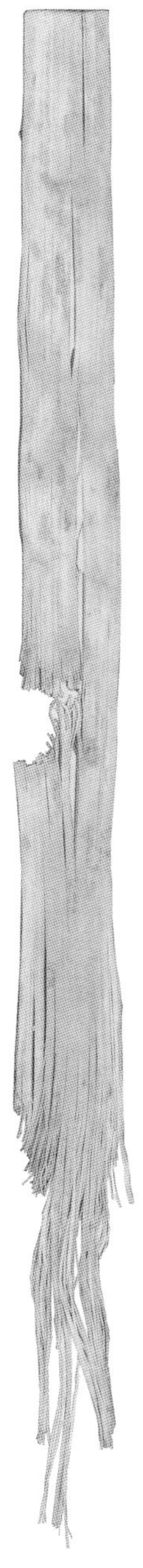

☐……

417 0692

417 0692

417b 0692b

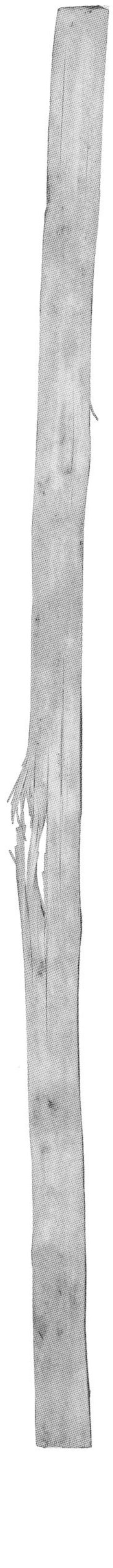

（空白簡）

418 0693
418 0693
418b 0693b

外宛里□□……

419 0695
419 0695
419b 0695b

⧄……五月……⧄

420 0696
420 0696
420b 0696b

□□□□□以……⧄

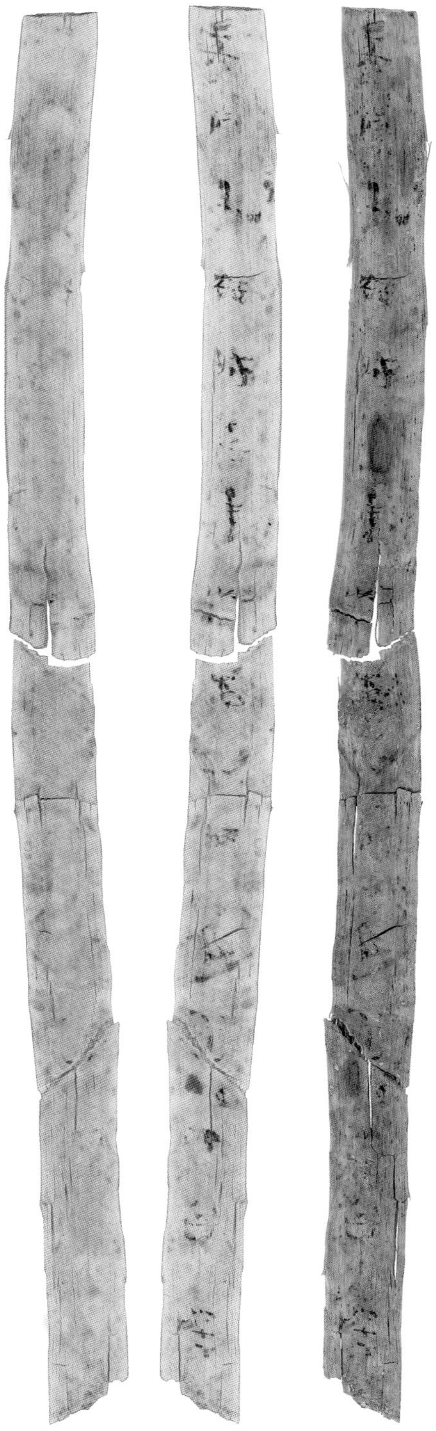

421 0699

421 0699

421b 0699b

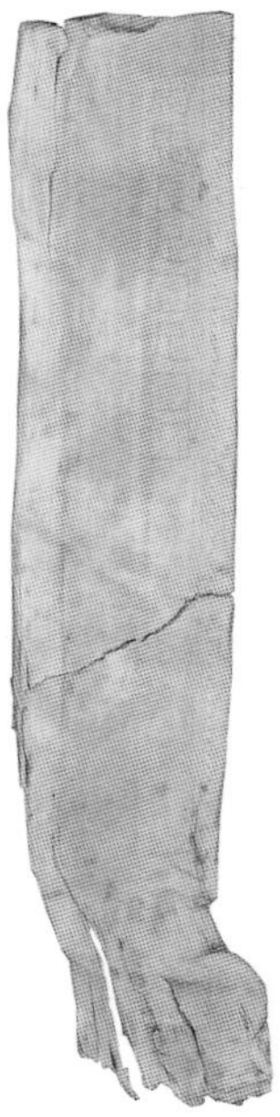

六年九月庚辰朔癸卯，臨☑

謹入有劾臨湘寫□□☑

422 0700

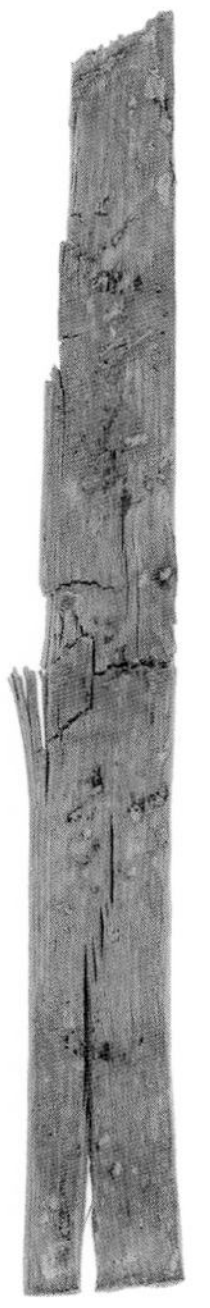

422 0700

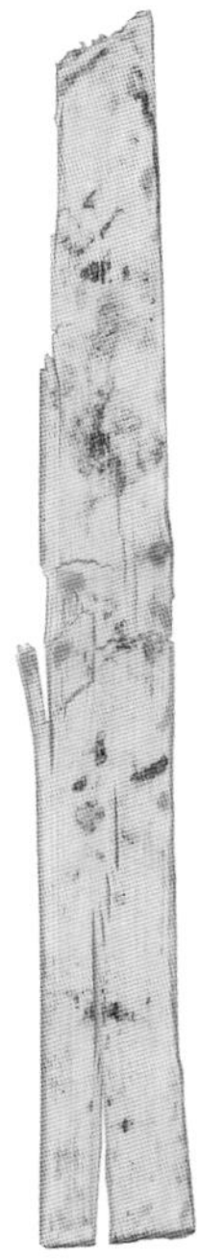

422b 0700b

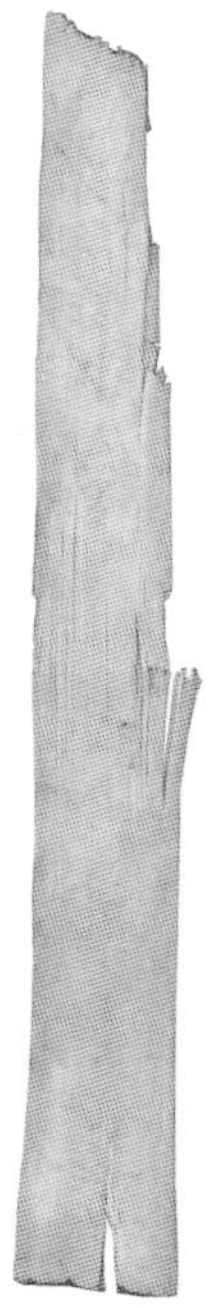

（空白簡）

423 0701

423 0701

423b 0701b

□當米石五斗

424 0703

424 0703

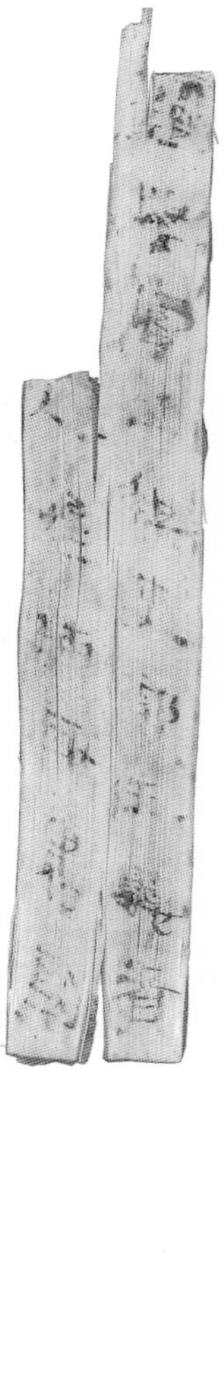

424b 0703b

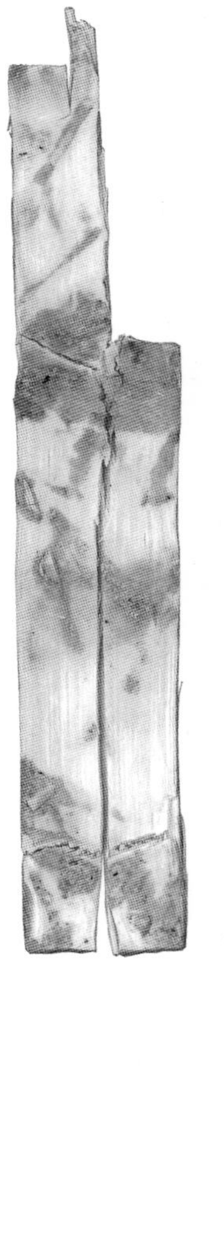

☑租嬰當坐租吏部主聽者

☑人逮捕取書到

425 0705

425 0705

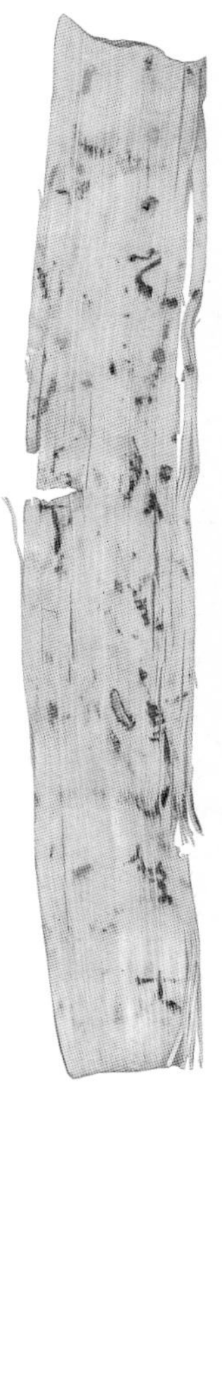

425b 0705b

☑□□之□□□謹移大

☑□□□□□

426 0706

426 0706

426b 0706b

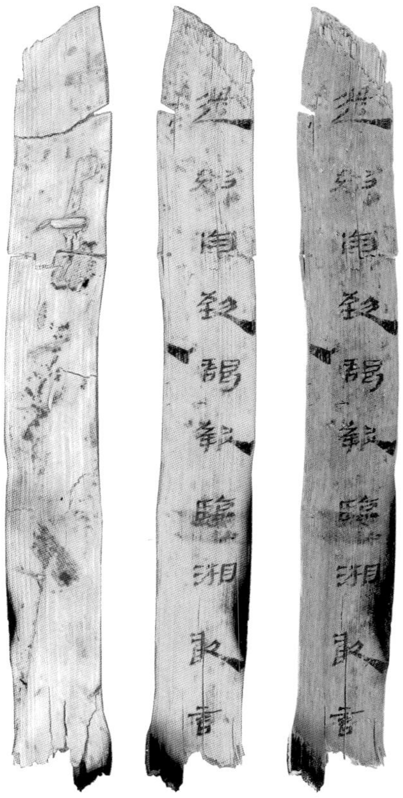

☐遣始自致，謁報臨湘，敢言☐

☐……

427 0708

427 0708

427b 0708b

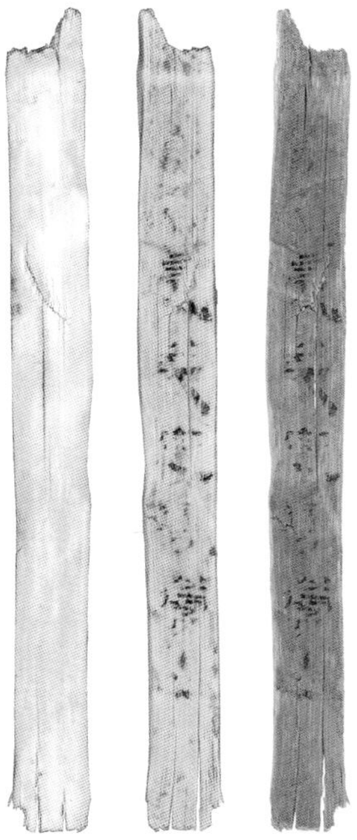

☐☐☐☐☐☐☐☐

428 0709

428 0709

428b 0709b

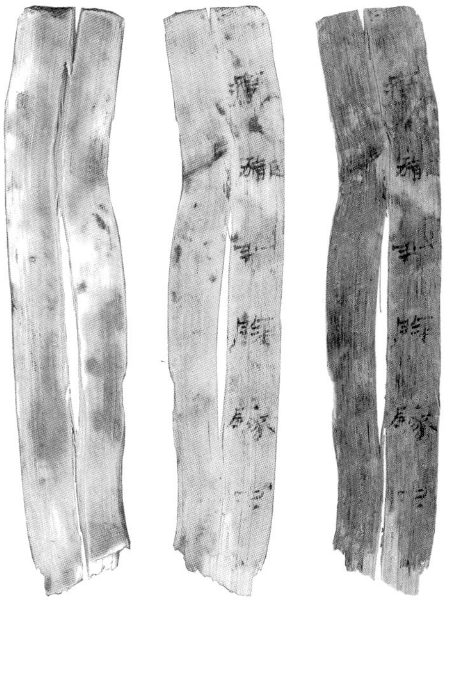

□應獄計牒錄[名]□☐

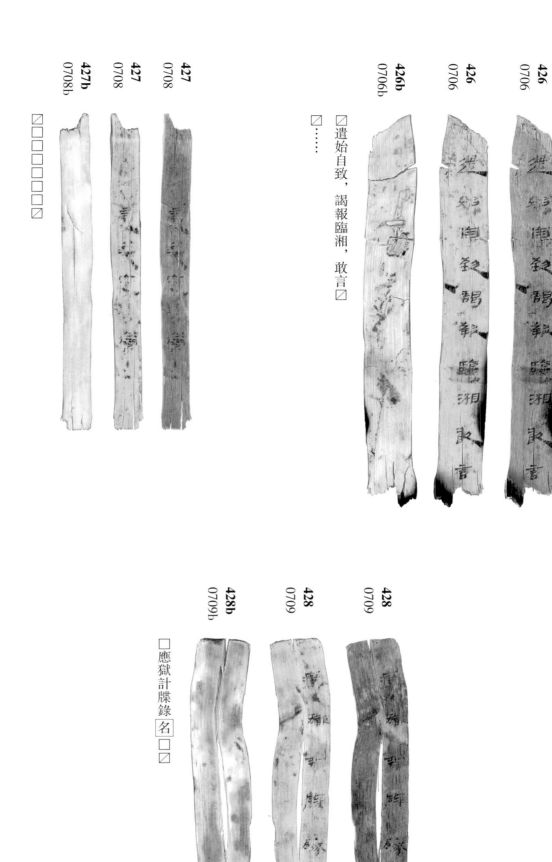

429 0710

429 0710

429b 0710b

大農□卒廣牢獄外門

430 0711

430 0711

430b 0711b

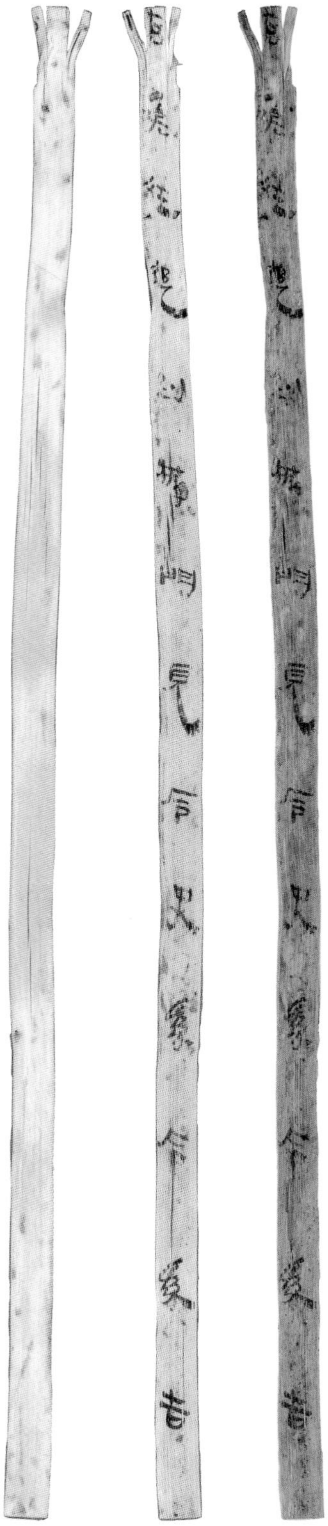

官屬往追到擴門見令史奚令奚告

431 0713

431 0713

431b 0713b

□□

432 0715

432 0715

432b 0715b

□□刻辤（辭）

433 0719

433 0719

433b 0719b

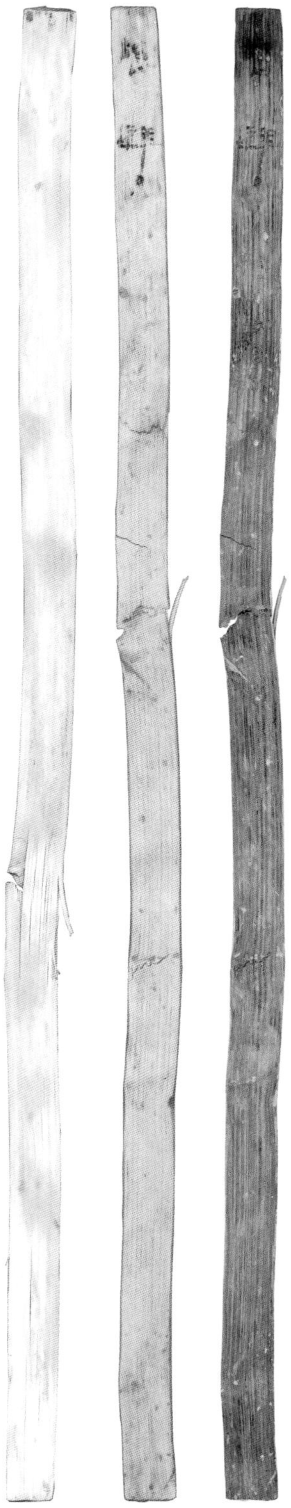

·□辤（辭）

434 0720

434 0720

434b 0720b

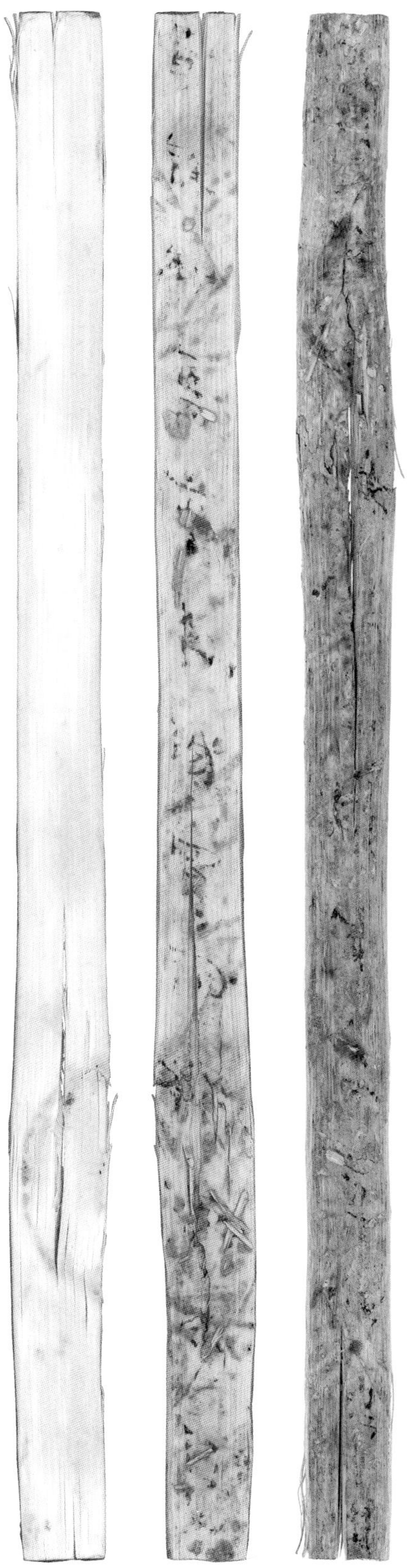

□餘錢□□□誠買銅□□□□

435 0722

435 0722

435b 0722b

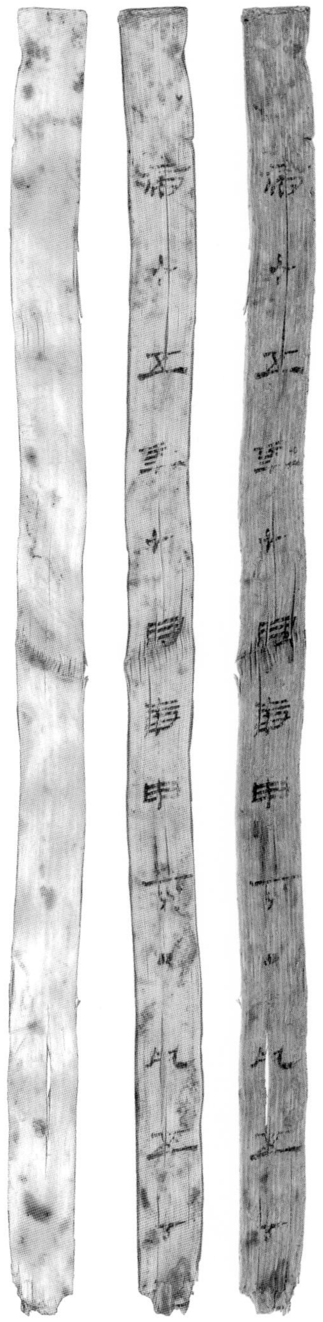

帝十五年十月庚申下・凡五十[三]☐

436 0723

436 0723

436b 0723b

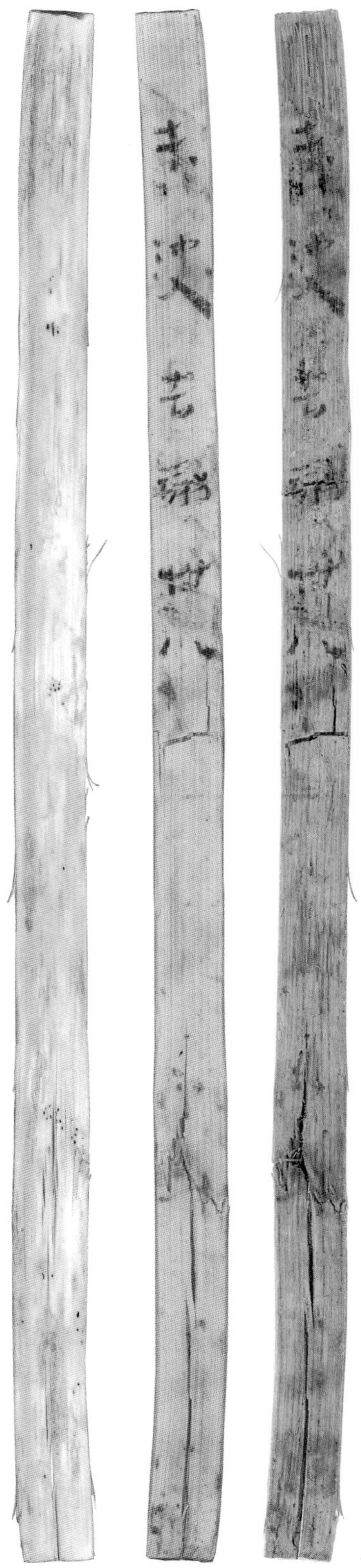

未決告劾卌八

437 0725

437 0725

437b 0725b

[九]年六月甲子朔辛卯，臨湘令堅丞☐

438
0726

438
0726

438b
0726b

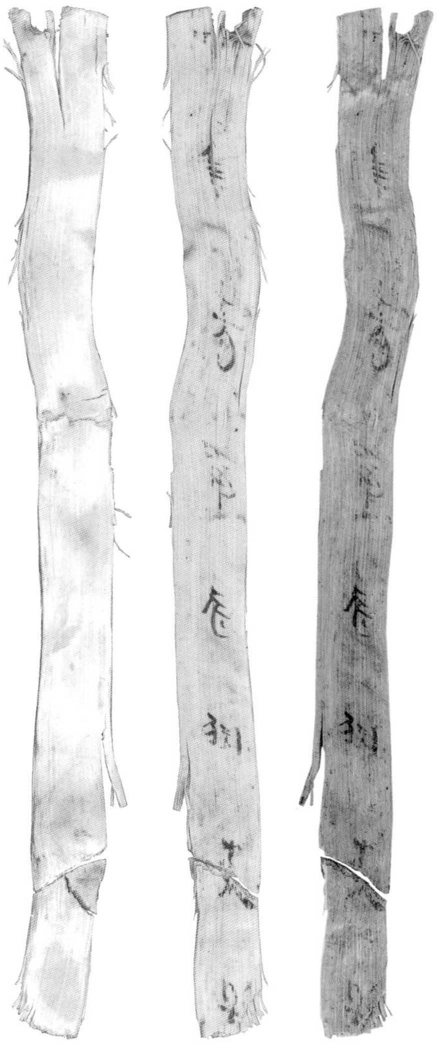

六年十一月庚辰，獄史吳⧄

439
0727

439
0727

439b
0727b

⧄☐月甲子，上見臨湘令☐☐☐☐人人☐⧄

440
0728

440
0728

440b
0728b

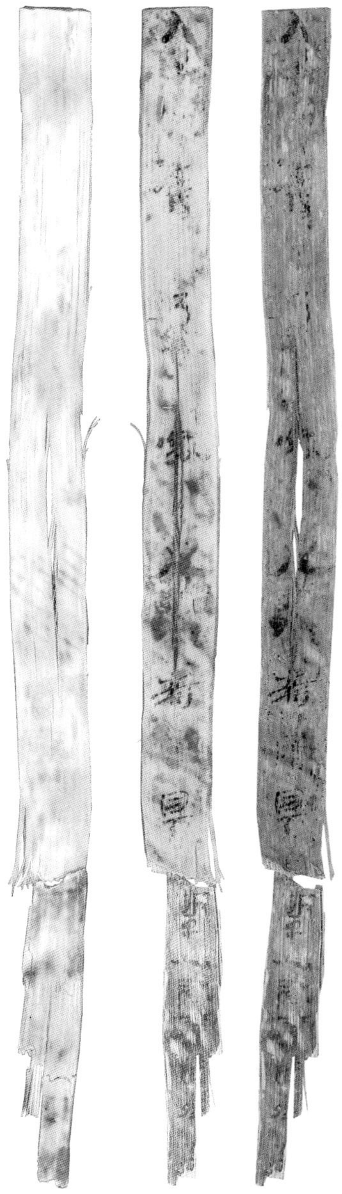

☐☐乃致☐者具闌入殿南門爲☐⧄

441 0731

441 0731

441b 0731b

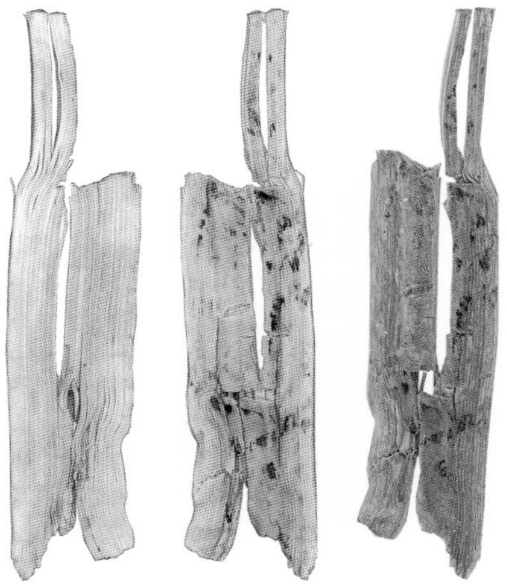

☒□□□☒

442 0732

442 0732

442b 0732b

……☒

443 0733

443 0733

443b 0733b

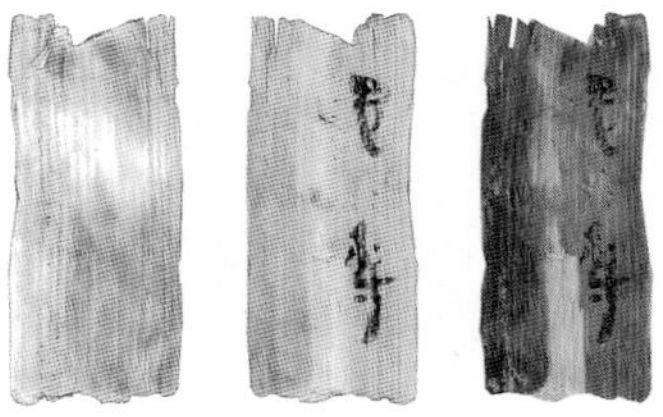

☒□□☒

444 0734

444 0734

444b 0734b

☒之 ☒

445 0735

445 0735

445b 0735b

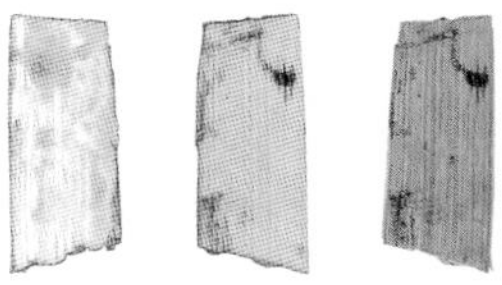

九年☒

446 0737

446 0737

446b 0737b

□辤（辭）　守獄史虜

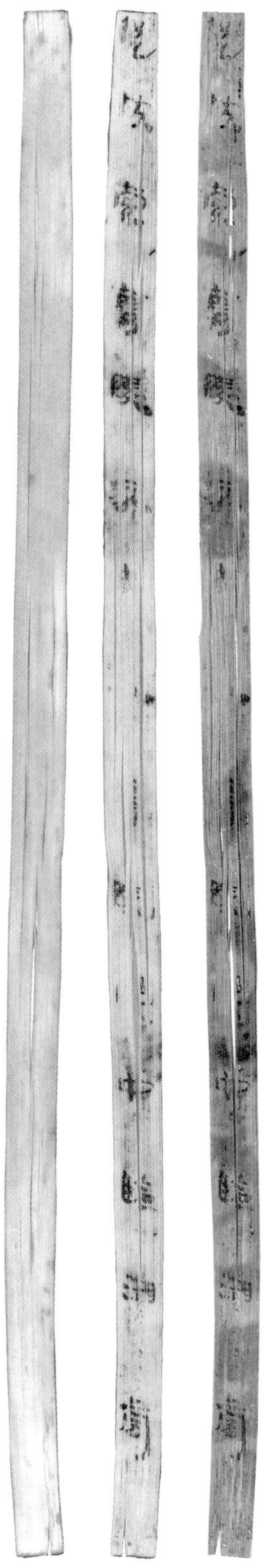

447 0739

447 0739

447b 0739b

追捜索壽陵界中□壽陵界中臨湘旁

448 0740

448 0740

448b 0740b

□□　牢中門

449
0743

449
0743

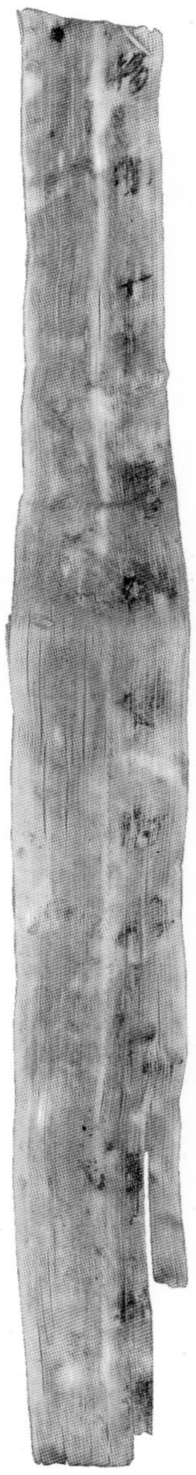

449b
0743b

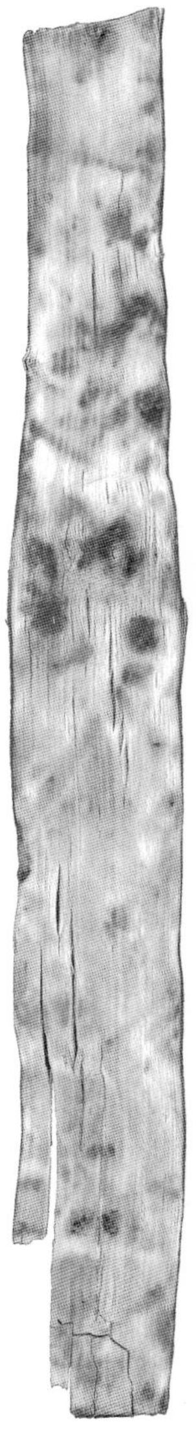

☒移牒七年應獄計府以從事☐☐

☒

450
0744

450
0744

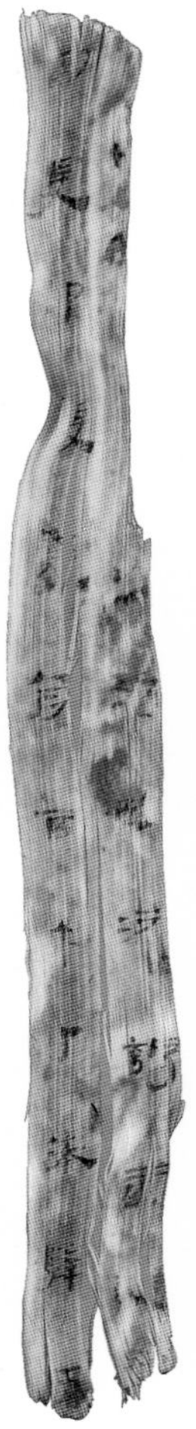

450b
0744b

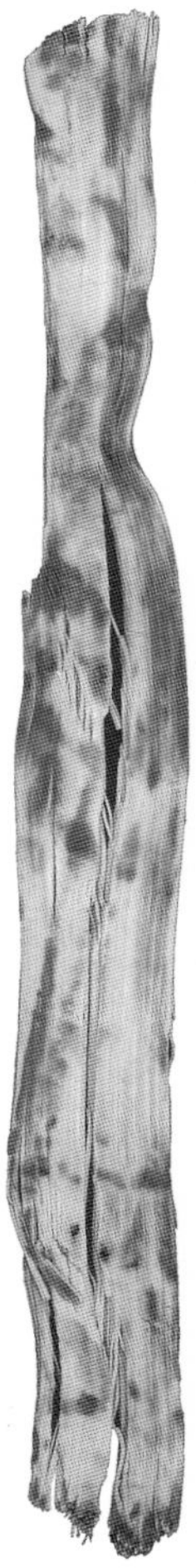

☒☐☐……已☐臨沅謁武陵☐☒

☒因受印受盡八月丙午丁未辞（辭）☐☒

451
0745

451
0745

451b
0745b

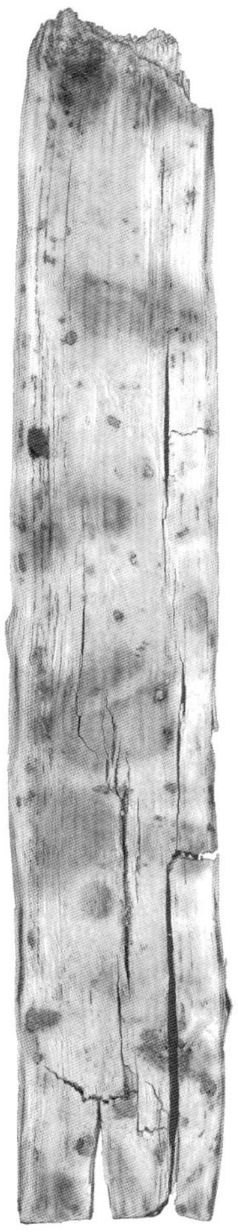

☐□四□□□一人□□尉書臨湘
☐報受□是服□毋留守

452
0746

452
0746

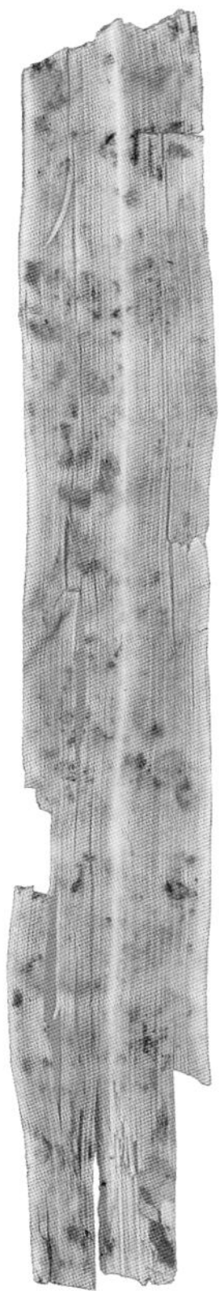

452b
0746b

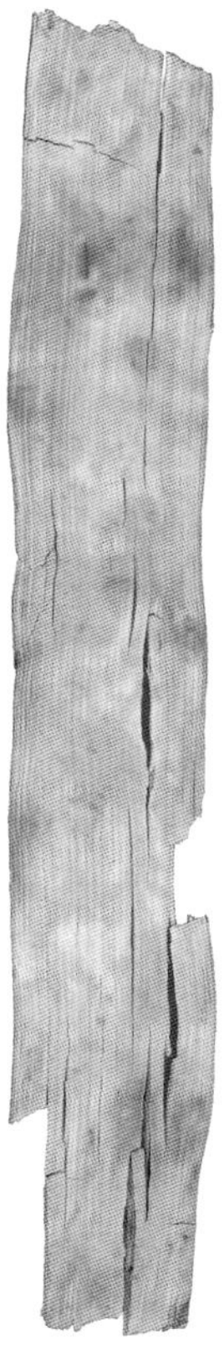

☐……☐
☐……☐

453
0747

453
0747

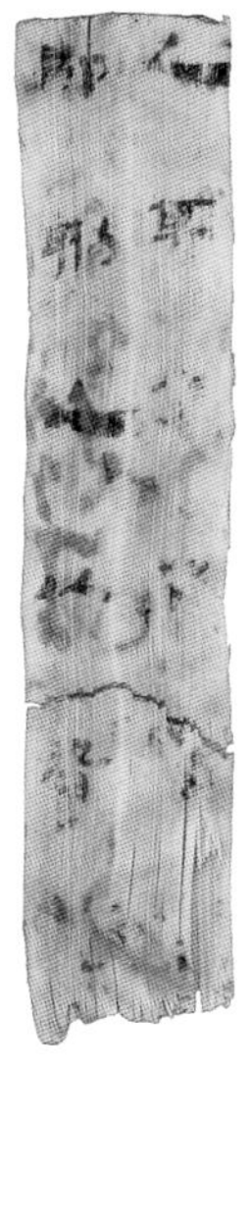

453b
0747b

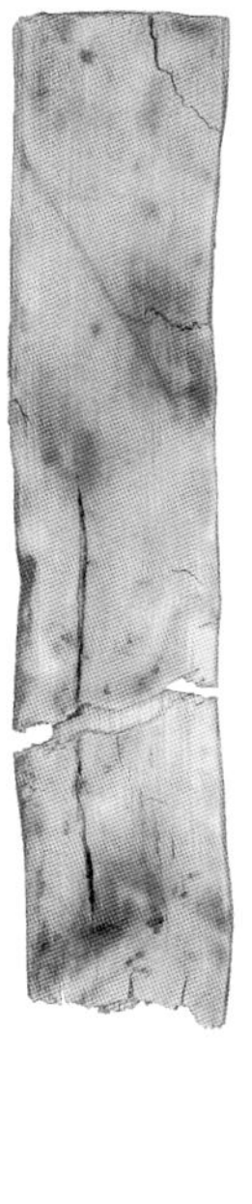

人其守官□□☐
即劾人以實□☐

454
0748

454
0748

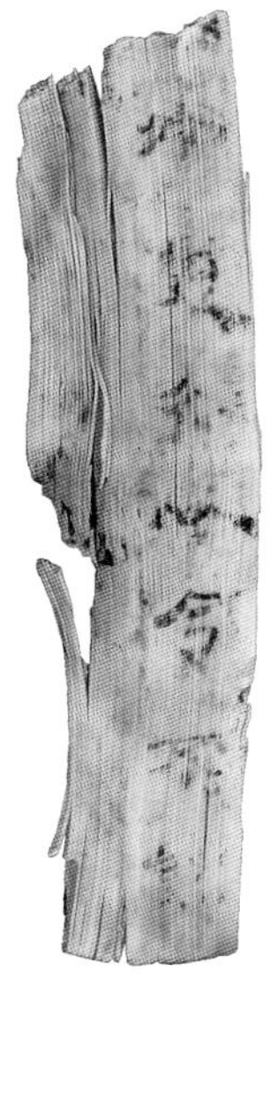

454b
0748b

☐□[復]□以令不□☐

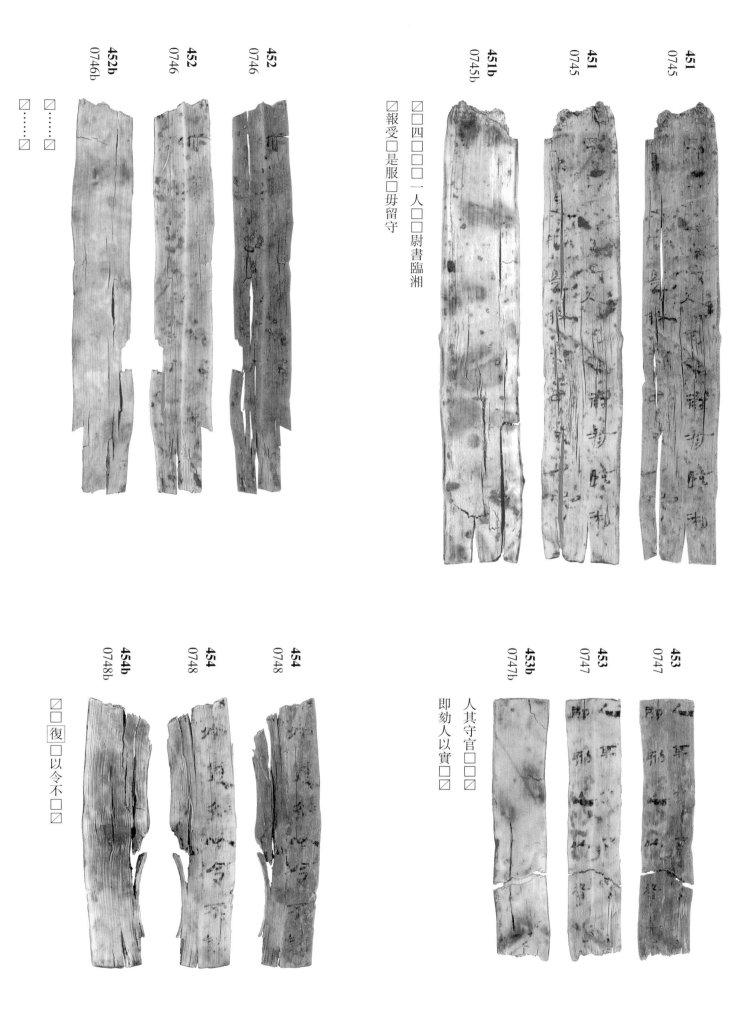

455
0749

455
0749

455b
0749b

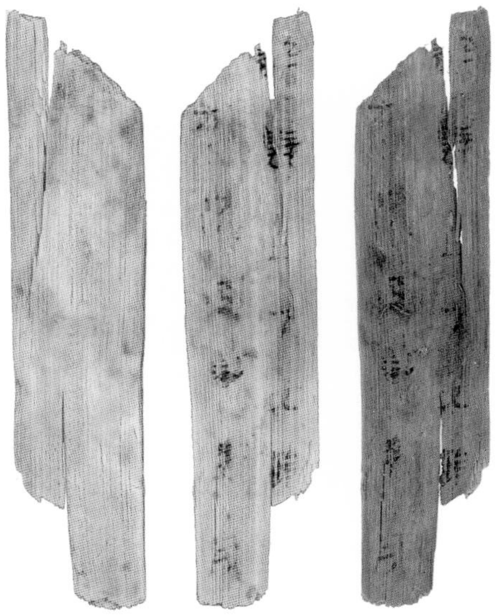

☐訊辤（辭）曰大女臨☐

☐歲中嫜家登聚☐

456
0750

456
0750

456b
0750b

☐□案所付□臧（贓）☐

☐亡不得會四月丙☐

457
0752

457
0752

457b
0752b

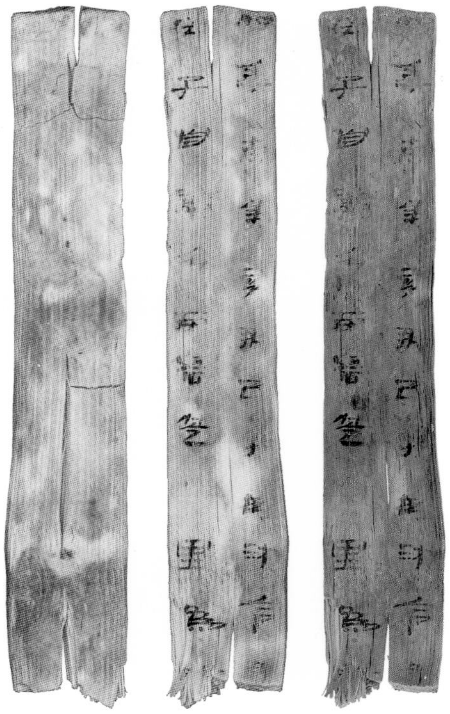

四年七月癸亥朔己卯，臨湘令越☐

女子自證名苗，磨笠里，爲□☐

458
0755

458
0755

458b
0755b

……

459
0757

459
0757

459b
0757b

不審

460
0758
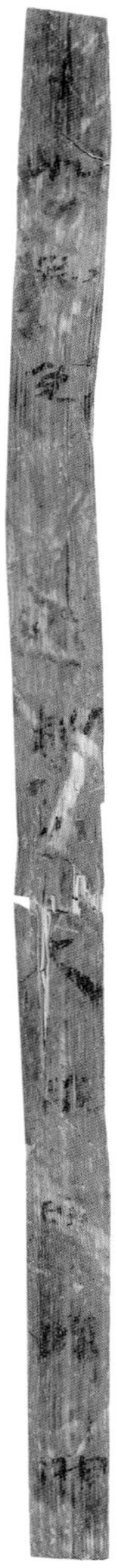

460
0758

460b
0758b
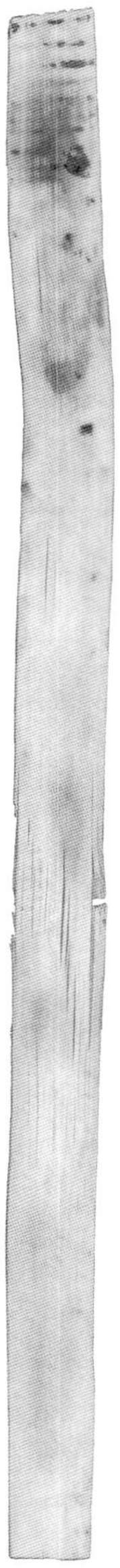

十九爲免□□□□史治所臨湘

461
0759
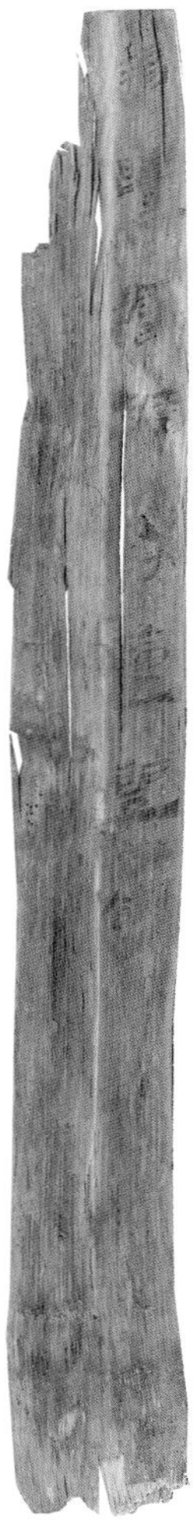

461
0759
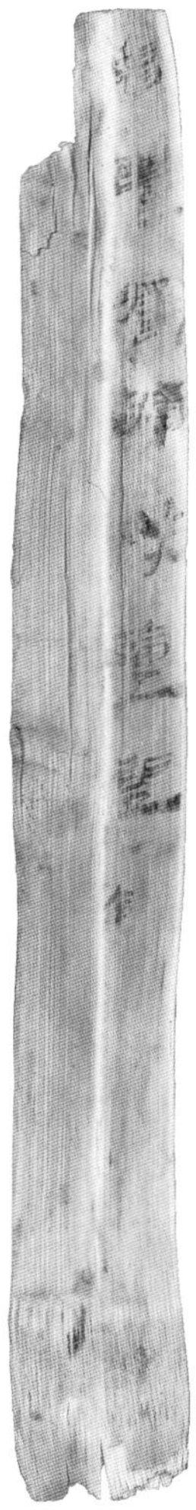

461b
0759b
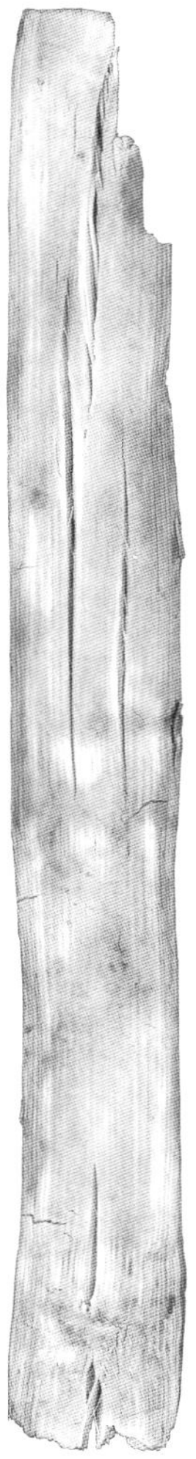

□醴醬脯菽鹽□□☑

462
0760

462
0760
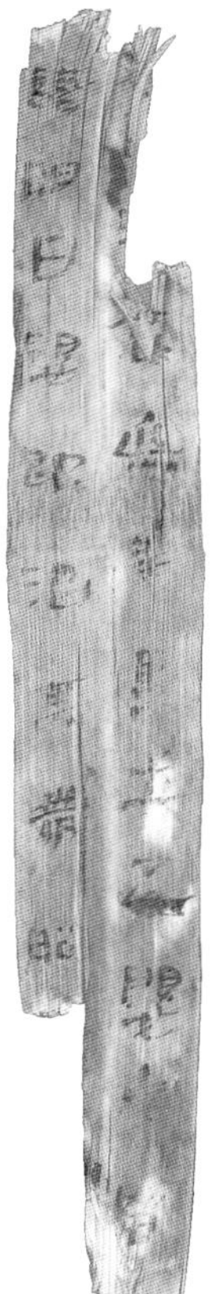

462b
0760b
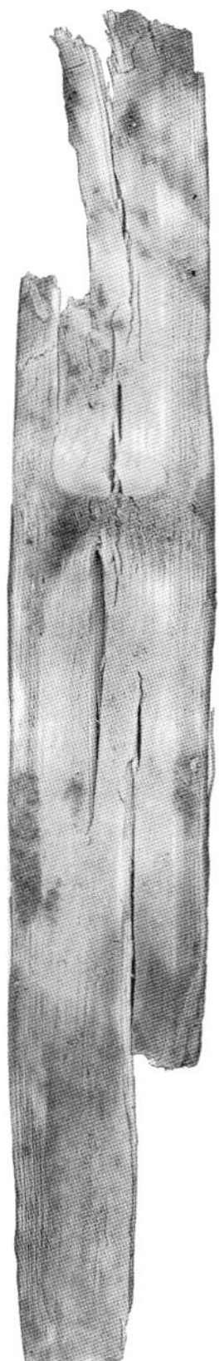

☑□㚤年里士五（伍）嬰□留☑

☑諸明日嬰即治其帶船☑

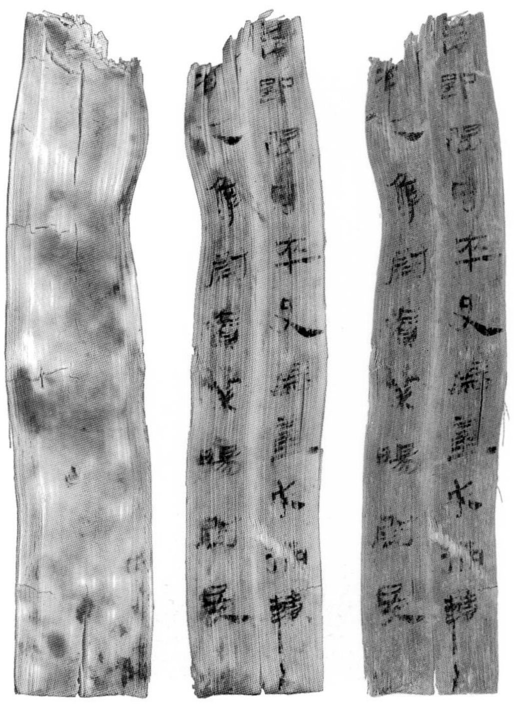

463 0762　**463** 0762　**463b** 0762b

▨昌即問守卒史馬童求捕轅

▨治下奪尉責□陽尉吳

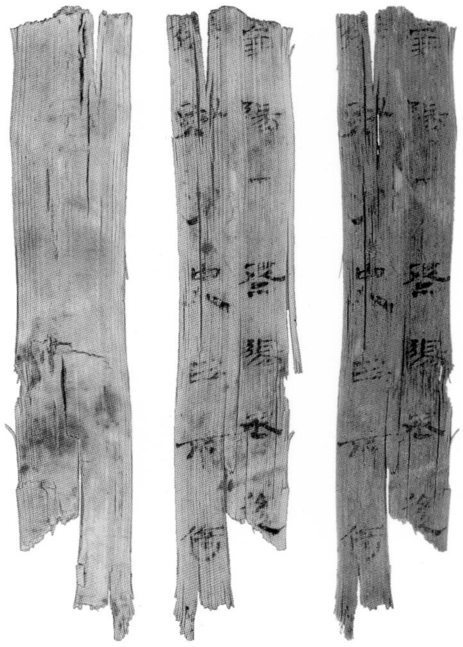

464 0763　**464** 0763　**464b** 0763b

▨南陽ノ烝陽丞後▨

▨□□少史曰不倚□▨

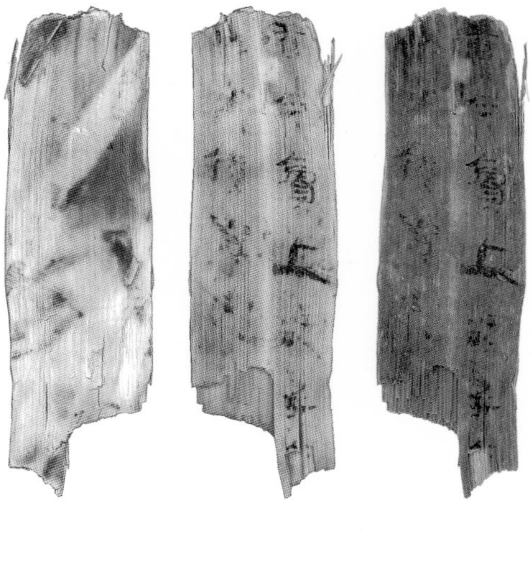

465 0764　**465** 0764　**465b** 0764b

▨者召齎上□丞□▨

▨□□□買□▨

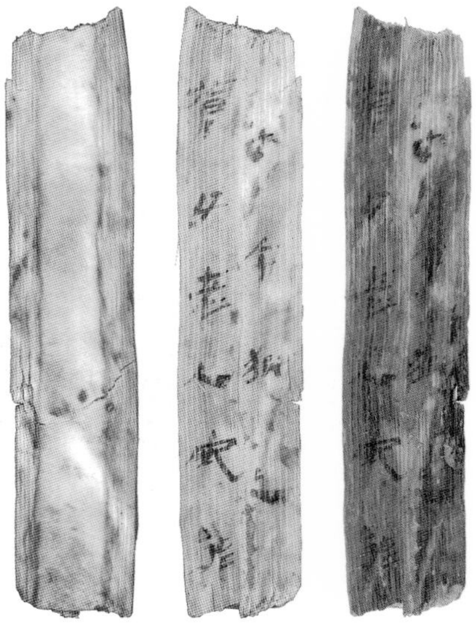

466 0766　**466** 0766　**466b** 0766b

▨□甲午獄史▨

▨□蒼父老人安能▨

467 0767　**467** 0767　**467b** 0767b

▨長□□長以詐（詐）署名數者畢已去

▨□益陽長不臾長賴丞□臨湘□

468
0768+
1176

468
0768+
1176

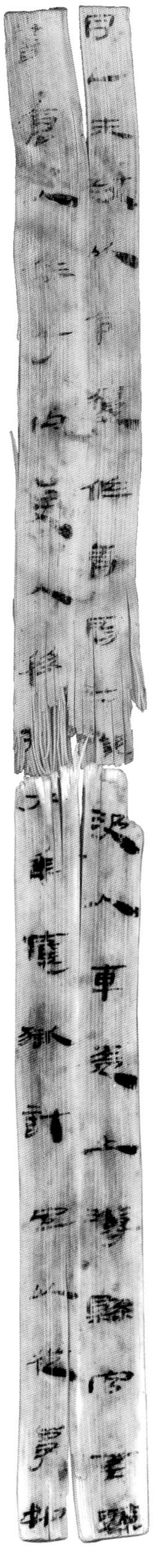

468b
0768+
1176b

月乙未赦，以令復作青肩二歲没入車蓋上簿縣官其聽
書倉入作少内受入移九年應獄計它以從事如

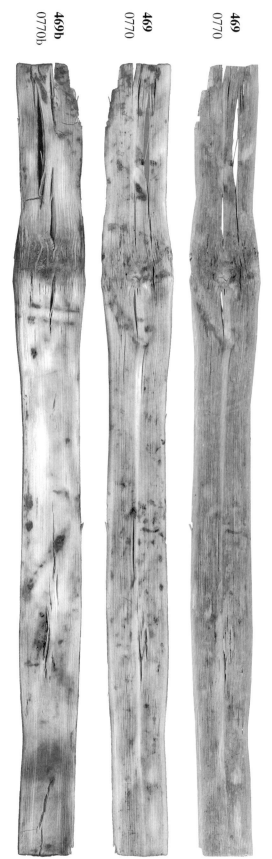

469
0770

469
0770

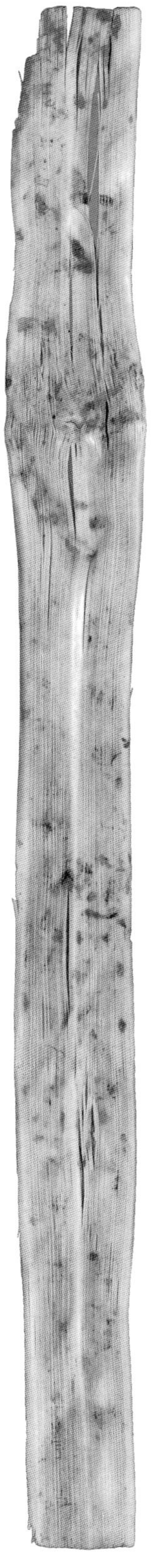

469b
0770b

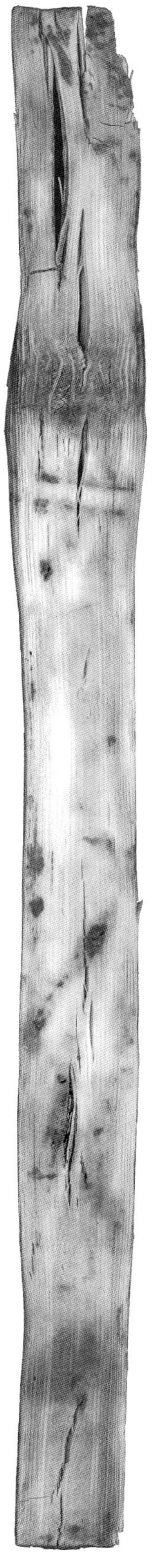

□年七月……坐□
……敢言之

470
0774

470
0774

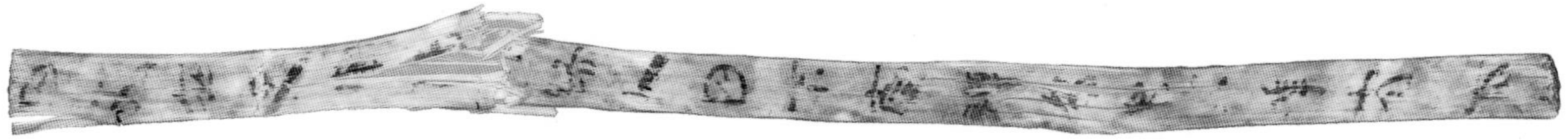

470b
0774b

内史卒史南陽□路人囚不當簿爲它□年[七]月丙□☑

472
0781

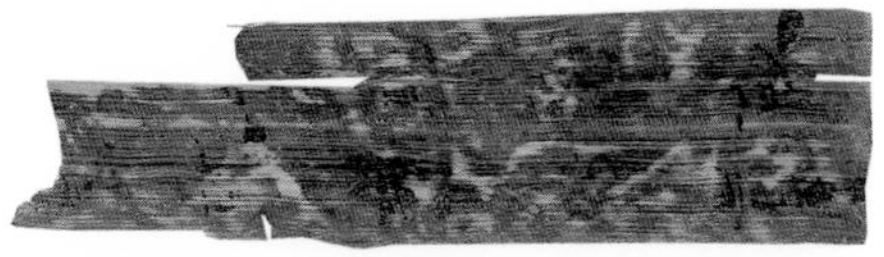

472
0781

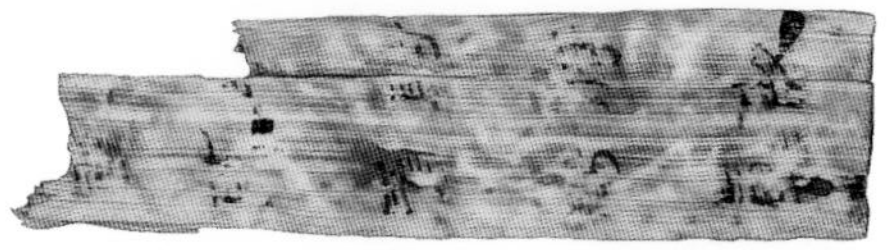

472b
0781b

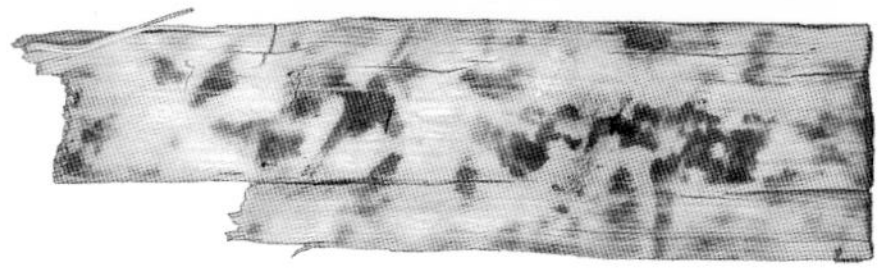

☑中尉府敢

☑[書]故清陽重

471
0780

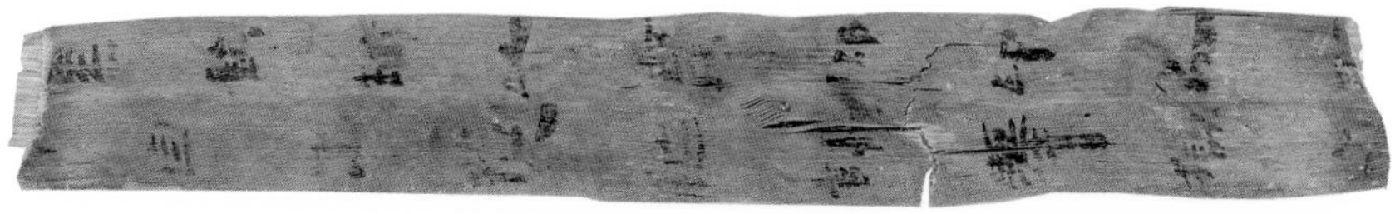

471
0780

471b
0780b

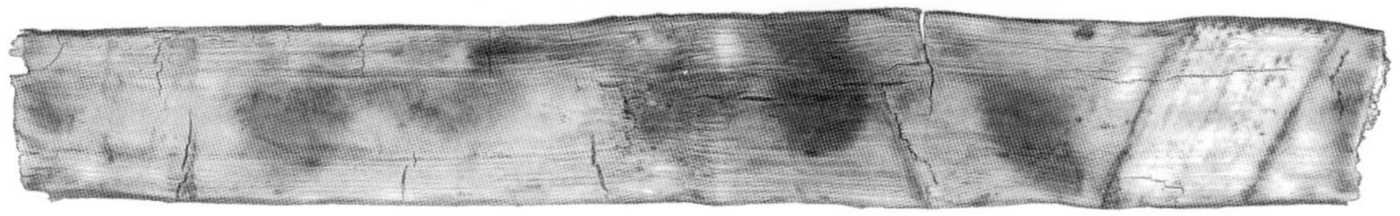

☑黑鐵封以[東]鄉印乙□☑

☑[令]自出復作計舉獄史☑

473
0782

473
0782

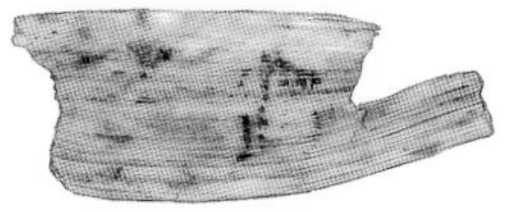

473b
0782b

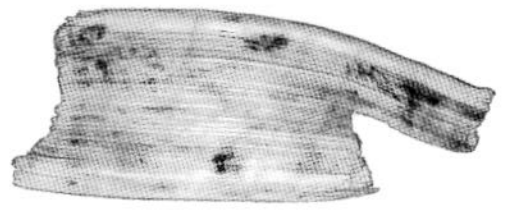

□皆☑

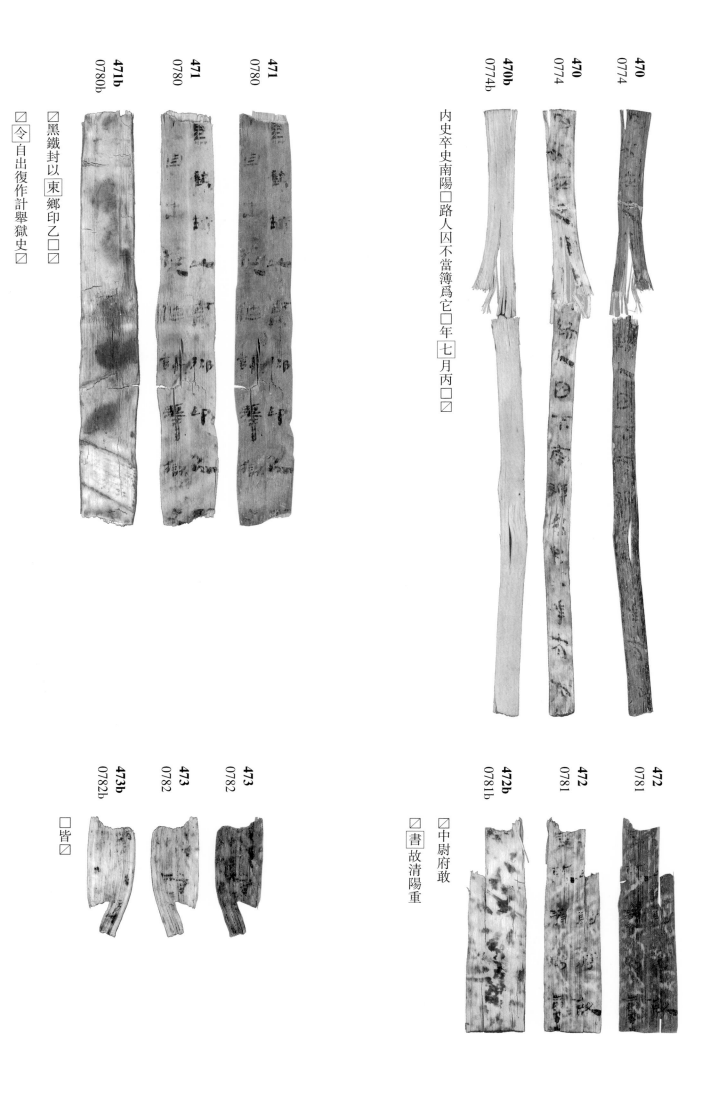

474
0783
474
0783
474b
0783b
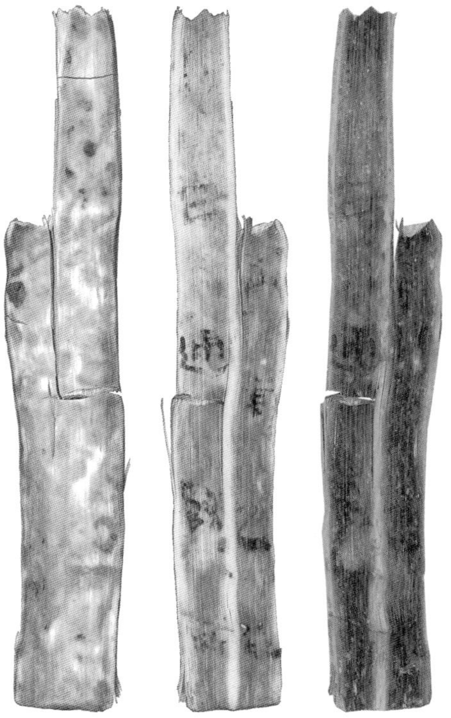
☒敢言之□
☒□曰通□□

475
0784
475
0784
475b
0784b
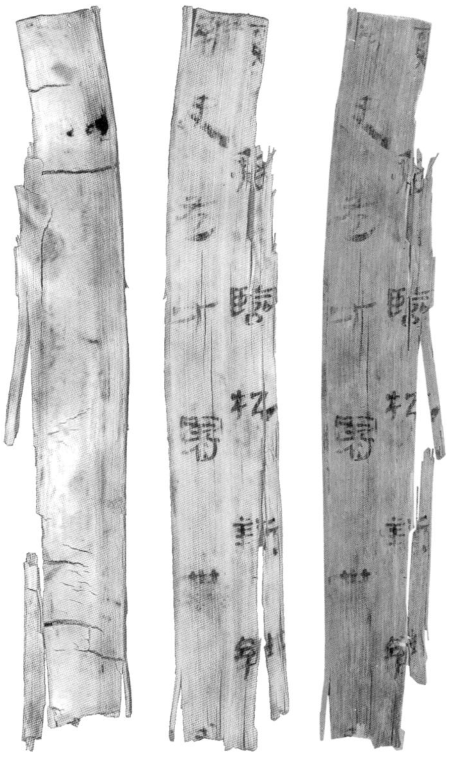
更移臨札新紬☒
編夬左方署枼（牒）書☒

476
0785
476
0785
476b
0785b
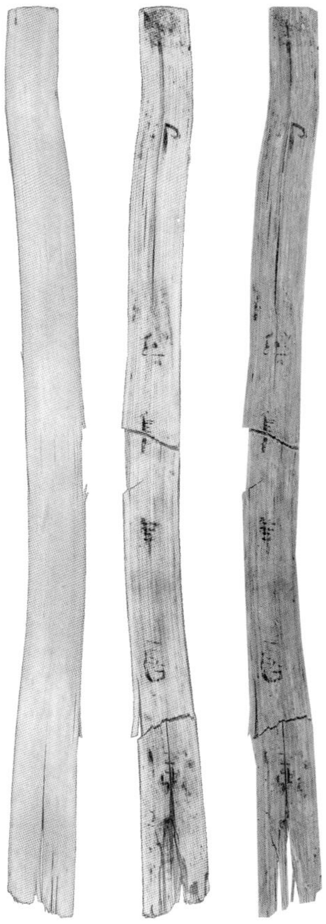
□□㷭年□□□☒

477
0786
477
0786
477b
0786b
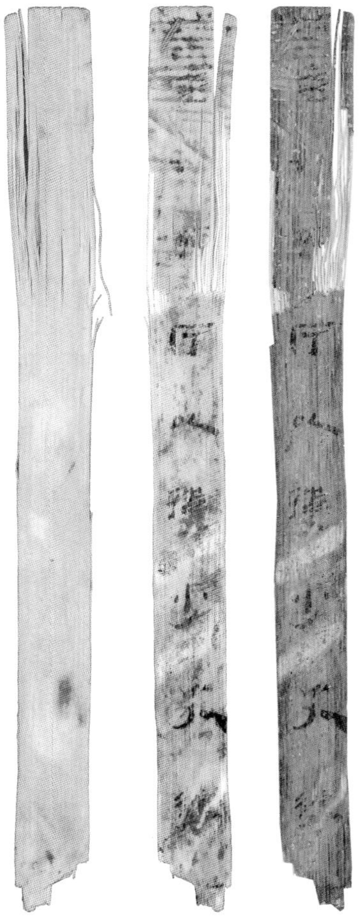
□金一斤以徙少史□☒

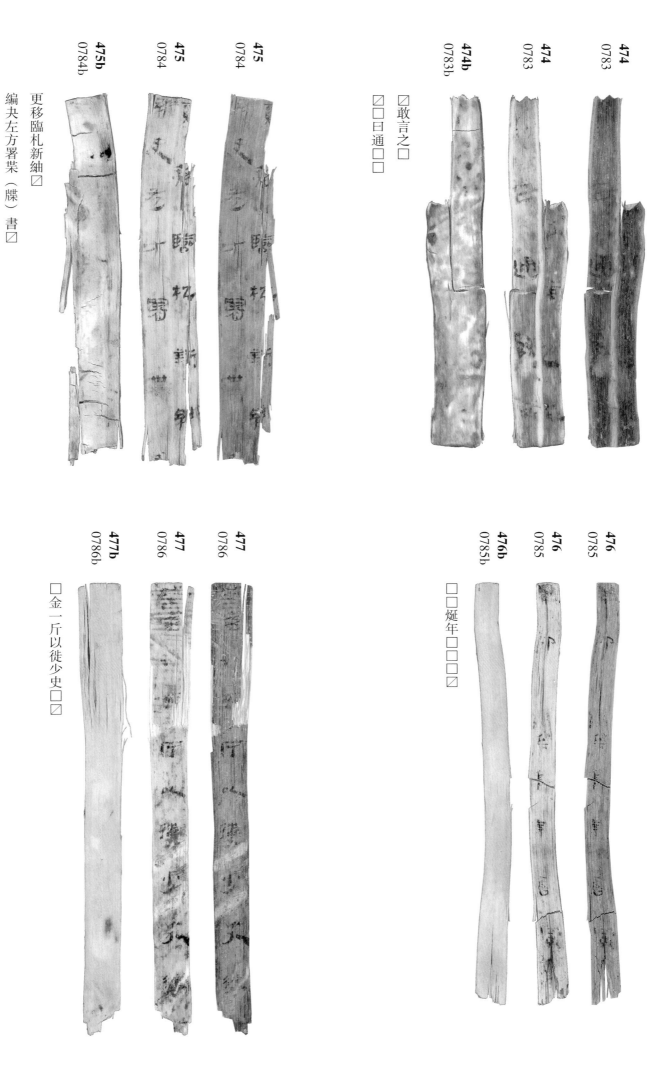

478 0788　478 0788　478b 0788b

□□石官大夫□□石　公大夫百石諸故官……☑

479 0789　479 0789　479b 0789b

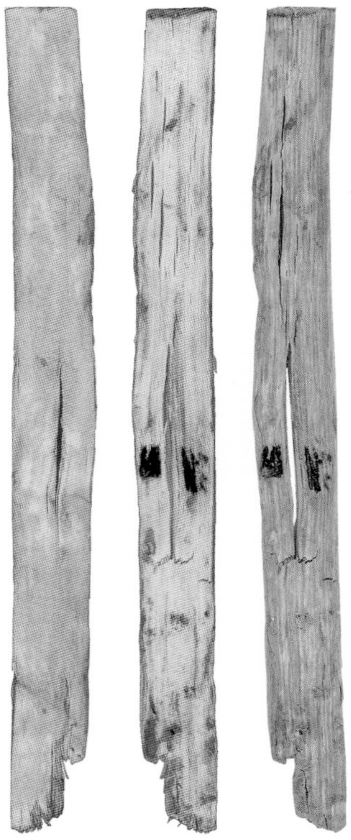

□☑

480 0790　480 0790　480b 0790b

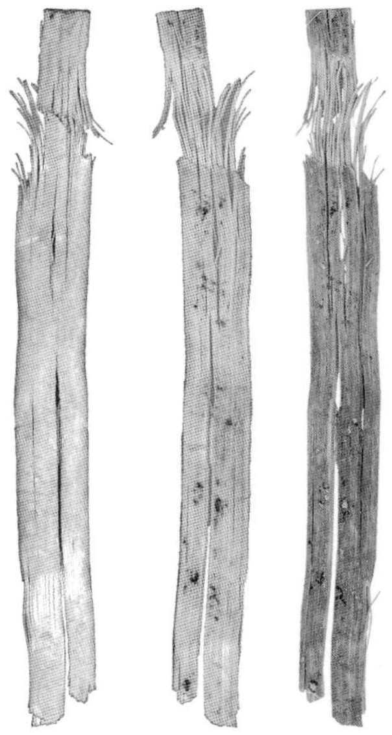

□□□□□□陽□☑

481 0791　481 0791　481b 0791b

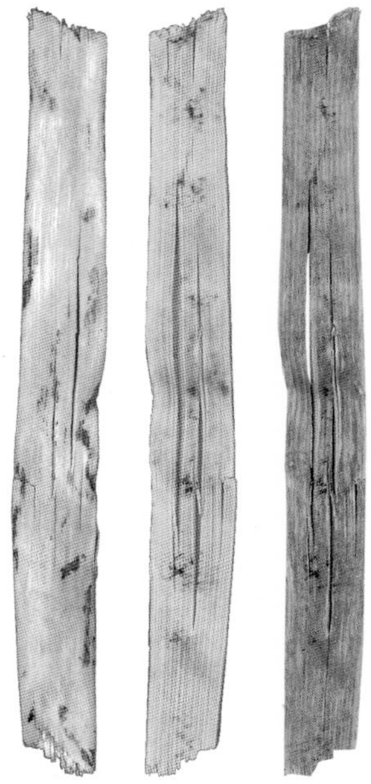

☑□□□□□□爲□□☑

482 0792　482 0792　482b 0792b

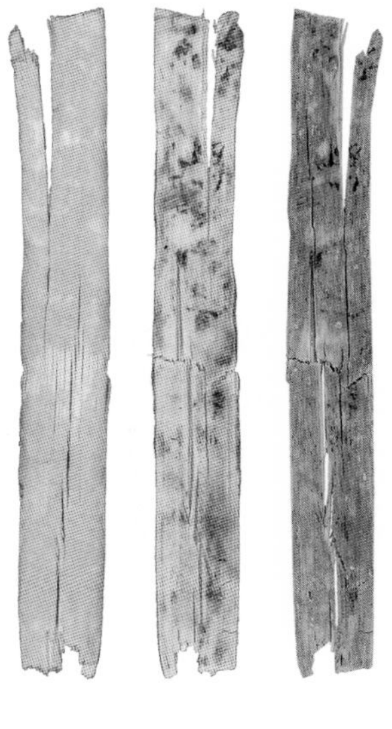

☑……[歲]□☑

483 0793　483 0793　483b 0793b

☑[乙]□　☑

☑丞慶忌☑

484 0794　484 0794　484b 0794b

☑無[陽]☑

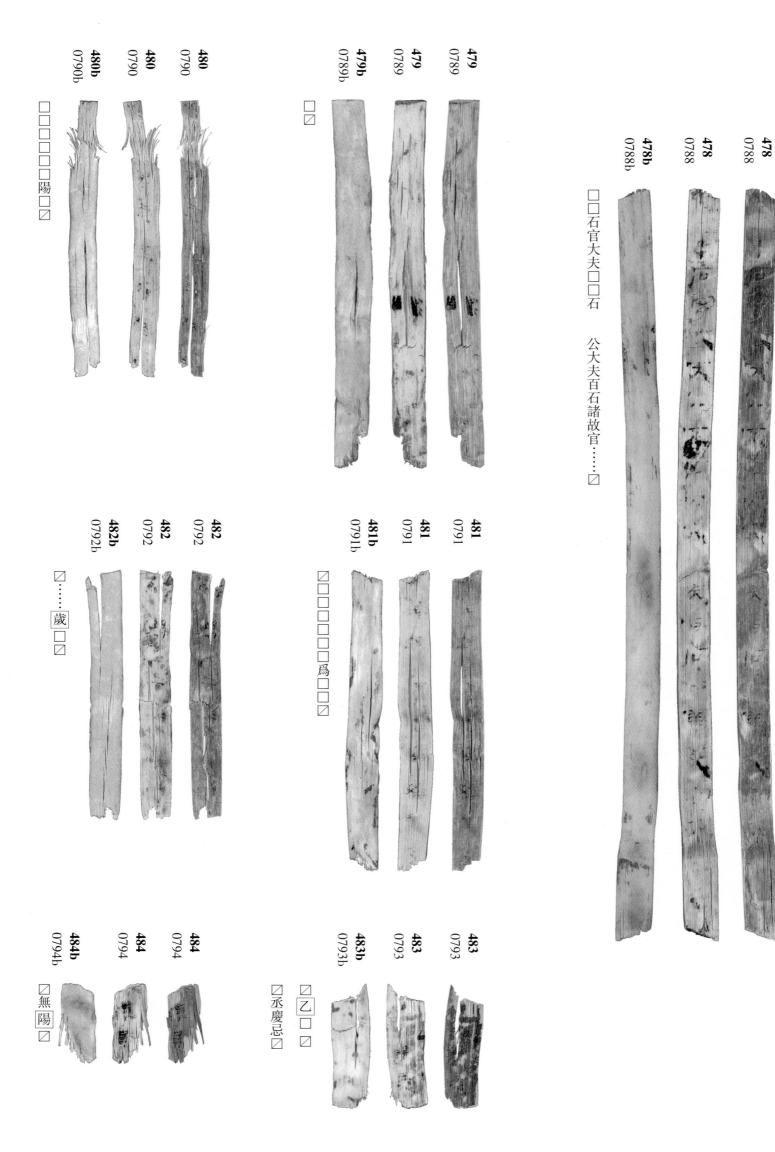

485
0800

485
0800

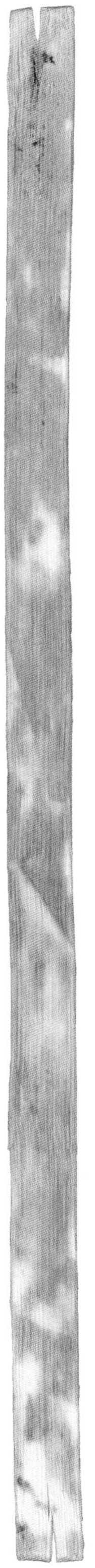

485b
0800b

□□

486
0802

486
0802

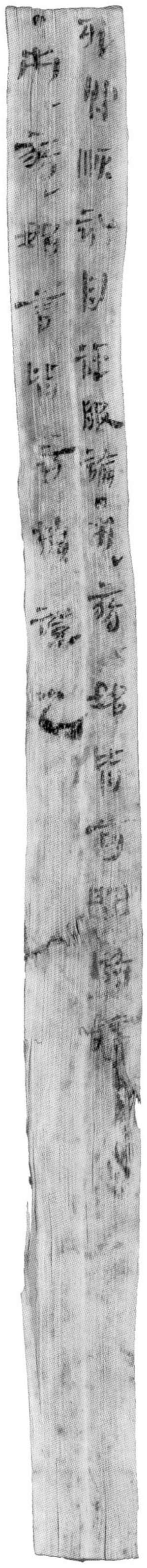

486b
0802b

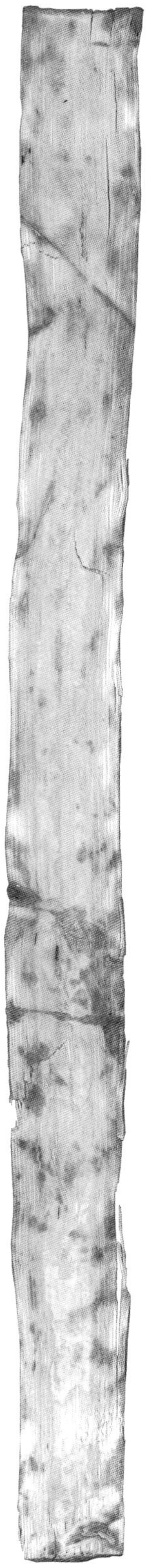

死即順劾自誣服論。市𠃊豚𠃊始皆可問驗辤（辭）。

·市𠃊豚𠃊始言皆若擴證之

487
0805

487
0805

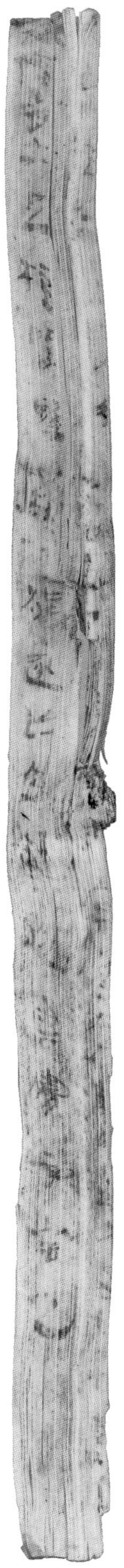

487b
0805b

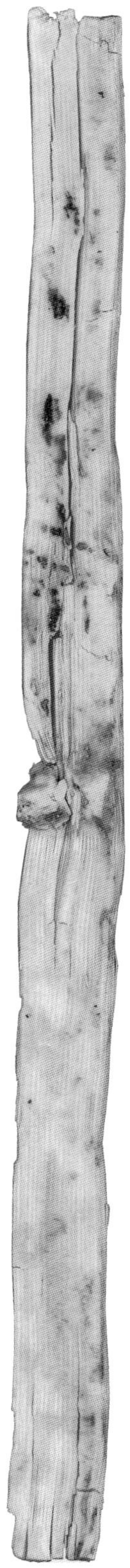

……牢……

以□者手足桎皆堅不能遂亡[及]解脱，書實，敢言之。

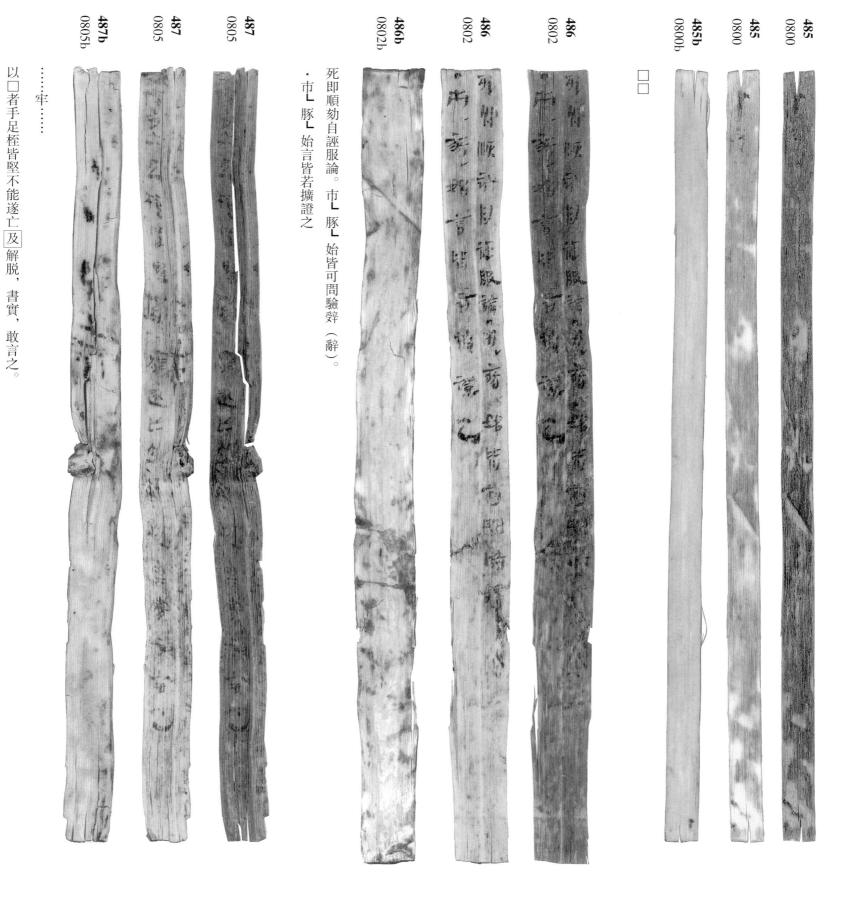

488
0806

488
0806

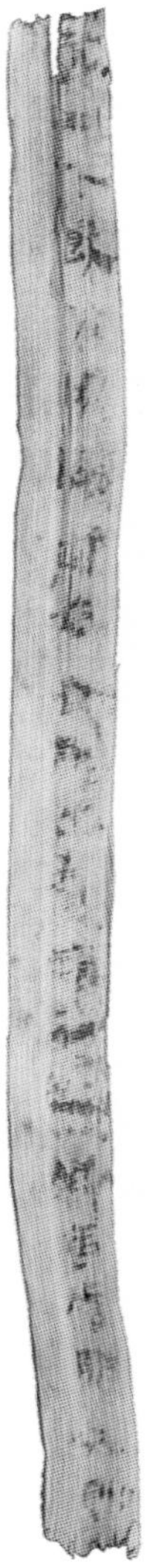

488b
0806b

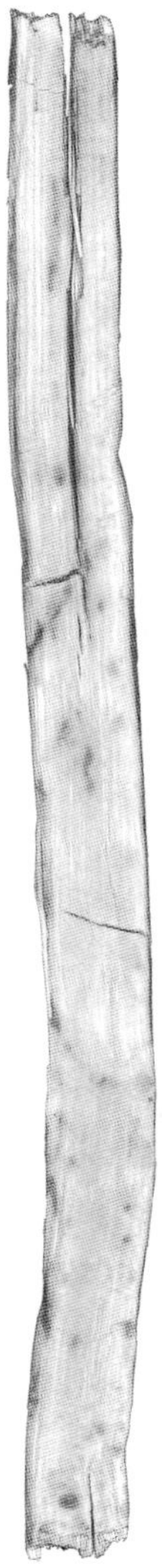

☑載門下飲□□臨湘□□□□出□[酒]□□□舍當見以聽

489
0813

489
0813

489b
0813b

□[不]□[得]

490
0815

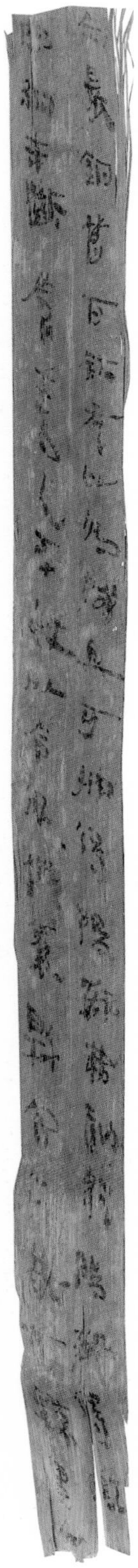

490
0815

490b
0815b

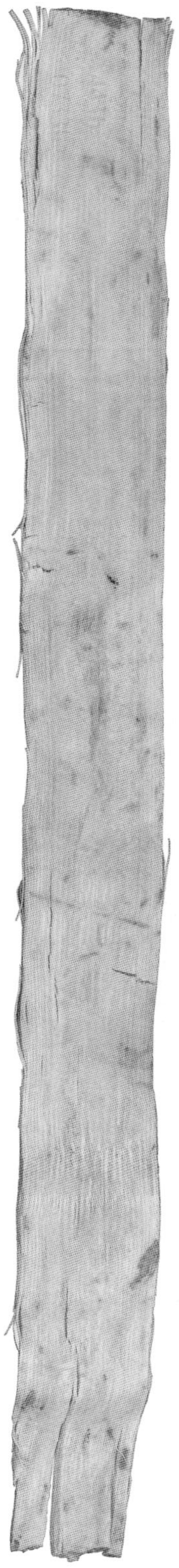

坐髡鉗、笞百釱左止爲城旦，可捕得陽都，弗刻縱陽都，得毄（繫）
牢，獄未斷，會五月乙未赦，以令復作襄縣官二歲，其聽書，以

491
0816

491
0816

491b
0816b

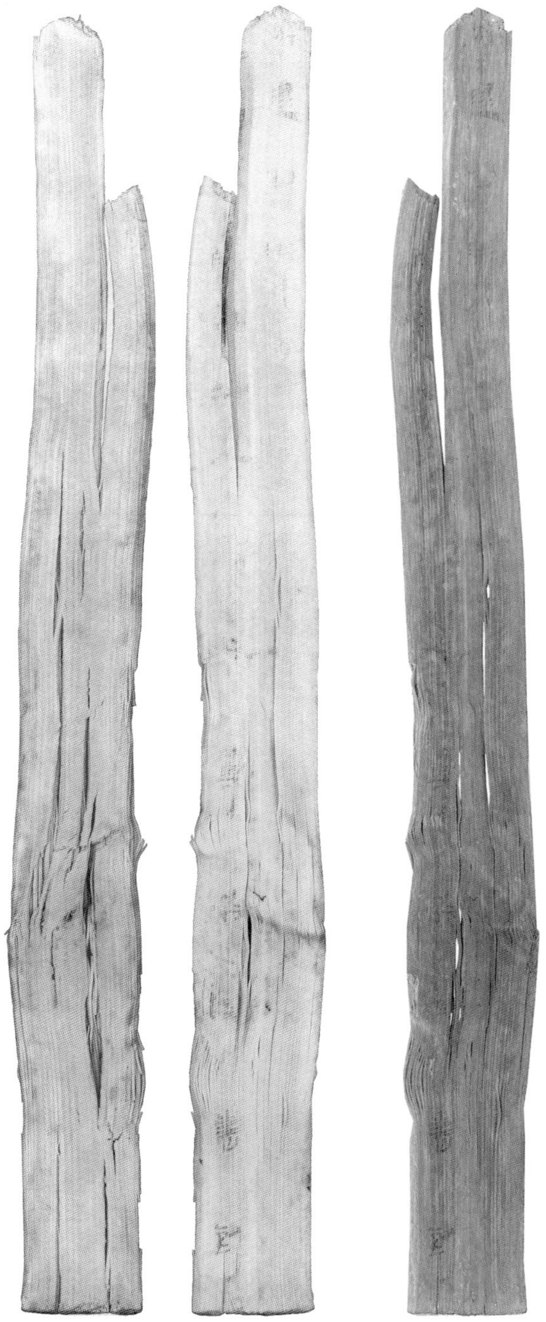

〼□還四牒

〼臨湘令堅、丞尊告尉書到

492
0817

492
0817

492b
0817b

□年十月戊辰，獄史吳以爰書□令□吳〼

皆完城旦後得勿盜劾囚大男嬰〼

493 0819　**493** 0819　**493b** 0819b

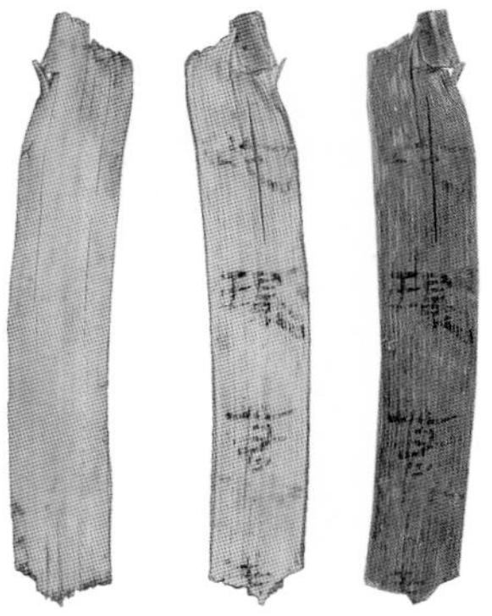

☐武環若□☐

494 0820　**494** 0820　**494b** 0820b

□□□□□主守☐

495 0821　**495** 0821　**495b** 0821b

☐以爲鄉☐

496 0822　**496** 0822　**496b** 0822b

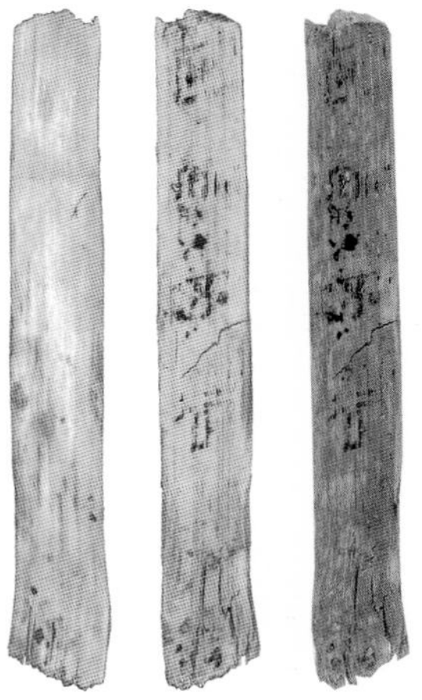

☐迺□不當□□☐

497 0823　**497** 0823　**497b** 0823b

☐寫錄☐

498 0824　**498** 0824　**498b** 0824b

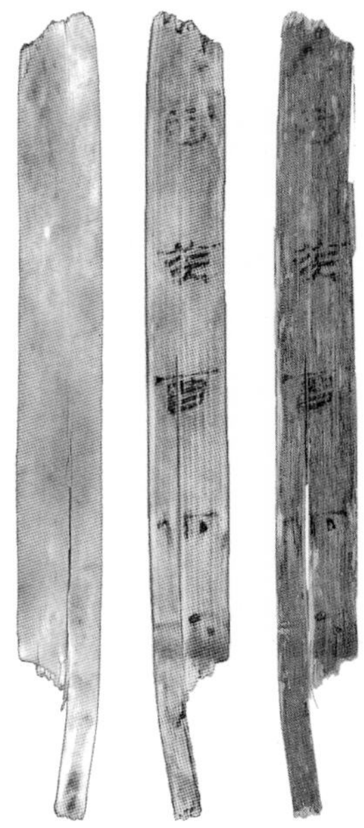

☐月癸酉下□☐

499 0825　**499** 0825　**499b** 0825b

☐□不從數□火□　奉書縣獄☐

500 0826　**500** 0826　**500b** 0826b

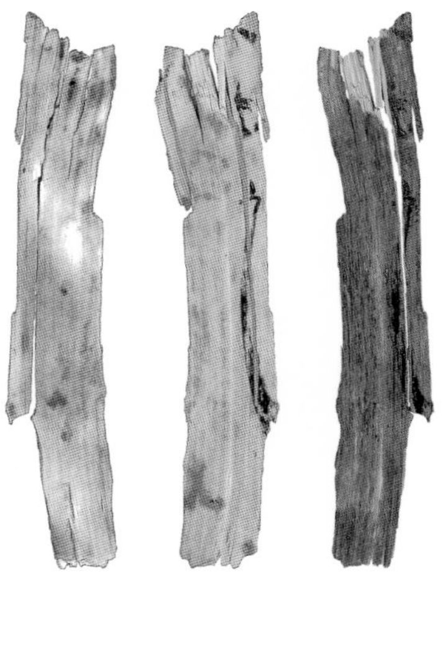

☐敢言之☐

501 0827　**501** 0827　**501b** 0827b

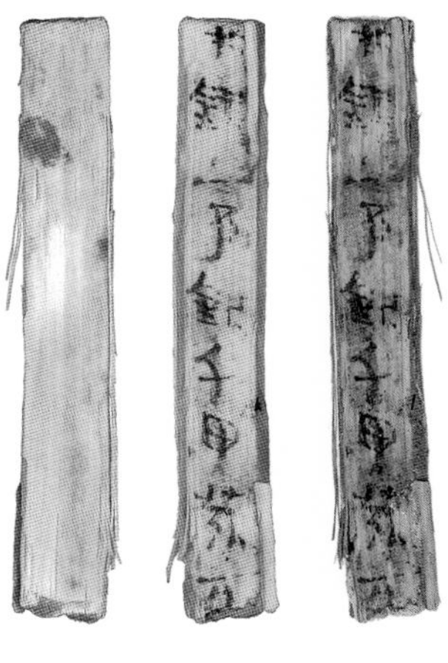

☐□　☐

□七十錢一予錢千甲□□

□錢

502 0828　**502** 0828　**502b** 0828b

☐□等往來行☐

☐髡鉗□□☐

503 0829
503 0829
503b 0829b

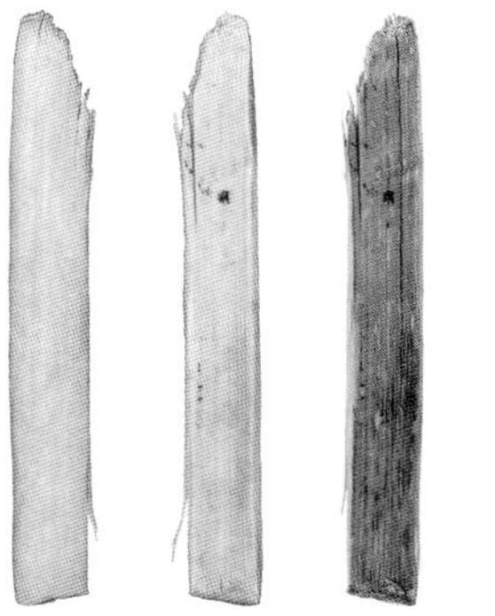

⧄□□

504 0830
504 0830
504b 0830b

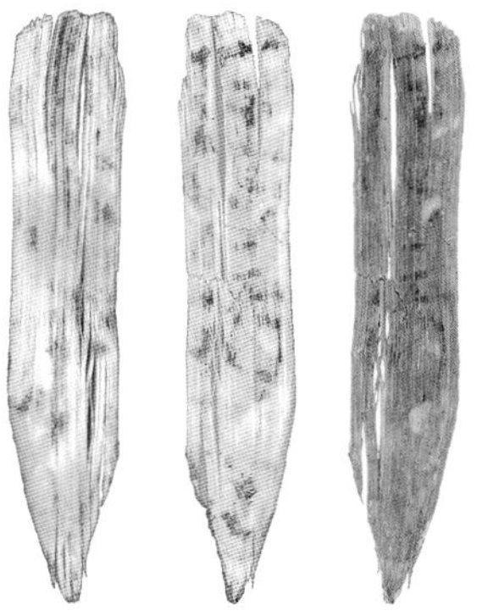

⧄□□□⧄

505 0831
505 0831
505b 0831b

□□□□□⧄

506 0832
506 0832
506b 0832b

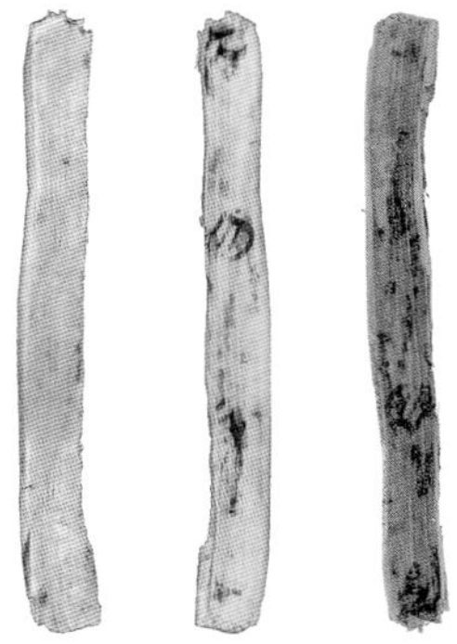

⧄□□□□⧄

507 0833
507 0833
507b 0833b

獄計⧄

508 0834
508 0834
508b 0834b

⧄□□□⧄

509 0835
509 0835
509b 0835b

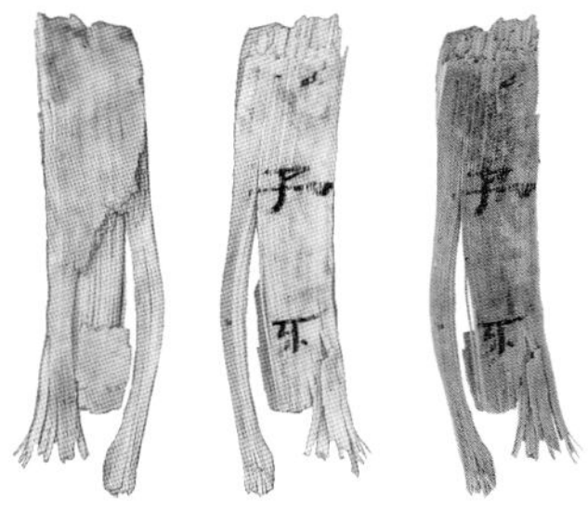

⧄□子不⧄

510 0836
510 0836
510b 0836b

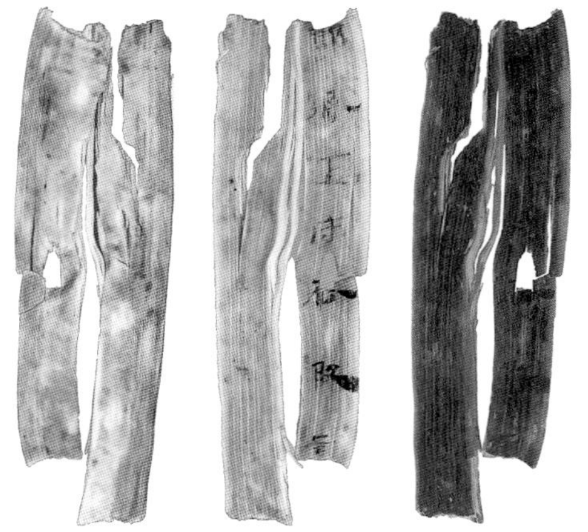

鄗丞登守丞敢言⧄

511 0837
511 0837
511b 0837b

⧄日家獄史意使□⧄
⧄□□□□□⧄

512 0838
512 0838
512b 0838b

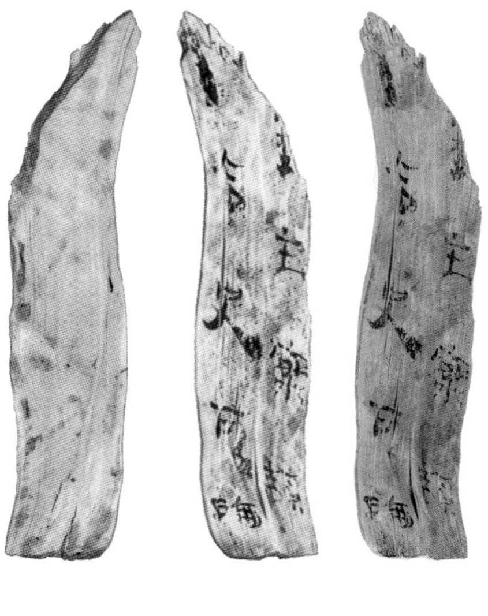

⧄丞主案請
⧄□令史可論

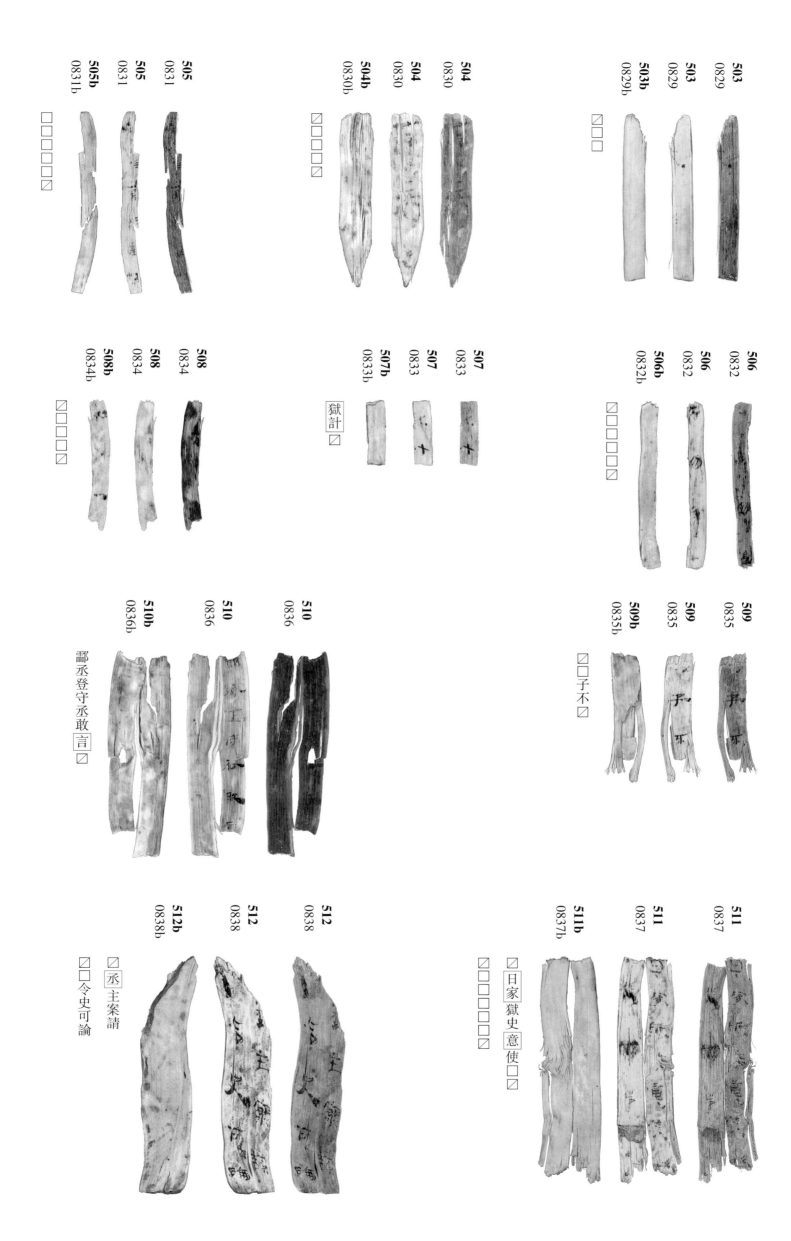

513
0839

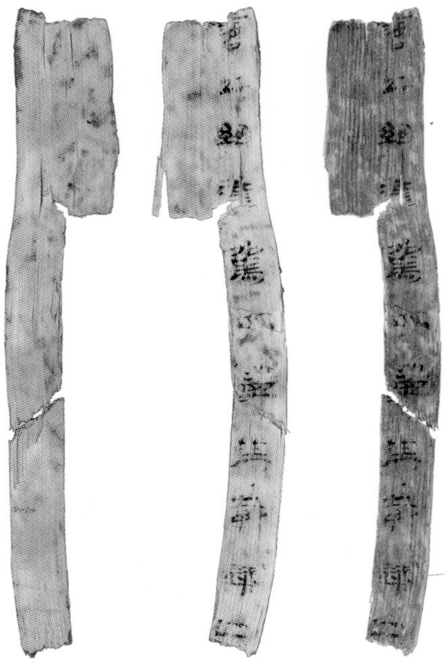

513
0839

513b
0839b

☒簿工□駕四盜馬載錢亡☒

514
0840

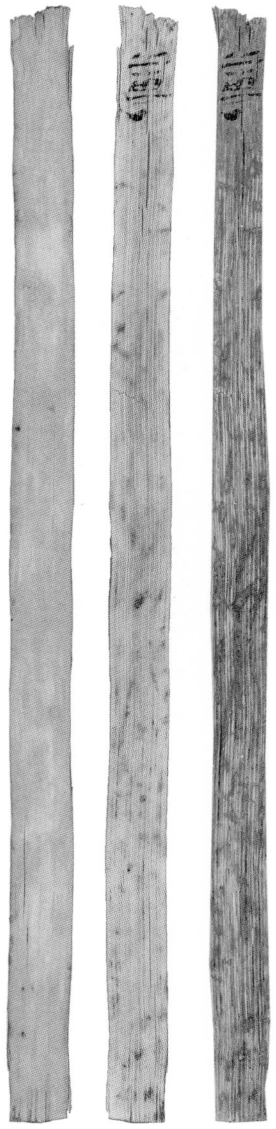

514
0840

514b
0840b

☒尊

515
0841

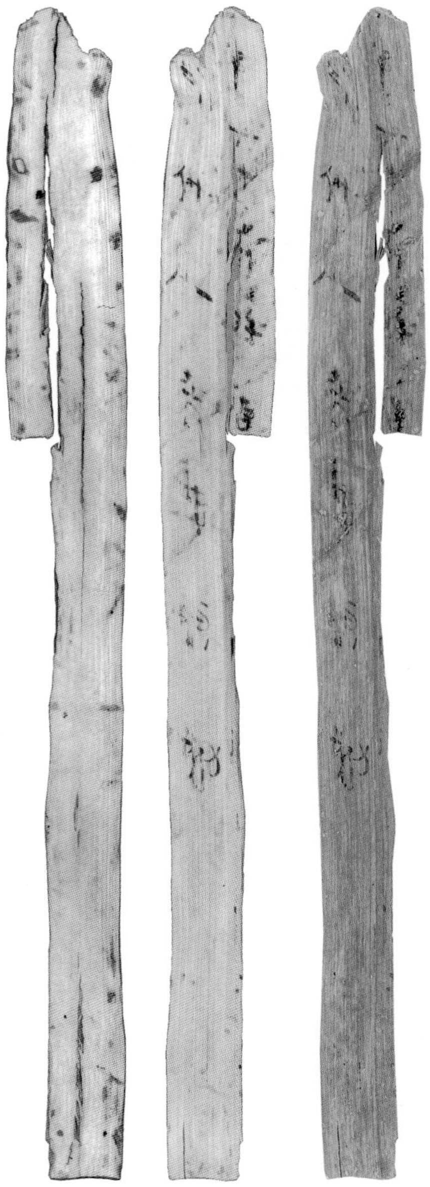

515
0841

515b
0841b

☒年六十□除□☒
☒□佐人□它若劾☒

516
0842

516
0842

516b
0842b

·辟□尉

517 0843

517 0843

517b 0843b

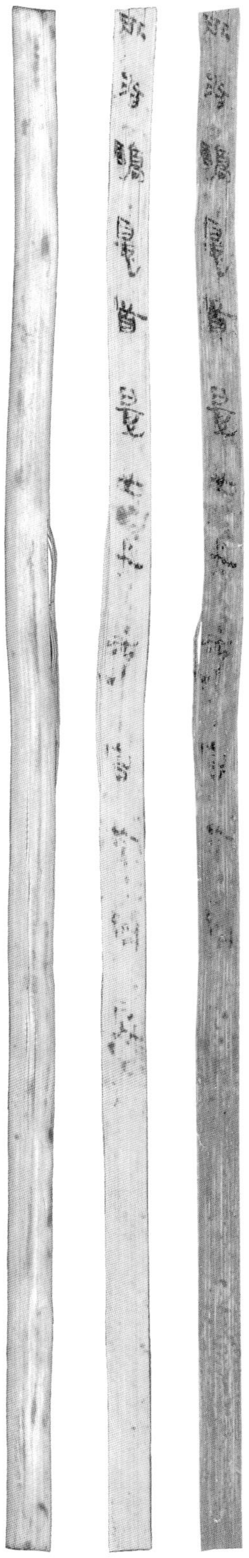

所者騎[蜀]首[睘]女子□□□□

518 0844

518 0844

518b 0844b

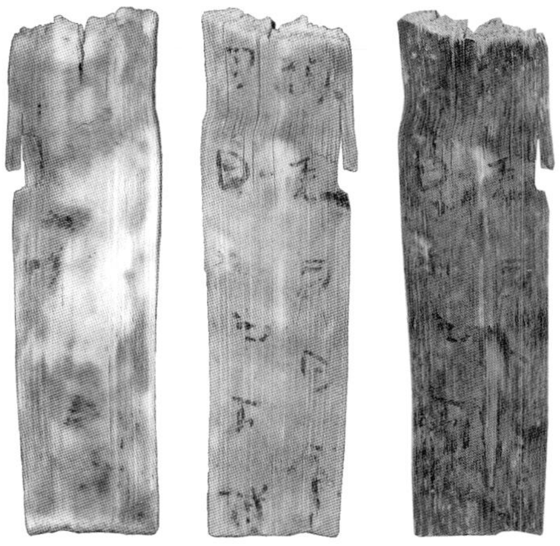

☐[何]年月日令

☐[月]日□不識

519 0845

519 0845

519b 0845b

一□□☐

□□□☐

520 0846

520 0846

520b 0846b

令人將致臨湘獄須有論（驗）毋留如律令，敢告主。

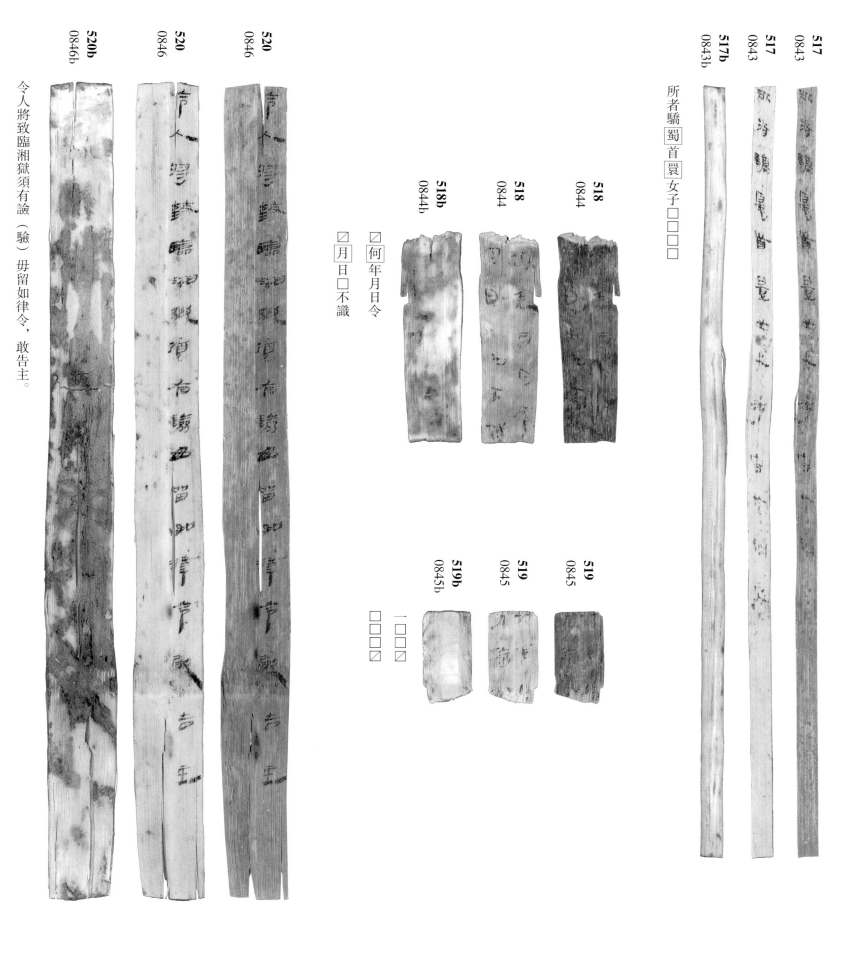

521
0849

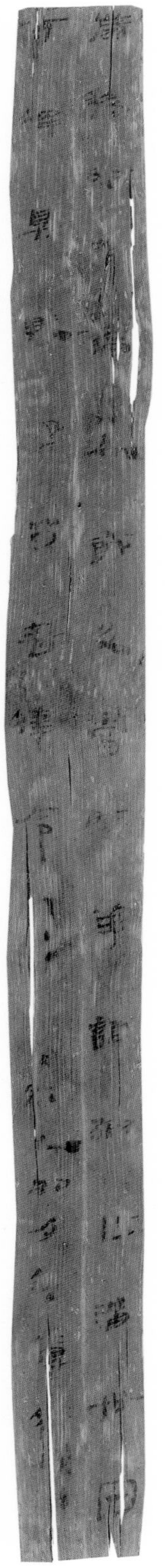

521
0849

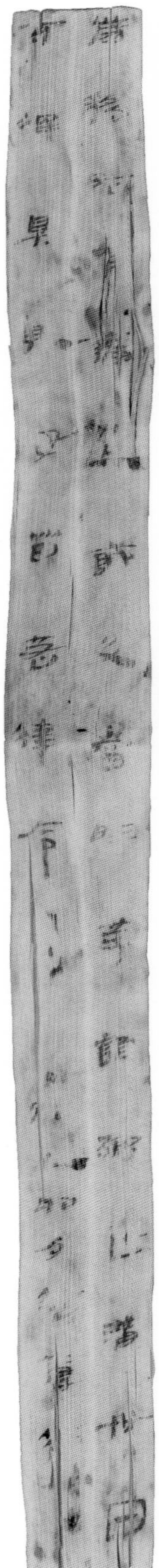

521b
0849b

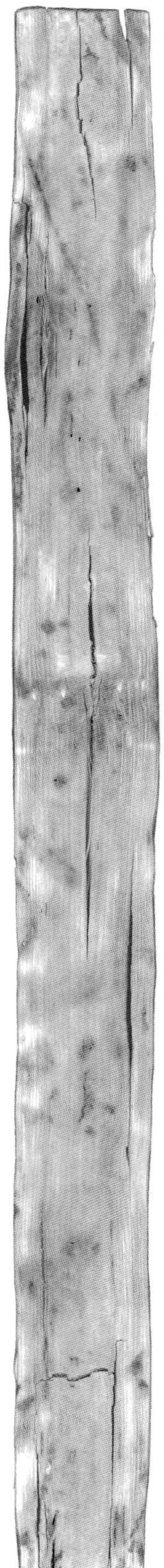

歲，移結年籍，遣識及當問等詣獄，亡滿卅日
不得，具報毋留，若律令。□□乙卯夕從傳行

522
0850

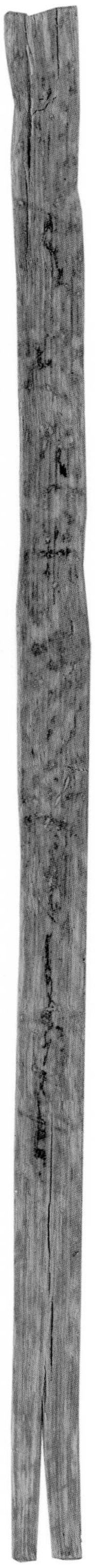

522
0850

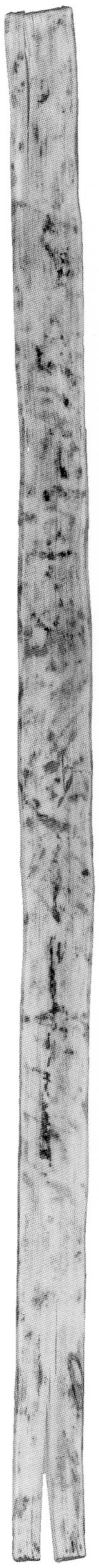

522b
0850b

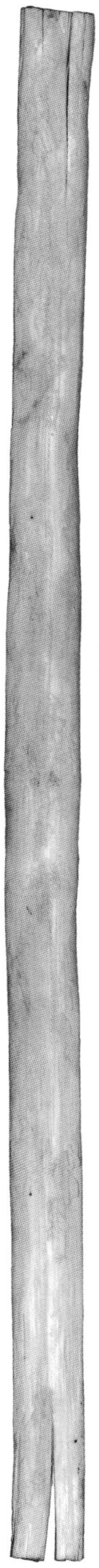

……

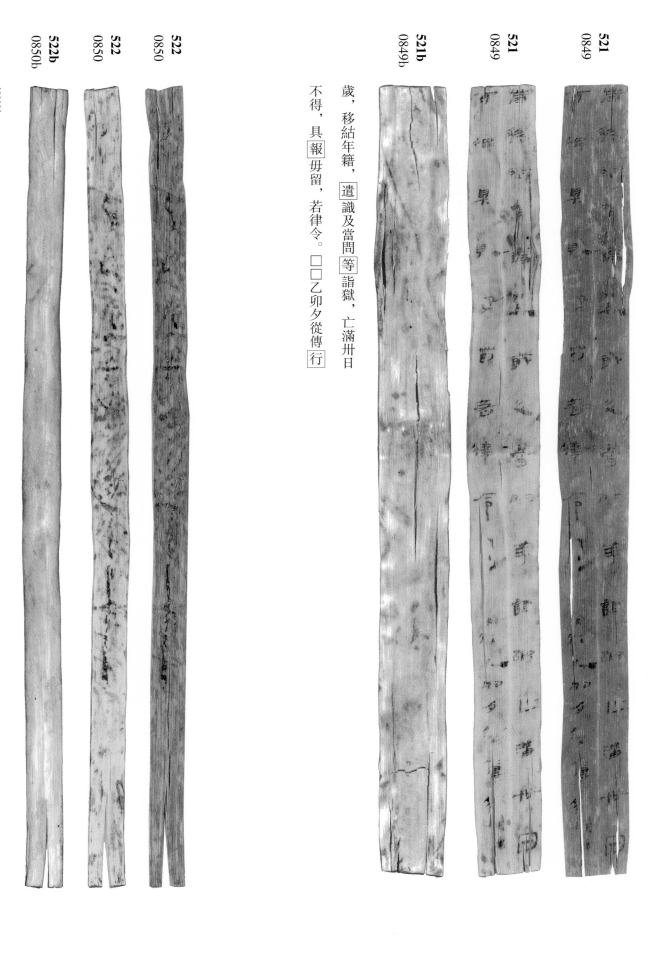

附

録

附錄一　釋文

案例一　襄人斂賨案

001／0047

五年三月己未朔丁丑，長沙相史倚案事劾。

三月丁丑，長沙相史倚案事，移無陽服捕，以律令從事。言夬（決）屬所，移獻（讞）相府。ノ相史倚

002／0052＋0157

無陽變（蠻）夷士五（伍）搞言：脽夷鄉嗇夫襄人斂賨，搞家當出賨米，毋（無）米，予襄人五梓船一樓，當米八斗；賜七十五斤；ㄴ共皮賜十五斤；工期錢三百，當米未有數；於鐵米二石四斗，皆弗家與券書。

（缺簡）

003／0077

襄人自責得五梓船一樓士五（伍）定所，當米八斗。賜七十五斤，士五（伍）強秦、麐、僕各廿五斤，令安居士五（伍）周乘船，船未到，襄人不得受。定船去，去後周船到，搞有（又）令臨中臾【人强】

是下船，屬襄人，襄人在所。後長始問搞，搞以所責得船、賜對曰：已予襄人，襄人不予搞券書。今問強是，強是不以船屬襄人，襄人不受船，船在強是所，搞所以予襄人賜〼

（缺簡）

004／0001

賈（價）直（值）錢百五十。所受搞賜非搞家賨，襄人不受定船。工期錢三百、於鐵米二石四斗及所受賨物，不弗券書。不智（知）倚、始、胡人劾其故。它如辤（辭）。〼

（缺簡）

005／0152＋0080

五年七月丁卯，具獄亭長庚爰書：先以證律辨告搞，乃訊。辤（辭）曰：士五（伍），無陽共里堉子，吏令爲臾、皇人擇（譯），迺二月中不識日，嗇夫襄人在輕半，令搞收責溠溪，臾人□〼

五（伍）定予五梓船一樓，當米八斗，士五（伍）強秦、麐、僕予賜各廿五斤，凡七十五斤。搞令安居士五（伍）周乘船下，搞先去溠溪，中環（還）輕半，襄人所收責得船〼

（缺簡）

006／0105＋0089＋0098

〼與強秦ㄴ、麐ㄴ、僕券書，不告搞，搞弗智（知），不智（知）強是不以船屬襄人，以故前對長始，不與襄人相應。搞不言襄人斂共皮賜十五斤、工期錢〼

它如辤（辭），證之。

007／0113

・搞辤（辭）

008／0010

五年七月丁卯，具獄亭長庚爰書：以襄人辤（辭）召共皮，先以證律辨告，乃訊。辤（辭）曰：士五（伍）無陽共里，與同産小男共來同居。迺二月中不識日，嗇夫襄人□□共來四年賨，共皮爲予襄人賜十五斤，當米石五斗。襄人與分券，券受賜當米如。它如辤（辭），證之。

009／0011

【五年七月丁】卯，具獄亭長庚以襄人辤（辭）召於鐵，先以證律辨告，乃訊。辤（辭）曰：士五（伍）無陽皇里，與共里大女妹子方風、小女容異籍同居。嗇夫襄人責於鐵、方風、容往四年所出賨。方風以米石四斗予襄人，爲母妹入賨，於鐵予襄人米石，爲容入賨，凡二石四斗。襄人未受（授）券書，不智（知）方風、容已受券，智（知）方風、容不告於鐵。後相史、

010／0171＋0012

無陽長問於鐵，於鐵與方風别居，不得見，問方風，以爲毋（無）券，對曰：襄人斂於鐵家賨弗券書，方風可問驗。它如辤（辭），證之。

011／0131

・【於】鐵辤（辭）

012／0008

[五]年七月辛巳，守獄史胡人爰書：以劾襄人辤（辭），先以證[律辨]告工[期]，乃[訊]。辤（辭）曰：[士]【五（伍）】無陽皇里，迺往不識月日，嗇夫[襄]人來責工[期]□□□□[所]餘賨，毋（無）米。共里周奢負工期錢三百，工期告襄人爲賨取錢奢所，以當予餘賨襄人

錢，後襄人責㱙得錢二百廿五，襄人即與工期爲予餘，當米石五斗。襄人即與工期分券，歸不告母地已受券。

013／0007

後相史、無陽長來問母地，時工期不在家，母地不智（知）工期已受券，對曰：子工期令襄人責㱙錢三百當賨，未受券。工期實不予襄人錢三百，它如辤（辭），證之。

014／0112

·工期【辤】（辭）

015／0161＋0003

☐獄史胡人爰書：以襄人、搞辤（辭）、證律告磿、強秦、僕。磿、強秦、僕皆不能楚言，即以襄人、搞辤（辭）、證不言請（情）、擇（譯）訊人出入罪人律，出擇（譯）共里不更當，令訊磿、僕、強秦。當曰：強秦、磿、僕辤（辭）曰：皆士五（伍），居㵒【溪】，□□輕半，士五（伍）共搞來言曰：爲脽夷主襄人收賨，磿、僕、強秦予搞腸各廿五斤，不智（知）當米數，搞去。後不識日，強秦、磿、僕之田，到棲溪涌見一吏☐

016／0016＋0123

☐□曰：前令共木收賨㵒中，共木言曰：得磿、僕、強秦腸各廿五斤，凡七十五斤，令襄人當與磿、僕、強秦爲券，襄人即予強秦、磿、僕券，已予，如襄人、搞☐

017／0155

☐□辤（辭）

018／1792＋0017

五年九月丁巳，獄史巴人、胡人訊襄人。要道辤（辭）曰：府調無陽四年賨，糴（糶）賣取錢輸臨沅食官，廄，償所贖童賈（價）錢，皆急緩。夷聚里相去離遠，民貧難得，襄人令譯士五（伍）搞收【賨㵒】溪臾人，環（還）言：得五棒船一棲士五（伍）定所，當米八斗；腸七十五斤，士五（伍）強秦、磿、僕各廿五斤，非搞家賨腸。襄人自責得士五（伍）共皮爲小男共來予腸十五斤，士五（伍）工期爲☐

019／0151＋0005

□□□錢二百廿五，腸（腸）、錢當米各石五斗。士五（伍）於鐵爲小女容予粢米一石，大女方風爲母大女妹予粢米一石四斗。時正收責賨上部、下部，襄人受強秦乚、磿乚、僕、共【皮腸，工】期錢，於鐵、方風☐
□，巳（已）自與強秦乚、磿、僕、共皮、工期、方風券書，未與容券書，所受錢物皆付正，時糴（糶）賣取錢給輸。襄人受容家賨米一石，誠〈詐〉弗與券

020／0002

五年九月辛酉，獄史巴人爰書：案相府獄屬臨湘，贖罪以下即移。

021／0121

五年九月丙辰朔辛酉，無陽長始、令史巴人行丞事敢告臨湘主：案贖罪以下寫劾、辟、爰書移，書到，令史可論。倚言夬（決）屬所、長沙内史府，如律令，敢言之。

022／2171

賨腸，襄人

案例二　駕、縱、野劾不審案

023／0006

二年四月丙申，將田義陵佐僮、沅陽佐卯，出賃安成里公乘伉、充、南陽公乘午等，連蔺（衛）上粟，卯實不與僮共出錢，繒以付充等，僮詐（詐）以卯爲券書。
四年二月乙未朔戊戌，將田沅陽佐卯劾。

024／0426

二月戊戌，將田沅陽佐卯敢言☐

025／0037

案：將田義陵佐僮移連蘅（衔）上粟作筵，券曰：錢五千七百八十一，絣繒四匹一丈九
尺二寸，直（值）錢千九百七十一，春草二匹一丈五尺七寸，直（值）錢千一百卌
九，緹繒三丈五尺，直（值）錢四百五十五，素繒五尺五寸，直（值）錢卌九。

026／0081

案：將大農田官移賃庸出券，券三：其一錢四千七百廿一，素繒五尺五寸，直（值）錢
卌九。└錢六百五十六。└一錢五千一百廿五。絣繒四匹☒
直（值）錢千九百七十一。春草繒二匹二寸，直（值）千一百卌九。緹繒三丈五尺，直
（值）錢四百五十五。·三年三月乙丑、四月丙申、丙午，將田義陵佐僮、沅陽佐☒

027／0078

陽安成里公乘伉、充、南陽公乘午所具庸，擊禾爲米四百七十二石，作盛粟筵三百六枚，
連粟爲米五百廿二石六斗，積徒四百七十一人，人日卅錢。伉，
庸長，三月乙丑受錢萬五百一。問庸人公乘野、貍、豹等，皆未得錢。伉受野等賃錢，不
予野等，與令史葵、守令史相邕、正午共盜。伉等實不受繒，僮、

028／0035

卯出券詐（詐）爲券書辟（避）負償。

029／0184

·卯劾僮詐（詐）爲書

030／0046

四年五月甲子朔庚寅，案事長沙相史駕、武陵守卒史縱、辰陽令史野劾。
六月丙申，案事長沙相史駕、武陵守卒史縱移辰陽：以律令從事，言夬（決）相府。丿相
史駕、卒史縱

031／0094

四年六月甲午，守獄史胡人訊僮。道狀辤（辭）曰：爲義陵都鄉長陵聚☒
稟出穀，獲（護）田大農卒史令卯助僮，賃人擊連出部田所得□☒

032／0004

佐，調爲大農將賃人田無陽界中，與沅陽佐卯各爲一部田。卯部田事已
粟米稟，僮獨往受錢無陽，及收責民負田官錢繒者，因以償所賃人公乘充

033／0032

等，時卯不在，僮誠詐（詐）以卯名共爲出券書，毋辟，有它重罪，詐（詐）爲不疑辟
（避）負償臧（贓）六百以上☒
□☒

034／0040

五年二月己丑朔丁酉，服捕命未得者尉史驕爰書：命男子卯自詣，辤（辭）曰：故公大
夫沅陽昌里，爲沅陽倉佐，均鐔成庫佐。鐔成遣卯趣作倉役無
陽、義陵、沅陽，相史駕、卒史縱劾卯以詐（詐）爲書辟負辟償臧（贓）六百以上，移
辰陽，辰陽辟歸鐔成以，鐔成以吏亡鞫，論免卯，削爵爲士五（伍）。辰陽獄史光甲與丞邮

035／0013

以劾鞫，駕（加）論命髡鉗笞百鈦左止爲城旦。監田守虜展、丞周、令史劉劾卯三事：
其一事盜錢八千七百六十六└，一事粟廿二石└，一米四斗八升。移無陽，無陽□伉、
充與長始、庫後行丞事鞫，駕（加）論命卯髡鉗笞百鈦左止爲城旦。實不敢詐（詐）爲書
辟（避）負償，不盜錢粟，有後請（情），今來自出，治後請（情）。

036／0038

二月丁酉，服捕命未得者尉史驕敢言之：謹移，令求盜卯將致謁，以律令從事。敢言之。
丿尉史驕。

037／0348

☒案駕、縱、野劾不審，失。縱前遷爲

038／0004-1

五年九月己未，獄史吳人訊卯。要道狀辤（辭）曰：故公大夫沅陽，爲倉佐，均鐔成
庫佐，
自受錢物，爲部賃庸田。僮自出所受錢繒物，貫予庸人田，收禾米連□

039／0173＋0076

爲別具庸人稾僮田所得粟，伉等受賃錢。連粟稾已，僮未予伉等錢，卯去爲三年部㽤田高
府，後僮詐（詐）以卯名爲出券書□□所具庸人券書
辟（避）負償。四年二月戊戌，卯劾僮，移無陽，無陽論僮。其五月庚寅，相史駕、武陵
卒史縱、辰陽令史野以僮所詐（詐）以卯名为出券書劾卯，移辰陽，辰陽辟歸卯趣

040／0048

作倉役義陵、無陽、沅陽，未環（還），鐔成以亡劾，論削卯爵爲士五（伍），報辰陽。辰
陽獄史光甲與丞郵以劾，駕（加）論命卯髡鉗笞百鈦左止爲城旦，籍髡笞。卯實
不敢與僮詐（詐）爲出券書辟（避）負償，毋命髡鉗笞百鈦左止爲城旦，籍髡笞。實不智
（知）駕、縱、野劾，光甲、郵駕（加）論命卯髡鉗笞百鈦左止，爲城

041／0051

旦，籍髡笞。其故造，具毋（無）它狀。它如前辤（辭）。

042／0156

·卯□道辤（辭）

043／0049

五年九月己未，獄史吳人訊僮。要道狀辤（辭）曰：廼二年中將大農田無陽，受錢繒物，
及將田佐僮效絣繒四匹一丈九尺二寸，直（值）錢千九百七十一，無陽不疑負僮▨
自責出賃庸爲一部田，僮責未得，償□□□鐃郵里，共載春草繒二匹二寸，直（值）錢千
一百卌九，緹繒三丈五尺，直（值）四百五十，素繒五尺，直（值）卌九，紺□▨

044／0092＋0099＋0349

賃伉等所具庸人，可得毋負。三年四月丙申，誠詐（詐）以卯名爲券書，出以賃伉等所具
庸人，辟（避）負償；春草繒二匹二寸，直（值）錢千一百卌九；緹繒三丈五尺，直
（值）
四百五十。素繒五尺五寸，直（值）卌九。爲不疑辟（避）負償絣繒四匹一丈九尺二寸，
直（值）千九百七十一。卯已前劾僮，移無陽，無陽論僮，道具，毋（無）它狀。它如卯
辤（辭），證之。

045／0162＋0353＋1743

▨廼元年，縣遣將大農田無陽。其二年中，獲（護）田卒史相如令卯、義陵佐▨
▨□□□部先已收連粟，卒史遣卯、佐僮部連粟無陽，公乘充、伉、午▨

046／0014

妻皆死家，毋責田。訊收稾□□□□□獲（護）田卒史相如遣卯、佐僮連粟無陽，公乘伉、
充、午與僮爲劾具庸，人連僮田所得粟稾，伉等
受賃錢，連粟稾，僮未予伉等賃錢，卯去爲三年㽤田素所貰繒，毋責僮當負，及不智（知）
□□□□未得僮言可，詐（詐）以卯名與僮□□

047／0205＋0363

五年九月丙辰朔癸亥，獄史吳▨【人爰書，案相府獄屬】
臨湘尉，贖罪以下即移……▨

048／1628

部㽤田未㽤素素□▨

049／1094

▨上劾三事其▨

案例三　都鄉七年墾田租簿案

050／0368＋1564＋1584

八年十月甲辰朔丁卯，都鄉守嗇夫武敢言之，廷移臨湘書曰：或還七年豤（墾）田租簿，
田百
一十九頃七十五畝，租千五百六十五石三斗。出其田二頃六十一畝半，租卅三石八斗六
升，樂

051／0795

八年五月辛未朔壬申，南山令史悳敢告臨湘令史：男子戍自詣，辤（辭）：故不更，別治
長賴褑里，爲都鄉嗇夫，主治七年豤（墾）田租簿，不故不以實，不亡，臨湘以亡駕（加）
論命戍完爲

052／0976

卅三石八斗六升，欒人嬰以命☐

智（知），不令出租，故不以實☐

053／0456

☐移狠（墾）田租簿常會六月

☐內史府敢言之

054／0056

（第一欄）

·都鄉七年狠（墾）田租簿

狠（墾）田六十頃二畝，租七百九十六石五斗七升半，率畝斗三升，奇十六石三斗一升半

·凡狠（墾）田六十頃二畝，租七百九十六石五斗七升半

出田十三頃卌五畝半，租百八十四石七斗，臨湘變（蠻）夷歸義民田不出租

出田二頃六十一畝半，租卅三石八斗六升，欒人嬰給事柱下以命令田不出租

（第二欄）

·凡出田十六頃七畝，租二百一十八石五斗六升

定入田卌三頃九十五畝，租五百七十八石一升半

提封四萬一千九百七十六頃七十畝百七十二步

其八百一十三頃卅九畝二百二步可狠（墾）不狠（墾）

四萬一千一百二頃六十八畝二百一十步群不可狠（墾）

055／1139

□百七十六石一斗□人書☐

案例四　長沙邸傳舍壞敗舉劾案

056／0036

桉（案）：傳舍二千石東舍門屋牝廿一枚，後廁屋牡、牝瓦各七枚，其東內户扇廣四尺四寸，袤七尺，皆不見。

057／0021

桉（案）：傳舍二千石舍西南鄉（嚮）馬廡、屋敗二所，并袤丈五尺，廣八尺，牡、牝瓦各十九枚，竹、馬仰四、井鹿車一具不見，馬磨壞敗。

058／0022

桉（案）：傳舍承朋舍西鄉（嚮）屋敗一所，袤四丈五尺，廣四尺五寸，【牡】瓦六十三枚，牝瓦卌七枚，竹皆不見。

059／0020

桉（案）：傳舍承朋舍櫄垣牡瓦五十枚、牝瓦四枚ㄥ、門ㄥ及臥內户扇四皆不見。

060／0026

桉（案）：傳舍五王第一至第四舍皆壞敗，牡、牝瓦各七十枚、井壞敗，鹿車一具、馬犯十一枚，袤丈四尺，皆不見，馬磨壞敗。

061／0045

桉（案）：傳舍五王西鄉（嚮）煖廡牡瓦七十枚不見。

062／0025

案：邸傳舍五王東鄉（嚮）馬廡牡、牝瓦各百卅枚不見。

063／0030

案：邸傳舍西第一舍櫄垣敗二所，其一所袤丈六尺ㄥ，一袤三丈五尺五寸。牡瓦卅三枚，牝瓦廿一枚，竹皆不見。

064／0027

案：邸傳舍西第二舍大屋牡瓦十枚、牝瓦三、櫄垣一、敗一所，袤四丈四尺，牡瓦十五枚、牝瓦十枚，竹，臥內户扇一、井鹿車一具皆不見。

065／0029

案：邸傳舍西第三舍大屋牡瓦六枚、牝瓦五枚，櫄垣敗一所，袤三丈五尺，牡瓦廿五枚、牝瓦四枚，竹，臥內柎上冠皆不見。

066／0023

案：邸傳舍西第四舍櫄垣敗一所，袤四丈七尺，牡瓦卌四枚，牝瓦十四枚，門ㄥ及臥内户扇、柎冠各一，竹皆不見。

067／0028

案：傳舍西鄉（嚮）中櫄垣、門敗，袤十一丈，牡、牝瓦各二百七十二枚，皆毁敗，竹不見。

068／0019

案：傳舍西北鄉（嚮）廡牡瓦十一，犯仰、井鹿皆不見，馬磨皆壞敗。

069／0079

牒書：傳舍屋、櫄垣壞敗，門、内户扇、瓦、竹不見者十三牒。吏主者不智（知）數逍（巡）行，稍繕治，使壞敗物不見。毋辯護，不勝任。

五年七月癸卯朔癸巳，令史援劾，敢言之：謹案：佐它主。它，鄙佐，前以詔遣故長沙軍司馬貰死烝陽。敬寫移，謁移鄙，以律令從事，敢

070／0015

言之。／令史援。

十月癸巳，長沙邸長薔移鄙。／令史援。／二月丙午，長沙邸薔敢告鄙主：謹寫重。敢告主。／令史援。・鄙第廿九

案例五　鐵官守長辰乞鞫案

071／0324

四年八月壬辰朔戊午，内官長收守臨湘丞敢言之：府移劾曰：八月乙卯命，令鐵官以租錢就（僦）牛車爲宫人載稟。

072／1692+1577

☐朔丙辰内官長收守臨湘丞謂庫、敢告☐

☐☐令史官大夫酉陽☐里佂坐有命令以

073／0332

租錢就（僦）牛車三乘爲宫人載稟。時守長辰在，不以其名爲書，蜀（獨）下西市不解，得，論免佂，罰金一

074／1113

斤毋☐

五年應☐

075／0245

以名爲書，可問驗育言，若佂證。它若劾，論免佂，罰金一斤，毋得宦爲吏，并上第錄。敢言之。・令越病

076／1690

免，罰金一斤，毋得宦、爲吏，☐☐

司空聽錄，它以從事，若律令。敢告主。

077／0975

毋得，奪爵一級，免，罰金一斤☐

☐☐獄佐畀都鄉，并上劾錄☐

078／0894

☐爲書罪，臨湘令越、守丞收☐☐

☐☐得宦爲吏，罪不當☐☐

079／0444

旦令人將致，其聽書。司空【聽】☐

錄，它以從事，若律令☐

080／0852

曰：長沙宫司空復獄，完城旦辰气（乞）鞫，罪當除，會丙辰赦，論☐

長買行宫司空長事，獄史行、ㄥ燕庠。時寰除辰作罪，免爲庶人，辰☐

以不審，毋駕（加）論，罰辰金一兩……敢言之☐

081／0649

□卒史當、書佐腨劾辰等，論作辰縣官，夬作御府。長買府行宮□〼

行、燕犀。時寰除辰作罪，免爲庶人，辰復生气（乞）鞫，以亡劾即〼

081b／0649**b**

禾□

082／1118

毋得宦、爲吏，買等□□

083／1745

〼□臨湘令越，内官長□□〼

案例六　不知何人盜當時等衣物案

084／1796

〼丞謂都鄉，告尉、別治長賴

〼五（伍）當時越蒠禪衣〼

085／0381＋1465

〼卯日旦求衣□弗〼

〼不淮銅鈁、當時越蒠〼

086／1449＋1363

〼五，臨湘外宛男子〼

〼越蒠禪衣，不淮銅鈁各一□〼

087／1720

・不智（知）何人盜士五（伍）當時獄書□辤（辭）

088／0439＋0137＋0145

四年七月癸亥朔辛卯，都鄉嗇夫拾敢言之：獄書曰：六月癸丑

夜，不智（知）何人盜外宛士五（伍）當時越蒠單（禪）衣，宛男子不淮

089／0217

銅鈁，闕仲襦絣禪衣各一，亡。書到求捕，亡滿卅日不得，報。今謹

求捕不智（知）何人，亡滿卅日不得。敢言之。

090／0964＋0383＋1609

四年八月壬辰朔癸巳，尉史成敢言之：獄書曰：六月癸丑

夜，不智（知）何人盜外宛士五（伍）當時衣器，亡。書到

091／0879

〼亡滿卅日不得，報。謹求捕

〼得。敢言之

092／0256

四年八月壬辰乙未，内官長收守臨湘丞敢言之：劾曰：不

智（知）何人盜外宛士五（伍）當時越蒠禪衣、宛男子不淮銅鈁、闕仲

093／0657＋1555

襦絣繟（禪）衣各一。辟問，不智（知）何人，亡滿卅日不得，臧（贓）平賈（價）并直

（值）錢

三千六百卅，佐誤直（值）。它若劾。駕（加）論【命不】智（知）何人髡鉗笞百

□□□〼

094／0387＋0202

不淮銅鈁一、闕仲襦絣禪衣一，臧（贓）平賈（價）并直（值）錢三千六百卅，不智

（知）〼

□□不得。駕（加）論命不智（知）何人髡鉗笞百鈦左止爲城旦籍髡笞〼

095／2056

☑十五（伍）當時越葸禪衣一、宛☑

☑□鉗笞百鈦左☑

096／0167

□□□外宛男子□□□□□□□□獄未斷會五月乙未赦

以令復作田縣官三歲，其聽書。令具□□□□……☑

九年五月乙未

097／0903

☑智（知）何人□☑

098／0945

☑□之後□☑

☑孺絣禪衣一☑

099／1210

☑□何人☑

100／0554

□各一……何□

101／1889

☑□苛宛男子☑

102／2063

☑□佐當時☑

☑月乙未朔□☑

103／0365

止爲城旦籍髡笞得有後請（情）當□☑

宅奴婢財物及令同居會計□☑

104／0532

當更論，更論臧（贓）見畀當時等靡賣田宅奴婢財物，及令同居會計備償。

書到，皆令備盜賊吏徒求捕以得爲故。得，以律令從事。弗得，

105／1596

☑更論，更論臧（贓）見畀當時等靡賣田

☑償敢言之☑

案例七　郡買置传车具逾侈案

106／0054

牒書：郡出錢買置傳車桉具，毋大農責及踰侈不稱者各一牒，皆不宜出。

五年二月己丑朔丁酉，大農卒史熹劾。

二月己亥，大農令當時敢言〈告〉郡大（太）守卒人：移諸侯相，以律令【從】事，移

夬（決）。敢告卒人。卒史☑

107／0024

……丞到、卒史執、給事令史倚莊、便侯丞勝、令史意、掾嗇夫可丁、佐虜盜出錢萬四

十〈千〉八百買雜韋寺薄土四，皆踰侈，不宜出☑

108／0031

☑□□□書一□便侯相持疇、令史意、嗇夫莫當、佐齊出錢萬一千八百九十買雜韋寺薄土

二、□韋經□倚馮〈甈〉二、闔□☑

109／0039

□年正月辛酉，秭歸令貴行南郡大（太）守事，丞到、屬□、書佐則、便侯相持疇、

丞□、令史企、嗇夫莫當、佐齊出錢四千八百買□□□□□□☑

110／0088

五年八月丁亥戊申，便侯相嘉移臨湘、少府、大（太）僕、江陵、臨沮、

棓陵、零、夷道：案牘罪以下，寫劾、辟、報爰書移。書到。令史可論。充

111／0093

國貴罷軍執。勝曰：吳西則倚莊持壽、勝自具，計入即不

在所，在所亦論如律令。

112／0033

吳爲禹爵令史，嗇夫獄屬江陵，西、則免在臨沮，倚莊持⍁

噕，棓陵勝、商贖罪以下即移

113／0110

⍁□□便侯相持噕、令史企、嗇夫它人、莫當、佐閭、亭長□□⍁

案例八　申、庚首匿信案

114／0166

九年六月甲子朔庚午，告尉、謂倉：中鄉小男扶里申、庚皆坐首匿命

棄市男子信，獄未斷，會五月乙未赦，以令復作申、庚縣官三歲，其聽

115／0985

⍁□獄，駕（加）論命申、庚棄□⍁

⍁者令爲責□吏⍁

116／1601＋0858

⍁□朔壬戌越故臨湘扶里，者去□坐□□□□□陽□□棄市□常往來石□□□□□⍁

……吏薄問申、庚，申、庚匿弗言。申、庚首匿……獄未斷，小男中鄉扶里，年卄□□⍁

首匿命笞五百棄市信，它如劾。

未歸類簡

117／0009

五年八月庚戌守獄史□爰書案贖罪以下移入在所……⍁

118／0018

……

119／0034

五年九月甲戌，獄史伉爰書。案贖罪以下即移。

120／0041

五年九月丙辰朔丁卯，守獄史它爰書。案贖罪以下移入在所。

121／0043

⍁……丞……□書責二年十二月丙午□□案當輒上令以下

……相史安邸主皆坐……佐壬寅□令……

……守令□移……以律令從事　⍁

122／0044

五年八月戊申，獄史□爰書。案充國還爲長沙相獄⍁

爲内官令，羅室爲武庫丞，獄屬少府，埶爲車府丞，獄屬大⍁

123／0050

……肩爰書。案贖罪以下即移。

124／0053

⍁□□□尉史□□□留□弗上適十□

125／0055

（無字簡）

126／0057

九年六月甲子朔甲戌，南鄉佐當時爰書。臨湘菆里良士勢告曰：故爲長沙郎中，迺十一月

中不審日，主使炅人

□□□□□癸酉□□陽囚大男廣昌，臨湘獄不通到廣昌毄（繫）所，毋（無）不平端罪，

司空佐疾劾。獄史忠詣□
☑迺得宦，爲吏，皆故獄已決，未滿三月，敢告，先以告不審誣
☑鄉佐當時敢言之：謹寫移。今將致勢。以律令從事。敢言之。（按：簡下端倒書『求佐』二字）

127／0084

五年九月丙辰朔丁丑，倉嗇夫虹行都鄉事敢言之：廷移邑陵書曰：亭長柯服求命
者郡、諸侯，今有劾。謁移長沙内史，下屬縣。即在界中，勿與從事。遣詣

128／0086

九月丁卯，倉嗇夫午行鄮丞事，敢告臨湘丞主：案牘罪以
下寫、劾、辟、報爰書移。書到，令史可問，它言夬（決）。

129／0087

☑□沅陵歸☑
移書辟□居眾徒出入歲餘日弗歸吏卒主者□☑
佐襄劾敢言之沅陵廷謹寫上謁以律令從事敢言之佐襄☑

130／0091

□□主不□□即有解具报若律令敢告主

131／0096

☑□宫司空縣邑別治園承
☑□令史宜倉佐相佐寂

132／0097

令史會九月壬午長沙内史☑
書從下當用者【書】到言☑

133／0100

☑□陵遣吏受沅陵，沅陵報曰付將漕☑
☑□船船駕具☑

134／0104

以六月上即去之臨湘舍邸里人召曰長樂公出入丞相府中鄉士☑
鄉吏堅堅未入責（債）服繇（徭）歸，令服除吏在鄉皆□□食卯自言毋□□□

135／0106

☑可問言夬（決）屬所☑

136／0107+0095

五年八月丁亥朔丙午，沅陵長陽、令史青肩行丞事敢告臨沅、遷陵、充、沅
陽、富陽、臨湘、連道、臨溈、索、門淺、昭陵、姊（秭）歸、江陵主：寫劾

137／0108

·詔書負二千石以下

138／0111

·□□□

139／0116

司空令史□□□□□

140／0120

八年五月辛未朔□辰長沙相□、大（太）子傅倚行長史事告内
史：丞尉以上毄（繫）漾陵出不夬（決）罰令史於見上丞相□□□

141／0122+0114

☑□應受腸□□不佐佐□部前非毋辭，解何，□□言，解如
☑律令，當更上毋留。☑

142／0126

☑長沙内史平若丞

143／0129

志，吏亡，今自出。書到，主可具移真劾獄，定名爵里、它坐，内纏

封，勿令可頗捕容姦。願勿留，如律令。敢告主。·丞守臨湘丞以私印封

144／0132

九年五月乙未朔辛酉，別治長賴都鄉嗇夫𨻰行丞事敢告臨湘丞主：劾

曰：男子志自詣爲竹遂亭長，署城東門亭，病滿三月當免。尉史方劾。

145／0134

八年十二月癸卯朔庚戌，臨湘令寅敢告西山主：主書曰：臨湘復作

□迺八月丙辰亡，九月庚辰自出。書到，可罰悲刑名，它

146／0135

八月癸丑，采銅長齊移臨湘。令史

戌。

147／0140

☐從事若律令。敢告主。ノ即守囚完城旦徒後行

148／0142

☐……

☐□雨止未能歸

☐　其明日光告熕曰☐

149／0144

☐□

150／0147

·鞫論報爰書

151／0148

……十六其二萬一千八百卌三□□十一萬四千一百五十隃侈

152／0150

盜不更買之□□□□☐

福家福不在見其炊廡☐

其夜人定時有頃俱之福☐

153／0154

☐卅九棲及駕具以漕大農粟鐔成事□☐

154／0159

☐□解除□☐

☐頃肯起頭傷☐

155／0160

☐廟其庚□☐

156／0160–1

男子□

157／0163

律令☐

☐到令史☐

158／0164

☐□已診以屬☐

159／0165

買之令可校，皆系纏參檢封，盛以笥，坚緘，皆绕其下爲□

封笥繯笥封繯口唯毋令可揄排爲姦詐（詐）吏有事

160／0168

☐繒五匹縗中□□前曰它有問事擇

□惡絣二匹欲自擇來不敢今故使

161／0169

三月甲寅采銅丞騎守□☐

☐令史齊　☐

162／0170

☐葆辜司空書到令人謹養

☐□不死報毋留□☐

163／0172

☐武卻夬（決）司寇居無雜診臨湘☐

☐……中可一□☐

164／0174

求捕以得爲故。得，將致獄，定名爵里、它坐，罪耐以上，當請

者非當，何以，年盡今年年幾何歲，移結年籍，遣識者即

165／0175

三月甲申，長沙內史齊客、邸長始守丞謂臨湘、宮司空、食官、壽陵、采銅、烝陽、

南陽、連道邑、別治醴陵：移牒臨湘長一短二，采銅、宮司空、食官、烝陽各一，醴陵

166／0177

九年五月乙未朔戊戌，臨【湘】令堅敢言之：四月戊寅，中郎賣告曰

尚大王御衣器枕一，長三尺，御盧笥一，長二尺四寸，廣八寸。戊寅求弗得，材人孫方思

167／0178

自出書

168／0179

內史長五短六，守丞二，趣遣吏是服，處實入所，牒別言夬（決），期毋出六月。

冀毋失期。書到言牒數。言曰相史倚、卒史當□□令史武

169／0182

□請請□……皆令備盜賊□□求捕未得中尉

得以律令從事……得當騰騰尉上命□屬□官

170／0183

……令……

……□第□敢言之

171／0188

南陽、連道、壽陵短各一，□遣吏是服，處實入所，必得，繆不相應，

與者名毋留。ノ卒史當、書佐博

172／0193

何以請。年盡今年年幾何歲，具移爵結年籍。遣識者毄（繫）

獄，定縣名爵里，定毋（無）它坐。有罪耐以上，不當請，敬

173／0198

☐……☐

174／0199

☐欲亡與共予適刀適得以刀□斷□□令

175／0204

九年四月乙丑朔丁丑，臨湘令堅、長賴丞尊守丞謂□史……臨

湘牛造里大夫夏卯坐以詔令論□子夜更□□罪□□□□

176／0206

□

177／0210

五年五月丙子，獄史朝以卻書報獄，辤（辭）曰：司空司寇故縣名☐

軍三月中軍罷時病病溫同縣攸卒□☐

178／0211

七年三月丁丑朔庚子，采銅長□□□□令敢□〼

□關謁移□□令大□□□農夫敢言之〼

179／0214

二月丙寅，定園長衾行定邑長事，移籍

□□令史生

180／0215

九年六月甲子朔庚午，御府丞客夫守臨湘丞告尉，謂南鄉：倉少

内嗇夫：亭長官大夫鄧里黃襄坐、捕、別言女子字陽卻首匿

181／0216

令史事相繆出入計有毋（無）二校書到言牒衣

□□□

三月庚辰長沙内史齊客行長沙相事、鄙長如行長史事告内史：□□即移

182／0218

〼□米二石□升受五月丁卯朔壬午□□〼

183／0219

〼它如繆書論行責重罪謹以實定

〼敢言之　□□□

184／0220

謹移書在所□求捕如律令

丿令史可

185／0221

屬倉嗇夫娖年書謹案視幸滿一月〼

令史生〼

186／0224

〼□上以□□人〼

187／0228

·前受留事解丿五十四

188／0230

□□□取入案予以爲後

189／0233

九年五月乙未朔戊申，牢監佐□□〼

囚大男□前□□順應後□〼

令寫桒（牒）敢言之〼

190／0236

〼男寂□□□□□〼

191／0237

〼躪責吳人……

192／0238

史可益發信吏□徒求捕得傳詣之獄謹備司寇令能遂□自

殺傷爲人□縱給所當得即有不在騰書在所，如律令。敢告主。

193／0242

（習字簡）

194／0243

四年七月癸亥朔丙子，臨湘令越、内官長收守丞謂司空〼

湘平里大女茀坐爲吏簿問擅更里以辟□〼

195／0251

〼陽

196／0252

牒今望移應書三牒，佐誤直（值）。敢
言之。

197／0254

何爲者？安欲之？船中何載？得毋載姦？・男子自謂：大夫，宛姓里，名意，爲
家私使，方歸。寰曰：索此船中當有姦。意即拜曰：船中載桂土簪

198／0255

盜械囚大男□

199／0257

七年十一月己卯朔乙酉，廷故佐福敢言之沅☒
囚大男嬰□□臨沅……
……敢言之☒

200／0258

☒乙丑朔乙酉，臨湘令堅敢言之
☒尊□取□□謂佐㔁徒……

201／0261

五月乙未，長沙沙相相被作大（太）子傅綺行長史事，□趣言毋留ノ
相史倚令史娊

202／0262

材陽里公乘得之連敢言之

203／0264

相相□七人任令趣上有應書□□□赦月日不決收二千石
丞以下任治名毋留

204／0265

六年六月辛亥朔丁未，臨湘令越敢言之：移死罪□□□
□□□移校書一編。敢言之。
卩

205／0273

五月望相府。失期不言，解何？迺三月庚辰下丞相爲郵事期會
失負筭品，二千石丞、史常置治前。須錄毋失期。甚具獄計丞

206／0276＋0468

吏遂捕取在所將致如書……得出具報
亡告㔁死診及伍里人證任者爰書報毋留，若律令。

207／0277

□年十一月丙戌，獄史河人、吳以☒
毄（繫）佐福守囚徒髡鉗城旦須☒

208／0285

……大女……以

209／0287

死罪囚大男□☒

210／0288

堅訊始季父仲父以多少予始多擧始

211／0289

□□□□

212／0290

・論獄辟報

213 / 0291

主………書□□……▨

214 / 0293

八年十二月癸卯朔己巳，臨湘令寅敢言之謹上▨

□一編敢言之。

215 / 0295

▨敢言之：寫重，敢言之。ノ尉史解

216 / 0296

寰曰：公船當索，今未索，謂何？意曰：舟中毋（無）姦，索不索？今在侯，令

意方歸，會毋（無）物可獻侯者，有惡繒一匹，願上侯□□□□□

217 / 0298

已積百七十五□□在官智（知）名有罪耐以上

王王夬（決）之正月辛丑上奏……▨

218 / 0301

□熏陽矛舒□▨

219 / 0302

□門尚問素曰：刀安在？素曰：我床中□幕中操入欲便中入自爲鬄須。□曰：掾誠心

□▨

亡爲吏所捕劾道具此▨

220 / 0305

▨□強寫追ノ守獄史河人

▨・□□人□行

221 / 0307

丑丑丑丑丑言之□□視□▨

222 / 0308

用刀監□□□後以後刀客

223 / 0310

▨己開復智（知）所擅□入宮門殿門得毄（繫）牢

▨亡寂□官各三□其案謹書以詐（詐）僞校

224 / 0311

▨當爲可問以追詐（詐）已爲報一人毄（繫）可以從

事

225 / 0314

・□□□

226 / 0315

……

227 / 0317

九年十月乙□

228 / 0319

▨□具獄臨湘□▨

229 / 0320

□□□□□□□□尉史福敢言之□□上故

……丞□□□以□爲丈□故□

230 / 0322

五年八月丁亥朔庚戌，臨湘令越、丞忠告尉、謂都鄉廣成部

臨湘胡書里己酉……

231 / 0325

将軍　它如劾・以□□□□□

232 / 0327

☑戊辰朔辛未，鐵官長齊守臨湘令、左尉信守

丞告尉謂庫嗇夫獄史公乘臨湘泉陽里坐盜主

233 / 0328

☑□有解□故先自劾以辟司寇□☑

☑它如辤（辭）☑

234 / 0330

五年六月功墨爰書

235 / 0335

六月庚子，長沙内史齊客、南陽長建行丞事告臨南陵具，至今不

言。解何？趣言，具傅狀，毋留。ノ卒史當

236 / 0336

令敢告主

237 / 0340

邑陵各案界中不在便報臨湘。・今謹案：　柯不在長賴界中。謁報臨湘，

以從事，敢言之。

238 / 0343

已言解内史府如律令敢告丞主ノ守獄

史它

239 / 0344

☑夫別治長賴倉嗇夫唐行丞事移臨湘ノ守令史忠

☑□捕駕以私印封

240 / 0345

☑受謁以律令從事敢言之

241 / 0354

鉗……☑

□□□會……☑

242 / 0355

☑□死診爰書并☑

243 / 0357

☑□陽□□□□□□□敢言之

244 / 0358

☑□曰故爲零陽□□七年三月中☑

☑除慶遷爲中尉丞中尉府☑

245 / 0358-1

☑何解□☑

☑三月丙午朔☑

246 / 0359

……☑

……敢言之☑

247 / 0361

・命辤（辭）

248 / 0362

□□□敢告之□□□☑

□□□□☑

249 / 0366

□……☒

能視事敢言[之]☒

250 / 0369

☒期ノ七年五月甲辰上

☒㓨未言夬（決）ノ便言女

251 / 0372

八月甲子長沙内史齊客丞□☒

□書佐丙☒

252 / 0373

六年七月戊戌，獄史意以辟、報、爰書豎□☒

名不識與兄羅東郭里公大夫纁□☒

253 / 0374

[留]與令越行丞事司空嗇夫部☒

㓨令越行丞事司空嗇夫部□□□鞫其□☒

254 / 0377

登得論棄登市司空用刑移診言罪名今謹已☒

□[敢言]之☒

255 / 0378

☒□行丞相事告中二千石二千石郡[守]諸侯相下

☒□□遣吏是服處實入所以律

256 / 0379+0391

甲午□□廿日辛卯率臣請下御史有臣昧死請。

制曰可。ノ二年十一月癸酉朔戊戌，大（太）常平、丞祭下御史府，丞〈承〉書從事

257 / 0380

☒爵里如前迺後三□☒

☒越以船載粥[歸]☒

258 / 0382

☒□□故守[衛]尉行少府事丞□☒

259 / 0386

☒忠追趣報毋留ノ獄史恭

☒毋留ノ獄史恭

260 / 0388

☒□縣[遣城]……☒

☒即往之[武]□……☒

261 / 0390

☒[主]曹☒

262 / 0390–1

☒……☒

263 / 0390–2

☒内☒

☒直☒

264 / 0392

五月己丑□☒

僮丞佐□☒

265 / 0393

☒二月□□☒

☒□坐□□大□☒

266／0394

取去四歲臧（贓）平賈（價）直（值）錢五百八十五，得，毄（繫）牢，論耐□爲隸

臣，令入臧（贓）故吏，聽書司空受人□所當依依移校六

267／0411

斗食字爲書誠錢……□□□承力□癸以署劾之

……□尉史士五（伍）□□弗□喜前死

268／0413

⧄己未朔獄史……⧄

⧄宜……⧄

269／0415

……

270／0417

⧄……⧄

⧄□　⧄

⧄□臨湘……□南山醴陵丞□□□□吏郴以⧄

⧄□南山……⧄

271／0420

盜□□大□……

272／0422

陽充受敢纏獄守司置□□□□□□自出□□□□敢□昌曰

□□毄（繫）□□胡□□□□□□□敢纏軺車一乘蓋一毋（無）薦

273／0424

⧄告乃訊辤（辭）曰不更卯□成里□□朝

⧄獄盡七月時復毋入計舉獄治

274／0425

貰買金一斤□御史少史娗年客夫告卒史助曰到縣相償之

□所盜賦臧（贓）六百以上丞相史昌長沙少史守卒史助劾皆不審共

275／0427

⧄□斷毋□赦所⧄

276／0428

六年八月庚辰朔甲寅臨湘令⧄

……告⧄

277／0429

⧄年三月甲戌南郡大（太）守充國□□卒史□□書□□⧄

278／0430

二年四月己亥南郡大（太）守充國沅⧄

279／0432

⧄□移三日

280／0434

⧄□自去⧄

⧄□便侯⧄

281／0436

⧄□丑夜闌中

⧄闌其夜半

282／0437

⧄受

⧄所

283 / 0438

・鞫之不智（知）▨

284 / 0440

▨七月癸亥朔▨

▨獄書當以▨

285 / 0441

七年十一月戊戌，獄史吳以刻訊期。辭（辭）曰：▨

捕命未得者，行到臨湘漻陽鄉，陽▨

286 / 0442

▨如式冀黃紬

▨史曰二千

287 / 0445

園黃里名爵里，定毋（無）它坐▨

288 / 0446

敢告主▨

□□□

289 / 0447

▨□□□□郴□昭陵各一▨

▨臨溤醴陵各二▨

290 / 0448

▨推□到家黃□▨

▨壬午朔甲午獄▨

291 / 0449

獄史佐□告□▨

292 / 0450

▨□□奉書□▨

293 / 0452

▨死罪囚大男延▨

294 / 0453

▨不審・三月癸未令寅出▨

295 / 0454

▨即謂廟廚嗇夫

▨□□□拜書

296 / 0455

▨□□移其□▨

297 / 0458

▨鍇里小男始大奴多自言非▨

▨爵結年籍弗得以問不▨

298 / 0460

收印綬須書如律▨

299 / 0461

□大□□□壬□▨

□□二□□□▨

300 / 0464

……▨

……▨

301／0465

……☐

九年六月甲子朔戊子覆☐

302／0466

☐□里定

☐獄以律

303／0467

六年五月壬午☐

304／0469

☐□奴故羅民

☐識兄纁纁曰

305／0470

☐□□□并☐

306／0471

☐□它如前☐

307／0472

☐吏農夫□勿留敢言

308／0473

□□□得轂（繫）牢論免非☐

責人金移校八年應獄計□☐

309／0474

☐獄計除錄它紇事如律令敢□☐

310／0476

六年六月辛亥朔□□臨湘☐

智□□勿留□謹案□☐

311／0477

☐□□𥡴滲陽士五（伍）□忠西山

☐□□主□□□不

312／0478

☐敢以重後如律

313／0479

☐辭曰公乘臨湘當陽里迺年卅歲☐

☐所買大婢溫溫有子男名蛙後不識年☐

314／0480

☐□亡自賊殺傷爲篡遂毋令弗主

☐收印綬須書如律令

315／0481

☐□癸六年功墨凡爲吏中勞二歲七月十一日其案五年

☐丞尉以屬尉史農夫農夫亡癸功墨不移告劾☐

316／0483

☐獄佐經年迺謁報敢言之

317／0485

……

318／0486

☒……

319／0487

☒謁移臨湘ノ屬

320／0488

正月丁未夜☒

321／0489

以以以

大大大

322／0490

☒書爰書與□□夏掾□☒

☒□楊完城旦後覆隸臣□☒

323／0491

☒長沙詐（詐）移名數六月中烻年遣□☒

☒史治所臨湘傳舍烝陽丞後☒

324／0492

九年甲子乙朔☒

325／0493

·箕診☒

326／0494

☒□□□勿罪緩急□□穫

327／0496

☒適（嫡）子父死☒

328／0497

不識日下……☒

329／0498

粲米四斗□☒

330／0499

六月九月九月乙酉朔乙酉朔　☒

331／0510

□年□月丙子朔戊午……

囚簿一編……敢言之

332／0511

前囚簿一編書實敢言之

333／0517

已決劾十五事其十一故囚

334／0530

四月辛卯長沙僕行長沙内史事、春陵長始守丞敢言之少府，謹寫移。敢言之。ノ守史郢、書佐内。·内史齊客告歸。

335／0531

當詰詰已謹内纏封印移願勿留如律令

敢告主

336／0533

八年九月甲子朔癸巳長沙内□

當棄市　長沙内史充敢言之……

337／0537

得解何對曰丁亥夜未明可丿十八□亭長達將囚

398／0538

六年十一月乙酉朔丙[戌]司空嗇夫裲敢言之獄書曰定邑中大夫

□士五（伍）□□大女交坐首匿臨湘命棄市□吳人論棄交市

399／0539

六年[臨]湘□二萬三百廿

毋（無）群盜[發]者

令□令史倚相右尉□尉史印亭長[傳]嗇夫加胡 ……〼

340／0540

七年三月戊寅令史[意]訊□□□□辤（辭）曰故産臨湘春里蒲蘚□□〼

[囚]鬬歐臨湘□□里大女危□□□媒所告吏蒲蘚誠無名數鬬歐危媒〼

341／0541

四月甲申尉曹史充移獄聽書從事它如律令丿令史充

……

342／0542

八年六月庚子朔丁卯，攸丞[逋]守別治醴陵丞敢言之：府

移七年醴陵獄計。舉劾曰：庫決入錢五千，皆黃錢，付丞

343／0550

□□尉吏曹治[所]上去徵卒[移]鄉環後數日[錢]斗食令史

[嗇]夫功勞上府□□□遷入將弗得誠亡書案若辤（辭）它如

344／0552

□年九月乙亥朔己丑，定廟長昌之行臨湘令事、丞忠告尉、謂庫：令史公乘〼

坐自占七年功未實，卅三歲功墨誤以爲年卅二，少實一歲，爲書誤。事□〼

345／0553

□臨湘胡人與男子更投衣器胡人去之淵所魚□□□

□招魚一日一夜魚□書胡人誠[爲]受□舍移縣官羅界□□

346／0555

九年六月甲子朔庚午，御府丞客夫守臨湘丞謂倉、敢告西陽丞主：西陽

士五（伍）東里辟坐，□鬬以釖（劍），烝陽滆里漢左劾一所，得，毄（繫）牢

347／0558

在所，在所亦捕致如書。即死亡，有物故，具移死診、喪命爰書。亡

卅日不得，報毋留。如律令。敢告主。

348／0565

□若時魚劾不到□□□□募衣□□□□□欲復□之廷

囚痛不能復投長號接□尊投書胡人即入[它]船□持牒二□

349／0568

其十三故囚……

350／0570

……

……

351／0571

……臨湘守獄史左……

……

352／0572

囚大男寂諒以辜一日死辤（辭）不當證以辜死□未獄[會]

五月乙未赦以[令]復作□歲……[如律令]

353 / 0574

九年六月甲子朔庚午，御府丞客夫守臨湘丞告尉、謂倉、南
鄉、安陽鄉，敢告宦者：宦者冗從官大夫臨湘□里□

354 / 0576

五月戊辰蘄春長辨守丞全□丞京移臨
湘過所縣ノ令史正・丞□□

355 / 0577

它以從事如律令敢告主

356 / 0578

九年六月甲子朔庚午，御府丞客夫守臨湘丞告尉、謂南鄉、倉、少内嗇
夫：亭長官大夫鄧里黃襄坐捕……女子字陽卻首匿□

357 / 0579

□□毋（無）真長丞連衣器在夏田往取之可且直留湘旁以□不爲解
聽問決ノ論吏葵徒朝連乃之官視事連即行之夏……

358 / 0584

移爵紿年籍謹案熹士五（伍）滲陽四年徙鄧里名紿定毋（無）它坐罪
耐以上不當請敬寫紿一牒謁報敢言之

359 / 0586

即死有物故亡滿卅日移死診爰書具報毋留
若律令

360 / 0599

▨□庭即□□令史充西山佐福守囚髡鉗城▨
▨□嬰曰完城旦冤上下出食死已診以屬

361 / 0600

斤作合生笥一長三尺廣

362 / 0607

□□□□後復謂吳人曰欲

363 / 0608

言之
三月己丑獄史□敢言之謹寫重敢言之ノ□□□

364 / 0609

爵當行具吏移臨札新紬如式熏黃紬編央左方署令
長以下按校驗者名色長如書令吏主知其事者行會□

365 / 0610

内中……

366 / 0611

□故佐□守囚卒零陵將田□倉□

367 / 0612

□□□□□□□□□□□

368 / 0614

馬馬長足□足□▨

369 / 0615

廷史掾書佐寰從囚史□佐聖□南陽大（太）守□人▨

370 / 0616

……

371 / 0622

☒二月乙丑朔癸酉都鄉嗇夫責佐遂□☒

☒丞追定名爵里、它坐，遣詣獄謹寫☒

372 / 0623

☒□錢六百以上髡鉗爲城旦者自詣奉主守□監臨□

☒主守□駕（加）罪一等，公士以上有藉笞二百至隸臣，□

373 / 0625

□□□□□□及□□定□□□

374 / 0629

☒□□□

☒鞫□□

375 / 0631

□□□☒

376 / 0632

☒四年七月癸亥朔戊辰尉□人敢言之□移臨湘書曰復爲史……

☒武□□……

377 / 0634

☒□□能識證智（知）盜者□□盜有

378 / 0635

☒謁□所廷史故行御史皆爲駕一☒

379 / 0636

病不幸死以……如令

380 / 0637

九年五月乙未朔戊申牢監佐衍□☒

囚大男☒

□令寫枼（牒）敢言之

381 / 0639

□□□□□□□男子楊建□□□在所

382 / 0641

□□□中捕得□□□者男子中孺將覆獄後□□中□子……

□□而劾□□□□之不智（知）何男子……

383 / 0642

☒千□人馬・□受爵乘車□騎車少□□具行□爲券□□□□解不□□☒

□□☒

384 / 0643

□□□□□

385 / 0646

□□□不當□□□□□

386 / 0648

☒迺六年八月中廷遣期與令史童亭長起服求

☒轅界得二男子簿問之一自謂名嬰定

387 / 0650

☒月中不審日□□上復作以□爲籍曰復作□□□□□

☒丞□書佐曰丞□□□使□屬爲寂□積二百廿

388 / 0652

☐曰名吏（事）里若☐

☐吳人髡鉗城旦□☐

389 / 0653

☐報□☐

390 / 0654

事之☐

□暑☐

自以從☐

391 / 0655

☐卒史辛□☐

392 / 0656

☐六月☐

393 / 0658

士五（伍）德□□折可張召□爲□……史☐

農夫史季子☐

394 / 0659

縣官□□□□中臨湘□……

男子□俱以寒池……

395 / 0660

捕得臨湘命髡鉗鈦左止□☐

九年四月乙未朔丁□……☐

願以律令從事敢言之☐

396 / 0662

☐衣所當衣□☐

397 / 0663

☐即臥義嬗牛萬曰晝日間往☐

☐　　之武陵郡且臨☐

398 / 0664

☐□不智（知）何☐

☐□不審□☐

399 / 0665

☐捕得獄史乙與□□☐

400 / 0669

□□五月丙子朔癸卯廟府嗇夫□敢言之廷移烝陽書曰使高昌正直於六年受芻冊四石校枼（牒）一

受爲報今已受，願移烝陽令官以物若校已以受烝陽都鄉芻稾計付臨湘廟府祠費計六年

□□官佐□□白準遣真自致敢言之

401 / 0670

九年六月甲子朔庚午御府丞客夫守臨湘丞告尉謂倉

□□□□□□□□□□□□□□官大夫臨湘□□

402 / 0671

九年五月乙未朔癸卯……☐

……☐

403 / 0672

□□□所取□□□□☐

404 / 0673

·□□□⧄

405 / 0674

⧄……工……

406 / 0675

⧄……劾□佐主拜田□佐□□敢言□⧄

⧄之

407 / 0677

□□□□⧄

遝廄佐監□⧄

408 / 0678

⧄□鞫其獄以

⧄□□□□□

409 / 0680

⧄髡鉗鈦左右止罪⧄

410 / 0681

⧄官大夫唐所受錢廿四御□已畢⧄

411 / 0682

⧄甲子朔辛卯臨湘令堅敢告長沙廄丞主或

⧄買之尊騶代馬卒聞書到定縣名爵里、它坐

412 / 0683

⧄……慶□□⧄

413 / 0685

□□□□□爲貸直□⧄

敢言之⧄

414 / 0686

十五日與賊寇已私日失入時尊六枚寇相入⧄

……即徙定陵上到雁澤渚□□□

415 / 0687

羅……

416 / 0690

⧄……

417 / 0692

（空白簡）

418 / 0693

外宛里□□……

419 / 0695

⧄……五月……⧄

420 / 0696

□□□□□以……⧄

421 / 0699

六年九月庚辰朔癸卯，臨⧄

謹入有劾臨湘寫□□⧄

422 / 0700

（空白簡）

423／0701

□當米石五斗

424／0703

⊘租嬰當坐租吏部主聽者

⊘人逮捕取書到

425／0705

⊘□□之□□□謹移大

⊘□□□□□

426／0706

⊘遣始自致，謁報臨湘，敢言⊘

⊘……

427／0708

⊘□□□□□□⊘

428／0709

□應獄計牒錄名□⊘

429／0710

大農□卒廣牢獄外門

430／0711

官屬往追到擴門見令史奚令奚告

431／0713

□□

432／0715

□□劾辤（辭）

433／0719

·□辤（辭）

434／0720

□餘錢□□□誠買銅□□□□

435／0722

帝十五年十月庚申下·凡五十三⊘

436／0723

未決告劾卅八

437／0725

九年六月甲子朔辛卯，臨湘令堅丞⊘

438／0726

六年十一月庚辰，獄史吳⊘

439／0727

⊘□月甲子，上見臨湘令□□□□人人□⊘

440／0728

□□乃致□者具闌入殿南門爲□⊘

441／0731

⊘□□□□⊘

442／0732

……⊘

443／0733

⊘□□⊘

444 / 0734

▨之 ▨

445 / 0735

九年▨

446 / 0737

□辤（辭）　　守獄史虜

447 / 0739

追搜索壽陵界中□壽陵界中臨湘旁

448 / 0740

□□　　牢中門

449 / 0743

▨移牒七年應獄計府以從事□□

▨

450 / 0744

▨□□……已□臨沅謁武陵□▨

▨因受印受盡八月丙午丁未辤（辭）□▨

451 / 0745

▨□四□□□一人□□尉書臨湘

▨報受□是服□毋留守

452 / 0746

▨……▨

▨……▨

453 / 0747

人其守官□□▨

即劾人以實□▨

454 / 0748

▨□復□以令不□▨

455 / 0749

▨訊辤（辭）曰大女臨▨

▨歲中嫭家登聚▨

456 / 0750

▨□案所付□臧（贓）▨

▨亡不得會四月丙▨

457 / 0752

四年七月癸亥朔己卯，臨湘令越▨

女子自證名苗，磨笠里，爲□▨

458 / 0755

……

459 / 0757

不審

460 / 0758

十九爲免□□□□史治所臨湘

461 / 0759

□醴醬脯菽鹽□□▨

462 / 0760

☒□㷇年里士五（伍）嬰□留☒

☒諸明日嬰即治其帶船☒

463 / 0762

☒昌即問守卒史馬童求捕轅

☒治下奪尉責□陽尉吳

464 / 0763

☒南陽ノ烝陽丞後☒

☒□□少史曰不倚□☒

465 / 0764

☒者召齎上□丞□☒

☒□□□買□☒

466 / 0766

☒□甲午獄史☒

☒□蒼父老人安能☒

467 / 0767

☒長□□長以詐（詐）箸名數者畢已去

☒□益陽長不臾長賴丞□臨澴□

468 / 0768+1176

月乙未赦，以令復作青肩二歲没入車蓋上簿縣官其聽

書倉入作少内受入移九年應獄計它以從事如

469 / 0770

□年七月……坐□

……敢言之

470 / 0774

内史卒史南陽□路人囚不當簿爲它□年七月丙□☒

471 / 0780

☒黑鐵封以柬鄉印乙□☒

☒令自出復作計舉獄史☒

472 / 0781

☒中尉府敢

☒書故清陽重

473 / 0782

□皆☒

474 / 0783

☒敢言之□

☒□曰通□□

475 / 0784

更移臨札新紬☒

編夬左方署桼（牒）書☒

476 / 0785

□□㷇年□□□☒

477 / 0786

□金一斤以徙少史□☒

478 / 0788

□□石官大夫□□石　　公大夫百石諸故官……☒

479 / 0789

□⧄

480 / 0790

□□□□□□陽□⧄

481 / 0791

⧄□□□□□□爲□□⧄

482 / 0792

⧄……[歲]□⧄

483 / 0793

⧄[乙]□ ⧄

⧄丞慶忌⧄

484 / 0794

⧄無[陽]⧄

485 / 0800

□□

486 / 0802

死即順劾自誣服論。市∟豚∟始皆可問驗辤（辭）。

·市∟豚∟始言皆若擴證之

487 / 0805

……牢……

以□者手足桎皆堅不能遂亡[及]解脱，書實，敢言之。

488 / 0806

⧄載門下飲□□臨湘□□□□出□[酒]□□□舍當見以聽

489 / 0813

□[不]□[得]

490 / 0815

坐髡鉗、笞百釱左止爲城旦，可捕得陽都，弗劾縱陽都，得轂（繫）

牢，獄未斷，會五月乙未赦，以令復作襄縣官二歲，其聽書，以

491 / 0816

⧄□還四牒

⧄[臨湘]令[堅]、[丞尊]告[尉]書到

492 / 0817

□年十月戊辰，獄史吳以爰書□令□[吳]⧄

[皆完]城旦後得勿盜劾囚大男嬰⧄

493 / 0819

⧄武環若□⧄

494 / 0820

□□□□□□[主守]⧄

495 / 0821

⧄以[爲]鄉⧄

496 / 0822

⧄迺□不當□□⧄

497 / 0823

⧄寫[錄]⧄

498 / 0824

⧄月癸酉下□⧄

499 / 0825

⧄□不從數□火□　奉書縣獄⧄

500 / 0826

⧄敢言之⧄

⧄□　⧄

501 / 0827

□七十錢一予錢千甲□□

□錢

502 / 0828

⧄□等往來行⧄

⧄髡鉗□□⧄

503 / 0829

⧄□□

504 / 0830

⧄□□□⧄

505 / 0831

□□□□□⧄

506 / 0832

⧄□□□□⧄

507 / 0833

獄計⧄

508 / 0834

⧄□□□⧄

509 / 0835

⧄□子不⧄

510 / 0836

酃丞登守丞敢言⧄

511 / 0837

⧄日家獄史意使□⧄

⧄□□□□⧄

512 / 0838

⧄丞主案請

⧄□今史可論

513 / 0839

⧄簿工□駕四盜馬載錢亡⧄

514 / 0840

⧄尊

515 / 0841

⧄年六十□除□⧄

⧄□佐人□它若劾⧄

516 / 0842

·辟□尉

517 / 0843

所者驕蜀首睘女子□□□□

518 / 0844

☒何年月日令

☒月日□不識

519 / 0845

一□□☒

□□□☒

520 / 0846

令人將致臨湘獄須有譣（驗）毋留如律令，敢告主。

521 / 0849

歲，移結年籍，遣識及當問等詣獄，亡滿卅日

不得，具報毋留，若律令。□□乙卯夕從傳行

522 / 0850

……

附錄二　簡牘編號、材質及尺寸對照表

卷内號	原始簡號	材質	尺寸	備注
001	0047	竹	長 43.2 釐米，寬 1.6 釐米，厚 0.16 釐米	
002	0052	竹	長 32.5 釐米，寬 1.8 釐米，厚 0.28 釐米	0052+0157
	0157	竹	長 10.8 釐米，寬 0.9 釐米，厚 0.3 釐米	
003	0077	竹	長 42 釐米，寬 1.5 釐米，厚 0.25 釐米	
004	0001	竹	長 43.6 釐米，寬 1.5 釐米，厚 0.3 釐米	
005	0152	竹	長 3.5 釐米，寬 1.6 釐米，厚 0.21 釐米	0152+0080
	0080	竹	長 39.7 釐米，寬 1.5 釐米，厚 0.22 釐米	
006	0105	竹	長 9.3 釐米，寬 1.3 釐米，厚 0.17 釐米	0105+0089+0098
	0089	竹	長 24.2 釐米，寬 1.7 釐米，厚 0.15 釐米	
	0098	竹	長 4.5 釐米，寬 1.5 釐米，厚 0.15 釐米	
007	0113	竹	長 22.5 釐米，寬 0.9 釐米，厚 0.2 釐米	
008	0010	竹	長 43.6 釐米，寬 1.8 釐米，厚 0.2 釐米	
009	0011	竹	長 43 釐米，寬 1.6 釐米，厚 0.24 釐米	
010	0171	竹	長 3.7 釐米，寬 0.7 釐米，厚 0.09 釐米	0171+0012
	0012	竹	長 42.5 釐米，寬 1.8 釐米，厚 0.2 釐米	
011	0131	竹	長 21.6 釐米，寬 0.9 釐米，厚 0.1 釐米	
012	0008	竹	長 43 釐米，寬 1.5 釐米，厚 0.16 釐米	
013	0007	竹	長 43.8 釐米，寬 1.6 釐米，厚 0.25 釐米	
014	0112	竹	長 22.2 釐米，寬 0.7 釐米，厚 0.11 釐米	
015	0161	竹	長 4.2 釐米，寬 1.1 釐米，厚 0.16 釐米	0161+0003
	0003	竹	長 43.6 釐米，寬 1.7 釐米，厚 0.31 釐米	
016	0016	竹	長 25.6 釐米，寬 1.5 釐米，厚 0.17 釐米	0016+0123
	0123	竹	長 13.9 釐米，寬 1.5 釐米，厚 0.25 釐米	
017	0155	竹	長 19.7 釐米，寬 0.8 釐米，厚 0.09 釐米	
018	1792	竹	長 4.1 釐米，寬 1.3 釐米，厚 0.17 釐米	1792+0017
	0017	竹	長 38.4 釐米，寬 1.6 釐米，厚 0.22 釐米	
019	0151	竹	長 4.1 釐米，寬 1.6 釐米，厚 0.12 釐米	0151+0005
	0005	竹	長 37.2 釐米，寬 1.6 釐米，厚 0.19 釐米	
020	0002	竹	長 44.2 釐米，寬 1.7 釐米，厚 0.26 釐米	
021	0121	竹	長 22.5 釐米，寬 2.5 釐米，厚 0.38 釐米	
022	2171	竹	長 2.2 釐米，寬 0.5 釐米，厚 0.12 釐米	
023	0006	竹	長 43.5 釐米，寬 1.4 釐米，厚 0.13 釐米	
024	0426	竹	長 8.2 釐米，寬 0.8 釐米，厚 0.13 釐米	
025	0037	竹	長 42.9 釐米，寬 1.4 釐米，厚 0.13 釐米	
026	0081	竹	長 39.2 釐米，寬 1.5 釐米，厚 0.16 釐米	
027	0078	竹	長 44.5 釐米，寬 1.4 釐米，厚 0.13 釐米	
028	0035	竹	長 43 釐米，寬 1.4 釐米，厚 0.13 釐米	
029	0184	竹	長 22.4 釐米，寬 0.9 釐米，厚 0.14 釐米	
030	0046	竹	長 43.7 釐米，寬 1.5 釐米，厚 0.23 釐米	
031	0094	竹	長 19 釐米，寬 1.3 釐米，厚 0.17 釐米	
032	0004	竹	長 24 釐米，寬 1.6 釐米，厚 0.2 釐米	
033	0032	竹	長 27.5 釐米，寬 0.9 釐米，厚 0.13 釐米	
034	0040	竹	長 41.5 釐米，寬 1.5 釐米，厚 0.22 釐米	
035	0013	竹	長 42 釐米，寬 1.4 釐米，厚 0.17 釐米	
036	0038	竹	長 42 釐米，寬 1.6 釐米，厚 0.2 釐米	
037	0348	竹	長 22.9 釐米，寬 1.5 釐米，厚 0.2 釐米	
038	0004-1	竹	長 20.4 釐米，寬 1.6 釐米，厚 0.2 釐米	

卷内號	原始簡號	材質	尺寸	備注
039	0173	竹	長 18.5 釐米，寬 1.4 釐米，厚 0.13 釐米	0173+0076
	0076	竹	長 25.3 釐米，寬 1.5 釐米，厚 0.21 釐米	
040	0048	竹	長 42.5 釐米，寬 1.7 釐米，厚 0.16 釐米	
041	0051	竹	長 42.7 釐米，寬 1.5 釐米，厚 0.3 釐米	
042	0156	竹	長 13.2 釐米，寬 0.9 釐米，厚 0.1 釐米	
043	0049	竹	長 43.7 釐米，寬 1.6 釐米，厚 0.15 釐米	
044	0092	竹	長 15.2 釐米，寬 1.5 釐米，厚 0.2 釐米	0092+0099+0349
	0099	竹	長 9.2 釐米，寬 1.6 釐米，厚 0.15 釐米	
	0349	竹	長 19 釐米，寬 1.5 釐米，厚 0.22 釐米	
045	0162	竹	長 8.7 釐米，寬 0.9 釐米，厚 0.17 釐米	0162+0353+1743
	0353	竹	長 13.6 釐米，寬 1.5 釐米，厚 0.28 釐米	
	1743	竹	長 8.4 釐米，寬 0.4 釐米，厚 0.14 釐米	
046	0014	竹	長 42.8 釐米，寬 1.6 釐米，厚 0.19 釐米	
047	0205	竹	長 14.5 釐米，寬 1.5 釐米，厚 0.16 釐米	0205+0363
	0363	竹	長 14.4 釐米，寬 0.5 釐米，厚 0.16 釐米	
048	1628	竹	長 5 釐米，寬 0.6 釐米，厚 0.17 釐米	
049	1094	竹	長 3.8 釐米，寬 0.7 釐米，厚 0.23 釐米	
050	0368	竹	長 11.8 釐米，寬 1.6 釐米，厚 0.26 釐米	0368+1564+1584
	1564	竹	長 9.2 釐米，寬 1 釐米，厚 0.26 釐米	
	1584	竹	長 9.6 釐米，寬 0.6 釐米，厚 0.25 釐米	
051	0795	竹	長 21.5 釐米，寬 1.5 釐米，厚 0.24 釐米	
052	0976	竹	長 8.1 釐米，寬 1.7 釐米，厚 0.19 釐米	
053	0456	竹	長 10.9 釐米，寬 1.4 釐米，厚 0.25 釐米	
054	0056	竹	長 42.2 釐米，寬 3.8 釐米，厚 0.3 釐米	
055	1139	竹	長 9 釐米，寬 1.1 釐米，厚 0.22 釐米	
056	0036	竹	長 44.7 釐米，寬 0.7 釐米，厚 0.14 釐米	
057	0021	竹	長 44.6 釐米，寬 0.7 釐米，厚 0.13 釐米	
058	0022	竹	長 38.3 釐米，寬 0.7 釐米，厚 0.18 釐米	
059	0020	竹	長 44.8 釐米，寬 0.7 釐米，厚 0.15 釐米	
060	0026	竹	長 44.9 釐米，寬 0.7 釐米，厚 0.16 釐米	
061	0045	竹	長 45.3 釐米，寬 0.7 釐米，厚 0.11 釐米	
062	0025	竹	長 44.7 釐米，寬 0.7 釐米，厚 0.1 釐米	
063	0030	竹	長 42.5 釐米，寬 0.7 釐米，厚 0.12 釐米	
064	0027	竹	長 44.9 釐米，寬 0.7 釐米，厚 0.16 釐米	
065	0029	竹	長 44.6 釐米，寬 0.7 釐米，厚 0.13 釐米	
066	0023	竹	長 45.1 釐米，寬 0.7 釐米，厚 0.18 釐米	
067	0028	竹	長 44.9 釐米，寬 0.7 釐米，厚 0.1 釐米	
068	0019	竹	長 43.1 釐米，寬 0.7 釐米，厚 0.19 釐米	
069	0079	竹	長 45 釐米，寬 1.5 釐米，厚 0.17 釐米	
070	0015	竹	長 44.8 釐米，寬 1.6 釐米，厚 0.29 釐米	
071	0324	竹	長 21.8 釐米，寬 1.5 釐米，厚 0.17 釐米	
072	1692	竹	長 7.1 釐米，寬 1.3 釐米，厚 0.25 釐米	1692+1577
	1577	竹	長 11 釐米，寬 1.4 釐米，厚 0.16 釐米	
073	0332	竹	長 20.8 釐米，寬 1.5 釐米，厚 0.17 釐米	
074	1113	竹	長 2.4 釐米，寬 1.4 釐米，厚 0.18 釐米	
075	0245	竹	長 21.5 釐米，寬 1.7 釐米，厚 0.21 釐米	
076	1690	竹	長 11.5 釐米，寬 1.3 釐米，厚 0.17 釐米	
077	0975	竹	長 9.2 釐米，寬 1.6 釐米，厚 0.25 釐米	

卷内號	原始簡號	材質	尺寸	備注
078	0894	竹	長 9 釐米，寬 1.3 釐米，厚 0.13 釐米	
079	0444	竹	長 9 釐米，寬 1.3 釐米，厚 0.1 釐米	
080	0852	竹	長 22.9 釐米，寬 1.9 釐米，厚 0.21 釐米	
081	0649	竹	長 17.3 釐米，寬 1.4 釐米，厚 0.26 釐米	双面有字
082	1118	竹	長 8.5 釐米，寬 0.6 釐米，厚 0.18 釐米	
083	1745	竹	長 9.5 釐米，寬 0.7 釐米，厚 0.11 釐米	
084	1796	竹	長 8.2 釐米，寬 1.2 釐米，厚 0.17 釐米	
085	0381	竹	長 7 釐米，寬 1.5 釐米，厚 0.27 釐米	0381+1465
	1465	竹	長 3.3 釐米，寬 1.4 釐米，厚 0.25 釐米	
086	1449	竹	長 9.3 釐米，寬 1.6 釐米，厚 0.29 釐米	1449+1363
	1363	竹	長 5.3 釐米，寬 0.9 釐米，厚 0.22 釐米	
087	1720	竹	長 20.6 釐米，寬 1.2 釐米，厚 0.19 釐米	
088	0439	竹	長 2.8 釐米，寬 1.2 釐米，厚 0.31 釐米	0439+0137+0145
	0137	竹	長 8.8 釐米，寬 1.5 釐米，厚 0.26 釐米	
	0145	竹	長 9.9 釐米，寬 1.6 釐米，厚 0.31 釐米	
089	0217	竹	長 22 釐米，寬 1.6 釐米，厚 0.19 釐米	
090	0964	竹	長 3.5 釐米，寬 1.5 釐米，厚 0.27 釐米	0964+0383+1609
	0383	竹	長 7.2 釐米，寬 1.5 釐米，厚 0.25 釐米	
	1609	竹	長 10.9 釐米，寬 1.5 釐米，厚 0.3 釐米	
091	0879	竹	長 10.7 釐米，寬 1.3 釐米，厚 0.17 釐米	
092	0256	竹	長 21.1 釐米，寬 1.6 釐米，厚 0.16 釐米	
093	0657	竹	長 12.6 釐米，寬 1.5 釐米，厚 0.31 釐米	0657+1555
	1555	竹	長 9.3 釐米，寬 1.5 釐米，厚 0.21 釐米	
094	0387	竹	長 8.5 釐米，寬 1.3 釐米，厚 0.16 釐米	0387+0202
	0202	竹	長 8.5 釐米，寬 1.3 釐米，厚 0.08 釐米	
095	2056	竹	長 6.3 釐米，寬 1.2 釐米，厚 0.12 釐米	
096	0167	竹	長 18.9 釐米，寬 1.3 釐米，厚 0.11 釐米	
097	0903	竹	長 4.2 釐米，寬 1.2 釐米，厚 0.25 釐米	
098	0945	竹	長 7.7 釐米，寬 1.3 釐米，厚 0.19 釐米	
099	1210	竹	長 3.1 釐米，寬 0.8 釐米，厚 0.11 釐米	
100	0554	竹	長 21.2 釐米，寬 1 釐米，厚 0.18 釐米	
101	1889	竹	長 4 釐米，寬 0.7 釐米，厚 0.09 釐米	
102	2063	竹	長 3.8 釐米，寬 1.5 釐米，厚 0.17 釐米	
103	0365	竹	長 11 釐米，寬 1.4 釐米，厚 0.17 釐米	
104	0532	竹	長 21.5 釐米，寬 1.6 釐米，厚 0.18 釐米	
105	1596	竹	長 10.9 釐米，寬 1.5 釐米，厚 0.22 釐米	
106	0054	竹	長 36.9 釐米，寬 1.8 釐米，厚 0.23 釐米	
107	0024	竹	長 41.4 釐米，寬 0.8 釐米，厚 0.05 釐米	
108	0031	竹	長 29.1 釐米，寬 0.7 釐米，厚 0.07 釐米	
109	0039	竹	長 31.6 釐米，寬 0.8 釐米，厚 0.09 釐米	
110	0088	竹	長 21.5 釐米，寬 1.4 釐米，厚 0.25 釐米	
111	0093	竹	長 21.5 釐米，寬 1.4 釐米，厚 0.21 釐米	
112	0033	竹	長 36.5 釐米，寬 1.5 釐米，厚 0.24 釐米	
113	0110	竹	長 13.8 釐米，寬 0.7 釐米，厚 0.06 釐米	
114	0166	竹	長 20.3 釐米，寬 1.7 釐米，厚 0.17 釐米	
115	0985	竹	長 6.4 釐米，寬 1.5 釐米，厚 0.17 釐米	
116	1601	竹	長 9.5 釐米，寬 2.1 釐米，厚 0.33 釐米	1601+0858
	0858	竹	長 24.7 釐米，寬 2.4 釐米，厚 0.33 釐米	

卷内號	原始簡號	材質	尺寸	備注
117	0009	竹	長 42.6 釐米，寬 1.4 釐米，厚 0.15 釐米	
118	0018	竹	長 40.7 釐米，寬 1.7 釐米，厚 0.18 釐米	
119	0034	竹	長 44.1 釐米，寬 1.6 釐米，厚 0.16 釐米	
120	0041	竹	長 44.4 釐米，寬 1.4 釐米，厚 0.23 釐米	
121	0043	竹	長 35 釐米，寬 2.7 釐米，厚 0.18 釐米	
122	0044	竹	長 38.5 釐米，寬 1.7 釐米，厚 0.21 釐米	
123	0050	竹	長 38.7 釐米，寬 1.6 釐米，厚 0.37 釐米	
124	0053	竹	長 33.4 釐米，寬 1.6 釐米，厚 0.18 釐米	
125	0055	竹	長 42.5 釐米，寬 1.7 釐米，厚 0.16 釐米	
126	0057	竹	長 42.1 釐米，寬 3.3 釐米，厚 0.17 釐米	
127	0084	竹	長 22.8 釐米，寬 1.7 釐米，厚 0.31 釐米	
128	0086	竹	長 21.9 釐米，寬 1.4 釐米，厚 0.16 釐米	
129	0087	竹	長 23.6 釐米，寬 1.5 釐米，厚 0.22 釐米	
130	0091	竹	長 22.5 釐米，寬 1.6 釐米，厚 0.23 釐米	
131	0096	竹	長 13.8 釐米，寬 1.4 釐米，厚 0.15 釐米	
132	0097	竹	長 9.2 釐米，寬 1.4 釐米，厚 0.18 釐米	
133	0100	竹	長 9.9 釐米，寬 1.2 釐米，厚 0.2 釐米	
134	0104	竹	長 25.6 釐米，寬 1.5 釐米，厚 0.16 釐米	
135	0106	竹	長 8 釐米，寬 1.5 釐米，厚 0.23 釐米	
136	0107	竹	長 9.1 釐米，寬 1.5 釐米，厚 0.17 釐米	0107+0095
	0095	竹	長 12.5 釐米，寬 1.5 釐米，厚 0.17 釐米	
137	0108	竹	長 22.1 釐米，寬 0.7 釐米，厚 0.08 釐米	
138	0111	竹	長 22.6 釐米，寬 0.7 釐米，厚 0.12 釐米	
139	0116	竹	長 21.6 釐米，寬 1.8 釐米，厚 0.15 釐米	
140	0120	竹	長 21.7 釐米，寬 1.7 釐米，厚 0.18 釐米	
141	0122	竹	長 15.8 釐米，寬 1.8 釐米，厚 0.18 釐米	0122+0114
	0114	竹	長 4.9 釐米，寬 1.5 釐米，厚 0.16 釐米	
142	0126	竹	長 23.9 釐米，寬 1.1 釐米，厚 0.16 釐米	
143	0129	竹	長 21.7 釐米，寬 1.4 釐米，厚 0.2 釐米	
144	0132	竹	長 21.7 釐米，寬 1.5 釐米，厚 0.16 釐米	
145	0134	竹	長 21.6 釐米，寬 1.4 釐米，厚 0.16 釐米	
146	0135	竹	長 21.5 釐米，寬 1.3 釐米，厚 0.23 釐米	
147	0140	竹	長 21 釐米，寬 1.4 釐米，厚 0.17 釐米	
148	0142	竹	長 9.5 釐米，寬 1.5 釐米，厚 0.23 釐米	
149	0144	竹	長 18 釐米，寬 1.7 釐米，厚 0.16 釐米	
150	0147	竹	長 21.9 釐米，寬 0.9 釐米，厚 0.2 釐米	
151	0148	竹	長 21.5 釐米，寬 1.1 釐米，厚 0.15 釐米	
152	0150	竹	長 7 釐米，寬 1.5 釐米，厚 0.15 釐米	
153	0154	竹	長 14 釐米，寬 0.7 釐米，厚 0.12 釐米	
154	0159	竹	長 4.9 釐米，寬 1.4 釐米，厚 0.13 釐米	
155	0160	竹	長 3.5 釐米，寬 0.6 釐米，厚 0.12 釐米	
156	0160-1	竹	長 2.5 釐米，寬 0.5 釐米，厚 0.12 釐米	无编号 4
157	0163	竹	長 8.7 釐米，寬 1.3 釐米，厚 0.15 釐米	
158	0164	竹	長 4.7 釐米，寬 1.5 釐米，厚 0.16 釐米	
159	0165	竹	長 21.1 釐米，寬 1.5 釐米，厚 0.16 釐米	
160	0168	竹	長 12.8 釐米，寬 1.3 釐米，厚 0.1 釐米	
161	0169	竹	長 11.6 釐米，寬 1.5 釐米，厚 0.1 釐米	
162	0170	竹	長 10.8 釐米，寬 1.5 釐米，厚 0.09 釐米	

卷内號	原始簡號	材質	尺寸	備注
163	0172	竹	長12.1釐米，寬1.5釐米，厚0.31釐米	
164	0174	竹	長21.5釐米，寬1.6釐米，厚0.21釐米	
165	0175	竹	長21.1釐米，寬1.6釐米，厚0.2釐米	
166	0177	竹	長21.3釐米，寬1.5釐米，厚0.2釐米	
167	0178	竹	長21.1釐米，寬1釐米，厚0.13釐米	
168	0179	竹	長21.2釐米，寬1.6釐米，厚0.28釐米	
169	0182	竹	長21.2釐米，寬1.4釐米，厚0.1釐米	
170	0183	竹	長22釐米，寬1.3釐米，厚0.09釐米	
171	0188	竹	長21釐米，寬1.5釐米，厚0.12釐米	
172	0193	竹	長22釐米，寬1.6釐米，厚0.17釐米	
173	0198	竹	長17.3釐米，寬1.2釐米，厚0.15釐米	
174	0199	竹	長13.8釐米，寬1.4釐米，厚0.18釐米	
175	0204	竹	長20.9釐米，寬1.4釐米，厚0.23釐米	
176	0206	竹	長21.2釐米，寬0.9釐米，厚0.11釐米	
177	0210	竹	長18.1釐米，寬1.5釐米，厚0.3釐米	
178	0211	竹	長18.3釐米，寬1.5釐米，厚0.17釐米	
179	0214	竹	長21.3釐米，寬1.4釐米，厚0.1釐米	
180	0215	竹	長21.9釐米，寬1.7釐米，厚0.09釐米	
181	0216	竹	長20.6釐米，寬1.6釐米，厚0.16釐米	
182	0218	竹	長24.5釐米，寬1.5釐米，厚0.15釐米	
183	0219	竹	長20.7釐米，寬1.4釐米，厚0.1釐米	
184	0220	竹	長20.9釐米，寬1.2釐米，厚0.09釐米	
185	0221	竹	長13釐米，寬1.6釐米，厚0.09釐米	
186	0224	竹	長15.3釐米，寬1.3釐米，厚0.09釐米	
187	0228	竹	長21.7釐米，寬0.9釐米，厚0.17釐米	
188	0230	竹	長21.2釐米，寬0.9釐米，厚0.1釐米	
189	0233	竹	長16.7釐米，寬1.8釐米，厚0.09釐米	
190	0236	竹	長17釐米，寬1釐米，厚0.08釐米	
191	0237	竹	長16.7釐米，寬1.2釐米，厚0.09釐米	
192	0238	竹	長21.1釐米，寬1.5釐米，厚0.13釐米	
193	0242	竹	長25釐米，寬2.2釐米，厚0.46釐米	
194	0243	竹	長18.2釐米，寬1.7釐米，厚0.17釐米	
195	0251	竹	長19.3釐米，寬0.8釐米，厚0.16釐米	
196	0252	竹	長21.8釐米，寬1.5釐米，厚0.09釐米	
197	0254	竹	長21.6釐米，寬1.4釐米，厚0.27釐米	
198	0255	竹	長21.1釐米，寬0.7釐米，厚0.07釐米	
199	0257	竹	長19釐米，寬2釐米，厚0.17釐米	
200	0258	竹	長18.1釐米，寬1.5釐米，厚0.1釐米	
201	0261	竹	長22.2釐米，寬1.8釐米，厚0.2釐米	
202	0262	竹	長20.9釐米，寬1.3釐米，厚0.14釐米	
203	0264	竹	長21.9釐米，寬1.7釐米，厚0.18釐米	
204	0265	竹	長21.3釐米，寬2.3釐米，厚0.23釐米	
205	0273	竹	長21.4釐米，寬1.6釐米，厚0.13釐米	
206	0276	竹	長15.8釐米，寬1.7釐米，厚0.13釐米	0276+0468
	0468	竹	長4.9釐米，寬1.1釐米，厚0.12釐米	
207	0277	竹	長16釐米，寬1.6釐米，厚0.14釐米	
208	0285	竹	長20釐米，寬1.2釐米，厚0.1釐米	
209	0287	竹	長16.4釐米，寬0.7釐米，厚0.07釐米	

卷内號	原始簡號	材質	尺寸	備注
210	0288	竹	長 21.5 釐米，寬 0.9 釐米，厚 0.17 釐米	
211	0289	竹	長 21.9 釐米，寬 0.9 釐米，厚 0.14 釐米	
212	0290	竹	長 17.5 釐米，寬 0.9 釐米，厚 0.09 釐米	
213	0291	竹	長 20.7 釐米，寬 0.8 釐米，厚 0.11 釐米	
214	0293	竹	長 15.9 釐米，寬 1.5 釐米，厚 0.27 釐米	
215	0295	竹	長 16 釐米，寬 1.4 釐米，厚 0.18 釐米	
216	0296	竹	長 21.2 釐米，寬 1.6 釐米，厚 0.13 釐米	
217	0298	竹	長 18 釐米，寬 1.4 釐米，厚 0.1 釐米	
218	0301	竹	長 14 釐米，寬 1.6 釐米，厚 0.13 釐米	
219	0302	竹	長 24.3 釐米，寬 1.5 釐米，厚 0.13 釐米	
220	0305	竹	長 16.5 釐米，寬 1.5 釐米，厚 0.3 釐米	
221	0307	竹	長 19.8 釐米，寬 0.7 釐米，厚 0.09 釐米	
222	0308	竹	長 20.9 釐米，寬 0.8 釐米，厚 0.13 釐米	
223	0310	竹	長 12.2 釐米，寬 1.7 釐米，厚 0.14 釐米	
224	0311	竹	長 21.3 釐米，寬 1.5 釐米，厚 0.12 釐米	
225	0314	竹	長 21.4 釐米，寬 0.6 釐米，厚 0.09 釐米	
226	0315	竹	長 20.5 釐米，寬 1.2 釐米，厚 0.27 釐米	
227	0317	竹	長 20.9 釐米，寬 1.6 釐米，厚 0.22 釐米	
228	0319	竹	長 20.1 釐米，寬 1.4 釐米，厚 0.1 釐米	
229	0320	竹	長 21 釐米，寬 1.7 釐米，厚 0.27 釐米	
230	0322	竹	長 21.8 釐米，寬 1.5 釐米，厚 0.18 釐米	
231	0325	竹	長 22.1 釐米，寬 1 釐米，厚 0.22 釐米	
232	0327	竹	長 21 釐米，寬 1.53 釐米，厚 0.15 釐米	
233	0328	竹	長 15 釐米，寬 1.5 釐米，厚 0.23 釐米	
234	0330	竹	長 21.3 釐米，寬 1 釐米，厚 0.2 釐米	
235	0335	竹	長 22 釐米，寬 1.7 釐米，厚 0.19 釐米	
236	0336	竹	長 21.3 釐米，寬 1.5 釐米，厚 0.1 釐米	
237	0340	竹	長 21.8 釐米，寬 1.4 釐米，厚 0.17 釐米	
238	0343	竹	長 22.5 釐米，寬 1.4 釐米，厚 0.23 釐米	
239	0344	竹	長 19.7 釐米，寬 1.5 釐米，厚 0.16 釐米	
240	0345	竹	長 22.2 釐米，寬 1.4 釐米，厚 0.09 釐米	
241	0354	竹	長 10.7 釐米，寬 1.5 釐米，厚 0.21 釐米	
242	0355	竹	長 7.7 釐米，寬 1.6 釐米，厚 0.22 釐米	
243	0357	竹	長 20.3 釐米，寬 1.2 釐米，厚 0.14 釐米	
244	0358	竹	長 12.3 釐米，寬 1.5 釐米，厚 0.18 釐米	
245	0358-1	竹	長 3.5 釐米，寬 1.5 釐米，厚 0.18 釐米	
246	0359	竹	長 17 釐米，寬 1.1 釐米，厚 0.17 釐米	
247	0361	竹	長 20.6 釐米，寬 0.9 釐米，厚 0.13 釐米	
248	0362	竹	長 14.3 釐米，寬 1.3 釐米，厚 0.12 釐米	
249	0366	竹	長 5.6 釐米，寬 1.5 釐米，厚 0.2 釐米	
250	0369	竹	長 8.5 釐米，寬 1.6 釐米，厚 0.16 釐米	
251	0372	竹	長 11.7 釐米，寬 1.1 釐米，厚 0.14 釐米	
252	0373	竹	長 11.3 釐米，寬 1.3 釐米，厚 0.26 釐米	
253	0374	竹	長 13.2 釐米，寬 1.6 釐米，厚 0.27 釐米	
254	0377	竹	長 12.6 釐米，寬 1.4 釐米，厚 0.2 釐米	
255	0378	竹	長 13.3 釐米，寬 1.5 釐米，厚 0.28 釐米	
256	0379	竹	長 11.5 釐米，寬 1.4 釐米，厚 0.31 釐米	0379+0391
	0391	竹	長 11 釐米，寬 1.3 釐米，厚 0.41 釐米	

卷内號	原始簡號	材質	尺寸	備注
257	0380	竹	長 9.5 釐米，寬 1.6 釐米，厚 0.39 釐米	
258	0382	竹	長 9.6 釐米，寬 1.3 釐米，厚 0.28 釐米	
259	0386	竹	長 13.1 釐米，寬 1.4 釐米，厚 0.18 釐米	
260	0388	竹	長 8.6 釐米，寬 1.5 釐米，厚 0.17 釐米	
261	0390	竹	長 4.1 釐米，寬 1 釐米，厚 0.4 釐米	
262	0390-1	竹	長 4.3 釐米，寬 1.1 釐米，厚 0.4 釐米	
263	0390-2	竹	長 2.7 釐米，寬 1.7 釐米，厚 0.4 釐米	
264	0392	竹	長 4.2 釐米，寬 1.4 釐米，厚 0.31 釐米	
265	0393	竹	長 5.3 釐米，寬 1.6 釐米，厚 0.09 釐米	
266	0394	竹	長 20.1 釐米，寬 1.4 釐米，厚 0.18 釐米	
267	0411	竹	長 21.6 釐米，寬 1.5 釐米，厚 0.11 釐米	
268	0413	竹	長 17.8 釐米，寬 1.5 釐米，厚 0.12 釐米	
269	0415	竹	長 21.2 釐米，寬 0.8 釐米，厚 0.15 釐米	
270	0417	竹	長 25 釐米，寬 3.2 釐米，厚 0.59 釐米	
271	0420	竹	長 20.9 釐米，寬 0.7 釐米，厚 0.14 釐米	
272	0422	竹	長 21.9 釐米，寬 1.6 釐米，厚 0.14 釐米	
273	0424	竹	長 19.3 釐米，寬 1.3 釐米，厚 0.14 釐米	
274	0425	竹	長 21.7 釐米，寬 1.6 釐米，厚 0.32 釐米	
275	0427	竹	長 14.2 釐米，寬 1.3 釐米，厚 0.1 釐米	
276	0428	竹	長 11.9 釐米，寬 1.2 釐米，厚 0.12 釐米	
277	0429	竹	長 13 釐米，寬 0.7 釐米，厚 0.07 釐米	
278	0430	竹	長 9.5 釐米，寬 0.5 釐米，厚 0.06 釐米	
279	0432	竹	長 3.6 釐米，寬 0.5 釐米，厚 0.11 釐米	
280	0434	竹	長 3.4 釐米，寬 1.5 釐米，厚 0.18 釐米	
281	0436	竹	長 6.7 釐米，寬 1.5 釐米，厚 0.1 釐米	
282	0437	竹	長 0.9 釐米，寬 1.4 釐米，厚 0.12 釐米	
283	0438	竹	長 2.5 釐米，寬 1.5 釐米，厚 0.17 釐米	
284	0440	竹	長 7.4 釐米，寬 1.6 釐米，厚 0.18 釐米	
285	0441	竹	長 12.7 釐米，寬 1.5 釐米，厚 0.3 釐米	
286	0442	竹	長 10.5 釐米，寬 1.3 釐米，厚 0.12 釐米	
287	0445	竹	長 8.1 釐米，寬 1.6 釐米，厚 0.22 釐米	
288	0446	竹	長 5 釐米，寬 1.4 釐米，厚 0.1 釐米	
289	0447	竹	長 6.3 釐米，寬 1.5 釐米，厚 0.1 釐米	
290	0448	竹	長 5.8 釐米，寬 1.3 釐米，厚 0.1 釐米	
291	0449	竹	長 7.3 釐米，寬 1.4 釐米，厚 0.12 釐米	
292	0450	竹	長 7.4 釐米，寬 1.5 釐米，厚 0.12 釐米	
293	0452	竹	長 5.1 釐米，寬 1.3 釐米，厚 0.15 釐米	
294	0453	竹	長 5.3 釐米，寬 1.4 釐米，厚 0.15 釐米	
295	0454	竹	長 5.7 釐米，寬 1.2 釐米，厚 0.1 釐米	
296	0455	竹	長 6.5 釐米，寬 1.5 釐米，厚 0.13 釐米	
297	0458	竹	長 8.7 釐米，寬 1.4 釐米，厚 0.35 釐米	
298	0460	竹	長 8.9 釐米，寬 1.4 釐米，厚 0.21 釐米	
299	0461	竹	長 5.5 釐米，寬 1.4 釐米，厚 0.17 釐米	
300	0464	竹	長 6.9 釐米，寬 1.3 釐米，厚 0.21 釐米	
301	0465	竹	長 8.4 釐米，寬 1.5 釐米，厚 0.07 釐米	
302	0466	竹	長 3.6 釐米，寬 1.6 釐米，厚 0.4 釐米	
303	0467	竹	長 2.9 釐米，寬 0.6 釐米，厚 0.06 釐米	
304	0469	竹	長 4.3 釐米，寬 1.3 釐米，厚 0.3 釐米	

卷内號	原始簡號	材質	尺寸	備注
305	0470	竹	長 4.4 釐米，寬 1 釐米，厚 0.13 釐米	
306	0471	竹	長 11.5 釐米，寬 1.5 釐米，厚 0.25 釐米	
307	0472	竹	長 10.5 釐米，寬 1.4 釐米，厚 0.12 釐米	
308	0473	竹	長 7.6 釐米，寬 1.2 釐米，厚 0.23 釐米	
309	0474	竹	長 10 釐米，寬 1.6 釐米，厚 0.13 釐米	
310	0476	竹	長 9.3 釐米，寬 1.6 釐米，厚 0.17 釐米	
311	0477	竹	長 8.3 釐米，寬 1.5 釐米，厚 0.14 釐米	
312	0478	竹	長 8.6 釐米，寬 1.5 釐米，厚 0.1 釐米	
313	0479	竹	長 12.7 釐米，寬 1.5 釐米，厚 0.08 釐米	
314	0480	竹	長 12.4 釐米，寬 1.5 釐米，厚 0.28 釐米	
315	0481	竹	長 16.3 釐米，寬 1.4 釐米，厚 0.13 釐米	
316	0483	竹	長 15.7 釐米，寬 1.4 釐米，厚 0.15 釐米	
317	0485	竹	長 21.3 釐米，寬 1.6 釐米，厚 0.19 釐米	
318	0486	竹	長 4.4 釐米，寬 1.4 釐米，厚 0.17 釐米	
319	0487	竹	長 7.8 釐米，寬 1.1 釐米，厚 0.11 釐米	
320	0488	竹	長 6.8 釐米，寬 0.8 釐米，厚 0.12 釐米	
321	0489	竹	長 8.3 釐米，寬 1.6 釐米，厚 0.18 釐米	
322	0490	竹	長 14 釐米，寬 1.5 釐米，厚 0.21 釐米	
323	0491	竹	長 13.5 釐米，寬 1.3 釐米，厚 0.26 釐米	
324	0492	竹	長 13.7 釐米，寬 0.9 釐米，厚 0.12 釐米	
325	0493	竹	長 12.9 釐米，寬 0.8 釐米，厚 0.14 釐米	
326	0494	竹	長 14.6 釐米，寬 0.9 釐米，厚 0.15 釐米	
327	0496	竹	長 8.5 釐米，寬 0.8 釐米，厚 0.13 釐米	
328	0497	竹	長 9.7 釐米，寬 0.8 釐米，厚 0.1 釐米	
329	0498	竹	長 3.9 釐米，寬 0.8 釐米，厚 0.26 釐米	
330	0499	竹	長 9.5 釐米，寬 0.9 釐米，厚 0.07 釐米	
331	0510	竹	長 21 釐米，寬 1.3 釐米，厚 0.29 釐米	
332	0511	竹	長 21.9 釐米，寬 1.5 釐米，厚 0.35 釐米	
333	0517	竹	長 21.6 釐米，寬 1 釐米，厚 0.19 釐米	
334	0530	竹	長 22.1 釐米，寬 1.6 釐米，厚 0.27 釐米	
335	0531	竹	長 22.1 釐米，寬 1.5 釐米，厚 0.31 釐米	
336	0533	竹	長 21.3 釐米，寬 1.7 釐米，厚 0.2 釐米	
337	0537	竹	長 20.8 釐米，寬 0.5 釐米，厚 0.05 釐米	
338	0538	竹	長 21 釐米，寬 1.4 釐米，厚 0.18 釐米	
339	0539	竹	長 20.2 釐米，寬 1.5 釐米，厚 0.17 釐米	
340	0540	竹	長 19.8 釐米，寬 1.4 釐米，厚 0.28 釐米	
341	0541	竹	長 21.7 釐米，寬 1.4 釐米，厚 0.26 釐米	
342	0542	竹	長 21.5 釐米，寬 1.6 釐米，厚 0.22 釐米	
343	0550	竹	長 21.9 釐米，寬 1.5 釐米，厚 0.17 釐米	
344	0552	竹	長 18 釐米，寬 1.6 釐米，厚 0.18 釐米	
345	0553	竹	長 21.9 釐米，寬 1.6 釐米，厚 0.13 釐米	
346	0555	竹	長 21.4 釐米，寬 1.5 釐米，厚 0.19 釐米	
347	0558	竹	長 21.9 釐米，寬 1.4 釐米，厚 0.26 釐米	
348	0565	竹	長 22 釐米，寬 1.7 釐米，厚 0.17 釐米	
349	0568	竹	長 22 釐米，寬 0.8 釐米，厚 0.18 釐米	
350	0570	竹	長 21.7 釐米，寬 1.8 釐米，厚 0.17 釐米	
351	0571	竹	長 21.4 釐米，寬 1.9 釐米，厚 0.21 釐米	
352	0572	竹	長 22 釐米，寬 1.7 釐米，厚 0.24 釐米	

卷内號	原始簡號	材質	尺寸	備注
353	0574	竹	長 22.2 釐米，寬 1.6 釐米，厚 0.17 釐米	
354	0576	竹	長 21.8 釐米，寬 1.9 釐米，厚 0.35 釐米	
355	0577	竹	長 21.8 釐米，寬 1.6 釐米，厚 0.13 釐米	
356	0578	竹	長 21.5 釐米，寬 1.6 釐米，厚 0.3 釐米	
357	0579	竹	長 21.1 釐米，寬 1.5 釐米，厚 0.17 釐米	
358	0584	竹	長 22.1 釐米，寬 1.6 釐米，厚 0.17 釐米	
359	0586	竹	長 21 釐米，寬 1.3 釐米，厚 0.12 釐米	
360	0599	竹	長 21.8 釐米，寬 1.5 釐米，厚 0.26 釐米	
361	0600	竹	長 21.9 釐米，寬 1 釐米，厚 0.38 釐米	
362	0607	竹	長 21.4 釐米，寬 1 釐米，厚 0.1 釐米	
363	0608	竹	長 22.3 釐米，寬 1.4 釐米，厚 0.25 釐米	
364	0609	竹	長 20.9 釐米，寬 1.7 釐米，厚 0.18 釐米	
365	0610	竹	長 21.9 釐米，寬 1 釐米，厚 0.12 釐米	
366	0611	竹	長 21.3 釐米，寬 1 釐米，厚 0.16 釐米	
367	0612	竹	長 20.5 釐米，寬 1 釐米，厚 0.18 釐米	
368	0614	竹	長 19.1 釐米，寬 0.8 釐米，厚 0.12 釐米	
369	0615	竹	長 20.3 釐米，寬 0.9 釐米，厚 0.12 釐米	
370	0616	竹	長 18.4 釐米，寬 1.1 釐米，厚 0.19 釐米	
371	0622	竹	長 16 釐米，寬 1.3 釐米，厚 0.29 釐米	
372	0623	竹	長 18.8 釐米，寬 1.4 釐米，厚 0.19 釐米	
373	0625	竹	長 21.7 釐米，寬 1 釐米，厚 0.19 釐米	
374	0629	竹	長 3.3 釐米，寬 1.3 釐米，厚 0.24 釐米	
375	0631	竹	長 18 釐米，寬 1.6 釐米，厚 0.25 釐米	
376	0632	竹	長 21.7 釐米，寬 1.2 釐米，厚 0.13 釐米	
377	0634	竹	長 13.2 釐米，寬 1.4 釐米，厚 0.12 釐米	
378	0635	竹	長 15.1 釐米，寬 0.7 釐米，厚 0.11 釐米	
379	0636	竹	長 21.1 釐米，寬 1.1 釐米，厚 0.16 釐米	
380	0637	竹	長 24.2 釐米，寬 2 釐米，厚 0.34 釐米	
381	0639	竹	長 21.4 釐米，寬 1 釐米，厚 0.22 釐米	
382	0641	竹	長 21.3 釐米，寬 1.5 釐米，厚 0.24 釐米	
383	0642	竹	長 21.6 釐米，寬 1.3 釐米，厚 0.17 釐米	
384	0643	竹	長 21.5 釐米，寬 1.4 釐米，厚 0.18 釐米	
385	0646	竹	長 20.6 釐米，寬 1.1 釐米，厚 0.16 釐米	
386	0648	竹	長 18.3 釐米，寬 1.5 釐米，厚 0.35 釐米	
387	0650	竹	長 17.7 釐米，寬 1.4 釐米，厚 0.21 釐米	
388	0652	竹	長 7.6 釐米，寬 1.4 釐米，厚 0.13 釐米	
389	0653	竹	長 2.8 釐米，寬 1.2 釐米，厚 0.16 釐米	
390	0654	木	長 4.5 釐米，寬 1.6 釐米，厚 0.29 釐米	
391	0655	竹	長 5.5 釐米，寬 1.7 釐米，厚 0.16 釐米	
392	0656	竹	長 2.7 釐米，寬 0.7 釐米，厚 0.07 釐米	
393	0658	竹	長 15.4 釐米，寬 1.3 釐米，厚 0.11 釐米	
394	0659	竹	長 15.4 釐米，寬 1.6 釐米，厚 0.13 釐米	
395	0660	竹	長 16.2 釐米，寬 1.7 釐米，厚 0.12 釐米	
396	0662	竹	長 5.2 釐米，寬 1.2 釐米，厚 0.1 釐米	
397	0663	竹	長 6.7 釐米，寬 1.6 釐米，厚 0.12 釐米	
398	0664	竹	長 6.2 釐米，寬 1.6 釐米，厚 0.16 釐米	
399	0665	竹	長 6.6 釐米，寬 1.1 釐米，厚 0.09 釐米	
400	0669	竹	長 21.6 釐米，寬 1.9 釐米，厚 0.24 釐米	

卷内號	原始簡號	材質	尺寸	備注
401	0670	竹	長21.3釐米，寬1.6釐米，厚0.17釐米	
402	0671	竹	長15.9釐米，寬1.7釐米，厚0.21釐米	
403	0672	竹	長15.4釐米，寬0.9釐米，厚0.12釐米	
404	0673	竹	長15.7釐米，寬1.5釐米，厚0.13釐米	
405	0674	竹	長19.5釐米，寬0.9釐米，厚0.09釐米	
406	0675	竹	長20.1釐米，寬1.3釐米，厚0.15釐米	
407	0677	竹	長4.2釐米，寬0.9釐米，厚0.15釐米	
408	0678	竹	長5.1釐米，寬0.8釐米，厚0.12釐米	
409	0680	竹	長16.8釐米，寬1.1釐米，厚0.2釐米	
410	0681	竹	長17.6釐米，寬0.8釐米，厚0.07釐米	
411	0682	竹	長18.2釐米，寬1.7釐米，厚0.13釐米	
412	0683	竹	長21.7釐米，寬0.8釐米，厚0.1釐米	
413	0685	竹	長15.5釐米，寬1.9釐米，厚0.13釐米	
414	0686	竹	長14.9釐米，寬1.8釐米，厚0.14釐米	
415	0687	竹	長13.6釐米，寬1.3釐米，厚0.17釐米	
416	0690	竹	長17.5釐米，寬1釐米，厚0.12釐米	
417	0692	竹	長20.6釐米，寬0.7釐米，厚0.1釐米	
418	0693	竹	長22.2釐米，寬1釐米，厚0.13釐米	
419	0695	木	長19.8釐米，寬0.7釐米，厚0.07釐米	
420	0696	竹	長19.4釐米，寬1釐米，厚0.09釐米	
421	0699	竹	長8.2釐米，寬1.4釐米，厚0.15釐米	
422	0700	竹	長8.8釐米，寬0.9釐米，厚0.12釐米	
423	0701	竹	長8.5釐米，寬0.9釐米，厚0.08釐米	
424	0703	竹	長10.5釐米，寬1.7釐米，厚0.14釐米	
425	0705	竹	長10.8釐米，寬1.6釐米，厚0.07釐米	
426	0706	竹	長10.8釐米，寬1.2釐米，厚0.12釐米	
427	0708	竹	長8.7釐米，寬0.7釐米，厚0.16釐米	
428	0709	竹	長8.1釐米，寬1.3釐米，厚0.19釐米	
429	0710	竹	長22.5釐米，寬0.6釐米，厚0.07釐米	
430	0711	竹	長20.8釐米，寬0.5釐米，厚0.06釐米	
431	0713	竹	長22.5釐米，寬0.7釐米，厚0.09釐米	
432	0715	竹	長21.9釐米，寬0.8釐米，厚0.16釐米	
433	0719	竹	長20.5釐米，寬0.6釐米，厚0.08釐米	
434	0720	竹	長21.8釐米，寬1釐米，厚0.21釐米	
435	0722	竹	長17.9釐米，寬0.8釐米，厚0.13釐米	
436	0723	竹	長21.7釐米，寬0.9釐米，厚0.18釐米	
437	0725	竹	長12.6釐米，寬0.9釐米，厚0.14釐米	
438	0726	竹	長14.2釐米，寬0.9釐米，厚0.12釐米	
439	0727	竹	長17.6釐米，寬0.8釐米，厚0.08釐米	
440	0728	竹	長16.2釐米，寬0.8釐米，厚0.12釐米	
441	0731	竹	長6.1釐米，寬1.2釐米，厚0.12釐米	
442	0732	竹	長5.5釐米，寬0.9釐米，厚0.07釐米	
443	0733	竹	長2.7釐米，寬1.1釐米，厚0.09釐米	
444	0734	竹	長3.8釐米，寬0.9釐米，厚0.23釐米	
445	0735	竹	長1.8釐米，寬0.8釐米，厚0.1釐米	
446	0737	竹	長22.5釐米，寬0.6釐米，厚0.08釐米	
447	0739	竹	長21.2釐米，寬0.6釐米，厚0.07釐米	
448	0740	竹	長22.5釐米，寬0.7釐米，厚0.07釐米	

卷内號	原始簡號	材質	尺寸	備注
449	0743	竹	長 14.9 釐米，寬 1.6 釐米，厚 0.14 釐米	
450	0744	竹	長 12.8 釐米，寬 1.2 釐米，厚 0.12 釐米	
451	0745	竹	長 12.7 釐米，寬 1.9 釐米，厚 0.21 釐米	
452	0746	竹	長 10.8 釐米，寬 1.5 釐米，厚 0.08 釐米	
453	0747	竹	長 7.2 釐米，寬 1.3 釐米，厚 0.15 釐米	
454	0478	竹	長 7.4 釐米，寬 1.3 釐米，厚 0.16 釐米	
455	0749	竹	長 7.3 釐米，寬 1.4 釐米，厚 0.13 釐米	
456	0750	竹	長 7.9 釐米，寬 1.2 釐米，厚 0.08 釐米	
457	0752	竹	長 9.6 釐米，寬 1.3 釐米，厚 0.14 釐米	
458	0755	竹	長 22 釐米，寬 0.9 釐米，厚 0.16 釐米	
459	0757	竹	長 22.3 釐米，寬 0.7 釐米，厚 0.1 釐米	
460	0758	竹	長 15.8 釐米，寬 0.9 釐米，厚 0.07 釐米	
461	0759	竹	長 13.4 釐米，寬 1.3 釐米，厚 0.12 釐米	
462	0760	竹	長 11.6 釐米，寬 1.5 釐米，厚 0.16 釐米	
463	0762	竹	長 9.4 釐米，寬 1.6 釐米，厚 0.19 釐米	
464	0763	竹	長 8.7 釐米，寬 1.4 釐米，厚 0.08 釐米	
465	0764	竹	長 6 釐米，寬 1.6 釐米，厚 0.16 釐米	
466	0766	竹	長 7.2 釐米，寬 1.4 釐米，厚 0.25 釐米	
467	0767	竹	長 10.3 釐米，寬 1.6 釐米，厚 0.32 釐米	
468	0768	竹	長 10.7 釐米，寬 1.5 釐米，厚 0.26 釐米	0768+1176
	1176	竹	長 10.9 釐米，寬 1.5 釐米，厚 0.25 釐米	
469	0770	竹	長 21.7 釐米，寬 1.5 釐米，厚 0.19 釐米	
470	0774	竹	長 16.6 釐米，寬 0.6 釐米，厚 0.06 釐米	
471	0780	竹	長 11.4 釐米，寬 1.4 釐米，厚 0.17 釐米	
472	0781	竹	長 5.9 釐米，寬 1.4 釐米，厚 0.16 釐米	
473	0782	竹	長 3.3 釐米，寬 1.3 釐米，厚 0.11 釐米	
474	0783	竹	長 9.7 釐米，寬 1.4 釐米，厚 0.27 釐米	
475	0784	竹	長 10.2 釐米，寬 1.5 釐米，厚 0.21 釐米	
476	0785	竹	長 11.6 釐米，寬 0.7 釐米，厚 0.18 釐米	
477	0786	竹	長 12.4 釐米，寬 0.9 釐米，厚 0.11 釐米	
478	0788	竹	長 20.6 釐米，寬 0.8 釐米，厚 0.19 釐米	
479	0789	竹	長 10.1 釐米，寬 0.8 釐米，厚 0.21 釐米	
480	0790	竹	長 7.6 釐米，寬 0.7 釐米，厚 0.11 釐米	
481	0791	竹	長 8.3 釐米，寬 0.8 釐米，厚 0.15 釐米	
482	0792	竹	長 6.9 釐米，寬 0.9 釐米，厚 0.11 釐米	
483	0793	竹	長 3.4 釐米，寬 1 釐米，厚 0.16 釐米	
484	0794	竹	長 2.2 釐米，寬 0.9 釐米，厚 0.22 釐米	
485	0800	竹	長 21.2 釐米，寬 0.8 釐米，厚 0.19 釐米	
486	0802	竹	長 21.8 釐米，寬 1.5 釐米，厚 0.22 釐米	
487	0805	竹	長 21.2 釐米，寬 1.2 釐米，厚 0.21 釐米	
488	0806	竹	長 14.3 釐米，寬 0.9 釐米，厚 0.2 釐米	
489	0813	竹	長 22 釐米，寬 0.8 釐米，厚 0.15 釐米	
490	0815	竹	長 20.9 釐米，寬 1.7 釐米，厚 0.29 釐米	
491	0816	竹	長 18 釐米，寬 1.5 釐米，厚 0.27 釐米	
492	0817	竹	長 15.3 釐米，寬 1.5 釐米，厚 0.25 釐米	
493	0819	竹	長 4.8 釐米，寬 0.6 釐米，厚 0.08 釐米	
494	0820	竹	長 5.8 釐米，寬 0.7 釐米，厚 0.16 釐米	
495	0821	竹	長 5.8 釐米，寬 0.7 釐米，厚 0.11 釐米	

卷内號	原始簡號	材質	尺寸	備注
496	0822	竹	長 6 釐米，寬 0.8 釐米，厚 0.15 釐米	
497	0823	竹	長 6.6 釐米，寬 0.9 釐米，厚 0.11 釐米	
498	0824	竹	長 8.1 釐米，寬 0.8 釐米，厚 0.12 釐米	
499	0825	竹	長 9.4 釐米，寬 0.6 釐米，厚 0.09 釐米	
500	0826	竹	長 6.1 釐米，寬 0.9 釐米，厚 0.14 釐米	
501	0827	竹	長 5.6 釐米，寬 0.7 釐米，厚 0.25 釐米	
502	0828	竹	長 4.9 釐米，寬 0.9 釐米，厚 0.22 釐米	
503	0829	竹	長 4.6 釐米，寬 0.6 釐米，厚 0.17 釐米	
504	0830	竹	長 4.8 釐米，寬 0.9 釐米，厚 0.12 釐米	
505	0831	竹	長 5 釐米，寬 0.3 釐米，厚 0.12 釐米	
506	0832	竹	長 4.6 釐米，寬 0.4 釐米，厚 0.18 釐米	
507	0833	竹	長 1.8 釐米，寬 0.5 釐米，厚 0.13 釐米	
508	0834	竹	長 3.6 釐米，寬 0.4 釐米，厚 0.09 釐米	
509	0835	竹	長 3.6 釐米，寬 0.7 釐米，厚 0.21 釐米	
510	0836	竹	長 5.7 釐米，寬 1.5 釐米，厚 0.2 釐米	
511	0837	竹	長 6.2 釐米，寬 1.4 釐米，厚 0.18 釐米	
512	0838	竹	長 6.5 釐米，寬 1.3 釐米，厚 0.15 釐米	
513	0839	竹	長 8.4 釐米，寬 1.2 釐米，厚 0.17 釐米	
514	0840	竹	長 15.3 釐米，寬 0.7 釐米，厚 0.11 釐米	
515	0841	竹	長 16.1 釐米，寬 1.4 釐米，厚 0.22 釐米	
516	0842	竹	長 22.1 釐米，寬 0.7 釐米，厚 0.14 釐米	
517	0843	竹	長 21.2 釐米，寬 0.5 釐米，厚 0.11 釐米	
518	0844	竹	長 5.8 釐米，寬 1.5 釐米，厚 0.17 釐米	
519	0845	竹	長 2.6 釐米，寬 1.3 釐米，厚 0.24 釐米	
520	0846	竹	長 22.4 釐米，寬 1.6 釐米，厚 0.25 釐米	
521	0849	竹	長 21.7 釐米，寬 1.7 釐米，厚 0.23 釐米	
522	0850	竹	長 22 釐米，寬 0.9 釐米，厚 0.15 釐米	